生物进化（重排版）

张昀 编著

北京大学出版社
PEKING UNIVERSITY PRESS

图书在版编目（CIP）数据

生物进化：重排版/张昀编著. —北京： 北京大学出版社，2019.1
（21 世纪普通高等院校生命科学类规划教材）
ISBN 978-7-301-30111-1

Ⅰ．①生…　Ⅱ．①张…　Ⅲ.①进化论 – 高等学校 – 教材　Ⅳ.①Q111

中国版本图书馆 CIP 数据核字（2018）第 272883 号

书　　　　名	生物进化（重排版）	
	SHENGWU JINHUA（CHONGPAIBAN）	
著作责任者	张　昀 编著	
责 任 编 辑	黄　炜 李宝屏	
标 准 书 号	ISBN 978-7-301-30111-1	
出 版 发 行	北京大学出版社	
地　　　　址	北京市海淀区成府路 205 号　100871	
网　　　　址	http://www.pup.cn　新浪微博：@北京大学出版社	
电 子 信 箱	zpup@pup.cn	
电　　　　话	邮购部 010-62752015　发行部 010-62750672　编辑部 010-62764976	
印 刷 者	北京虎彩文化传播有限公司	
经 销 者	新华书店	
	787 毫米×1092 毫米　16 开本　17.75 印张　410 千字	
	1998 年 5 月第 1 版	
	2019 年 1 月第 1 版（重排版）　2024 年 3 月第 4 次印刷	
定　　　　价	49.00 元	

内 容 简 介

"进化论是生物学中最大的统一理论"。生命科学各个层次的研究以及各分支学科体系的建立无不以生物进化的理论为其指导思想,同时它又吸收与综合生物学各学科的研究成果。另一方面,现代的进化论已不仅仅是一种思想理论,对生物进化的研究已成为一个专门的学科领域——进化生物学(evolutionary biology),它主要研究生物进化的历史过程、进化的原因、进化机制、进化速率、进化趋向、物种的形成和绝灭、系统发生以及适应的起源等内容。

本书是为大学生和研究生编写的教材。全书共十四章,除了第一章导言和第三章介绍方法论之外,在几个不同层次上对进化生物学进行展开介绍:首先,从认识地球生命开始,进而阐述进化概念(第二章和第五章),追溯进化思想和进化学说发展历史(第四章);接着从两个方面阐述进化过程和进化规律,即一方面从时间向度上阐述地球上生物进化的历史过程(第六章),另一方面从生物组织的不同层次(生物分子、种群、种和种上单元)阐述进化规律(第七章至第十章及第十二章);同时,又从生态系统角度阐述生物与非生物环境的协进化规律(第十一章);最后,是人类自身的进化和人类文化系统的进化(第十三章和十四章)。本书可作为综合性大学生物学各专业大学生、研究生的教材或教学参考书,也可供其他专业学生及科技工作者学习参考。

序

进化论是生命科学中的最高理论。生命科学各个层次的研究以及各分支学科体系的建立无不以生物进化的理论为其指导思想,而生物进化的理论也随着生命科学各学科的发展而不断地得到补充和深入。

但是20世纪50年代以来,这一重要的学科却在生物学教学中受到冷遇。大学生物学系取消了进化论课程,结果学生虽学了许多课程,却难以融会贯通,往往出现"见树不见林"之弊。

近些年来,一些大学陆续恢复了进化论的课程。学生欢迎这门课程,很多文科和社会科学的学生也纷纷选读。但是迄今还没有一本适用的教材问世。

张昀教授多年从事生命起源和进化的研究。他所编写的《生物进化》是一本可以满足当前教学需要、有较高水平的教材。它的一个突出优点是跳出了50年代"达尔文主义"课程体系的束缚,以全新的体系客观地讲述了生物进化理论研究的历史发展和现状。本书的另一个优点是内容丰富全面,对生命发展和人类起源与发展的重要阶段及过程都做了言简意赅的介绍,并与之结合、讲述了生物进化的理论发展以及有待解决的问题。本书的第三个突出优点是严谨的科学态度,对有关概念和重要术语都给以严格、清楚的界定,对各种理论上的问题都能给以客观的科学分析,从而启发读者的思考。

此外,本书章节排列合理,文字流畅生动,能引起读者学习的兴趣。

总之,本书是一本适用的好教材。

陈阅增
北京大学生命科学学院
1996年2月2日

目　　录

第一章 导　　言

凡物无成与毁,复通为一。

——庄子:《齐物篇》

道生一,一生二,二生三,三生万物。

——老子:《道德经》

人类迄今所积累的知识使我们今天对宇宙、自然界和人类自身的认识,在深度与广度上大大超过了我们的古代哲人与先贤们。然而,近代的科学理论往往能在人类文明史早期的哲学思想体系中找到其根源,今日学者们经过长时间曲折、艰难的探索才悟出的深刻道理,却早已闪现于古代先贤的智慧之中了。所以本书以他们包含着思想精华的至理名言作为每一章的卷首。

物质在分解和转化中生成,生成中有毁灭,毁灭中也有生成("其分也,成也;其成也,毁也")。因此,物质是不灭的,因为物质毁灭的同时却转化为别的形式生成出来,无所谓生成与毁灭。2000 多年前的庄子对宇宙物质的认识与我们今天的科学世界观赖以建立的物质不灭和物质、能量相互转化的物理学定律不是很接近吗?

现代进化概念的核心是"万物同源"及分化、发展的思想。由未分化的混沌状态("道生一"),通过分异和分化("一生二,二生三")而产生出万物。2000 多年前的老子哲学中不是包含着演变论观点的萌芽吗?

然而,哲学的思想不能替代科学理论;科学也不能没有思想。现代进化理论既是现代科学,又包含着人类文明的思想精华,它是包含了深刻的哲学思想的综合的科学理论。

1.1　进化论是生物学中最大的统一理论

一个多世纪前,进化论是作为创世说的对立面而出现的。进化论替代创世说是一场思想革命(Mayr,1977),是人类文明史上的大事,是自然观的大转变。进化论瓦解了传统的思想观念，使人们认识到自然界是处于不断产生、变化、发展中的。现代的进化理论是在达尔文学说的基础上发展起来的。

在达尔文（Charles Darwin）以前，"创世说"占统治地位。那时大多数人相信世界是上帝有目的地设计和创造的，是由上帝制定的法则所主宰的，是谐调有序的、合理安排的、完善美妙的、永恒不变的。而达尔文给我们描绘了另一个世界：没有预定的目的、没有预先的设计、没有超自然的创造，变化无穷的、充满竞争的，有过去的漫长的演变历史，又有不可预测的未来的世界。

达尔文带给我们的是新思想、新观念。虽然，长期以来对达尔文关于进化的原因和进化的机制的解释尚存许多争议，实际上对于生物进化的原因、机制、驱动因素、方向以及适应的起源等直到今天仍然没有完全弄清，但这并不影响作为生物学最重要的理论基础的进化论在生物学乃至整个自然科学中的地位。

长期以来，进化理论不能为物理科学家所接受。一些物理科学家，甚至某些现代的生物学家认为进化理论不完全符合物理科学所要求的科学理论的标准，例如生物进化过程无法在实验室里重复并得到验证。是的，作为一个历史过程的生物进化是不能重复的，当然也不能通过重复来验证一个进化理论。这也许是关于进化论的争论长久不衰的原因之一吧。然而，过程的"可重复性"是相对的，我们在第二章还要讨论这个问题。

当学者们对进化原因和进化机制进行较深入的探索时，却常常陷入"非此即彼"的争论之中。例如，进化是随机的还是决定的？如果是后者，那么是内因（生物本身）决定的还是外因（环境）决定的？"中性论"（见第十二章）认为，在分子层次上的生物进化是既无利也无害的（中性）突变的随机固定过程。如果突变是随机的，突变在种群内的固定也是随机的，则整个进化过程是完全随机的。"新灾变说"（见第十章）则更进一步将宏观进化的历史过程描述为随机事件的总和。"自然选择说"（见第七章）解释了生物适应的起源：生物器官结构与功能对生存环境的适应不是偶然的巧合，而是自然选择（"存优汰劣"的非随机过程）的结果。早期的"进化学说"多是决定论的，或是强调生物内因驱动和定向（例如经典的"拉马克学说"），或是强调外部环境对进化的控制和决定作用（例如"布丰学说"）。在强调进化过程中生物内在因素的决定作用时又往往忽略了环境的反馈和作用。反之，在强调外部环境对生物进化的控制作用时又忽略了生物本身的主导作用。克里克（F. H. Crick）的中心法则（the central dogma），即信息的单向转移法则，是决定论的物理学法则，反转录现象以及基因表达中的"感应机制"（即从环境中提取信息的自我调控机制）的发现证明生物过程的基本模式是相互作用，而不是单向的决定。

进化论发展历史大体经历了两个阶段：第一阶段是进化论作为创世说（特创论）的对立面而产生，并最终战胜和替代后者的过程；第二阶段则是进化论本身的深入和发展过程，即从生物组织的各层次逐步揭示进化原因、机制和规律的过程。例如，早期学者们着重生物个体的进化研究，以后扩展到种群和种，以及种上单元；在微观层次上深入到细胞和分子，在宏观领域中扩展到生态系统和生物圈，并追溯到35亿年前的生命史的早期；从生物学的进化概念扩大到物理科学所接受的广义的演化概念，从孤立的个体和物种进化研究发展到对相互作用与复杂联系的协进化研究。因此，现代的进化论已不仅仅是作为创世说对立面的科学世界观，它正在逐步发展成为一种科学理论。正如迈尔（Mayr，1977）所说的，"进化论是生物学最大的统一理论。"进化的理论、思想和观点渗透到生物学的各个领域，它又同时吸收与综合生物学各学科的研究成果。

对生物进化的历史过程,进化的原因、机制、速率、趋向及物种的形成和绝灭、系统发生以及适应的起源等方面的研究已逐渐构成了一个新学科领域,即进化生物学(evolutionary biology),它的基本理论就是进化论。

1.2 进化论是生物学对自然科学最重要的理论贡献

自然科学自身的观念革新推动了自然科学的发展。物理科学在理论和方法上一直是近代自然科学的核心,是各门学科的基础和先导,其理论、观点、概念、认识方法及研究途径都深深地影响着自然科学各个领域。然而,由物理科学领头的近代自然科学正面临着新问题。传统的认识模式(认识方式)本质上是还原主义的。这种认识模式的指导思想是:复杂性乃是简单性的叠加,复杂过程可视为简单过程的特例。在这个原则指导下,科学研究强调"分解"或"还原",即将复杂过程逐级分解为相对简单的、小的组成单元或因果链上的片段,然后再把这些单元或片段叠加或连接起来。这种认识模式导致自然科学的频繁分支和各学科之间的"隔离"。自然科学这种分支趋势又造成自然科学研究对象的分割,其中最大的分割就是把自然界分割为有机界(生命的)和无机界(非生命的),同时又将人类社会与自然界人为地分割开来。前一个分割导致早期的博物学(以整个自然界为研究对象的科学)的解体,生物科学与物理科学分家,以及数以百计的分支学科的形成;后一个分割造成社会科学与自然科学分道扬镳。在还原主义的认识模式指导下,研究复杂系统和复杂过程的生物科学逐渐沦为物理学或化学的附属学科。

然而,现代自然科学正经历又一次观念的革新和认识模式的转变。这一次革新的主要推动力仍然来自自然科学本身,尤其是研究复杂过程的生物学。

尽管达尔文以来的生物科学已证明生命是有历史的,即从简单到复杂,从低组织化水平到高组织化水平的进化(演化)历史,而物理科学直到 1969 年普里高京(I. Prigogine)提出耗散结构理论才真正接受了进化(或演化)的概念。长期以来,物理学家认为宇宙的基本规律是可逆性和决定性,宇宙没有历史,时间没有方向。普里高京终于使物理科学改变了观念,承认自然界的基本过程是不可逆的、随机的,承认时间是有方向的,承认非生命系统也有类似生物进化的从混沌到有序的演化行为。从承认存在到承认演化,这是物理科学在观念上的大变革。如今,演化概念已成为整个自然科学乃至社会科学的基本概念,演化规律已成为自然的与社会的普遍规律。就像普里高京所说的:"无论向哪里看去,我们发现的都是演化。"(普里高京、斯唐热,《从混沌到有序》,上海译文出版社,1987 年中文版)许多人认为,是普里高京等当代物理学家推动和完成了从存在到演化的科学观念的大变革。然而,实际上当 19 世纪热力学第二定律揭示的物理系统随时间的熵增过程是一个从复杂到简单的"反进化"过程时,英国哲学家斯宾塞(R. Spencer)就已经给进化(演化)一个广泛适用的定义(见第二章)了。严格说来,普里高京等人的贡献是在物理科学领域中完成了科学观念的变革,即从机械的、惯性的物理学演变为演化的物理学。用物理学的表述方式重新表述了生物科学先已接受了的进化(演化)思想(见普里高京,《从存在到演化》,上海科技出版社,1986 年中文版),从而完成了物理科学与生物科学在最基本的理论原则上的统一。

生物科学对整个自然科学最重要的,最值得骄傲的贡献就是进化思想和进化理论。

1.3　地球生命与地球环境协进化的概念是进化理论的新发展

近代地质学的奠基人之一,英国的詹姆士·赫顿(James Hutton,1726—1797)在 200 多年前提出了一个地质学的基本原理(即所谓均变原理):今天地球上一切进行着的地质过程和历史上的相同;制约这些过程的原理和规则,过去与现在一样。例如,在今天和过去的地球上,造山—风化剥蚀—沉积—造山这样的循环过程重复了无数次。他虽然承认地球环境不断变化,但认为这种变化是无方向的,往复循环的,类似物理学的"震荡"一样重复不止的过程,地球历史是"既无开端,也无终止",因而地球实际上没有历史,过去等于现在,等于将来。

如果是这样,就出现了一个矛盾:地球生命史是有向的、发展的、不重复的,而地球(环境)的变化是无向的、无开端也无终止的、循环往复的。生命的进化发生在不演化的地球环境中,生命进化成为与地球环境无关的孤立的过程,生物进化过程成为生物单方面地适应无向变化的环境的过程。

然而,现代的地质学家在长期探索地球历史之后得出了新的结论:在大的时、空尺度上,地球表面环境经历了一个有趋向的、不可逆的、不重复的演变过程(Cloud,1972,1976)。

如果进化(演化)是普遍存在的,那么地球本身和地球上的生命都是进化的,都是随时间而发展、变化的。而且生物进化不是一个与地球非生命部分无关的孤立过程,生物进化与地球非生命部分(岩石圈、大气圈、水圈)的演化是相互关联、相互作用、相互制约的"协进化"(coevolution)过程,它们共有一个相互关联的演化历史。

生物圈与地球大气、海洋、岩石地壳协进化的概念是进化理论的新发展。20 世纪最伟大的科学成就之一就是对地球与地球生命之间的关系以及生物圈的功能的重新认识(参阅第五章)。

"盖娅假说"(Gaia hypothesis)认为,今日地球表面状态乃是靠生物圈维持和调控的(Lovelock,Margulis,1974),生命一旦消失,地球就会回到类似金星、火星等无生命行星一样的表面状态。古生物学和地质学研究证明,地球上生命的历史几乎和地质历史一样长久(Awramik,et al.,1983;Schopf,1993;Schidlowski,Aharon,1992),即生物圈与地球岩石圈、大气圈及水圈都经历了大约 38 亿年之久的漫长的协进化历史(张昀,1989,1992,1993)。今日地球上的生命与物理环境之间的协调关系乃是这一漫长的协进化历史的结果。在这个历史过程中,生物不断地改变(改造)地球环境,同时生物自身在进化中不断地创造出新的环境条件,新环境条件又作用于生物,并促其发生新的进化改变,其结果是使地球表面始终保持着适合于大多数生物生存的环境条件。

20 世纪末和未来进化理论发展的新特点之一就是有关地球生命与物理环境协进化理论的不断完善。(盖娅假说不过是协进化理论的一个雏形。)

生物科学在未来自然科学中的地位将日益重要,在科学知识的组成中所占的比重也将越来越大。然而,在中国当前的教育系统中,生物科学被忽视的现状是和上述的趋势不相称的。许多中学和大学没有进化论课程,许多学生缺乏生物进化的基本知识。着眼于未来,我们应当加强和普及生物科学,特别是进化理论的教育。

本书是为大学生和研究生写的教材。全书共十四章,在几个不同层次上展开:首先从认识地球生命开始,进而阐述进化概念(第二章和第五章),追溯进化思想和进化学说发展历史,从而表明进化思想源于人类最古老的文明,并且和东、西方早期的哲学思想有渊源(第四章);接着从两个方面阐述进化过程和进化规律,即一方面从时间向度上阐述地球上生物进化历程,即一个依据化石和地质资料推断的自然历史(第六章),另一方面,从生物组织的不同层次(生物分子、种群、种和种上单元)阐述进化规律(第七章至第十章及第十二章);同时又从生态系统角度阐述生物与非生物环境的协进化规律(第十一章);最后以人类自身的进化和人类文化系统的进化为结束(第十三章和第十四章)。

第二章 进化(演化)概念与进化生物学

> 夫物,量无穷,时无止,分无常,终始无故。
>
> ——庄子:《秋水》

物质世界在空间上是无限的,时间是无止境的,变化分异是不定的,是永不重复的。

2.1 时间尺度与历史自然科学

在所有的科学领域中,研究任何过程都要涉及时间。但不同学科所涉及的时间长短和对时间概念的认识是很不同的,据此我们可以区分出两类科学。大多数自然科学学科和社会科学学科所涉及的时间尺度较短,从秒以下单位到年单位,甚至在某些情况下可以用"现代""瞬时"等这样的术语表达短暂时间,例如,物理学、化学、生理学、生态学、经济学等。在这些领域中,时间是标量,因而所研究的过程可认为是无向的、可逆的、可重复发生的。但是,另外一些自然科学和社会科学学科是研究较长的或很长的时间内的过程,例如,研究生命起源和进化、地史、天体演化、社会发展史等。在这些领域中,时间被看作是矢量,在时间这个矢量上顺序发生的事件或过程是有向的、不可逆的、不重复的。上述两类科学中所涉及的时间不仅尺度不同,而且性质也殊异。我们称后一类科学为历史科学(广义的),前一类则为非历史科学(或如一般所称谓的"实验科学")。研究自然历史的学科,例如,研究生物进化的进化生物学、研究地球岩石圈形成和演变过程的历史地质学、研究宇宙起源和星系演变的天体演化科学等,都属于历史自然科学。实际上,许多历史自然科学也同时研究现代的正在进行的过程,例如,进化生物学也研究活生物的进化,地质学也研究现代进行着的沉积、风化和构造活动。而非历史自然科学在时间上延伸就是历史自然科学,例如,天体演化科学是天文学在时间上的延伸,古生态学是生态学在时间上的延伸。

其实,历史自然科学与非历史自然科学之间并无严格的界限,所谓的过程的可重复性也是相对的。从有向的时间概念来考虑(把时间看作矢量),任何过程(即使是短时间发生的过程)都是不可重复发生的。在同一实验室由同一个人所做的同一类实验,各次的结果并非绝对相同。昨天的实验已成为历史。

2.2　进化生物学和进化论

生物学家迈尔(Mayr)将科学按其回答问题的性质分为两大类。

第一类科学回答"什么"和"怎样"。例如,"什么是机器？它们怎样工作？"(机械学回答此问题);"什么是胶体？胶体怎样形成的？其性质如何？"(胶体化学回答此问题);"什么是数？数量关系怎样表示？怎样运算？"(数学回答此问题);"什么是生物？生物怎样代谢、生长、繁殖？"(普通生物学回答此问题);"什么是化石？它们的形态构造怎样？如何分布的？"(这是古生物学回答的问题)。大多数自然科学学科属于此类。

第二类科学回答"为什么",追究事物或过程的因果关系。进化生物学是研究生物进化的科学,研究进化过程、原因、机制、速率和方向;其基础理论就是进化论,它回答的问题正是"为什么"一类的问题。例如:为什么生物界如此多种多样？为什么这种生物和那种生物相似或相异？为什么这种生物的形态结构是这样的而不是那样的？为什么生物都适应于它们生存的环境？这一类问题都是追根究底的、最发人深思的问题,但一般的人却往往不会这样提出问题,科学家与一般人提问题的方式也不同。举一个例子,18世纪英国神学家威廉·柏利(William Paley)曾这样描写一个神学家如何就一个普通现象提出和回答问题:假如我们在穿过一片荒地时被一块石头绊倒了,有人可能会认为这石头本来就在那儿;但是如果被绊倒后发现地上有一只钟表,那么我们就会问:这钟表为什么在这儿？我不会认为它也像石头一样原先就存在,一定有一位钟表制造者。钟表的精巧结构体现了为实现一定目的的设计,它是一种创造物,是人的创造物。生物的无比精巧的结构也体现了实现某种目的(功能)的设计,因而似乎也是一种创造物。柏利认为任何生物都比钟表复杂得多,所以必定存在"生物的制造者",那就是神。在探索生物现象的因果关系时,神学家把终极原因归诸神,而科学家则要追究自然历史过程。进化理论是高度综合的、哲理性很强的学问,能够提出进化问题的人必定具有善于思考的头脑。非历史自然科学只在物质结构的不同层次上追究因果关系,例如,宏观的现象可以从微观的现象中找到"原因"。但是非历史自然科学并不追究事物的"来龙去脉",因而不追溯历史过程,只对存在现象做出解释,从不同层次的现象的相互关联中探索因果关系。作为历史自然科学的进化生物学将自然界看作是产生的、发展的、变化的,因此它不仅要从生物组织的不同层次揭示进化的原因,也要从时间上追溯进化过程,要追究自然之物何以出(起源、产生),何以在(存在、生存、适应、延续),何以去(发展变化的方向或趋势)。

进化论是生物学中最大的统一理论,生物界的复杂现象:形态的、生理的、行为的适应,物种形成和绝灭,种内和种间关系等等现象都只能在进化理论的基础上得到统一的解释。生物学各学科无不贯穿着进化论的原则思想。正如杜布占斯基(Th. Dobzhansky)所说的,"没有进化论的指导,生物学就不成其为科学。"(Dobzhansky, et al.,1977)

2.3 广义的进化概念

"时间是否有向"，这个问题常常和"空间是否有限"一起构成哲学中长久争论的问题。我们不能离题太远来讨论这个难以解答的问题。近代物理学似乎开始倾向于接受有向的时间概念。在牛顿力学中时间是一个标量，只起一个参数作用，"过去与未来等价，t 与 $-t$ 相同。"（普里高京，1986）但是，根据爱因斯坦相对论原理可以得出一个有向的时间概念：时间是有始有终的。近代天体物理学为我们描绘了宇宙的起始、时间的开端以及天体演化过程。热力学第二定律告诉我们，在一封闭（孤立）系统内的熵增过程（造成热能在物体间均匀分布）至少在地球、太阳系和我们所知的宇宙部分是不可逆的。然而，近代自然科学的大多数定律、法则都是建立在所研究的过程（现象）的可重复、可再现、可逆的基础上的，甚至在生物学的大多数领域中，时间的方向性也被忽略了。只有进化生物学是例外，当把生命现象放在长的、有向的时间上考察时，不可逆性是如此清楚：已消失的生命形式不再出现，现在地球上的复杂的生物不会退回到太古宙的原始状态了。

生物随时间变化的不可逆过程导致生物结构和系统的复杂化，即使是短时间的生物学过程也显示出不可逆性，例如，胚胎发育。然而，经典物理学所描述的随时间而发展的物理过程都是趋于最简单的状态，即平衡态。生物过程与物理过程被认为是截然相反的。生物学的进化观点与经典物理学的反进化观点之间不能调和。现代物理学和化学的理论发展趋势显示出物理科学逐渐接受进化（演化）的观点。不可逆热力学研究，特别是非线性的远离平衡态的物理学和化学过程的研究，揭示出非生命系统在一定条件下会发生类似生物学过程的不可逆的、结构复杂化的现象。当代物理学家认识到需要修改时间观，开始承认时间是有向的。在有向的时间坐标上，一切物质运动过程都是不可逆过程、一个进化（演化）过程。长时间的过程（例如，天体物理学家为我们描绘的宇宙及太阳系的起源和演化）是如此，短时间的过程（例如，物理、化学实验）也是如此。过程或现象的可重复性（repeatability）是相对的，要想一丝不差地重复某一过程几乎是不可能的，任何两次实验的结果不可能完全一样。进化（演化）的思想和概念被逐步引进物理科学中。我们不能再说只有生物界才有进化的历史，应当说整个物质世界都有其演化历史。

Evolution 这个词来自拉丁字 evolvo-和 evolutis，意为展开，即把卷紧的东西（布、书卷）松开，如今在生物学中被译为进化，在其他场合常被译为演化。进化或演化的概念也经历了演变，在不同时期和不同场合有不同含义。1744 年胚胎学家哈勒（A. Haller）最早使用 evolution 这个词来表达他的关于胚胎发育的先成论的观点，这是和进化论者的观点对立的。所以进化论者都避而不用这个词。到了达尔文时代，evolution 一词已被赋予"进步"的含义，即指事物由低级的、简单形式向高级的、复杂形式转变的过程。但是，达尔文接受莱伊尔（C. Lyell）的观点，认为生物进化不一定都是"进步"。他用"有变化的传衍"（descent with modification）来表示生物随时间既变化又连续（传衍）的过程，也就是我们今天所理解的进化。

给 evolution 下了现代流行的定义的是英国哲学家斯宾塞，他在 1862 年出版的《第一原理》（First Principles）一书中写道："进化乃是物质的整合和与之相伴随的运动的耗散，在此过程中物质由不定的、支离破碎的同质状态转变为确定的有条理的异质状态。"（"Evolution is an integration of matter and concomitant dissipation of motion;during which the matter passes from an indefinite,incoherent,homogeneity to a definite,coherent heterogeneity. ")斯宾塞认为进化是一切物质的发展规律,斯宾塞的进化定义是指物质从无序到有序、从同质到异质、从简单到复杂的有向的变化过程,因而可以为生物学家和其他领域的科学家所接受。按照这个定义,进化并非生物所特有。当代物理学和化学的研究已证明:从原始简单的结构到复杂的结构的进化改变是"非线性、多向度的动态系统"的共同特征。事实上,斯宾塞的进化定义也包含着当代的"耗散结构"理论和物质"自我组织"学说的基本思想。

斯宾塞定义的进化(evolution)概念既可包含生物的进化,也可包含非生物的演化;既可指自然界的进化,也可代表社会结构和文化系统的发展和变迁(文化进化)。这就是广义的进化概念(在这种情况下,evolution 常被译做演化)。

然而,按斯宾塞的定义,只有沿着复杂化、异质化、有序化的方向改变的过程才能叫作进化;换句话说,进化的基本含义是"进步性的发展"。但是,在任何生物的和非生物的、自然界的和人类社会的随时间而改变的过程中,既有"进步"的改变,也有相反的"退步"的改变。例如,生物中,由原始、简单的器官结构到复杂、完善的器官系统的历史过程可以称之为进化,但已形成的复杂器官可能简化或丧失(如某些寄生蠕虫消化器官的丧失,某些洞穴生物视觉器官的丧失)。又如,在宇宙星系演化中,从星云到恒星的形成可以称之为进化(演化),但从恒星发展到红巨星,到超新星爆炸或黑洞,似乎是逆向的过程。

是否可将随时间而发生的改变都称为进化,这个问题尚有争论。有人提出"退化"(involution)概念,将其作为进化概念的对立面而与进化概念并用。Involution 一词来自拉丁语,involvo-,意为将已展开的东西包卷起来。和进化相反,它代表"退步""复旧""逆转"或"反发展",如前面所提到的生物器官结构的简化、消失、恒星的崩溃等。在社会学中、文化进化论者用 involution 一词代表一种以保存有价值的文化传统或社会结构为目的的革新(Service,1971),例如,孔子提倡的"克己复礼"和西方的文艺复兴运动。因此,involution 的含义不是简单的倒退,不是完全重复过去,不是通常理解的退化。不能将 involution(退化)一词作为进化概念的对立面而与其并列。退化只能作为广义进化概念的附属的或补充的次一级概念使用。我们不将退化与进化概念相提并论的理由如下。

其一,通观自然界与人类社会随时间而变化的过程,复杂化、异质化与有序化乃是整体的总特征,而所谓的退化现象乃是局部的、伴随进化过程的附属现象。例如,纵观地球生物圈的历史,由仅由少数原核微生物种类组成的早期(太古宙)生物圈,演变到显生宙和今天的由几千万种动、植物和微生物组成的生物圈,从整体而言多样性增长了(异质性提高了),生物的平均的结构水平和组织化水平提高了(复杂化与有序化程度增长)。虽然在生命史中曾有长期的停滞,在总体的进化趋势中,生物圈中仍有一些原始的或变化不大的物种存在,个别物种、个别器官在个别历史时期确曾发生过所谓的退化。

其二,退化一词,容易被误解为进化的逆过程,而进化作为自然历史过程而言是不可逆过程。达尔文之所以没有用进化一词来概括他的学说,可能也因为顾虑人们对其学说的误解。因为当时英语中的进化一词包含"进步"(progress)之意,很容易联想到它的反面"退步"(retrogress)。如果生命史中"进步"与"退步"无主次之分,或进化与退化是等量和等质的过程,则今日的地球生物圈与太古宙生物圈不会有很大差别。

其三,给退化以严格的定义是很难的。且不谈社会学关于文化进化中的退化的定义,某些生物学家关于器官的退化的解释也是含混不清的。器官结构的简化并不意味着功能的减退,某一组织(或形态)层次的简化常伴随着其他层次的复杂化。例如,在马的进化史中,由多趾到单趾,结构简化了,某些相关的骨骼和肌肉减少或消失了,似乎是一种退化或退步。但足趾的改变涉及前、后肢骨骼、肌肉、韧带、神经、血管的一系列改变,这些改变并非简化,更不是进化的逆向,何况这些改变使马的运动速度增加了。即使在非生命系统的演化中,也很难应用退化概念。演化后期的恒星的崩溃,绝非意味着倒退到宇宙演化的早期阶段;超新星爆炸产生的重元素组成的星云,不同于原始的星云。

在广义的进化概念中应包含有退化的内容。在"大江东去"的总趋势过程中,包含有局部、短时的逆流,不能因局部逆流而否认长江是向东流去的。否则我们就回到"循环论"中去了。

2.4　生物进化概念

生物进化与非生物系统的演化毕竟不是一回事。两者的根本区别何在呢?这要从生物与非生物物质的区别说起。生物体从其组成的分子、细胞、组织、器官和系统的各个层次上都是高度有序的、复杂的、组织化的。各个层次的结构对应于一定的功能,结构与功能在总体上适合于该生物在一定环境条件下生存。因此,生物体给人以为一定"目的"而"设计"的复杂的"创造物"的印象。在地球上只有人造物才具有这样的特征。正如威廉·柏利所做的比喻,没有人理会脚下的一块石头,但一个钟表就会引人发问:"谁是这钟表的制造者?"(Dawkins,1986)因为钟表的结构包含着某种"目的"和"设计",追寻钟表的制造者就是追寻钟表存在的原因。谁都知道,任何生物,即使是最原始、最简单的生物都比任何复杂的人造物复杂得多。追溯生物存在的原因,如果不是像柏利那样想象出一个"造物主",那就要从生物的历史找到解释。对任何生物现象的因果分析,要比对任何非生物现象的因果分析复杂和困难得多。例如,对一块在河床上躺着的、呈流线型的光滑石头来说,很容易从力学原理分析出造成这石头特殊形状的原因,但是,水中的鱼的光滑、流线型体形却不能用"剥蚀"作用解释了,因为鱼的体形是通过遗传控制的生长发育过程形成的。鱼如何能获得这种适应水中生活的体形,则是进化生物学要研究和解释的。生物进化的原因远不是一般物理、化学定理所能解释的,生物进化研究是当今最复杂、最困难的任务。

生物进化是一个特殊现象,生物进化是通过传代(遗传)过程中的变化而实现,生物进化导致适应;非生物的物质系统不存在传代,也不存在适应。

但是,要给生物进化一个合适的定义也是困难的,因为学者们关于生物进化的观点各异。遗传学家 G. L. Stebbins 的生物进化定义具代表性:生物进化乃是生物与其生存环境之间的相互作用的变化所导致的部分或整个生物种群遗传组成的一系列不可逆的改变(见 Dobzhansky, et al. , 1977)。

Stebbins 的定义中有一个限制和两个不确定:限制是"种群",对于有性生殖的生物种群的进化而言是合适的。定义中的一个不确定是没有提及变化的后果或变化的特征,即认为任何变化都是进化;另一个不确定是定义中不提变化的方向。如果把 Stebbins 的定义略加修正,可表述为:

生物进化是生物与其生存环境相互作用过程中,其遗传系统随时间而发生一系列不可逆的改变,并导致相应的表型的改变。在大多数情况下,这种改变导致生物总体对其生存环境的相对适应。

这个修正的定义去掉了"种群",代之以"遗传系统",则进化的单位可大可小。定义中增加了"表型的改变"和这种改变的总体后果——对环境的"相对适应"。这是生物进化的最显著特点。

但这个定义仍有一些缺陷,例如,分子进化中性论者会反对,因为若按这个修正的定义,无表型效应的基因突变、中性的分子进化则不能算是进化了。总之,目前来说,我们还没有找到一个为不同进化学说都能接受的生物进化定义。

前面我们提到 evolution 一词有两种译法,即进化和演化。进化一词早已被中国生物学界接受和广泛应用。如前所述,进化中的"进"字不能简单地理解为进步,更不是退化的反义词,它是指某种有趋势的变化(例如,复杂性和有序性增长的趋势,适应生存环境的趋势),有别于无向的、循环往复的变化。而演化一词作为广义的概念近来越来越多地应用于非生物学领域(例如,在天文学和地质学中),成为一个常用的(有时是滥用的)词。但无论是生物进化或非生命系统的演化,都不是指一般的变化;换句话说,并非任何变化都可称为进化或演化。一方面由于历史的原因,一方面使生物与非生命系统有所区别,因而 evolution 一词两译是合适的。

第三章　生物进化研究中的方法论问题

善行无辙迹,善言无瑕谪,善数不用筹策,善闭无开楗而不可开,善结无绳约而不可结。

——老子:《道德经》

生物进化的主要研究内容大体上可分为两部分:其一是研究进化的过程(将进化作为一个历史过程来研究),包括进化的事实和证据、生物界的连续性(系统发生)和不连续性(物种形成和绝灭)、进化的速度和方向(趋势)等;其二是研究进化的机制和原因(将进化作为进行中的过程来研究),遗传、变异以及进化因素(内因与外因)。涉及生物学的各学科领域(例如,遗传学、分类学等),都有其具体的研究途径和方法,这不是我们要讨论的。

生物进化理论是建立在各相关领域知识的综合分析基础之上的,我们要讨论的是如何在综合分析相关知识的同时建立和验证进化理论。我们还要讨论关于某些已经应用的研究方法的争论,因为这些争论多涉及认识或方法论问题。

3.1　进化的因果分析

在过去的进化研究中,因果分析是循着两条途径进行的。

其一是按生物系统结构的层次逐级还原的途径,即认为某一层次的现象可以在其低一级的层次上找到"原因"。例如,个体表型性状的遗传和变异可以在细胞内染色体上找到解释,而且最终追溯到遗传物质 DNA 与 RNA 的分子结构上。生物进化表现在生物组织的各层次上,通过对各层次的进化现象的研究来了解各层次进化过程之相互关联。用低层次的现象和过程解释高层次的现象和过程,这种还原的分析在现代进化生物学中仍是主要的研究途径,虽然有越来越多的争论,例如,关于小进化能否解释大进化的问题存在着完全相反的观点

（Ayala,1985）。

　　另一条途径是通过研究分析在时间向度上顺序发生的进化事件之间的关联来探索进化的因果关系。进化事件按时间排列的序列本身就已经把进化过程显示出来了。例如,我们将自太古宙以来的古生物以及与之相关的地质记录按它们出现的时代顺序排列起来,就会看到一幅生命进化的历史图卷：从 35 亿年前的最早的细菌、蓝菌,到单细胞真核生物,到原始的多细胞动物和植物,一直到人类起源。先前发生的事件往往被看作是后来发生的事件发生的根源或条件。但是,由于历史记录不全、事件之间错综复杂的关系以及时间尺度的误差,往往使得因果分析变得十分困难和复杂。何况先前发生的事件并不一定是后来事件的直接根源,例如,南方古猿（*Astralapithecus*）究竟是不是直立人（*Homo erectus*）和智人（*Homo sapiens*）的直系祖先仍不能确证。

3.2　进化生物学的比较方法

　　生物学中的比较方法有长远的应用历史。早期的生物系统学（systematics）就是建立在比较形态学基础之上的;通过形态比较来推断各分类群之间的亲缘关系,并建立进化系统树。但是,系统学的不同学派在系统发生的研究中所依据的原理和所用的比较、推理的方法也是不同的。

1. 原理之一

　　现时生存着的各种生物类型在结构的复杂性程度及与之相关的功能的完善程度上的差异乃是进化过程中不同进化单位的进化改变的速度和程度不同所致。

　　若将现时生存的不同类型的生物在其结构的各层次上作比较,再按结构的复杂性程度和相似性（或差异性）程度排列成序列,并将这个序列作为推断进化历史的依据。许多早期的进化论者都曾应用过这种方法。例如,拉马克（Jean-Baptiste Lamarck）把整个动物界按结构的复杂程度排列成 6 个等级,并推论动物界的进化历史是从最低等级向最高等级转变的渐进过程。达尔文常常把不同种类的同源器官或相关特征做比较,来推论器官进化的可能途径。例如,他比较了现在生存的鼯鼠类的前肢与后肢之间的皮肤扩张程度,把不同种的鼯鼠按其皮肤扩张情况,从微小扩张到几乎完善到能用于滑翔或飞翔的皮翅,排列成渐变的序列,并由此推论这一类动物飞翔器官的进化途径。

　　通过现时生存的不同种类的形态学比较所建立的序列是否反映这些生物种类的进化历史呢？换句话说,通过"横向"比较而建立的进化等级序列（例如,拉马克的动物等级）是否反映"纵向"（时间）的进化过程呢？

　　让我们用图解的方法来解释这个问题。假设图 3-1 中的分支图代表一个分类群的进化谱系。A、B、C、D 和 E 是现时生存的 5 个种,它们的共同祖先可以追溯到 500 万年（5Ma,M 为词头"兆",10^6）前的 A_0（假设有化石记录）。由于现生物种 A 与化石种类 A_0 在所比较的特征上几乎完全相同（因为从 $A_0 \rightarrow A$ 的进化改变极微,进化停滞）,而与其他 4 个区别显著;B、C、D 和 E 的共同祖先可追溯到 300 万年前的 B_0,而 B 要比 C、D、E 保留着较多的祖先特征;C、D、E 的共同祖先是 200 万年前的 C_0,相对于 D、E 而言,C 更近似 C_0;D 和 E 有最近的共同祖先

D_0，D 与 D_0 在所比较的特征上极为相似（因为 $D_0 \rightarrow D$ 的进化改变极微）。根据形态特征（或其他特征）的分析比较，D 与 E 最接近，它们与其他种类的近似程度依次是 C、B 和 A。在 5 个物种中，A 具有的祖先的特征最多，而 E 具有其他种类所没有的独有的特征。由此可以推论：E 是由类似 A 的祖先（A_0）通过类似 B、C、D 的中间类型（B_0、C_0、D_0）进化而来。从谱系图来看，A 确实近似 A_0，B、C、D 也分别与 B_0、C_0 和 D_0 相似。从进化改变的程度或从某些表型性状的特化程度来看，现生的 5 个物种当中，A 最原始，依次是 B、C、D、E。因此，根据形态比较和某些表型性状进化改变的程度，可以将现生的 5 个物种排列成 A—B—C—D—E 的序列。这个"横向"的序列与按照地层（时间）顺序出现的 A_0—B_0—C_0—D_0。的"纵向"序列是对应的。通过"横向"的比较分析而追溯"纵向"的进化关系，这是老的生物系统学研究系统发生的经典方法。当然上面是假设的简单情况，实际的情况要复杂得多，问题和困难也多得多。实际上，在作形态或其他特征的比较分析时，在判断不同类群之间的相似性程度时，在确定不同类型的"进化等级"时，很难避免主观因素。例如，选择哪些性状（特征）做比较，哪些性状重要，哪些不重要，哪些性状在分析比较时需给以强调（加权），哪些可以忽略，这些在一定程度上取决于生物系统学家个人的经验。

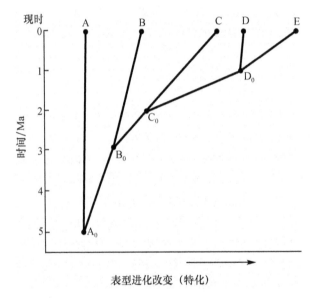

图 3-1　一个假设的进化谱系

此图用以说明："现时生存的各种生物类型在结构复杂性程度上或特化程度上的差异乃是进化过程中不同进化单位的进化改变的速度与改变的程度不同所致"。因此，通过对现时生存的物种（A、B、C、D、E）的比较分析可以了解其进化历史，即它们与其祖先（A_0、B_0、C_0、D_0）之间的关系（详见正文）

近年来颇为流行的分支系统学（cladistics）则在继承进化系统学的基本思想的同时，改进了比较分析的方法，减少了主观性。分支系统学家在建立系统树时，首先对不同类群的各类性状特征做分析和区分，区分出所谓的祖征（plesiomophies）和衍征（apomophies）。前者是来自较远的祖先并为某一类群之外的成员所具有的特征；后者是指某一类群之内个别成员或部分成员所具有的特征，是相对近期进化获得的特征。具有共同衍征的分类单元有较近的共同祖先。用这种方法建立的分支系统树能比较客观地反映进化中的历史联系（详见第九章）。

2. 原理之二

假如各进化支的进化速率相同,或进化速率相对恒定,则各类群之间相关性状的差异程度是该性状分异时间(进化时间)的函数,因而可作为衡量类群之间亲缘关系的尺度。

为了避免或减少性状比较分析中的主观因素,数值分类学(numerical taxonomy)派主张对研究对象的全部可识别、可测度的性状进行全面综合的定量的比较,将各类性状同等看待,并将各类群之间的差异量或相似性系数作为衡量亲缘远近的唯一尺度。这个主张受到许多批评,因为事实上形态进化速率不是均一的(从图 3-1 中可看出各进化线系的倾斜度是不同的)。但是,分子系统学却恰恰应用这一条原理来建立分子系统树(见第十二章),其依据是:不同类群的同源生物大分子的分子进化速度是相对恒定的。

3. 原理之三

从连续的地层中陆续出现的属于同一分类群的化石类型在相关的器官或性状上若呈现渐变序列,则可据此推断其进化历史。

例如,在同一地区的连续地层中发现的腕足动物化石锁孔贝(*Cleiothridina*)的渐变类型,可能反映了线系进化历史。

3.3　自然历史资料的搜集与分析

搜集与分析历史资料是历史自然科学研究的重要环节。自然历史科学中的历史资料是指自然历史事件(如生物进化事件,地质事件)留下的遗迹,这些遗迹是推断历史的依据。

与生物进化直接或间接相关的历史资料主要来自如下几方面:

① 生物化石,包括生物遗体和遗迹化石;

② 与生命活动相关的沉积物,例如,叠层石(生物沉积结构)、生物碳酸盐岩、某些磷块岩以及条带状硅铁建造等;

③ 沉积岩中保存的有机物、生物化学分子……

④ 沉积岩中同位素地球化学标记,如稳定碳同位素和硫同位素组成的变化;

⑤ 各地质时期构造地质、古地理的资料;

⑥ 人类的文字记载;

⑦ 其他,如陨石及宇宙尘等地外物体中的有机分子。

对于资料的分析需要各学科领域的专门知识,对于进化研究者来说应借助各领域专家的帮助。重要的是资料和分析结果的可靠性。

3.4　自然进化过程的考察

大多数生物进化过程历时之长大大超过进化研究者的寿命。例如,在自然界一个动物或植物新种的形成过程可能历时数万年至百万年,一个物种的明显的表型的进化改变需要经历数十代。但是,在某些情况下,进化过程是如此之快,以致研究者可以在几年或几十年内直接观察到。下面列举的是一些快速进化的特殊情况和一些研究的实例。

1. 极端特殊环境条件下的快速进化

昆虫和微生物抗药性的进化是快速进化的突出事例,引起进化生物学家的极大兴趣。从1941 年开始使用杀虫剂 DDT,到 1976 年为止的 35 年期间,已有 200 多种昆虫进化出抗 DDT 的新特征。在人类大量使用 DDT 的情况下,构成了强选择压,种群内抗 DDT 的突变体的频率得以迅速增长。生物学家认为,任何昆虫在使用任何杀虫剂的情况下,经过 5～50 代就进化出抗杀虫剂的新变种。由于不断有新型杀虫剂问世,进化生物学家有可能直接观察抗药性的进化过程和机制。

细菌的抗药性(例如,对抗生素和磺胺类药物的抗性),植物对除莠剂的耐受性,藻类对水中有毒化学物质的抗性,微生物、动物和植物抗辐射性的进化都极其迅速,都是可以直接观察研究的进化过程。

2. 适应辐射情况下的快速进化

150 年前达尔文曾经观察研究过南美洲西岸的加拉帕戈斯群岛(Galapagos Islands)的雀类和龟类,推论这些远离大陆的隔离小岛上的一些性状分异的土著物种是由大陆迁来的少数祖先经历适应辐射而形成的。20 世纪七八十年代,美国动物学家 P. R. 格郎特(P. R. Grant)和 B. R. 格郎特(B. R. Grant)观察到加拉帕戈斯群岛上的达尔文地雀(Darwin's finches)经历了自然选择过程(Grant, et al. , 1989):不定期的历时数年的干旱,使岛上的食物短缺,雀类群体中发生选择性淘汰,使得雀类在体型上和喙形上迅速发生分异,形成适应于局部环境条件的、具有不同食性的新类(见第七章和第八章)。

3. 环境的急剧变化引起的种群快速进化

英国的白桦蛾 *Biston betularia* (L.)的工业黑化现象是最典型的实例。生物学家 100 多年来的观察记录,证明了英国工业化所造成的环境改变(即由于烟尘污染造成树干表面地衣类死亡,改变了蛾类栖息处的背景色)使这种蛾类的基因频率发生了显著改变,种群由白色个体占优势变为黑色个体占优势(见第七章)。

研究者可以直接观察到上述这些快速的进化过程,或借助前人的观察记录而了解。这是研究进化原因和进化机制的重要的途径。

3.5 进化的实验研究

通过实验来研究进化原因或进化机制。有两类实验:一类是现代的实验生物学关于遗传和变异以及群体遗传组成的改变等实验研究,以揭示小进化的机制。事实上实验生物学各学科的许多研究内容都或多或少地与进化原因的探索有关。另一类实验是特意为进化研究设计的,这类实验可称为进化模拟实验。

进化模拟实验有以下三种形式。

① 自然界进化过程的实验室模拟。例如,在人为创造的类似自然环境的实验室条件下,

观察实验种群在若干世代后的进化改变,多用于检验某些进化因素(如选择、随机因素、隔离等)的作用。

② 为验证某一理论或假说而设计的模拟实验。例如,有名的尤里-米勒(Urey-Miller)实验,是二人为验证他们的关于前生命的化学进化假说而做的模拟实验;奥巴林(А. И. Опарин)与福克斯(S. W. Fox)为验证他们的原始细胞起源的假说做过的实验。

③ 验证进化因素对进化方向、型式、速度的影响的计算机模拟。例如,诺普(D. M. Raup)和戈尔德(S. J. Gould)用编制的计算机程序模拟随机进化过程(Raup,Gould,1974)。又如,英国生物学家道金斯(R. Dawkins)也曾编制了一套计算机程序,应用于形态进化过程的模拟,他用此实验证明了随机因素在进化中起重要作用。

模拟实验通常被用于验证进化理论或假说,就这方面来说其意义是有限的。因为:① 实验条件与自然界实际情况之间总是有很大差距。自然界进化过程是在大得多的规模和长得多的时间中发生的,人工模拟是无法达到的。② 为验证某一假说而设计的模拟实验其设计的实验条件本身也是根据假说而给予的。例如尤里-米勒非生物有机合成实验中所给予的条件(含有甲烷、氨和氢的混合气体在放电的条件下在水面上进行合成反应)就是根据假设的原始地球上的环境条件。

3.6　关于"现实主义方法"

18 世纪的英国博物学家赫顿认为,自然法则始终是一致的,今天的自然变化的原因也是历史上变化的原因,我们今天看到的自然界发生的过程在地球历史上任何阶段也必然发生过。这个观点后来被称为"均变论"(uniformitarianism)。19 世纪英国地质学家莱伊尔继承了均变论观点。根据"自然法则古今一致"的原理,他在地质学研究中"参照现代地质作用的原因去解释过去的地球表面的变化"。这就是所谓的"将今论古"的方法,或称"现实主义方法"(这里的"现实主义"是和以超自然原因解释自然历史事件的"非现实主义"对立的)。这一方法在地质学和古生物学中被广泛接受和应用,并在近代地质学的发展中起了重要作用。

实际上现实主义方法在生物进化研究中也被广泛应用。例如,从现代生物的遗传、变异、物种形成以及进化因素的研究中所获得的知识被用来解释过去的生物进化,正是根据"今天自然界变化的原因也是过去的自然界变化的原因"这个"古今一致"原理。小进化(micro-evolution)研究的结果被用来解释大进化(macroevolution),这是因为学者们相信现代和古代的生物遗传、变异法则是相同的,现时观察到的种以下的小进化的过程在历史上也同样进行过,小进化的长期积累就会产生大进化(种以上的类群的进化)的结果。

应当承认,如果彻底否定自然法则"古今一致"的原理,并抛弃"现实主义方法",那么我们几乎就抛弃了现代所有的历史自然科学(包括进化生物学、地质学、古生物学)。赫顿与莱伊尔的均变论的错误在于将自然过程看成是可逆的,认为自然变化是无向的。近年来学术界对均变论提出的批评日益增多,但"现实主义方法"仍然在历史自然科学中广泛应用。均变论中有合理的部分,因为今日的地球和自然界状态乃是地球与生物长期的连续演化(进化)的结果,过去与现在是关联的。但是对于"自然法则过去与现在一致"这一原则应当有正确的理解。

自然法则中既包含那些具有较大普遍意义的一般的自然规律,也包括一些只适用于有限的、较特殊条件的规律。在地球历史的不同阶段，曾出现过特殊的环境条件和适应于特殊环境条件的生物，现在它们都已消失，我们甚至无法按照已知的环境和生物模式来推断过去。例如，在澳大利亚发现的元古宙末期的伊迪卡拉化石动物群（Ediacaran fauna），发现于距今大约5.7亿年的地层中，是一些形态非常特殊的化石。一些古动物学家企图把它们纳入现在的动物分类系统之中，归入腔肠动物门、环节动物门和节肢动物门；另一些学者则反对这样做，他们认识到这些古老的动物可能是不同于现代所有动物门类的特殊类型（Gould，1977）。

过去的生物和过去的进化事件作为具体的、特殊的现象是不再重复发生了，现在与过去不能完全一致。但是，如果我们忽略个别历史事件的"个性"而着眼于其"共性"，则历史现象又是可重复发生的。从众多具体、特殊事件中抽象出来的规律具有一定的普遍意义，也就是说，具有共性的自然法则过去与现在是一致的。从这一点来说均变论并没有错，错在把"共性"夸大，忽略"个性"，或忽略"共性"而夸大"个性"。以"历史上某一类生物绝灭"（例如，三叶虫的绝灭）为例作为具体的、特殊的历史事件，它是不会重复发生的，这是着眼于"个性"；但生物绝灭作为生物进化的一种现象，它在生物进化史上是重复发生的，这是着眼于"共性"。我们应当基于这样的认识来应用"将今论古"的"现实主义方法"。

第四章　进化思想与进化学说

天下万物生于有,有生于无。

——老子:《道德经》

4.1　从进化思想到进化学说

进化学说产生与发展是一漫长的过程。这一过程可以分为两大阶段,即进化思想形成、发展阶段(从古希腊时期,中国西周至春秋战国时期,一直到 18 世纪)和进化学说产生、发展阶段(18 世纪以来)。

所谓进化思想,即是指对自然界的朴素的认识,认为自然界是变化的、可相互转化或演变的。进化学说则是指系统地阐述生物由来、变化、发展的原因及规律的理论或假说。更具体些说,进化思想是指东西方古代和近代哲学中关于自然界发生、发展和变化的自然观;进化学说则是指近代科学关于自然界自身的发生、发展的历史和自然界变化规律及变化原因的理论解释。从进化思想发展到进化学说是一个漫长的历史过程,可以具体地区分出如下几个时期,即古代演变论的自然观形成与发展时期,中世纪创世说和不变论占统治地位时期,18~19 世纪进化学说产生时期,19 世纪末以来进化论修正与发展时期(图 4-1)。

4.2　古代的自然哲学——进化思想的萌芽

近代的进化与反进化两种自然观都可在古代哲学思想中分别找寻到各自的根源。古代哲学思想中包含着一种近代人称之为演变或蜕变(transmutation)的概念,即认为自然界万物相互转变(由一种形式变化为另一种形式),认为今日的复杂的生物来自某种较简单的祖先,可以一直追溯到最原始的生物类型(一种传衍的概念)。这可以说是进化思想的萌芽。

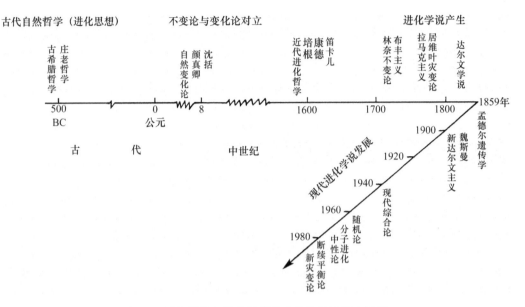

图 4-1　进化思想与进化学说的产生和发展历史图解

(1) 西方近代的科学思想

　　西方近代的科学思想发源于古希腊。古希腊的哲学家们多数是唯物论者,他们视生命为自然现象,而不像 18 世纪以来的学者们那样将生命现象神秘化。例如,古希腊最早的自然哲学家之一———米利都的阿纳克西曼德(Anaximande of Miletus,610—546 BC)就表达过一种生命起源观点。他认为生命最初是从海中软泥产生的,这有点类似现今流行的奥巴林-荷尔丹假说(Oparin-Haldane hypothesis)。阿纳克西曼德还认为,由海中软泥产生出来的原始生物经过蜕变而产生出陆地植物,这可以说是和达尔文的"有变化的传衍"概念有点接近了。另一位较晚一些的古希腊哲学家——爱奥尼亚(Ionia,古希腊文化中心之一)的伊姆佩多克(Empedocles,490—430 BC)则把进化思想表达得更为清楚。他认为生命的存在是连续的,植物起源于动物。他甚至还朦胧地表达了关于进化中的机会和选择因素,他认为一个无躯的头与一个无颜面的眼及无肩胛的臂若偶然碰巧结合在一起就会产生出一个奇异的类型。他还认为完善类型的产生是由于不完善类型的绝灭,即不完善型被更完善的类型所替代。这可以说是最早提出的"选择假说",早于达尔文与华莱士 2300 年。可见古代先贤们的思想财富是多么丰富。可惜我们大多数中国读者不能直接阅读古希腊的原文著作,只能从奥斯本(H. F. Osbom)教授的介绍中略知一二了。[参阅 Osborn 的 *From Greek to Darwin*;王太庆主编的《西方自然哲学原著选辑(一)》]

　　亚里士多德(Aristotle,384—322 BC)的自然观表达得更为具体。凡读过他的《动物志》的人无不为这位 2000 年前的古希腊学者对动物解剖构造和生理习性及分类的研究之深入、了解之细微而叹服。亚里士多德不仅认识到生物传衍(血统)关系,而且还阐述了从水螅到人的传衍序列和逐步完善化的过程。他说:"由于物质产生抗力,自然界的发生只能由低等到高等。"又说:"自然界产生出的这些东西按一定原则运动并达到一定终点。"公元前 5—前 4 世纪的另外两位古希腊哲学家德谟克利特(Democritus)和伊壁鸠鲁(Epicurus)的进化思想也同样的明确。他们都认为自然界是连续的,他们也都提出过类似伊姆佩多克的选择的概念。虽然我们无法估计近代进化论者在构思其进化学说时在多大程度上受到古希腊早期自然哲学的直接影响,但无可怀疑的是,近代进化学说渊源于古希腊早期的自然哲学。如果说古希腊早期的自然哲学是近代进化学说之源,那么,近代唯心主义的种不变论之源也可追溯到古希腊。"本体论"(essentialism)的鼻祖柏拉图(Plato)的哲学思想是唯心主义的不变论自然观之源。柏拉图认为自然界万物的多形多态乃是虚的、暂时的,而隐于具体物之后的固定不变的"本体"或"模"(eido)才是实的,形形色色的变体乃是有限数目的恒定不变的"模"的映像。所谓的"本体"或"模"是一种抽象,对本体来说不存在变化或进化,自然界中的变化只是"本体"("模")的不同的虚像。

(2) 中国古代先贤的辩证思想

与古希腊哲学遥相辉映的中国先秦诸子百家的哲学思想中也包含着某些演变论的观点。不知道什么原因,中国的先贤们更感兴趣于社会政治,关于自然观的内容不太多,阐述的方式多是抽象、晦涩的。例如,目前研究周易的人颇多,而对易经的解释莫衷一是。周易用抽象符号来表述宇宙万物之演变:阴(--)和阳(——)两种爻符可组成 8 个单卦和 64 个重卦,意味着天地万物由阴阳矛盾对立面而生出无穷的变化。[①] 且不说周易是唯心还是唯物,就其强调变化而言是和近代辩证思想相通的。

庄、老哲学继承了周易的辩证思想。"万物生于有,有生于无"(老子《道德经》);任何物都来自另一些有形之物("万物生于有"),有形之物则产生于无形的初始状态,即"有形者生于无形"或"有生于无"。这里已包含着演变论思想。在《列子》中有一段话阐述得更明白:"夫有形者生于无形,则天地安从生?"若说有形之物产生于无形之物,那么天与地是怎么产生出来的呢?"故曰,有太易,有太初,有太始,有太素。太易者未见(现)气也,太初者气之始也,太始者形之始也,太素者质之始也。气、形、质具而未相离,故曰浑沦。浑沦者言万物相混沦而未相离也……一变为七,七变为九,九变者究也。乃复变为一。一者形变之始也。清轻者上为天,浊重者下为地,冲和气者为人,故天地含精,万物化生。"把天地万物之起源和演化分成"太易""太初""太始"与"太素"4 个相继的阶段,逐步产生出"气""形"和"质",并由"气""形""质"不分离的"浑沦"(即混沌)状态逐步演化而达到清(天)浊(地)分异(即宇宙轻重物质分异)和万物化生(自然界万物产生)。将这一段论述和现代的宇宙起源假说对照,不难看出 2500 年前的中国哲人与现代的天体物理学家的观点(甚至阐述的方式)是如此相近。现代宇宙起源说认为宇宙起源于大约 200 亿年前的质量无限大、体积无限小,物质与能量未分离,引力、电磁力、核力和弱相互作用力未分的小质点,通过"大爆炸"(big bang),体积迅速膨胀,质量与能量分离,4 种作用力分离,宇宙物质元素产生,星系产生,太阳系和地球产生,生命万物逐步产生出来。这不正是所谓"万物生于有,有生于无""有形者生于无形"吗?斯宾塞的进化定义中所说的物质由"不定的、支离破碎的同质状态"(就是浑沦或混沌状态)转变为"确定的、有条理的异质状态"(就是清浊分,天地出,万物化生),也正和列子阐述的自然万物发生与变化的机理一致。

对于庄、老的哲学思想(此处从钱穆先生所称,即庄子先于老子,老子继承与发展了庄子哲

---

① 有人说易经的八卦与近代遗传密码"不谋而合":每三个符号组成一卦,类似"三字码",8 个单卦中每两个一组形成重卦,可有 64 种组合,相当于蛋白质合成中的 64 种遗传密码。依愚见,这乃是偶然巧合,古人何尝悟出生物遗传之玄机。何况遗传密码与八卦在符号组合上有明显不同:遗传密码有 4 种符号(四种碱基),而八卦只有两种符号;64 个重卦中每卦有 6 个符号而不是 3 个。可见,对易经的某些解释有牵强附会之处——作者注。

学。见钱穆，《老子辨》，1935 年，大华书局），不同学者的理解不尽相同。一些学者简单地将庄、老哲学思想归诸客观唯心主义范畴。然庄、老在论及物之来源时却恰恰与唯心主义相反。庄子认为，物皆无待而自然，即世界万物不依靠任何造物者而自生的。正如郭象注释庄子思想时所说的："造物者无主而物各自造。物各自造而无所待焉。"物是自生自造的，无待于其他。钱穆先生赞叹道："自来言物源，均归诸天帝之创造，庄周独加非难……造物无主乃庄学一大发明……今庄周于数千年前举世共信上帝造物之时而独创此可惊之伟论。"（《老子辨》）老子认为，万物皆源出于道（"道生一，一生二，……"），但老子的道并不是指造物主或上帝，道乃是"万有之始"，即前面所说的宇宙的起始状态，一种"混沌"或"无"的状态。天和地也是从这种状态产生的，换句话说，天、地乃至上帝都是从道产生出来的。可见深奥玄妙的庄、老哲学中潜含着极为可贵的进化的宇宙观。

总的来说，古代中国和古希腊的哲学先贤们对自然界的认识和以不同方式表达的自然观和近代进化概念及进化学说是一脉相通的。但那毕竟是哲学，是朦胧的进化思想，是古人对自然界的可变性与统一性的直觉的、概括性的认识。

4.3　中世纪西方的宗教哲学——反进化思想

中世纪的西方，各种学术思想都受宗教束缚，哲学也偏离了古希腊的唯物主义传统，唯心主义占统治地位，表现在自然观上就是宗教的"创世说"（creationism）。基督教圣经中的《创世记》把世界万物描绘成创世主上帝的特殊创造物。从创世论的基本思想延伸出两个教条，即对自然界中生物对环境的适应的"目的论"（teleology）的解释和物种不变论（fixitism）。恩格斯曾这样刻画目的论：根据这种理论，猫被创造出来是为了吃老鼠，老鼠被创造出来是为了给猫吃，而整个自然界被创造出来是为了证明造物主的智慧（参见《自然辩证法》·导言）。和古代中国及古希腊哲人的世界万物从某种混沌状态中产生的"演变论"自然观相反，创世说认为世界是一下子被创造出来的，而且一旦被创造出来就永远不变了：陆地、山川、海洋以及各种生物永远不变地存在着和存在下去，自然界无变化，无发展。这种反进化思想从中世纪一直到18 世纪都占着统治地位。被宗教所禁锢的哲学成了宗教哲学，宗教要求信仰，禁止思考与探索。哲学家们失去了古代先贤们那种活跃的思想和闪烁光辉的智慧。实际上中世纪的西方没有出现过伟大的哲学家，这恐怕是因为宗教与权力相结合，强化了思想的禁锢。人们的思想被统一在宗教教条之中，头脑僵化了。

从 15 世纪后期的文艺复兴到 18 世纪是西方近代自然科学产生与发展的时期，自然科学各学科逐渐建立起来，涌现出许多伟大的科学家。但这个时期的自然科学仍然没有挣脱宗教神学的束缚，那时的自然科学家与神学家的差别只不过是以不同的方式解释和颂扬创世主（上帝）的智慧。物理学家们的任务是探寻宇宙秩序背后的法则（定律），制定宇宙法则的是创世主，就是牛顿所说的"第一原因"。物理学家们的任务是研究创世主制定的宇宙法则（宇宙万物之间的谐调和秩序就是由这些法则调节控制的）及其作用，以此来服务于创世主。但是生物学家们发现，生物的结构如此复杂而奇特，生物的适应如此美妙和完善，以致不能用物理法则来解释了，于是转而求助于创世主直接有目的地创造。生物学家的任务就是研究创世主的各种美妙的"设计"，并以此证明创世主的存在和赞美创世主的智慧。这些现在听起来觉得可笑，但情况确实如此。那时的自然科学也是一种神学,即所谓的自然神学。正像迈尔(1983)所描写的:"自然神学既是科学又是神学,神学与科学分不开……直到科学与神学离婚之前,实际上不存在真正客观的、不受约束的自然科学。"科学与神学完全离婚是在 19 世纪之后。

秦、汉以后的中国的情况似乎不同于西方。占统治地位的儒家学说侧重于社会政治,儒家学者没有统一的自然观。大多数儒家学者和他们的鼻祖孔子一样,对有关自然界的重要问题避免发表具体见解,后人很难判断他们的自然观究竟是唯心的还是唯物的。汉、唐以来农学、医学、数学、天文学都有很大进展。在农业和医药的理论和实践中以及在一些学术著作中有关某些自然现象的解释都包含一些唯物论的自然演变概念。例如,唐人颜真卿(公元 8 世纪)、北宋沈括(公元 11 世纪)都曾对化石做过自然界"沧桑之变"的正确解释。西方最早对化石做出类似的正确解释的是 15 世纪意大利文艺复兴时期的大学者达·芬奇(Leonardo da Vinci)。在北魏人贾思勰(公元 6 世纪)的《齐民要术》中和唐人郭橐驼的《种树书》中,记载了植物嫁接和由嫁接引起植物变异现象。《齐民要术》还阐述了人工选择原理(关于鸡的选种),达尔文在其《物种起源》(*The Origin of Species*)一书中还特地提到此事(见《物种起源》第一章第九节)。佛教的传入无疑对中国思想界产生了很深的影响,佛教的轮回说为一般百姓所接受。但宗教在中国没有取得统治地位。

4.4　近代对立的自然观与进化学说的产生

16 世纪以后的西方,自然科学复兴,科学理论也逐渐摆脱抽象的哲学表达形式而逐步具体化。哲学家与自然科学家们也在逐步摆脱宗教束缚,争取思想自由和思想表达的自由。这是一个缓慢的、痛苦的过程,科学与宗教发生冲突,宗教迫害科学家的事件屡有发生。

1. 自然神学

既然宗教扼杀不了科学,神学家企图调和宗教与科学之间的矛盾。19 世纪初英国神学家威廉·柏利的著作《自然神学》(*Natural Theology*)是当时英国流行的自然观的比较全面的表达。柏利声称自然科学支持了神学。自然神学实际上是创世说的新形式,它包含这样的观点:整个自然界是按上帝制定的自然法则调节和安排的、和谐、完美的世界,一切自然现象都从属于使整个自然界保持和谐、秩序、平衡和完美的目的;生物是上帝直接的创造物,生物结构是按照它的功能要求而设计的,因而结构是严格对应于它的功能的;每一种生物都是绝对完美地适应其生存环境的;如果一种生物发生了变异,那也是为了适合于在新环境下生存的目的。自然神学这样的观点不仅充斥于自然科学著作中,也贯穿于政治、经济学著述中。甚至像牛顿和波义耳(Robert Boyle)这样伟大的物理学家也不例外。近代地质学奠基人莱伊尔在其《地质学原理》(*Principle of Geology*)中也体现了自然神学观点。他认为生物的绝对完善的适应表明环境的决定作用,而环境的这种决定作用显示出是创世主安排了生物与环境之间的协调关系。青年时期的达尔文也持有自然神学的观点,从他在 1837 年到 1838 年的环球旅行笔记中可以看出他仍然相信生物的适应是"完善的",自然界是"和谐的"。自然神学的自然观最明显地表现在对生物适应的解释上,认为每一种生物都是被独立创造出来的,被赋予一定的形态和功能使其适合于在被指定的环境条件下生存。这种"创造"与"安排"体现了某种先验的"目的"。

虽然在 18 世纪至 19 世纪的欧洲大陆流行着五花八门的思想观点,但在法国,古生物及比较解剖学权威乔治·居维叶(Geoge Cuvier,1769—1832)的自然观与英国流行的自然神学自然观如出一辙。居维叶在其著作《动物界》(*Le Règne Animal*)第一卷中有一段话表达了他的目的论观点:"自然历史也有一个合理的原则,这是自然历史特有的原则,自然历史在许多场合下都应用这个原则,这就是'生存条件'原则,又称为'最终原因'。任何生物除非将自身结合于其可能的生存条件之中,否则是不可能生存的。每个生物的不同部分必须以这样的方式使其协调,即能使各部分组合成一整体生物,不仅组合其自身,而且还要使其处于与周围环境的相互协调的关系之中;从这些生存条件的分析中常可得出一般的法则,就像在计算和实验中可显示的那些法则。"

在居维叶看来,生物各部分及整体是以最可能好的方式构筑起来的,因而生物结构对其所行使的功能来说是最完善的;生物器官的结构、功能与其生存条件之间是完美和谐的,因而分析生存条件就能得知器官的结构与功能,就像做算术和做实验那样准确无误。

自然神学自然观一直到 19 世纪中期才逐渐被科学界抛弃。

2. 近代的进化哲学

近代进化理论的开拓者是 16 世纪至 18 世纪的一些哲学家。奥斯本指出:"我们研究进化问题的现代方法的基础既不是由早期的博物学家们建立的,也不是由有远见的作家们建立的,而是由一些哲学家们奠定的。"(见 Osbom 的 *From Greeks to Darwin*)例如,培根(Francis Bacon,1560—1626)、笛卡儿(René Descartes,1596—1650)和康德(Immanuel Kant,1724—1804)等,他们和古希腊的同行们一样,用唯物主义观点和摆脱传统的自由思考去探索生命进化。与古希腊的哲人们不同的是,他们站在近代自然科学的新基础之上,具有较少的模糊性、更多的明确性。

培根是最早提出关于物种可变性问题的。康德则更为明确地提出了"传衍"的概念,他说"许多动物种集合为一共同的结构图案",物种之间的相似性"说明它们可能是因为来自一个共同祖先,实际上有血缘关系"。当然,这些哲学家们探讨的进化理论仍停留在哲学的思考上,所以我们称之为进化哲学。与康德差不多同时代的博物学家拉马克(Jean-Baptiste Lamarck,1744—1829)虽然提出了比较具体的进化学说,但他的著作中仍然是哲学多于科学,因而他自己也把他的阐述进化学说的主要著作称为《动物学的哲学》(*Philosophie Zoologique*)。

这些哲学家们起到了启发思想的作用,为后来的进化理论探讨开辟了道路。

3. 进化论的先驱者与最早的进化学说

18 世纪后期到 19 世纪初期是进化学说酝酿时期。在达尔文的《物种起源》问世之前,至少有三个人曾经比较系统地阐述过生物进化观点,他们是乔治·布丰(George Buffon,1707—1788),艾拉斯姆·达尔文(Erasmus Darwin,1731—1802)和让-巴布提斯·拉马克。可以说他们是进化论的先驱者,其中拉马克的进化学说是达尔文之前的影响最大、最系统的进化理论。

(1) 布丰和林奈

布丰,法国人,是第一个提出广泛而具体的进化学说的博物学家。他和最后一个物种不变论的权威林奈(C. Linnaeus,1707—1778)是同时代的人。布丰认为物种是可变的,他特别强调环境对生物的直接影响，他认为物种生存环境的改变，特别是气候与食物性质的变化，可引起生物机体的改变。这是布丰进化学说的中心思想。布丰学说中也有一丝自然选择概念的闪现，例如，他认为某些物种的高繁殖率与它们大量的死亡之间有关联。遗憾的是布丰经不起宗教势力的压迫而公开发表了放弃进化观点的声明，这使得他作为进化论先驱者的地位大为逊色。有趣的是，与布丰在进化论立场上的动摇相呼应的是林奈向相反方向的动摇。林奈看到了大量的事实与他所坚持的种不变论相冲突，在晚年终于承认物种是可变的，并怀疑上帝创造万物的说法。他承认新种可以通过杂交产生，在分类学上正确地把全部有乳腺的动物（甚至鸭嘴兽）都列在同一分类单元——哺乳纲。当他把人与猿、猴放在哺乳纲中同一个属的时候，叹道："这些丑恶下贱的畜牲（猿、猴）是多么像我们呀！"，一个博物学家的科学态度战胜了宗教偏见。布丰的动摇是屈服于教会与世俗传统，林奈的动摇是迫于事实。

（2）艾拉斯姆·达尔文

艾拉斯姆·达尔文是查理士·达尔文的祖父，一位颇为坚定的进化论者。他在其著作中阐述过物种可变的观点和不同类型的生物可能起源于共同祖先的"传衍"的概念。例如，他在其《动物生物学或生命法则》(*Zoonomia or the Laws of Organic Life*，1794 年伦敦出版)一书中写道："当我们反复思考动物的变态，如从蝌蚪到青蛙；其次再思考人工培育，如饲养马、狗、羊所引起的这些动物的改变；其三，思考气候条件和季节变换引起的动物改变……进一步观察由习性引起的结构改变，如不同地区的人的差异，或由于人工繁殖及胚胎发育期受到影响而引起的改变，种间杂交和怪异生物的出现；其次，当我们观察到所有的温血动物的构造的基本的统一型式时——促使我们得出这样一个结论，它们似乎都是从一种活的丝体产生出来的……所有的温血动物起源于一种活的丝体。"老达尔文这段话既指出了物种的可变性，又表达了不同生物有共同祖先的"传衍"的概念，虽然所谓"活的丝体"纯粹是猜想。老达尔文还在他的那本著作中阐述过"获得性状遗传"的见解。他写道："所有的动物都曾经历转变，这种转变一部分是由于自身的努力，对快乐和痛苦的回应。许多这样获得的形态及行为倾向于遗传给它们的后代。"这可以说是在拉马克之前或与拉马克几乎同时提出的拉马克主义原理。

（3）拉马克

拉马克是法国伟大的博物学家，早年当过兵，参加过资产阶级革命，后来从事植物学、动物学和古生物学研究。1809 年发表了《动物学的哲学》(*Philosophie Zoologique*)，先于达尔文50 年提出了一个系统的进化学说。赫克尔(E. Haeckel，德国生物学家)称拉马克这本书是对传衍理论的第一个连贯的、彻底的、逻辑性的阐述。拉马克学说中包含有布丰的观点和老达尔文的观点，但比二者的阐述更系统、更完整。

拉马克学说的基本内容和主要观点可以归纳如下：

① 传衍理论。他列举大量事实说明生物种是可变的，所有现存的物种，包括人类都是从其他物种变化、传衍而来。他相信物种的变异是连续的渐变过程，并且相信生命的"自然发生"（由非生命物质直接产生生命）。

② 进化等级说。他认为自然界中的生物存在着由低级到高级，由简单到复杂的一系列等级（阶梯）。生物本身存在着一种由低级向高级发展的"力量"。他把动物分成 6 个等级，并认为自然界中的生物连续不断地、缓慢地由一种类型向另一种类型，由一个等级向更高等级发展变化。拉马克描述的进化过程是一个由简单、不完善的较低等级向较复杂、较完善的较高等级

转变的进步性过程。迈尔把这种进化称为"垂直进化"（vertical evolution），因为这种进化是在时间向度上展开的，没有物种形成（横向分支），也没有物种绝灭的单向过程（Mayr，1983）。拉马克实际上不承认物种的真实存在，认为自然界只存在连续变异的个体，也不承认有真正的物种绝灭；他认为生物的显著改变使得它与先前的生物之间的联系不能辨认了，这样的情况是有的。

③ 进化原因——强调生物内部因素。与布丰不同，拉马克不太强调环境对生物的直接作用，他只承认在植物进化中外部环境可直接引起植物变异。他认为环境对于有神经系统的动物只起间接作用。拉马克认为环境的改变可能引起动物内在"要求"的改变，如果新的"要求"是稳定的、持久的，就会使动物产生新的习性，新的习性会导致器官的使用不同，进而造成器官的改变。拉马克所说的动物内在"要求"似乎是动物的欲望，以致后人认为拉马克学说带有活力论（vitalism）的色彩。拉马克又进一步把他的关于动物进化原因的解释概括为如下两条法则：

a. 不超过发育限度的任何动物，其所有使用的器官都得到加强、发展、增大；加强的程度与使用的时间长短呈正比。反之某些不经常使用的器官就削弱、退化以至于丧失机能，甚至完全消失。这就是所谓的"器官使用法则"或"用进废退"法则。

b. 某种动物在环境长期影响下，甲器官频繁使用，而乙器官不使用，结果使一部分器官发达，而另一部分器官退化，由此产生的变异如果是能生育的雌、雄双亲所共有，则这个变异能够通过遗传而保存。这就是被后人称为"获得性状遗传"的法则。

关于"器官使用法则"，拉马克在其著作中列举了许多例子。如脊椎动物的牙齿与食性的关系；草食兽咀嚼植物纤维经常使用臼齿，因而臼齿发达；食蚁兽、鲸鱼不大用牙齿咀嚼，因而齿退化。又如鼹鼠因生活于地下不需使用眼睛，因而眼退化；不大飞翔的昆虫及家禽，其翅退化；水鸟由于用足掌划水时经常用力张开足趾，使足间皮肤扩张而形成蹼；长颈鹿因经常引伸颈部取食高树枝叶而发展出长颈；比目鱼在水底总是努力使双目向上看而使双目位置移向一侧等等。这些例子表面看来是"符合"他的"用进废退"法则的，但解释是肤浅的，经不起深究。"获得性状遗传"法则自 19 世纪末到现在仍是争论的问题。

总的说来，拉马克的进化学说中主观推测较多，引起的争议也多。但他的学说比布丰及老达尔文的更系统、更完整、内容更丰富，因而对后世的影响更大些。多数学者认为拉马克学说是达尔文以前的最重要的进化学说。

布丰、老达尔文和拉马克都是向当时占统治地位的"创世说"及"种不变论"的传统自然观的挑战者，其学说的共同中心思想是：物种是可变的；每个物种都是从先前存在的别的物种传衍而来；物种的特征不是上帝赋予的，而是由遗传决定的。

4. 居维叶和圣·喜来尔的论战及目的论的衰落

在 18 世纪至 19 世纪进化论与创世说的对立斗争中，布丰、老达尔文和拉马克动摇了创世说的第一道阵线，即批驳和否定了种不变论。但创世说的第二道阵线——目的论却不大容易被突破。对目的论的批判和进攻是从一场大论战开始的。

1830 年前后，法国古生物学家及解剖学权威居维叶和新一代的博物学家乔弗罗依·圣·喜来尔（其全名是 Etienne Geoffroy Saint-Hilaire，1772—1844；简称为圣·喜来尔）进行过一场论战，这是新思想向旧教条的挑战，论战的主题是关于对生物适应的解释。在这次论战中虽然居维叶因其在学术界的威望而在表面上获胜了，但论战本身却唤起了反目的论的新思想的兴起。此后,目的论走下坡路,在生物学中逐渐被摒弃。

居维叶认为生物的适应是绝对完善的,生物体就像钟表一样精密、准确、谐调,结构与功能严格对应,像钟表那样每个部件(器官)都是为一定的功能目的而设计的,各个部件又是按最合理的方式组合成整体的,而生物整体是适应一定的环境条件的。按居维叶的观点来推论,则:① 不存在无功能的(无用的)器官;② 不存在功能不完善的器官(相信上帝的智慧);③ 器官在结构上的相似只能是由于所执行的功能相似,而功能的相似只能是因为生存条件的相似。因而引出了所谓的"生存条件原理"(principle of the condition of existence),即生存条件决定生物的结构,结构对应于一定功能。居维叶的生存条件原理包含合理的成分,例如,生物同功器官或趋同型(convergent homomorphy),表明环境条件、器官功能与器官结构三者之间存在着联系。但居维叶把这个"生存条件原理"变成了目的论的教条,那个时期的许多博物学家都不同程度地信奉这个教条。例如,在解释生物在地史时期的更替时认为,鱼类、两栖类、爬行类、哺乳类在地史上相继出现(依据化石在地层中的分布)是因为适合于各门类动物生存的环境条件在地史上是相应地先后出现的。

圣·喜来尔站在对立面,反对用功能的要求来解释器官结构,认为功能与结构并非总是对应的,例如,像动物的"萌芽器官"(正在形成中的器官或尚未完善到能行使功能的器官)和"残留器官"(退化了的、丧失功能的器官)。他认为所有的动物躯体是由基本上相似的结构单元组成的,一种动物的特殊结构不应当用功能目的解释,而应在与其他动物相应结构的关联中找到解释。例如,将人的上肢与马、蝙蝠、鲸的前肢做比较,可以看出它们的功能虽不同,但骨骼的基本结构相似,表明它们之间有关联,有"统一的构型"(图4-2)。可惜圣·喜来尔没有从传衍的概念来解释何以存在这种关联。

其后不久,对"生存条件原理"的批评越来越多。例如,卡朋特(William B. Carpenter)在其1839年出版的著作《普通和比较生理学原理》(*Principle of General and Comparative Physiology*)中反对关于生物在地史中替代问题的目的论的解释。按当时流行的居维叶的"生存条件原理",当地球历史上出现一种新的环境条件时,就会有专门适应这种新环境的生物产生出来,因为按居维叶的观点,各种生物都是为一定的环境条件专门"设计"和"创造"的。欧文(Richard Owen)进一步发展了圣·喜来尔的关于"统一构型"的思想,提出了"原型"(archetype)概念。欧文在其1849年

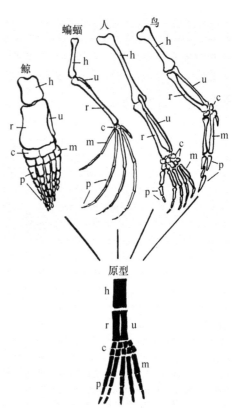

图4-2　目的论与原型说的争论

原型说认为器官不是为一特定的功能目的而设计的,而是按某种"统一构型"(原型)设计的。由原型概念发展到后来的同源(homology)概念:不同动物的不同功能的前肢确有"共同的构型",这种共同性来自共同祖先。h,肱骨;r,桡骨;u,尺骨;c,腕骨;m,掌骨;p,趾骨

出版的《论前肢的性质》(*On the Nature of Limbs*)一书中反驳了居维叶的结构-功能对应的目的论解释，他的结论是：不同种类动物的不同功能的前肢是按照统一构型，即原型建造的。但是，卡朋特和欧文并没有完全摆脱造物主或上帝，只是把特殊的个别的创造变为按"原型"来创造万物。反目的论的学者中一些人后来成为反进化论者，例如，欧文。

5. 从原型概念到分支概念

圣·喜来尔和欧文从不同种类动物结构的相似性中发现了统一构型或结构的共同原型，以此来证明生物体不是为了特殊目的和特定功能来建造的，而是按原型建造的，即按同一原型创造不同种类。

其实，型的概念可以溯源到柏拉图的模(eido)概念。型是许多物种共同特征的抽象组合，是虚的。原型概念强调了生物结构的统一性，但形态学家、分类学家却更重视同一原型之内的歧异性。

那么，原型的内部如何发生歧异的呢？分类学家和形态学家提出了分支(branching)概念和与之相伴随的发育(发展)概念。由一个原型通过发育或发展(引进时间因素)而发生分支，这就是同型之内的歧异性的来源。例如，辐射对称动物、软体动物、节肢动物和脊椎动物各有其原型(起点)，通过发育或发展而各自产生分化、歧异和特化(分支)。同一原型内的各类型有共同起源(起点)，属于同一原型的某一类型可以转变(通过发展)为另一类型，但不能转变到别的原型范畴内(图 4-3)。

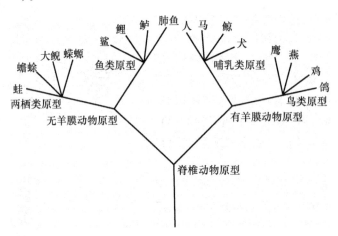

图 4-3　原型与分支概念

由统一的原型，通过分支而产生歧异(用以解释生物多样性)。例如，由脊椎动物原型通过分支
而产生若干亚原型，并进而分化为不同的动物。达尔文把原型概念修正为"同祖"，将分支概念
修正为"性状分歧"，将分支过程看作是"有变化的传衍"，这就是系统发生概念

不连续的、各自孤立的各物种因分支和发展而部分地连接起来了，生物界的统一性与歧异性统一起来了。这是认识上的巨大进步，然而距真理还差一步：还没有摆脱创世的上帝！

达尔文把原型概念修正为"同祖"，把分支看作是"性状分歧"，把分支过程看作是"有变化的传衍"(descent with modification)，这就是系统发生(phylogenesis)，这是个重要的进化概念。

6. 灾变说与均变说的对立

18世纪晚期到19世纪初,从各时代地层中发现了大量的各种形态的生物化石,这些化石与现代生物既相似又不同,表明在地球历史上生存过许多现今已不存在的物种。圣经不能解释这些物种绝灭的事实,虽然《创世记》中说曾发生过洪水,但又说每一物种在洪水之后又复活了,并无绝灭之说。为了解释古生物学的发现而又不违背圣经,于是就有了所谓的"灾变说"(catastrophism)。按照灾变说的说法,地球历史上周期性地发生大规模的、突发的、原因不明的灾难事件,在每一次灾难之中原来的生物种类都全体绝灭了,灾难之后占据地球表面的是新创造出来的生物,即周期性的灾难和周期性的生物更替。居维叶被认为是灾变说的代表,他在1812年出版的著作《四足兽骨化石的研究》(*Rescherches sur Les Ossemens Fossiles de Quadrupèdes*)中写道:"在这时期,生命常受这些可怕事件所害,无数生物成为这种灾难的牺牲品:一些生活于干旱陆地的生物被洪水吞没;当海底突然再抬升起来时,生活于海中的生物则被搁浅;整个生物种类全被毁灭,只留下少数残余,博物学家们偶然能找到它们。"(转引自Denton,1985)

许多地质现象与化石记录被当作灾变的证据。但若对照圣经,灾变说也难圆其说。例如,《创世记》中说上帝是在6天之内创造万物的,在这么短时间内如何发生多次的灾难,多次的创造? 于是又有一些填隙补漏的变通的说法。当时的自然科学总是围绕圣经转,可见要摆脱宗教的思想束缚有多难!

与灾变说对立的是"均变论",我们在第三章已提到过。1830年莱伊尔发表了他的《地质学原理》第一卷,此书全名叫作《地质学原理,以现在起作用的原因来解释地球表面先前变化的一个尝试》(*Principle of Geology,Being an Attempt to Explain the Former Changes of the Earth's Surface,by Reference to Caused Now in Operation*)。正如该书书名所示的含义:现在发生和进行着的地球表面微小的地质变化的原因,也正是地球历史上大的地质变化的原因;只要这些变化是连续的、恒定的、持久的,在长时间里必定产生大的地质改变。在那个时候,均变说不受重视,但均变说不仅奠定了现代地质学的科学基础,而且对创世说也是一个很厉害的打击。均变说对达尔文的影响很大。

7. 历史循环观点与历史进步观点之对立

18世纪至19世纪初期,在生命历史是否有方向这个问题上有两种对立的观点。实际上,进化是否有方向也是进化论中长期争论的问题。

莱伊尔认为地球历史是周期性循环的,生命历史也和地球的循环周期相应地循环。莱伊尔继承了赫顿的观点。赫顿认为地球上的变化是无向的,历史是"既无开端的痕迹,也无终止的前景"(Stanley,1979)。按历史循环观点,地球上的环境是周期性重复:冷变暖、暖变冷;陆变海,海变陆;同类生物也会重复产生,消失了的种类又会再出现。这是和现代的进化概念相悖的。

那时候站在对立面的是历史进步观点,如亚当·塞德维克(Adam Sedgwick)、威廉·巴克兰(William Buckland)。他们接受拉马克的观点,认为地球环境和生物都经历了有向的发展过程,地质历史上各时期的环境适合于逐渐复杂的、高级的生物的生存。

通过上面的回顾我们大体上可以了解到，从 16 世纪到 19 世纪上半叶是自然科学逐渐摆脱神学束缚而争取独立的时期，是新思想、新自然观向旧思想传统抗争时期，是自然科学新学说萌生时期，是人类思想革命酝酿时期。直到 19 世纪中期，才由达尔文最终完成了这场使科学完全摆脱神学而独立的思想革命。这期间出现过许多对立的观点与学说，每一个新学说的提出几乎都伴随一场争论，每一次争论都使人类对自然的认识前进了一步。有些历史上的争论问题，例如，关于灾变和关于环境与生物进化是否有向，又以新的形式被提出，引起现代的新的争论。

4.5　达尔文和达尔文的进化理论

科学史上没有哪一个理论学说像达尔文的进化理论那样面对着那么多的反对者，遭到那么多的攻击、误解和歪曲，经历了那么长久而激烈的争论，受到如此悬殊的褒贬，造成如此深广的影响。它最初被宣布为"亵渎上帝的邪说"，后来又被别有用心者利用，被法西斯种族主义者歪曲；它曾多次被宣判"死亡"或"崩溃"，也被说成是"过时的理论"或"非科学的信仰"；许多人许多次地宣称它已被某某新理论"驳倒"或"打倒"。无怪乎在达尔文的《物种起源》问世 100 周年之际（1959 年），卓越的遗传学家缪勒（H. J. Muller）和杰出的古生物学家辛普生（G. G. Simpson）不约而同地用同样的标题分别写了纪念文章："没有达尔文的 100 年是到头了"（One hundred years without Darwin are enough）！

1. 达尔文给我们带来了什么？

达尔文的进化理论似乎是"摒除不掉的东西"，它总是在被抛弃之后又被捡了回来。达尔文究竟给我们带来了什么？

要正确地评价达尔文的进化理论，必须用历史的眼光不存偏见地对待它。从科学史、人类思想史的角度来说，达尔文给我们带来了一个新世界观，一个锐利的思想武器。在达尔文以前，从普通的老百姓到著名的学者都相信创世说描绘的世界：上帝有目的地设计和创造的世界，谐调、有序、合理安排、完善、美妙、永恒不变的世界。而达尔文为我们描绘了另一个世界：没有造物主，没有上帝，没有预先的目的和设计，变化无穷的，充满竞争的，不断产生和消亡的，有过去的漫长和曲折的演变历史，有不能预测的、未来的、丰富多彩的世界，令科学家兴奋不已并愿为探索它的奥秘而献身的世界。在达尔文生活的那个时代，甚至最有声望的学者都相信上帝创造世界，相信人的特殊地位。达尔文在《物种起源》一书中暗示"人类的起源和历史也将由此得到启示"。1871 年《人类的由来》（The Descent of Man）一书的问世，宣告人类从超然的地位回归到自然界。

不是哲学家也不是思想家的达尔文却完成了千百年来唯物主义哲学家和思想家未能完成的一场思想革命，毫不留情地把上帝从科学领域驱逐出去。

"一个半世纪以前，查理士·达尔文可能没有意识到他所给予科学的是一件从未有过的强大武器，即他的进化理论。科学家用这把坚利之剑斩断了无知、迷信和傲慢这些束缚人类对亿万年来的生命的了解的镣铐。"（引自"美国自然历史博物馆成立 125 周年纪念专刊"的前言）

18 世纪至 19 世纪的自然科学领域的思想革命不是从物理科学开始的，而是从生物学领域发起的。布丰和拉马克在传统思想大厦上撞开了一个大洞,达尔文则摧毁了这座大厦的根基,并使它崩溃。由达尔文最后完成的这场自然科学中的思想革命最终使科学与神学"离婚",自然科学由此彻底摆脱神学的束缚而真正独立。因此,一些自然科学史家把 1859 年达尔文的《物种起源》出版之日视为自然科学独立日。

迈尔是这样评价达尔文的:"他的几乎所有的革新都成为西方思想的组成部分,只有历史才能估价达尔文的先锋作用。"(Mayr,1983)

2. 达尔文进化理论的形成

19 世纪进化理论的产生与发展过程是自然科学史研究的热点之一,其中对达尔文思想发展和理论形成过程的研究更引起学们的重视。自然科学史学家奥斯帕瓦(Dov Ospovat)的专著《达尔文理论的发展》(*The Development of Darwin's Theory*)对达尔文理论的发展过程有很精辟的见解。

奥斯帕瓦把达尔文进化理论的形成和发展看作是一个社会过程,因为一种科学思想是要通过社会来建立的。他把达尔文放在 19 世纪的欧洲社会及政治、经济、思想文化的背景中来考察。这样,他就得出了一些不同于别的达尔文研究者的观点。例如,一般学者都认为达尔文早在 1838 年完成环球考察后不久就已经形成了他的进化理论,他之所以推迟 20 年之久才发表关于进化理论的著作是由于他在学术上的谨慎,力求其理论更完善;而某些学者则认为达尔文因深知其理论对宗教、哲学和政治的影响之大,他自己又是政治上的温和派,所以才推迟发表其著作,并以削弱的形式表达其观点(Gould,1977)。但奥斯帕瓦却不以为然,他认为达尔文并非超人,一下子就超越了其同时代的人而彻底摆脱了传统思想。他认为达尔文直到 1850 年才真正完成了他自己头脑里的思想革命,真正摆脱了自然神学,真正形成了进化理论。这个观点是正确的。

达尔文的全名是查理士·罗伯特·达尔文(Charles Robert Darwin),1809 年 2 月 12 日诞生于英国希鲁兹伯里(Shrewsbury),1882 年 4 月 19 日去世(图 4-4)。达尔文之所以能够发起一场自然科学的思想革命并取得胜利,可以归诸如下几方面因素。

图 4-4 查理士·罗伯特·达尔文(1809—1882)

① 16 世纪以来自然科学的发展使得人类对自然界的认识达到了一个新水平。

② 18 世纪至 19 世纪英国工业和农业的大发展以及与之伴随的自然资源考察热和探险热，为达尔文创造了搜集和积累资料的条件。达尔文参加的历时五年之久的环球旅行考察和他对农、牧业育种实践经验的调查都为他的理论准备了充分的基础资料。

③ 任何新理论的产生都或多或少地吸收、借鉴前人及同代人的研究成果和思想观点。达尔文以前的进化论先驱者及与达尔文同时代的自然科学和社会科学中的新思想观点无疑给了达尔文很大影响和启示。对于达尔文在多大程度上受前辈和同代学者的影响这个问题，有两种极端相反的意见。一种意见认为达尔文学说完全是前人成果的总结，没有什么独创，是"拿现成的"。例如，一个叫巴特勒(S. Butler)的人说："布丰种树，艾拉斯姆·达尔文和拉马克浇水，而达尔文说'这果子熟了'，便将它摇下来装进自己的衣兜里。"(引自 Thomson, 1910)这并不符合事实。另一种意见则完全相反，认为达尔文基本上是独立发展其理论的，只是由于谦虚才在其著作中大量引证别人的研究工作。例如，达尔文在《物种起源》一书中列举了 30 多个或多或少有一些进化观点的学者，而实际上达尔文在构思其理论时还不知道他们。这种看法也失之偏颇。实际上，达尔文从其前辈和同辈学者中受益匪浅。在达尔文的回忆录中，有这方面的记述。

④ 达尔文本人的品质是他成功的重要因素，即他的博学、广泛兴趣、强烈的求知欲、超人的观察力、工作的专心致志以及他的有效的工作方法和正确的思维方法。达尔文在其回忆录中承认自己"没有敏捷的理解力，也没有机智""记忆范围广博，但模糊不清"，说明达尔文没有超人的智力。但达尔文不同于一般人的地方是"我具有一种比一般水平的人更高的本领，就是能看出那些容易被人忽略的事物，并且对它们作细致观察"。达尔文承认自己勤奋，他说："我在观察和收集事实方面的勤奋努力，真是无以复加。"还有一点更重要，就是"我热爱自然科学，始终坚定不移，旺盛不衰……我一生的乐趣和唯一的工作就是科学研究工作。"(见《达尔文回忆录》，毕黎译注，1982 年商务印书馆出版)

最后，还有一个未必不重要的条件，那就是达尔文的经济状况：他的父亲留给他一笔遗产，使他"不急需去谋生觅食"，有充裕时间去考察研究。

根据奥斯帕瓦提供的资料和达尔文回忆录，笔者将达尔文进化学说形成过程分为如下四个阶段：

a. 1836 年 10 月(达尔文结束环球考察)以前——自然神学自然观时期；

b. 1836 年 10 月至 1838 年 9 月——由自然神学自然观向演变论自然观转变；

c. 1838 年 10 月(读马尔萨斯的论人口的著作)到 1844 年——自然选择理论形成时期；

d. 1844 年至 1858 年——自然选择理论发展为完整的进化理论。

在剑桥大学念书时期(1828—1831)和乘贝格尔号军舰进行环球航行考察期间的达尔文是一个自然神学的信徒。他读过伯利的《自然神学》及《基督教教义证验论》，并且相信自然神学。他在回忆录中写道："这两本书的逻辑也同欧几里得几何学一样使我感兴趣……我对伯利的思想前提丝毫不感兴趣，只是相信它们，同时被其中接连不断的证据所迷惑，因而信以为然了。"在爱丁堡大学读书时他读过他的祖父老达尔文的著作，但老达尔文的进化论观点对青年达尔文"没有什么影响"。1831 年 12 月登上贝格尔军舰去考察，直到考察结束，达尔文仍然没有完全抛弃自然神学观点。

1836 年 10 月达尔文结束环球考察,并认真思考了 5 年考察期间提出的问题,终于放弃了宗教信仰,从自然神学自然观转变为一个相信物种演变的演变论者。他在回忆录中写道:"就是在 1836 年到 1839 年间,我逐渐意识到,由于《旧约全书》中有明显的伪造世界历史的事实……因此就认为它的内容并不比印度教徒们的圣书或其他任何一个未开化民族的信仰更加高明些,更加值得我相信……我逐渐变得不再相信基督教是神的启示了……不信神就以很缓慢的速度侵入我头脑中,而且最后终于完全不信神了。"达尔文此时意识到科学与宗教之间的绝对不相容,要么相信宗教教义而不顾事实,要么放弃宗教信仰而探求科学真理。达尔文终于选择了后者,并对《福音书》的经文愤然呼出"这真是该死的教义"(见《达尔文回忆录》)。1837 年 7 月至 1838 年 2 月,达尔文撰写了两本论物种演变的笔记[①],他不再相信创世说,他相信物种是可变的,每个物种都从先前存在的其他物种演变而来,每个物种的特征不是上帝赋予的,而是传衍而来。

1838 年 10 月,达尔文读了马尔萨斯《论人口》(*Essay on the Principle of Population*),大受启发。他在回忆录中写道:"1838 年 10 月……我为了消遣偶尔翻阅了马尔萨斯《论人口》一书。当时我根据长期对动物和植物的生活方式的观察,就已经胸有成竹,能够去正确估计这种随时随地都在发生的生存斗争的意义,马上在我头脑中出现了一个想法,就是:在这些环境条件下,有利变异应该有保存的趋势,而不利变异则应该有消亡的趋势。这样的结果应该会引起新种的形成。因此,最后我终于获得了一个用来指导我工作的理论。"达尔文还说,为了避免"先入为主的成见",在很长一段时间里他不把这个新理论写出来,直到 1842 年 6 月才用铅笔把这个自然选择理论写成 35 页的概要,1844 年又把概要扩充为 230 页的说明。[②]

对于达尔文在构思自然选择理论时是否接受和在多大程度上受马尔萨斯的影响这个问题,存在着两种偏颇的观点。一种观点认为达尔文在 1838 年 10 月读马尔萨斯人口论著作之前就已经完成了自然选择理论的构思,达尔文在回忆录中提到马尔萨斯的那段话"可能是一种托词"(见《达尔文回忆录》一书中毕黎的注释)。持这种观点的人多半是认为马尔萨斯人口论是反动的,不应使达尔文受牵连。另一种观点则认为自然选择理论就是马尔萨斯理论的生物学翻版。这两种观点都是错的。只要比较一下达尔文的两本演变论笔记,就可明白达尔文确实受马尔萨斯著作的影响。在 1838 年 2 月写成的第一本物种演变笔记中并无关于自然选择的明确阐述,而在 1838 年 10 月(读过马尔萨斯著作后)写成的第二本物种演变笔记中对自然选择理论有比较明确的阐述。但不能否认,1838 年 10 月以前达尔文曾有过关于自然选择原理的构思。达尔文在其著作中提到农、牧业人工选择实践对他的启发,并指出:自然选择原理曾经由威尔斯(W. C. Wells)于 1813 年,帕德里克·马修(Patrick Matthew)于 1831 年独立地认识到,圣·喜来尔在 1825—1828 年间也曾表达过某种类似自然选择的概念。达尔文的自然选择理论是逐渐形成和发展的,即使在读了马尔萨斯著作以后,他还是经历了数年的思考才写

① "*Darwin's Notebooks on Transmutation of Species*",de Beer G,Rowlands M. J. and Skramovsky B. M. 编,笔记共分 6 册出版,1960 年载于英国 Bulletin of the British Museum(Natural History),Historical Series,2(1960):23—183,及 3(1967):129—176。

② 达尔文之子,弗朗西斯·达尔文(Francis Darwin)把这个概要与说明整理出版了,题为"*The Foundations of the Origin of Species:Two Essays Written in 1842 and 1844*",剑桥大学出版社出版(1909)。

出概要与说明。另一方面,认为达尔文把马尔萨斯人口论套用到生物学中的说法是一种歪曲。社会学理论有其政治、经济利益背景,马尔萨斯人口论既是早期资本主义社会激烈竞争、经济危机、严重失业(人口相对过剩)等社会现象在社会学中的反映,也是社会学为解决这些社会矛盾而提出的理论。当然,一种社会文化必定影响社会中的每一个人的自然观,马尔萨斯人口论对达尔文思想的影响是不可否认的,但达尔文自然选择理论与人口论相似之处只是一部分,即人口论认为的人口增长大于食物增长与自然选择说的自然界中普遍存在的繁殖过剩。即使马尔萨斯人口论的前提(即人口成几何级数增长,食物成算术级数增长)是错的,但任何生物学家都不能否认自然界中确有达尔文所说的繁殖过剩现象。

1844年至1858年期间达尔文最终完成了他的进化理论。这期间达尔文把分支概念与发展概念融合到自然选择理论之中。冯·贝尔(Karl E. von Baer)将胚胎发育过程中的分化现象与原型的分支相比拟,认为原型通过发育、分支而产生不同的特化型。唯心主义的欧文认为从原型到特化的类型是"理念"的发展过程。但达尔文把原型视为共同祖先,把发育过程看作是世代传衍,把分支看作是性状分歧,于是达尔文获得了系统发育(phylogeny)的新概念。

达尔文在其回忆录中描述了他在1844年后的一段时间里怎样思考而得出性状分歧概念的。他说:"正在那时,我却忽略了一个意义极其重大的问题……这个问题就是:同一根源产生的生物其性状随着它们发生变异而有分歧的趋势……当我头脑中得出这个问题的解答时,我真是高兴极了。我认为,这个问题的解答就是:一切占优势的、数量在增加着的类型的变异了的后代,都有一种能在自然组织下去适应很多条件极不相同的地区的趋势。"(《达尔文回忆录》,毕黎译注)

系统发育和系统树的概念的获得使达尔文的进化理论趋于完整,分支的进化树显著地区别于拉马克的"垂直进化"模式。从林奈、居维叶、拉马克到达尔文,对自然历史的认识发生了根本的转变。

有趣的是华莱士(Alfred Russel Wallace)与斯宾塞在19世纪中期与达尔文差不多同时各自独立地得出自然选择理论,而且也都是从社会人口问题引出的。例如华莱士在《我的生活、事件与意见的记录》(*My Life,a Record of Events and Opinions*,London,1905)一书中写道:"我想到他(指马尔萨斯)的关于对人口增长的正阻遏这个清晰的阐述……反复思考这种无限恒定的毁灭,促使我提出这样的问题:为什么有些死了,有些活着?回答是明白的,即从整体来说最适应的存活。"斯宾塞在《发育假说》(*The Development Hypothesis*,大约写于1852年)及其他著作中已经提到生存斗争。但与达尔文的理论比较,他们的理论远不是完整的、系统的。

1858年达尔文与华莱士同时在林奈学会上宣读了论文,1859年《物种起源》正式发表,经过长时间孕育的达尔文进化理论诞生了。

3. 达尔文进化理论的主要内容

达尔文进化学说大体包含两部分内容:其一是达尔文未加改变地接受前人的进化学说中的部分内容(主要是布丰和拉马克的某些观点);其二是达尔文自己创造的理论(主要是自然选择理论)和经过修改和发展的前人或同代人的某些概念(例如性状分歧、种形成、绝灭和系统发育等)。

任何进化学说得以成立的前提是：第一，承认物种可变；第二，承认原有的和变异的特征都是通过遗传从亲代获得并传给后代；第三，必须能够在排除超自然原因的情况下解释生物进化的原因和适应的起源。

达尔文以前的进化学说多强调单一的进化因素，例如，布丰强调环境直接诱发生物的遗传改变，拉马克强调生物内在的自我改进的力量，瓦格勒（M. Wagner）则强调环境隔离因素。而达尔文在其《物种起源》一书中兼容并包，他采纳了布丰的环境对生物直接影响的说法（但他认为环境条件与生物内因比较起来还是次要的），也接受了拉马克的"获得性状遗传法则"（他甚至还是提出"泛生子"假说来解释获得性状遗传），但他在解释适应的起源时强调自然选择作用。达尔文进化学说可以说是一个综合学说，但自然选择理论是其核心。

达尔文在构思自然选择理论时受到两方面的启发：一是农、牧业品种选育的实践经验，二是马尔萨斯的著作。批评达尔文的人只强调后者，其实若仔细读一读达尔文的《物种起源》和《动植物在家养状态下的变异》这两本书，就不难看出农、牧业育种家们培育新品种的方法（人工选择）对达尔文构思的启发作用。

达尔文的进化学说的主要内容可以归纳如下：

（1）变异和遗传

一切生物都能发生变异，至少有一部分变异能够遗传给后代。

达尔文在观察家养和野生动、植物过程中发现了大量的、确凿的生物变异事实。他从性状分析中看到可遗传的变异和不遗传的变异，他不知道为什么某些变异不遗传，但他认为变异的遗传是通例，不遗传是例外。达尔文把变异区分为一定变异和不定变异。所谓一定变异，"是指生长在某些条件下的个体的一切后代或差不多一切后代，能在若干世代以后都按同样方式发生变异"（《物种起源》第一章）；而所谓不定变异，就是在相同条件下个体发生不同方式的变异。达尔文所列举的一定变异的例子多半是我们现在所知道的表型饰变。关于变异原因，达尔文提到以下几方面：环境的直接影响，器官的使用与不使用产生的效果，相关变异等。关于变异与环境的关系，达尔文更强调生物内在因素。他说："生物本性似较条件尤其重要……对于决定变异的某一特殊类型来讲，条件性质的重要性若和有机体本性比较，仅属次要地位，也许并不比那引起可燃物料燃烧的火花的性质，对于决定所发火焰的性质来讲更重要。"（《物种起源》第一章）关于变异的规律，达尔文得出两点结论：① 在自然状态下显著的偶然变异是少见的，即使出现也会因杂交而消失；② 在自然界中从个体差异到轻微的变种，再到显著变种，再到亚种和种，其间是连续的过渡。因而否认自然界的不连续，否认种的真实性（认为种是人为的分类单位）。

历来对达尔文的变异学说批评甚多，某些错误是由于达尔文那个时代的生物学水平的限制，例如，关于变异的遗传和不遗传问题、一定变异与不定变异问题、物种问题等。

关于遗传规律，达尔文承认他"不明了"。但他所相信的融合遗传和他自己提出的"泛生子"假说都是错误的。

（2）自然选择

任何生物产生的生殖细胞或后代的数目要远远多于可能存活的个体数目（繁殖过剩），而在所产生的后代中，平均说来，那些具有最适应环境条件的有利变异的个体有较大的生存机会，并繁殖后代，从而使有利变异可以世代积累，不利变异被淘汰。

在说明自然选择这个概念之前,达尔文引进了"生存斗争"的概念。什么是生存斗争呢?达尔文说:"一切生物都有高速率增加的倾向,所以生存斗争是必然的结果。各种生物,在它的自然生活期中产生多数的卵或种子的,往往在生活的某时期内或者在某季节或某年内遭于灭亡。否则,依照几何比率增加的原理,它的个体数目将迅速地过度增大,以致无地可容。因此,由于产生的个体超过其可能生存的数目,所以不免到处有生存斗争,或者一个体和同种其他个体斗争,或者和异种的个体斗争,或者和生活的物理条件斗争。"(《物种起源》第三章)简单地说就是生物都有高速地(按几何比率)增加个体数目的倾向,这样就和有限的生活条件(空间、食物等等)发生矛盾,因而就发生大比率的死亡,这就是生存斗争,即从某种意义来说,好像是同种的个体之间或不同物种之间为获取生存机会而斗争。但达尔文把生物与生活条件的斗争也包括在生存斗争概念之内(关于生存斗争这一概念应用的错误,下面我们还要讲)。既然在自然状况下,生物由于生存斗争都有大比率的死亡,那么这种死亡是无区别地偶然死亡呢,还是有区别的有条件的淘汰呢?达尔文认为,由于在自然状况下,存在着大量的变异,同种个体之间存在着差异,因此在一定的环境条件下,它们的生存和繁殖的机会是不均等的。那些具有有利于生存繁殖的变异的个体就会有相对较大的生存繁殖机会。又由于变异遗传规律,这些微小的有利的变异就会遗传给后代而保存下来。这个过程与人工选择有利变异的过程非常相似,所以达尔文把这叫作"自然选择"。

"选择"这个词的含义并不是说有一个超自然的有意识的上帝在起作用。达尔文只是从人工选择引申过来的,是一种比喻。

达尔文还从自然选择引申出"性选择"概念,把自然选择原理应用到解释同种雌、雄两性个体间性状差异的起源。

性成熟的个体往往有一些与性别相关的性状,如雄鸟美丽的羽毛,雄兽巨大的搏斗器官(角等),雄虫的发声器,雌蛾的能分泌性诱物质的腺体等。这些都称为副性征(或第二性征)。这些副性征是如何造成的呢?达尔文看到,正如人工选择斗鸡的情形一样,在自然界里经常发生的生殖竞争(通常是雄性之间为争夺雌性而发生斗争)是造成副性征的主要原因。在具有生存机会的个体之间还会有生殖机会的不同,那些具有有利于争取生殖机会的变异就会积累保存下来,这就是性选择。达尔文在《人类的由来》一书中有更详尽的叙述。但不是所有的副性征都可以用雄性之间的搏斗或雌性的"审美观"来解释的。雄蝉的鸣声诚然动听,但据说蝉是聋子。而对于人类本身的副性征的解释则更须谨慎了。现在看来,某些副性征是自然选择直接作用的结果,例如,雌虫的性引诱器官对生存有利。某些雄兽(如鹿)的角虽然也用于性竞争,但也用于防卫。而大多数副性征都是和生殖腺和内分泌有关,因此这些副性征可能都是相关变异的结果。

(3) 性状分歧、种形成、绝灭和系统树

达尔文从家养动植物中看到,由于按不同需要进行选择,从一个原始共同的祖先类型造成许许多多性状极端歧异的品种。例如,从岩鸽这个野生祖先驯化培育出上百种的家鸽品种。身体轻巧的乘用赛马,与身体粗壮的辕马体型如此歧异,但都可以追溯到二者共同的祖先。类似的原理应用到自然界,在同一个种内,个体之间在结构习性上愈是歧异,则在适应不同环境方面愈是有利,因而将会繁育更多的个体,分布到更广的范围。这样随着差异的积累,歧异愈来愈大,于是由原来的一个种就会逐渐演变为若干个变种、亚种,乃至不同的新种。这就是性状分歧原理。

达尔文还强调了地理隔离对性状分歧和新种形成的促进作用,例如,被大洋隔离的岛屿,如加拉帕戈斯群岛的龟和雀。

由于生活条件(空间、食物等)是有限的。因此每一地域所能供养的生物数量和种的数目也是有一定限度的。自然选择与生存斗争的结果使优越类型个体数目增加,则较不优越的类型的个体数目减少。减少到一定程度就会绝灭,因为个体数目少的物种在环境剧烈变化时就有完全覆灭的危险,而且个体数目愈少,则变异愈少,改进机会愈小,分布范围也愈来愈小。因此,"稀少是绝灭的前奏"。

达尔文认为,在生存斗争中最密切接近的类型,如同种的不同变种、同属的不同种等,由于具有近似的构造、体质、习性和对生活条件的需要,往往彼此斗争更激烈,因此,在新变种或新种形成的同时,就会排挤乃至消灭旧的类型。在自然界和家养动、植物中的确可以见到这样的情形。

由于性状分歧和中间类型的绝灭,新种不断产生,旧种灭亡,种间差异逐渐扩大,因而相近的种归于一属,相近的属归于一科,相近的科归于一目,相近的目归于一纲。如果从时间和空间两方面来看,则这一过程正好像一株树。达尔文是这样描述这株树的:

"同一纲内一切生物的亲缘关系,常常可用一株大树来表示。……绿色的和出芽的枝,可以代表生存的物种;过去年代所生的枝桠,可以代表那长期的、先后继承的绝灭物种。在每个生长期内,一切在生长中的枝条,都要向各方发出新枝,覆盖了四周的枝条,使它们枯萎,正如许多物种和物种类群,在任何时期内,在生存的大搏斗中要征服其他物种的情形一样。树干分出大枝,大枝分出小枝,小枝再分出更小的枝,凡此大小树枝,在这树的幼年期,都曾一度是生芽的小枝;这些旧芽和新芽的分支关系,很可以表明一切绝灭和生存的物种,可以依大小类别互相隶属而成的分类系统一样。……从这树有生以来,许多枝干已经枯萎脱落了;这种脱落的大小枝干,可以代表现今已无后代遗留,而仅有化石可考的诸目、科、属等等。我们有时在树的基部分叉处可以看到一条孤立的弱枝,因为特殊机会,得以生存至今;正如我们有时可以看到的像鸭嘴兽和肺鱼那样的动物,通过它们的亲缘关系把两条生命大枝联系起来,它们显然是由于居住在有庇护的场所,才能在生死的斗争中得以幸免。芽枝在生长后再发新芽,强壮的新芽向四周发出新枝,笼罩在许多弱枝之上。依我想,这巨大的'生命之树'的传代亦是如此,它的许多已毁灭而脱落的枝条,充塞了地壳,它的不断的美丽分枝,遮盖了大地。"(《物种起源》第四章)这是达尔文以他的自然选择原理对生物进化的过程最生动形象的描绘。系统树这个概念沿用至今。

4.6 达尔文以后的进化理论的发展

冯·贝尔(K. E. von Baer)曾指出,新理论出现之初往往被轻视而受冷遇,继而被作为"异端"而受攻击和反对,最后则被当作教条而信奉。一个理论走到最后一步,即被奉为教条时,它的生命就将结束了。科学哲学家们认为,科学的发展就是新理论替代旧理论的过程,新理论被证实也同时意味着旧理论被否定和被摒弃。

有人认为达尔文学说已经变成教条而死亡了,也有人认为达尔文学说已经或即将被新理论取代。然而事实是达尔文学说既没有成为教条而死亡，目前也没有任何新理论能完全取代它。达尔文学说自诞生以来就不断地被修正、改造和更新。

达尔文学说形成于生物科学尚处在较低水平的 19 世纪中期，那时遗传学尚未建立，生态学正在萌芽，细胞刚被发现。作为生物科学最高综合的进化论，它随着生物科学的发展而不断显露出矛盾、问题、错误和缺陷，理论本身就不断被修正和改造。达尔文学说经历了两次大修正，并且正经历第三次大修正。

20 世纪初，魏斯曼（A. Weismann）及其他学者对达尔文学说做了一次"过滤"，消除了达尔文进化论中除了"自然选择"以外的庞杂内容，如拉马克的"获得性状遗传"说、布丰的"环境直接作用"说等，而把"自然选择"强调为进化的主因素，把"自然选择"原理强调为达尔文学说的核心。经过魏斯曼修正过的达尔文学说被称为"新达尔文主义"。这是第一次大修正。

第二次大修正是由于遗传学的发展引起的对"自然选择"学说本身以及与其相关的概念（如适应概念、物种概念）所做的修正。20 世纪初由于孟德尔（G. Mendel）被埋没的研究成果的重新发现以及底弗里斯（De Vries）、摩尔根（T. Morgan）及其他遗传学家对遗传突变的研究，使得"粒子遗传"理论替代了"融合遗传"的传统概念。20 世纪 30 年代群体遗传学家又把"粒子遗传"理论与生物统计学结合，重新解释了"自然选择"，并且对有关的概念做了相应的修正，例如，对适应概念的修正。群体遗传学家用繁殖的相对优势来定义适应，适应程度则表现为个体或基因型对后代或后代基因库的相对贡献——即适应度（fitness），用这样的新概念替代了达尔文原先的"生存斗争，适者生存"的老概念。适应与选择不再是"生存"与"死亡"这样的"全或无"的概念，而是"繁殖或基因传递的相对差异"的统计学概念。这是十分重要的修正，这一修正使得经常被用于社会政治目的的"生存斗争"口号失去了科学基础。此外，对达尔文的物种概念、遗传变异概念也作了修正。这个时期对进化理论作出重大贡献的有遗传学家、生物系统学家、古生物学家等，他们综合了生物学各学科的成就和多种进化因素，建立了现代的进化理论，赫胥黎（Huxley，1942）称之为"现代综合论"（the modern synthesis）。

达尔文学说通过"过滤"（第一次修正）和"综合"（第二次修正）而获得了发展。当前，达尔文学说正面临第三次大修正。这一次修正可以说主要是由古生物学和分子生物学的发展引起的：古生物学家揭示出大进化的规律、进化速度、进化趋势、种形成和绝灭等，大大增加了我们对生物进化实际过程的了解；分子生物学的进展揭示了生物大分子的进化规律和基因内部的复杂结构。宏观和微观两个领域的研究结果导致了对达尔文学说的如下修正：

① 古生物学证明大进化过程并非"匀速""渐变"的，而是"快速进化"与"进化停滞"相间的；

② 大进化与分子进化都显示出相当大的随机性，自然选择并非总是进化的主因素；

③ 遗传学的深入研究揭示出遗传系统本身具有某种进化功能，进化过程中可能有内因的"驱动"和"导向"。

但是，关于进化速度、进化过程中随机因素和生物内因究竟起多大作用、起什么样的作用问题尚在争论之中，这一次大修正尚未完成。

从达尔文学说的历史命运可以看出，科学理论的替代并不只是简单的新理论对旧理论的否定和排斥，修正发展可能更为常见。某一学科的发展往往以某个中间层次为起点，向微观和宏观两个方向扩展和深入，而相关的科学理论也随着这种扩展和深入不断获得新的信息，并随之不断地被修正、更新和改造。这就是科学理论的"发展式替代",旧理论被修正、改造为新理论。达尔文的"自然选择学说"是建立在对生物个体层次的认识基础上的,随着生物科学和古生物学向微观和宏观层次的深入和扩展,必然要对它作相应的修正和改造。基础学科的综合理论大体都有这样的经历,这类理论总是随着基础学科的发展而发展,争论不停息,理论本身的演变也不会停止。

人类对自然历史的认识过程本身也是一个不断修正和发展的过程。从林奈到达尔文,从居维叶的"灾变论"到"新灾变论"(图 4-5),是一个曲折的认识过程。

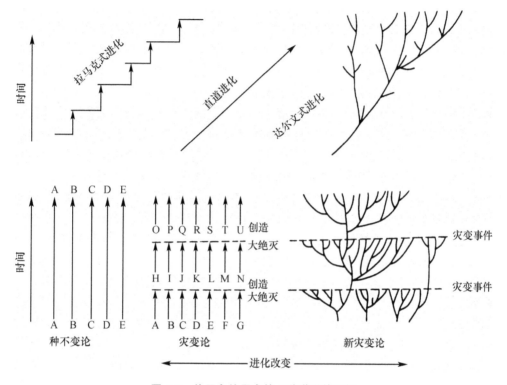

图 4-5 关于自然历史的几种学说的图解

拉马克式进化:阶梯式向上的、无分支的(垂直)进化;直道进化(orthogenesis):单向的直线进化;达尔文式进化:多向的分支进化(垂直进化＋水平进化)种不变论(林奈):连续的永恒不变的自然界;灾变论(居维叶):多次绝灭与多次创造的不连续的自然历史;新灾谈论:既连续又不连续的自然历史

4.7 关于进化学说之间的争论和进化学说的分类

戈尔德(Gould,1977)说得对:"科学发展史不能简单地归结为正确与错误的斗争。"新、旧理论的替代并不绝对地代表正确的取代错误的。正确理论中有错误,错误理论中也含有正确的东西。在进化论发展史上有这样的现象:一种新学说或新观点占了上风并排斥老的学说或旧观点,但过了些时候老的学说或旧的观点又以一种新的形式出现并占了上风。进化论的发展似乎在两个极端(例如,决定论与随机论,内因决定论与外因决定论)之间摆动。

早期的进化学说往往倾向于决定论:或者强调生物内在的进化因素,如各种形式的活力论(生机论);或者强调外在环境因素,如布丰主义、米邱林主义。而近几十年来的新学说又朝向决定论的相反方向摆动,其极端就是随机论。随机论排斥任何非随机的进化因素,认为进化和适应乃是一系列的巧合与机遇,进化过程是一系列机会事件的总和,主张生物进化是随机变异的随机固定(分子进化中性论),"幸者生存"(新灾变论)。达尔文承认变异的随机性,而选择是非随机过程。达尔文学说似乎是处于决定论与随机论之间。

决定论中又有内因决定论与外因决定论之对立。前者认为生物进化是由生物内部因素驱动的(如活力论),进化方向、途径、速度都是生物内部因素预先决定了的,如直道进化说,(orthogenesis);后者则强调环境对生物的直接作用,例如,20世纪50年代在苏联和中国流行的米邱林-李森科学说,强调生物在环境作用下的"可塑性"和"定向变异"。活力论因其抽象和无依据的推测而被否定,布丰、米邱林-李森科学说也因其简单的机械论观点而被抛弃。但近年来某种新形式的内因决定论(例如,进化的基因驱动说)和外因决定论(例如,主张环境灾变是进化的主要影响因素的新灾变论)逐渐形成了。

遗传学家发现某些特殊的基因结构具有"进化的功能",这种结构并不影响个体当前的适应度,却有利于获得新适应,有利于进化。例如,在细菌中发现的"转座子"(transposons)被认为是细菌进化的最重要的因子。这种有"进化功能"的结构被称为"进化驱动者"(evolutionary drivers),还有一种具有进化导向功能的结构被称为"进化导向者"(evolutionary directors)(Campbell,1985)。基因被赋予进化的功能,而具有进化功能的基因又是如何进化出来的呢?

新达尔文主义者把达尔文学说作了"过滤",使自然选择学说更加突出了。但后来的发展虽名为"综合",而实际上只是用现代遗传学知识把自然选择学说加以重新解释和改造,并实际上把它看作唯一的进化因素,以致忽视了其他可能的进化因素(如随机因素和生物内在的进化因素)。无怪乎一些学者认为五六十年代的生物学家的头脑有些僵化了。近些年来出现的一些新学说正是针对新达尔文主义和现代综合论所忽视的方面。

总起来说,100多年来新、旧进化学说既有承袭,也有发展,既有补充、修正,也有对立、争论。关于进化论的争论,总是围绕着下面三个主题。

第一,进化的动力是什么?

一些进化学说强调环境对生物体的直接作用,认为外环境的改变是推动生物进化的动力。例如,莱伊尔和巴克兰(Buckland)都认为物理环境的改变为生物的改变提供了原动力。近年来出现的新灾变论也认为环境的改变或灾变是所有大的生物进化改变的推动力。苏联的米邱林-李森科理论认为环境可以引起生物的定向的、适应的变异。与此相反,另一些进化学说则主张进化的动力在生物内部。达尔文以前的拉马克主义者和活力论者都认为生物内部的"意志"或"活力"驱动生物进化。达尔文以后的突变论者和某些现代遗传学家认为,生物本身的遗传机制是推动进化的主要因素。达尔文学说和现代综合论则主张进化的动力来自生物的内在因素(即突变)与环境的选择作用相结合。

第二,进化是否有一定方向?

拉马克主义者认为进化是定向的,是进步的,即由低级、简单的结构向高级、复杂的结构进化。主张直道进化的终极目的论或直生论者也认为进化是定向的。与此相反,达尔文以及现代综合论者都认为进化是适应局部环境的,因此,进化方向是由环境控制的。随机论者认为进化是随机的、偶然的、无向的。但近年来一些地质学家,如美国人克劳德(Cloud,1976)则认为地球环境的改变是有方向的、不可逆的,因而生物的进化也有方向,也是不可逆的。

第三,进化的速度是否恒定? 是渐进的还是跳跃的?

达尔文学说和近代综合论基于自然选择原理来解释进化,因而认为进化是渐变的过程。近代的中性论(见第十二章)认为进化速度近乎恒定。20 世纪 70 年代发生了断续平衡论与线系渐变论之间的争论(见第十章)。继续平衡论和新灾变论(Alvarez 等,1980)都强调进化的不连续性。

按照上述三个方面的不同观点,我们可以将各派进化学说归纳如下:

进化动力
- 外环境为主——布丰学说,莱伊尔学说,某些新拉马克主义,米邱林-李森科主义,新灾变论
- 内因为主——经典的拉马克主义,活力论,终极目的论,突变论,某些现代的分子进化学说
- 外环境与内因结合(遗传突变+选择作用)——达尔文学说,现代综合论

进化方向
- 不定向的
  - 循环的或随机的——莱伊尔学说,随机论,分子进化中性论
  - 适应局部环境的——达尔文学说,现代综合论
- 定向的,进步的——拉马克主义和某些新拉马克主义,活力论,终极目的论,某些现代的"环境趋向变化论"

进化速度
- 渐变的,基本上是匀速的——莱伊尔学说,达尔文学说,现代综合论
- 跳跃的,不匀速的——断续平衡论,新灾变论
- 恒定的——分子进化中性论

第五章　地球生命与生物圈

> 万物并作，吾以观其复。夫物芸芸，各复归其根。归根曰静，静曰
> 复命。复命曰常，知常曰明。
>
> ——老子：《道德经》

　　自然界万物一齐生长发展起来了，我们能够观察它们的往复变化过程。纷纷芸芸、形形色色的万物各有其归宿，它们最后都复归到各自的根源，也就是复归到"静"，复归到生命，复归到大自然。只有真正认识自然规律和生命本质，才是人类聪明与智慧的表现。

　　太古之初，从分异的地球表层物质中经过化学进化过程产生出生命。随着生命的进化与扩展，逐渐形成覆盖整个地球表面的生物圈。这个由形形色色生命组成的生物圈经历了漫长的演变过程和无数的盛衰变化而延续至今，最后终于产生了能够认识地球和认识生命自身的人类。而人类的文明却改变了生物圈的命运。

　　本章将以宏观的尺度，即在太阳系和地球的范围内考察生命现象。探讨生命在行星上产生的条件；探讨地球生命如何在进化中扩展并最终形成覆盖了整个地球表面的、相对稳定的生物圈，探讨人类文明对地球生物圈的影响和生物圈未来的命运。

5.1　地球是一个特殊的行星，其特殊性就在于它具有由多样生命组成的生物圈

　　空间探索终于证明了，在太阳系中唯有地球具有生物圈。在太阳系之外，目前尚未发现任何类似地球这样的由形形色色生命覆盖着的星体。人们终于改变了自哥白尼以来把地球看作太阳系中一个普通行星的观点，而重新认识地球和地球生命。人们惊奇地发现，地球是一个很不同于任何已知星体的极为独特的星球。人们也最终认识到，地球的独特性就在于它具有其他已知星体所没有的、由丰富多样的生命覆

盖着的生物圈。

为什么太阳系中只有地球上有丰富多样的生命？地球特殊在什么地方？地球为什么特殊？对这些问题有截然不同的两种回答。

第一种回答代表传统的观点，即地球之所以有生命存在是由于它具有别的星体所没有的、适合于生命生存的特殊环境条件，而这种特殊环境条件的存在则是由于地球的不大不小的体积和恰好合适的轨道位置（Owen，1985）。这种观点认为，今日地球表面多样的、既变化又保持相对稳定的环境条件看起来似乎是"特意"满足生命生存的。它的大气圈密度正好能保持一个液态水圈；它的含氧大气既保证了生命的呼吸和岩石的风化（风化的岩石提供生命必需的营养元素），还使大多数陨石或流星在到达地面前氧化燃烧掉，并有臭氧层屏蔽强烈的太阳紫外辐射，保护了地表生命；大气 CO_2 含量正好能保持地表适当的温度，且能满足植物光合作用所需；地壳构造活动的强度正好能保证地幔与地壳之间的物质交流，保证地表生物营养元素的供应，而又不至于不稳定到生命不能立足。如果不是"造物主"的"特意安排"，那一定是极端的巧合。诚然，地球表面状态与其体积和轨道位置相关，但是认为"地球上的特殊环境条件完全是由于它的合适的体积和恰好的轨道位置"的观点与以下两个已知事实不符：其一，地质历史考察证明生命在地球上已存在了 38 亿年之久，地球早期的环境条件大不同于今日地球的表面环境；其二，体积大小和轨道位置与地球相近的金星和火星的表面状态与今日地球的表面状态差异悬殊，这种差异很难用它们的体积和轨道与地球的差异来解释（特别是金星）。

第二种回答则反其因果，即认为地球的特殊性在于它具有生命和长达 38 亿年之久的生物与地球环境相互作用、协同演化的历史。地球今日的特殊状态乃是漫长的生物-地质演化历史的结果，地球的这种特殊状态也是靠生物来维持和调控的。这种观点体现了对地球的重新认识，是新的地球观（张昀，1992）。

追溯历史，20 世纪 20 年代末，苏联学者维尔纳德斯基（В. И. Вернадский）出版了《生物圈》一书（该书英文译本 *The Biosphere* 于 1986 年出版）[①]，提出了一个新观点，认为地球生物圈是一个由生命控制的、完整的动态系统。他的生物圈概念是广义的，既包含全部生命，也包含生命活动场所和生命活动产物，因此大气、水、岩石（他称岩石圈为过去的生物圈）乃至整个地球表层部分都包含在内。70 年代初，英国地球物理学家拉维洛克（J. E. Lovelock）和美国生物学家马古丽斯（L. Margulis）在一系列论著中提出并阐述了一个新学说，叫作"盖娅假说"。盖娅（Gaia）一词源于古希腊，是大地女神之名，古希腊人用以代表大地和大地上所有的生命（包括人类）所组成的大家庭。20 世纪 30 年代，盖娅一词出现于科学文献之中，被用来描述生物对地球环境的影响与控制。70 年代初，拉维洛克重新定义了盖娅，使之成为一个科学概念（Lovelock，1972）。其后，拉维洛克与马古丽斯在一系列论著中提出并详细阐述了"盖娅假说"（Lovelock，Margulis，1974；Margulis，Lovelock，1974；Lovelock，1979，1988，1990）。根据"盖娅假说"，"盖娅"是一个由地球生物圈、大气圈、海洋、土壤等各部分组成的反馈系统或控制系统，这个系统通过自身调节和控制而寻求并达到一个适合于大多数生物生存的最佳物理-化学环境条件。这个系统的关键是生物。地球表层的复杂性和多样性主要是由于生命和通过生命

---

① Vernadsky V I. The Biosphere Lodon：Synergetic Press，1986.

活动表现出来的，而地球表层系统的复杂性和多样性决定了它的可自我调节、自我控制的功能。假如地球上生物消失，那么盖娅也就消失，地球环境就要大变样，最终会变成类似其他无生命行星表面那样的不稳定状态。德国地质生物学家 Krumbein 在 80 年代发展了维尔纳德斯基的"生物地球化学"概念，他认为，地球表层大多数元素的地球化学循环实质上是由生物参与的生物地球化学循环（见 Krumbein 的 *Microbial Geochemistry*）。他承接了 200 年前英国地质学奠基人赫顿的"超级有机体"（superorganism）概念，他称地球为生物行星（bioplanet），认为地球是一个组织化的活体、一个活系统（Krumbein，Schellnhuber，1990）。

可以说，到 80 年代末，一个新地球观已在形成中，传统的地球观可以说是传统物理学的地球观，把地球看作一个物理学意义上的物体，反映出一种非历史的、非演化的、有机界与无机界孤立分割的观点。新地球观描绘的是一个有生命特征的地球、一个活的地球，反映了一种历史的、演化的、有机界与无机界统一的新观点。所谓的生物行星，就是指地球具有类似生命系统的自我调节、自我控制的特征。这种特征正是生命赋予地球的。

新地球观的基本点可概括如下：

① 由生物圈、岩石圈、大气圈和水圈组成的地球表层部分是一个靠生物捕获、转换和储存的太阳能支持的，靠生命活动驱动物质流和完成物质元素循环的，靠生物和生命活动调节、控制和保持其相对稳定的，远离天体物理学、热力学和化学平衡态的巨大特殊的开放系统。生物圈是这个系统的中心。

② 以生物圈为中心的地球表层系统（或称盖娅）在地球上已存在了 30 多亿年，生命活动几乎贯穿整个地质历史，地质历史实质上是生物与地球表层非生命部分相互作用、协同演化的历史，是生物-地质协同进化史。生物与地球环境之间的协调关系乃是这一漫长的演化历史的结果。

③ 人类社会或人类文化系统已经成为地球表层系统内的一个特殊组成部分。人类活动逐渐成为影响和控制地球表层系统内能量、物质循环和演变方向的重要因素。人类活动已经并且继续改变地球生物圈的性质。地球表层系统未来的状态越来越依赖人类社会自觉的行为。

地球上的物质运动主要靠两大能源驱动：一是太阳辐射能，一是地球内部的热核反应产生的能。地球表面对太阳能的捕获、转移和储存主要是通过生命活动来完成的，其捕获、转移和储存的能量总和与地球内部释放的能量总和大致为同一数量级。但是，地球内部释放的能量是以热能和机械能的形式骤然释放出来的（火山活动、地热、地震、构造运动），在驱动和维持地球表层的物质循环中不起重要作用。而生命活动则通过一系列能量形式的转换和物理－化学－生物过程完成地球表层物质元素循环。如果没有生命捕获、转移和储存太阳辐射能，则投向地球表面的太阳辐射能的大部分会反射和散失，地球表层的物质运动会大大减缓。岩石圈中储存的化学能全部是过去生命捕获的太阳辐射能，以有机碳和还原性金属化合物的形式保存下来，形成了巨大的能库，保证了地球的能量周转。

地球上全部物质可以分成生物来源的和非生物来源的两大类。生物来源的物质指的是构成活生物体的物质及现在和过去的生命活动的产物。更一般地说，所有那些通过生物体的物质或通过生物作用的物质都是生物来源的物质。从这一意义来说，地球表层几乎所有的物质都是生物来源物质。每年约有 3×10^9 t（30 亿吨）的地球内部物质从火山口喷出，还有大量的宇宙尘埃、陨石进入地球，但它们很快就进入生物地球化学循环。构成活生物体物质总量并不大,只相当于地球表层总物质量的十万分之几。通过下面的简单的计算,可以知道地球表层物质的生物转移的规模和速率。

粗略估计,地球上活生物的总个体数为 5×10^{22} 个(Fischer,1984),其中微生物(占98%)忽略不计,占总数2%的宏观体积生物,若按其平均体重 1 g、平均寿命 20 天计算,则自 7 亿年前后动物、植物有确凿化石记录以来的累计总质量达到 6.7×10^{30} g,是地球总质量(5.9763×10^{27} g)的 1000 倍。实际上,生物转移的物质总量要比其自身的质量大许多倍。例如,一个人一生消耗(通过人体)大约 $60 \sim 75$ t 水和 $20 \sim 25$ t 食物,而微生物转移和作用的物质量比其自身质量更不知要大多少倍。

生物物质循环的速率极大。生物圈全部活物质更新周期为 8 年,其中陆地植物为 14 年,海洋生物平均 33 天,而海洋浮游植物为 1 天。水圈中全部的水每 2800 年通过生物体一次,大气自由氧每 1000 年通过生物体代谢过程一次。全球大洋的水平均每半年就要通过浮游生物"过滤"一次(Lapo,1987;Krumbein,Schellnhuber,1990)。可见,自有生命以来地球表层的全部物质已经通过生物体无数次了,地球表层几乎不存在未经过生物作用的物质。

太阳辐射能的捕获主要是通过"CO_2—有机碳—碳酸盐系统"的碳循环来实现。能量的捕获是通过生物(植物和光合细菌)吸收太阳能,将大气和水中的 CO_2 固定,还原为有机碳,将太阳辐射能转化为化学能。这种转化的化学能又以多种方式转移:① 在生物圈内部流动(通过食物链);② 维持生物圈系统运作而消耗(通过生命活动将化学能转化为机械能、热能和光能);③ 剩余的能量以两种形式储存于岩石圈中,即有机碳(或还原碳,90%)和硫化物(或其他还原性金属化合物,10%)。

硫循环中导致的能量储存乃是与碳循环耦联的,即碳循环中有机碳的能量转移到还原性硫化物中。

自 38 亿年以来,各地质时期的沉积岩中还原碳与氧化碳的比值及稳定碳同位素(^{13}C 与 ^{12}C)比值相对恒定(Schidlowski,Aharon,1992),这一事实表明碳循环中有恒定的能量储存。这个能量储存形成岩石圈中的巨大能库,它是保持生物圈稳定和系统内稳定的能流和物流的重要条件。

可以说,迄今为止的地球上大多数元素循环本质上乃是生物地球化学循环。

自太古宙以来,地表温度虽然有变化,但从未升温到海洋干涸的程度,也从未降温到全球海洋全部冻结的程度。而天体物理学家推算,太阳辐射强度自太古宙至今至少增长了 30%(有人甚至估计增长了 $70\% \sim 100\%$)。按物理学原理计算,太阳辐射强度增长 10% 或减少 10%,就足以引起全球海洋干涸或冻结,而实际上地质历史上从未发生过这种情况。这只能归因于地球生物圈的存在和以生物圈为中心的地球表层系统(盖娅)的自我调节、控制的功能(Lovelock,Margulis,1974)。近年来经常谈论地质史上的灾变事件,人们把生物大规模的绝灭归因于环境的灾难性剧变。但何不从另一个角度来看:环境灾变与生物大规模绝灭可能互为因果。大的绝灭事件可能造成大的生态系统的解体或崩溃,后者意味着生物圈对地球环境的调控功能的降低或局部丧失,从而又促使环境条件恶化,形成一个恶性循环,最终酿成大的灾变。

生命只是地球总物质组成的很小的部分。过去人们只注意到生命脆弱的一面,被动地受环境控制和影响的一面。今天,我们需要重新认识地球生命,重新认识它强大的力量,它对地球环境的改造作用和调节控制,它给地球带来的活力、带来的生机、带来的复杂性和多样性。

5.2　地球生物圈的形成

在行星上进化出生命，却不一定能建立生物圈。我们所说的生物圈有以下的含义：① 生物的种类多样性和生物数量达到一定程度，以致在空间上分布到星球表层各主要部分；② 生物与非生物环境相互作用，形成一个能够利用可持续利用的能源（例如，在地球上利用太阳辐射能），在星球表层范围内进行能量转换，驱动物质元素在生物及非生物各部分循环，并具有调控和保持其自身相对稳定状态的开放系统。

1. 在一个行星上建立相对稳定的生物圈的基本条件

地球是太阳系中唯一的具有生物圈的行星。研究地球生物圈的形成和发展过程，可以了解在一个行星上建立相对稳定的生物圈的基本条件。

首先，一个行星在其演化的早期阶段必须具有化学进化和生命起源的条件。建立一个生物圈必须有生命。生命从哪里来？今天的大多数学者认为，地球生命起源于地球上的化学进化过程。今天我们所知道的化学进化和生命起源的基本条件是：液态水存在，含碳化合物（CH_4、CO、CO_2）、氮化合物（氨或氮氧化合物）的还原性或中性大气圈，固结的、相对稳定的星体表层硬壳等。通过化学进化而产生出原始生命，这是生物圈建立的首要条件。

第二个条件是生命进化产生出能够利用可持续利用的能源和物质资源的生物，从而能建立相对稳定的巨大的开放系统。这种巨大开放系统建立在生物与非生物环境相互作用的基础之上，具有自身调控和保持行星表面相对稳定的物理、化学状态的功能。对于地球来说，太阳辐射能是几乎无限的能源，如果地球上没有进化出能够进行光合作用、同时利用水（几乎是无限的资源）作为电子供体的光合自养生物（如蓝菌、真核藻类及高等植物），地球生物圈不可能建立起来。

第三个条件是生物进化导致生物多样性增长到一定水平，从而使行星表面大部分空间和各类环境能够被生物占据。生物能够连续分布并覆盖行星表层各部分，才能称之为"生物圈"。生物要覆盖行星表层大部分区域，必须有适应各种环境条件的多种多样的生物，换句话说，要有很高的生物多样性。生物多样性又是通过进化实现的，地球生命通过"垂直进化"（生物结构复杂化）和"水平进化"（生物种类分异，多样性增长）而达到极高的多样性水平。从原始生命进化到原核细胞生物，进而产生了真核细胞生物，真核生物性别分化和多细胞化导致遗传多样性增长和生物个体体积及结构复杂性增长，结构与生理机能及行为的复杂化和多样化；最终导致生物界多样性达到能使生物占据和覆盖地球海洋与陆地的大部分环境的程度，相对稳定的生物圈才最终建立起来。

2. 地球生物圈形成和发展过程中起关键性作用的生物

地球生物圈是经过漫长的进化过程逐步建立起来的。在这个过程中，生物与环境相互作用，生物改变了环境，改变了的环境又反过来影响和控制生物进化。在生物圈形成和发展过程中，无数种类的生物产生了又绝灭了，它们像演员一样出现于舞台，又退出舞台。其中有三类生物在地球生物圈的建立和发展中起过或起着关键性作用。

(1) 蓝菌

蓝菌(cyanobacteria)又称蓝绿藻或蓝藻(cyanophyta),它在整个地球生命史上占统治地位的时间极长：从最早的化石记录(大约 35 亿年)到明显的衰落(大约 7 亿年前),历时达 28 亿年之久(其间经历了元古宙期间的巨大繁荣)。我们常说人类是地球的统治者,但人类真正在地球上占统治地位的时间只有几千年;恐龙"称霸"于地球陆地的时间不到 2 亿年。

蓝菌是最早出现的光合自养生物,而且它利用水作为电子供体,利用日光能将 CO_2 还原为有机碳化合物,并释放出自由氧。蓝菌或蓝菌的早期祖先早在太古宙就在地球上建立了微生物席生态系统(microbial mat ecosystems),建造了叠层石(stromatolites)。到元古宙中期达到最大的繁荣,元古宙末期多细胞生物繁盛,蓝菌才显著地衰落,但仍延续至今。在蓝菌占统治地位的 28 亿年中,它通过直接和间接的作用将大气圈中的 CO_2 大量地转移到岩石圈中,大规模地建造碳酸盐叠层石,同时释放自由氧。这样,蓝菌既改造了岩石圈,又改造了大气圈(大规模的生物碳酸盐沉积改变了大气圈的成分和性质,CO_2 含量大大降低,自由氧含量逐步上升)。大规模的碳酸盐沉积不仅改变了大地面貌,也影响了大地构造运动,地球环境发生了质的变化,为真核生物(eucaryote)的起源和高等生物的进化发展创造了条件。可以这样说,如果没有蓝菌,就不可能建立早期的相对稳定的生态系统,就不可能产生今日的 CO_2 含量低的、自由氧含量较高的大气圈,就不可能出现适合于高等生物生存发展的环境条件,也就不可能有后来形成的覆盖海洋与陆地的生物圈。

(2) 维管植物

具有能输送水分与营养物质的维管系统的植物是高生产力的陆地生态系统的基础。以维管植物(tracheophyta)为初级生产者的陆地生态系统(如森林、草原生态系统),其生产力、能量与物质利用效率、自身以及对环境的调控能力是蓝菌席生态系统所不能比拟的。维管植物获得了对各类陆地环境的高度适应,从而扩大了对陆地生境的占据,并且创造了各种小生境,为陆地动物提供了栖息场所和能源供应。如果没有维管植物,相对稳定的陆地生态系统就不能建立,种类繁多的陆地动物的出现是不可能的,生物圈也不能说是完整的。

(3) 人类

人类和人类活动对现在和未来的生物圈的发展和命运有着决定性的影响。这一点在本书最后一章将有所阐述。人类社会工业化以来短短的 100 多年中已使地球环境发生了巨大改变,而且生物圈的性质也正在发生质的变化。可以说,由于人类越来越强有力地干预自然界,干预人类自身进化,地球生物圈的未来命运实际上掌握在人类手中。当人类能够真正认识和掌握自然规律,让包含人类在内的地球生物圈长期存在和繁荣下去,才真正体现出人类的聪明和理智。如老子所说的"知常曰明"。

3. 地球生物圈是何时和怎样形成的

探讨地球生物圈的形成必定追溯到地球生命起源。关于生命起源,本书第六章将有较详细的阐述。这里我们只概括一下从实验生物学和地质记录的研究分析中得到的几个初步的结论。

(1) 生命的起源

① 化学进化的实验室模拟研究证明了通过非生物的有机合成产生出构成地球生命的各

类重要的生物分子是可能的,也证明了在适当的条件下由氨基酸、核苷酸聚合成蛋白质与核酸这类重要的生物大分子也是可能的。在一个行星上实现化学进化的必要条件是:具有适当化学成分(例如,含碳、氮化合物)及物理性质(例如,缺氧的或还原性的)的大气圈,有液态水存在,星体表层有一个厚度适中的固结的岩石圈。这些条件在早期地球上都具备。

② 地质学的、古生物学的以及地球化学的直接与间接的证据都表明地球生命起源很早,可以追溯到 38 亿～35 亿年前。

③ 古生物的、沉积学的和同位素地球化学证据表明,地球上的生物光合作用起源也很早。例如,最早的叠层石和类似现代丝状蓝菌的化石的年龄是 35 亿年。

④ 地质学研究表明,地球早期的表面状态与今天的截然不同。可能存在过还原性大气圈(地球演化初期)和 CO_2 含量很高的大气圈,并伴随"温室效应";构造活动强烈,地幔与地壳之间有较大规模的物质交换;海底水热喷出活动强烈,并伴随大量的还原性气体和硫化物进入海洋。

⑤ 综合的资料分析表明,地球生命可能起源于海底水热喷口附近的特殊环境,那里具有化学进化所需的必要条件。如果这个推论是对的,那么地球上最早建立起来的生态系统是以化能自养的嗜热细菌为基本成员的、分布于海底水热环境的微生物生态系统。

如果上述的结论是对的,那么尽管地球生命起源很早,但早期原始的生物分布很局限,利用氢、甲烷和硫化物等有限资源的化能自养细菌不可能建立分布广泛的、相对稳定的生态系统,因而更谈不上形成生物圈。

(2) 生态系统的扩张

生命起源可以说是生物圈形成过程中的初始阶段。生物圈形成的第二个阶段是生态系统的扩张。

① 生态系统的第一次扩张是从深海底扩展到浅海底。类似今日大洋底部洋嵴上的水热活动区的化能自养的嗜热微生物生态系统在太古宙早期可能已经存在,那时的原始生命不大可能在受到强烈紫外线辐射的、不稳定的陆地表面立足。但可供利用的化学能源和电子传递体都是有限的,因而化能自养的微生物生态系统在空间分布上也是局限的。可进行光合作用的原核生物、蓝菌和光合细菌出现之后,在浅海底建立了光合微生物生态系统。从地质记录来看,这发生在大约 35 亿年前。南非和澳大利亚的最古老的碳酸盐叠层石就是最早的光合微生物生态系统存在于 35 亿年前浅海底的证据。虽然我们还不能判断早期的光合微生物是否能进行类似今天的蓝菌和植物所进行的释放氧气、利用水的裂解来提供电子的光合作用;但可以肯定的是,这些光合微生物能够沉淀碳酸盐,使大气圈中的 CO_2 转移并束缚于岩石圈中。

② 生态系统的第二次扩张:能进行释氧的光合作用的蓝菌在元古宙逐渐繁盛,氧气逐渐积累。到了大约 20 亿年前,全球的大气圈开始氧化,氧化的红色沉积物在世界各地同时代的地层中出现(例如,中国山西五台山附近滹沱系中的红色叠层石白云岩)。氧气积累的同时,大气圈外层的臭氧层也形成了,紫外辐射强度逐渐减弱,这时,海洋有光层和滨海(潮间带)也成为适合生物生存的地方。因此发生了生态系统的第二次扩张,海水表层的浮游生态系统和滨海底栖生态系统形成。以疑源类为代表的浮游生物化石和底栖藻类化石最早出现的时代恰恰是 20 亿～18 亿年前。简言之,元古宙早至中期由于大气圈自由氧积累,臭氧层形成以及大面积的稳定地块(克拉通)的发展,生境范围大大扩展了,生物进入水圈的表层和滨海,真核生物出现。

③ 生态系统的第三次扩张发生在元古宙末,即大约 7 亿～6 亿年前。这一次扩张不完全是空间的扩大,主要表现在生物多样性的大增长和生态系统复杂化。元古宙末期,由于蓝菌和真核的浮游藻类的光合作用和碳酸盐沉积作用,大气圈氧含量显著上升,同时 CO_2 含量大大降低,全球的平均气温下降,出现冰期气候,海平面下降,大面积浅海滩出现,造成多样的小生境。生物本身的进化,如性分化、生活史复杂化、多细胞化、个体体积增长和结构的复杂化等,都促使生物多样性呈爆发式的增长,多种多样的动物、植物(主要是底栖藻类)和单细胞生物占据着多种多样的生境。这为生物向陆地扩展准备了条件。

④ 生态系统的第四次扩张是随着生物由海洋向陆地转移而发生的。陆地植物出现在古生代早期,大约在志留纪中、晚期到泥盆纪早期,距今约 4 亿年前。在长达 30 亿年的前显生宙(Prephanerozoic,即相当于整个太古宙和元古宙)时期,生命局限于海洋中。直到 4 亿年前,维管植物出现,陆地生态系统才建立起来,并在地球历史的后 1/10 的时间里达到繁荣。陆地维管植物不仅成为陆地生态系统主要的初级生产者,而且提供了适宜的栖息环境,从而促使陆地动物的进化和多样性的增长。可以说,直到陆地生态系统建立时,地球表面各主要部分才被生物所覆盖,真正的生物圈才最终形成。

4. 生物圈物种组成的进化改变

在进化过程中,生物圈的物种组成不断地改变:一些新物种进化产生,另一些物种绝灭消失。换句话说,生物圈的物种不断地替换,替换的方式可以是逐渐的,也可以是快速的。我们将在第十章详细阐述。

5.3　为什么在太阳系中唯独地球具有生物圈

在阐述了地球生物圈形成的过程之后,回过头来用新的观点来回答"为什么只有地球具有由多样的生命组成的生物圈"这个问题。

(1) 火星和金星在演化早期可能产生过生命

我们曾说过,在太阳系的 9 个行星中,火星和金星在演化早期其表面状态与地球最相似。因此,我们曾提出过一个假说(张昀,1993),即火星与金星在早期可能也和地球一样曾经历过前生命的化学进化而产生过原始生命,但由于某种未知原因或某些偶然事件而导致生命进化的终止或进化的停滞(停滞于原始生命阶段),没有能形成相对稳定的生态系统并扩展成为覆盖星球表面的生物圈。

这个假说的依据是:火星和金星在演化早期也具有前生命化学进化的必要条件,即具有含碳、氮、氢而几乎不含自由氧的大气圈,有固结的岩壳,还可能具有小的水体(原始海洋)。即使按某些学者的观点,地球上前生命化学进化的分子原料来自彗星的"袭击"(Delsemme,1984),那么轨道靠近地球的火星与金星也很可能同样地从彗星获得有机分子。

20 世纪 70 年代以来,对火星与金星的探测结果表明,金星与火星大气中有气态水,火星两极的"冰帽"可能是冻结的水,火星表面的沟谷交错的形貌也表明它可能曾经有过液态的水圈,今日的干涸状态可能是在演化的过程中水圈丢失的结果。

类地行星表面的液态水的来源有二:一是行星内部水的溢出,二是来自彗星及小行星的外源水。行星内部水来自初始的星云物质，在行星演化的凝聚阶段进入内部，后来通过出气作用而溢出。彗星尾部含有约 50％的水，C 型小行星含有 13％～20％的水，它们与行星碰撞时其所含的水被行星捕获。据学者的估计，地球内部来源的水约占地球水圈总质量的 50％～70％。假如形成类地行星的太阳系星云的内圈部分的物质是混合均匀的，则金星与火星内部水的相对含量应与地球的相同；假如混合不均匀，也只有量的差别，行星内部应该都含有一定量的水。彗星与小行星撞击金星与火星也同样会带来一定量的外源水。假设形成类地行星的初始物质是均匀的，有人估计在 40 亿～30 亿年前的 10 亿年期间，火星上通过火山喷发等出气作用带出的水量足以形成覆盖火星表面 500 m 厚的液态水圈。据计算，每 2 亿～7 亿年就可能有一个 2×10^{15} g 重的彗星(按 1 g/cm^3 密度计算，其直径约为 1.6 km)撞击到火星上，带来的水量约为 10^{15} g(10 亿吨)。金星比火星大，其内源和外源的水量都不会小于上述数字。

80 年代末至 90 年代初，通过空间探测获得了金星与火星大气的重氢与氢的比值(D/H)数据，证明金星与火星的 D/H 值显著地高于地球。估计太阳系内圈的初始 D/H 值与现在的地球 D/H 值相近，为 1.5×10^{-4}。金星的 D/H 值(1.6×10^{-2})比地球的高出 100 倍，而火星的 D/H 值相当于地球的 5 倍。一些学者认为，造成行星大气重氢富集的机制乃是氢与重氢逃逸速率的差异，大气圈上层的水在紫外线，特别是极端紫外线(EUV)辐射下，裂解为氢与氧。氢逃逸(摆脱重力场，逸出行星)，但重氢逃逸速率低于氢，因而造成重氢富集。因此，一种假说认为金星与火星在其演化的某一时期曾经存在过液态水圈，后来水丢失了，变成今日的干涸状态；水丢失的主要机制是大气圈上层水在太阳强紫外辐射下分解及其后的氢逃逸；今日金星与火星大气重氢的富集(高 D/H 值)就是一个证据(参考 Bergh,1993)。假定火星形成时的初始物质与地球相同，假设重氢富集机制是氢与重氢的差异逃逸，则据此计算，火星以前曾经有过能覆盖其整个表面 2.5 m 深的液态水圈。

火星与金星上的水是否全部丢失了呢？从遥感照片上可以看到，火星的"南极"有一大块强反射区，学者们认为它很可能是冻结的水形成的"冰帽"。俄罗斯学者 Glichinsky 等（见 *Origins of Life*，第 23 卷,1993)对永久冻土岩中的生命及其生存条件的研究中发现：在零度以下温度，冻土中除了冰以外还存在着大约 2％～7％的非冻结水，这些微量的非冻结水在原核生物的细胞表面形成薄膜，这层水膜能防止细胞被冰晶损伤。地球上的永久冻土岩可能和火星上的"冻帽"区的条件相似，如果火星冰帽区的冻结岩中存在微量的非冻结水，则某些耐寒的原始生命依然存在于火星上的可能性是不能排除的。

然而，火星上是否曾经有过生命，或者某些原始生命是否依然残存于火星的局部，这个问题最终还需要靠空间探索来回答。

遗憾的是，1976 年美国"海盗号"登陆器对火星表土的探查和分析结果却得出否定的结论，即没有发现任何生命存在或曾经存在的证据。这给长久以来的期望浇了一盆凉水，也大大降低了探查火星生命的积极性。实际上这个问题并没有得到最终的答案，因为"海盗号"登陆器毕竟只考查了火星表面极小的部分。

最近，关于火星上可能存在过生命的新证据来自从地球南极区获得的所谓 SNC 类陨石。对这类陨石的包裹体中气体所做的同位素化学分析证明它们是来自火星。似乎是由于火星上发生的一次撞击事件(火星以外的天体撞击到火星上)所产生的火星岩石碎块飞出了火星重力场，掉落到地球南极。1996 年 8 月，美国和加拿大学者报道了他们对在南极搜集到的 SNC 陨石中的一块编号为 ALH 84001 的陨石所做的细致的分析结果(Mckay,et al.,1996)。

这块火星陨石于 13 000 年前落到地球南极。它是一块火成岩,主要组成矿物是斜方辉石(一种含镁、铁的硅酸盐矿物),还有少量的橄榄石、铬铁矿、黄铁矿及磷灰石。这块陨石大约形成于 45 亿年前,经历过两次撞击事件。陨石上至少有三种关于火星生命存在的间接证据。

关于火星生命存在的第一种证据是陨石裂隙中的碳酸盐矿物。在陨石的裂隙中充填了次生的球粒状的碳酸盐矿物。分析表明这些碳酸盐矿物形成于 36 亿年前,氧同位素分析数据表明它们可能形成于 80℃ 以下的较低温度下。碳酸盐矿物形成于水环境,证明火星上在 36 亿年前确实存在液态水。碳来自大气圈中的 CO_2,稳定碳同位素比值 $\delta^{13}C$ 的范围很宽,从 $-17‰$ 到 $+42‰$。在地球上只有生命活动才能产生这么宽的碳同位素值。这些碳酸盐由直径为 $1\sim250\ \mu m$ 的球粒组成,球粒是扁平的,有明暗交替的环纹。在扫描电镜下观察,球粒中心为富锰的核,外面交替地包裹着富铁和富镁的环带。富铁的环带是由纳米级的超微的卵形体聚集而成。这些研究者认为,这些特殊的超微结构不大可能是无机成因的,很可能是微生物活动的产物,或是这些微生物的遗迹。

ALH 84001 陨石的第二种指示生命可能存在的证据是裂隙内表面的多环芳烃(polycyclic aromatic hydrocarbonates)的存在。多环芳烃作为生物标记物(biomarkers)在地球岩石中常见,一般认为是来自低等生物(例如,浮游生物、藻类)。陨石中的多环芳烃多集中分布于裂隙中的碳酸盐球粒上。沾染检测和对照试验都证明这些多环芳烃是陨石本身具有的,而不是在地球上沾染的。

此外,陨石中黄铁矿和磁铁矿微粒也被认为是微生物的产物。

此后不久,欧洲的一个研究小组在另一块火星陨石中也有类似的发现。上述发现还不能算是火星生命的直接证据,但至少鼓舞了对火星生命的继续探索。1996 年 12 月 4 日,美国"火星探路者"探测器在佛罗里达卡拉维纳尔角发射升空,1997 年 7 月 4 日在火星上着陆。我们等待着它发回来的信息。

从上面叙述的事实我们可以做出下面的推论,即火星和金星在演化早期也和地球一样,曾经经历过前生命的化学进化过程并产生过某种原始生命。但这些原始生命并没有发展形成生物圈,很可能在进化的某一阶段随着液态水圈的消失而消失,或者在火星的某些局部可能还残存着长期进化停滞的原始生命。不管怎样,对于火星、金星与地球今日的表面状态的悬殊差异,不大可能仅仅从轨道和星体体积大小找到解释,而应当从行星演化历史中找原因。地球经历了一个漫长的始终有生命参与的演化历史,而火星与金星则走了另一条道路。

(2)**另一个问题:既然火星和金星在演化早期可能产生过生命,为什么这些生命没有能形成生物圈?**

回顾一下地球生物圈形成的历史过程和前面提到的行星生物圈形成的几个条件,也许能够对这个问题的回答提供一些线索。

如果金星与火星上早期曾经产生过生命,而这些原始生命类似地球上的化能自养细菌,那么正如前面所说的,由于它们所能利用的能源以及适于生存的环境的局限,它们只能零星地分布于星体表面的局部而不能建立占据广阔空间的生态系统,更谈不上建立生物圈。零星分布的原始生命不可能起调节控制星体表面环境的作用,因而液态水圈和早期的生命可能同时消失了。换句话说,如果在金星与火星上,由于没有进化出类似地球上蓝菌那样的能进行光合作用、释放氧气而同时又能沉淀碳酸盐的生物,其大气圈中的 CO_2 不能转移到岩石圈中,因而始终保持着以 CO_2 为主要成分的大气圈,从而导致星体表面高温,促使液态水挥发。而在地球上由于早在 35 亿年前就进化出沉淀碳酸盐和建造叠层石的光合微生物——蓝菌,经过漫长的"蓝菌时代"终于把地球表面改变得适合于复杂的高等生物生存的状态。

比较行星学研究告诉我们,今日的金星与火星的表面状态大不同于地球。金星大气密度是地球的 90 倍,CO_2 为其主要成分(含量占 96%),几乎不含自由氧,呈酸性;浓密的、CO_2 占优势的大气圈使金星表面温度较高,以致不能保持液态水圈;岩石圈厚,没有明显的构造运动。火星的大气密度较小,化学组成类似金星大气,岩石圈厚,无明显的构造运动。

地球、金星与火星在太阳演化初期几乎同时形成,而且可能有非常相似的初始状态,只是在后来才分道扬镳:地球经历了 38 亿年漫长的有生命参与的演化过程而达到今日的状态,金星与火星则经历了同样长的无生命的演化历史而成为现在的状态。

Anderson(1984)认为,如果金星大气圈中的 CO_2 能大量转移到岩石圈中,金星表面的温度就会下降,继而其壳内玄武岩-榴辉岩相变带的位置会上移到浅层部位,如此则金星的外壳就不稳定了,就会出现类似地球上的板块构造运动。而地球是靠生物将大气中的 CO_2 转移到岩石圈中的,元古宙的蓝菌和显生宙的造礁生物大规模地转移大气中的 CO_2,形成碳酸盐岩石沉积下来。Anderson 认为,构造运动之所以存在于地球而不存在于金星,是因为地球上进化出了能沉积碳酸盐岩的生物。

如果地球早期没有进化产生出蓝菌,或蓝菌因偶然原因而很早绝灭,则地球就不大可能出现促使高等生物进化的环境条件,就不可能建立相对稳定的、完整的生物圈。如果问为什么金星与火星上没有进化产生出类似蓝菌的生物,目前我们只能回答说:可能是偶然的或未知的原因。历史既非决定的,亦非偶然的。但偶然事件确能改变历史。进化犹如弈棋,每走一步棋都对后面的棋局产生影响和限制,一步之差,结局可能完全不同。

第六章　进化的历程——生命史

物类之起，必有所始。

——荀子：《劝学》

万物变化兮，固无休息；斡流而迁兮，或推而还；形气转续兮，变化而嬗。

——贾谊：《鹏鸟赋》

生命在地球上已经生存了 38 亿年之久，自其诞生之日起就不停息地变化，在变化中延续、演进。这是一个由地质和古生物化石记录所记述的真实的历史过程，一个漫长的未见终止的过程。在时间向度上考察生命进化的历史和在生物组织不同层次上考察生物进化现象，是进化研究的两个相互补充的途径。

6.1　生命史中的进化事件

在有向的时间尺度上顺序发生的生物进化事件构成了生命史的核心内容。进化事件是连续的、漫长的生命史中的里程碑，是生命进化的脚步。每一个进化事件或进化的每一步，都是对后来的进化方向的各种可能选择的限制，但又同时创造了新的进化前景。就像下棋一样，每走一步都关系到后来的整个棋局；每一个进化事件都不同程度地影响生命进化历程。

生命史的研究证明了进化过程不是像先前的"直道进化论"说的那样的平坦直道，而是像达尔文描述的巨大的进化树所记录的曲折复杂的历史过程：在大树顶部的绿色枝叶（代表现在生存的生物种类）之下，掩盖着无数"枯萎的枝条"，它们代表过去曾经生存过的种类，它们是无数次失败的进化试探的牺牲者，是生存竞争中的被淘汰者。绝灭了的物种占整个地球 38 亿年来的物种总和的 99.999％（Novacek，Wheeler，1992）。这株大树下部的枯萎枝条远远超过顶部很少的绿色枝叶。生命史中既有成功的进化革新带来的大繁荣(适应辐射),也有大灾变或进化失败带来的大萧条(大绝灭)。

进化事件是进化中的革新,没有这些革新,生命就不可能延续至今,就不会有今天的复杂的高级生命。

在达尔文以前的创世说统治时代,物质世界是没有历史的。按厄谢尔(James Ussher)大主教(1654 年)和后来英格兰基督教学者来特福特(John Lightfoot)的说法,地球和地球上的万物是在公元前 4004 年 10 月 26 日早上 9 点钟被上帝创造出来的。自那以后世界万物就不变地保持到今天。万物既然不变,当然也就没有历史。

达尔文的不朽功绩在于他证明了生命是有历史的,而且是从简单到复杂、从低等到高等的进化历史。然而,达尔文在《物种起源》一书中,以"地质记录不全"或"化石记录不全"为由而忽视生命史,或将生命史研究置于次要地位。那时的最古老的化石记录也只追溯到寒武系下部的三叶虫。其实,这种状况直到 20 世纪 60 年代以前并没有多大改变。60 年代以前还没有一个前寒武纪生物化石被学术界正式承认。5.4 亿年前的寒武系下限一直是的一个神秘界线。寒武纪以前的(前寒武纪)生命史基本上是一片空白,地质学家把这一历史时期称为隐生宙(Cryptozoic Eon),以和寒武纪以后有化石记录的显生宙(Phanerozoic Eon)相区别。

1954 年,当哈佛大学的植物学家 Barghoorn 和地质学家 Tyler 报道了大约 19 亿年前的冈弗林特铁硅质建造中的微 6 生物化石时,竟然没有人相信。10 年以后当更多的人在前寒武纪地层中找到更多的蓝菌和细菌化石时,大家才认识到:地球上的生命的确有一个很长的前寒武纪进化历史。

6.2 生命史研究的新进展和新问题

(1) 生命史研究的新进展

20 世纪 60 年代以来地球生命史研究的主要进展概括起来有如下几项。

① 有化石记录的生命史已追溯到 35 亿年前。在南非太古宇翁维瓦特群(Onverwacht Group)和无花果树群(Fig Tree Group)、澳大利亚西部和西北部的太古宇瓦拉伍那群(Warrawoona Group)和阿倍克斯玄武岩组(Apex Basalt)的燧石层中发现了丝状的微生物化石。同位素年龄为 34 亿～35 亿年(Awramik, et al. ,1983;Schopf,1993)。

② 间接的证据表明,生命史与地质史几乎同样长,即大约有 38 亿年之久。格陵兰的依苏阿(Isua)的太古宙沉积变质岩是世界上已知的最古老的岩石,其同位素年龄值接近 38 亿年,其稳定碳同位素比值(排除变质作用影响因素)与生物来源的碳的数值范围大体接近。这证明生物有机合成(初级生产)可能在 38 亿年前就开始了(Schidlowski,Aharon,1992)。此外,依苏阿太古岩的沉积纹理等特征,表明那时已有液态水圈存在;在沉积变质岩系中夹有碳酸盐岩,说明当时大气圈中有 CO_2。这两项证据也间接地支持了 38 亿年前地球上可能有生命存在的推断。

③ 在澳大利亚和南非的太古宙早期的沉积岩中,发现有碳酸盐岩石和叠层石存在。后者一般被认为是光合微生物的生命活动与沉积、沉淀作用的综合产物,因而可作为光合作用存在的证据。同时有前面所说的丝状微生物化石的发现,以及从现代活细胞的核酸一级结构比较研究所获得的信息(比较分子生物学研究表明光合绿色硫细菌 *Chlorobium* 和 *Chloro flexus* 起源很早),证明光合作用和光合微生物在 35 亿年前可能已存在。

④ 60 年代以来,古生物学、地质学的研究进展,使我们对生命史中最重要的进化事件发生的时间、历史环境背景有了更多的了解。例如(除了上述的三项外):

a. 真核生物的最早出现大致和大气圈中自由氧的开始积累同步,即大约在 20 亿～19 亿年前。

b. 多细胞植物(海生的底栖藻类)在 7.0 亿～6.0 亿年前的元古宙晚期第一次适应辐射(Zhang Yun,1989;Zhang Yun,Yuan Xunlai,1992);多细胞无脊椎动物最早的适应辐射发生在大约 5.7 亿～5.5 亿年前。最近的古生物学和分子钟的研究表明,后生动物的起源可能很早(Xiao,Zhang,Knoll,1998;Wray,Shapiro,Levinton,1996;Ayala,Rzhetsky,1998)。

c. 具有外骨骼的无脊椎动物(小壳化石)和具有钙化组织的藻类植物最早出现于 5.5 亿～5.3 亿年前。动物与植物的第一次骨骼化与前寒武纪至寒武纪过渡时期全球海洋与大气物理、化学特性的改变相关(Grotzinger,1990;Ridling,1991)

d. 最早的陆地植物(苔藓植物)和陆地无脊椎动物(某些节肢动物和环节动物)构成的陆地生态系统大约在 4.5 亿年前出现;陆地维管植物最早出现于 4 亿年前或 4.5 亿年前(早志留世或晚奥陶世;王怿、蔡重阳,1995;耿宝印,1986)。

e. 化石记录还表明在寒武纪初期(5.3 亿～5.0 亿年前)、奥陶纪末(4.4 亿年前)、晚泥盆世(3.6 亿年前)、二叠纪末(2.3 亿年前)、三叠纪末(1.9 亿年前)、侏罗纪末(1.4 亿～1.3 亿年前)、白垩纪末(0.65 亿年前)曾经发生过大规模的物种绝灭事件,这些绝灭事件的发生多少和全球环境的变化,甚至可能和地外的(天文学的)事件相关(见本书第十章)。

⑤ 60 年代以前还没有形成各学科交叉、结合、相互验证的生命史研究领域。而今天,参与地球生命历史研究的有来自古生物学、系统生物学、分子生物学、地球化学、化学与生物化学、天体物理学、构造地质学等各领域的专家。各领域的研究成果得以相互验证。例如:

a. 比较分子生物学建立的系统树大致与古生物化石记录所确定的进化顺序相符合(见第十二章);

b. 同位素地球化学证明的生物同化作用历史与古生物、沉积学记录相互验证(Schidlowski,Aharon,1992);

c. 某些地球化学、天体物理学揭示的异常事件与生命史中的某些绝灭——适应辐射事件相互验证(Rapporteur,et al.,1984);

d. 地质学所揭示的地壳、大气圈和古海洋的均向演变,以及构造地质学揭示的某些地质历史时期的板块构造运动事件与生物进化事件相关联地发生(Cloud,1976;Thompson,et al.,1984)。

各领域的研究结果不仅仅可能相互验证,而且也揭示出生物圈与地壳、大气圈、水圈在相互作用中协进化的过程。生命史研究已经成为真正的综合领域。

(2) 生命史研究的新问题

生命史研究的新进展也提出了一些令人费解的,但值得探讨和思考的新问题。例如:

① 地球生命历史之长和生命起源之早是出乎预料的。假如在 38 亿年前原始地壳和原始海洋刚形成时,生命就出现了,那么前生命的化学进化只能发生在 40 亿～38 亿年前的正处于地壳形成过程中的不稳定的地球表面上。这是令人费解的。

② 从最早的单细胞生物化石记录(35 亿年前)到可靠的多细胞动、植物最早的化石记录(7～6 亿年前)之间的时距长达 28 亿年之久。单细胞微观生命的进化历史如此之长,多细胞宏观生物的出现和分异如此之晚且如此"突然",也是令人费解的。

③ 光合作用因涉及复杂的细胞结构和酶系统,一般认为其起源较晚。但叠层石、微生物

化石、稳定碳和硫同位素分析资料以及活细胞分子生物学分析资料都证明光合作用和光合微生物起源很早(至少在 35 亿年前就出现了)。这也是出人意料的事实。

④ 动物和植物的第一次骨骼化(钙化)为什么几乎同时发生于前寒武纪末至寒武纪之初,这也是近年来学者们热心探讨的新问题。

⑤ 化石记录的统计分析表明,显生宙期间发生过若干次大规模的物种绝灭(集群绝灭)和随之而来的快速适应辐射。引起这种大规模物种替代和生态系统重建的原因究竟是在生态系统内部,还是由于地球以外的天文事件引起,正是当前学者们争论和探讨的问题。

生命史已不仅仅是生物进化历史,实际上它也是地球演化史,是整个自然界(生物与非生物部分)的历史。过去,将生物进化与地球环境的变化看作是两个独立的过程,生命史与地质史被视为各自独立的领域。现在看来,两者将逐渐融合了。

6.3　生命史的三个阶段

纵观地球生命整个历史,从生命起源到人类文明,大致可区分为 3 个阶段,即：① 前生命的化学进化阶段；② 生物学进化阶段；③ 文化进化与生物学进化并行和相互制约阶段。

地球上最早的细胞生命的诞生,即具有与外界分隔的生物膜,同时又有内部膜分隔的、有形态学特征的、有个性的生命的最初出现,标志着前生命的化学进化的完成和生物学进化的开始。澳大利亚和南非太古宙的化石证据(Awramik, et al. ,1983；Schopf,1993)和稳定同位素分析研究结果(Schidlowski,Ahaton,1992)表明,地球生命和地球上最老的岩石一样古老,即在太古宙早期(38 亿~35 亿年前),细胞形式的生命就已经出现了。如果前生命的化学进化是在地球表面进行的,那么这只能发生在 40 亿~38 亿年前这段时间。因为地质学家认为地壳大约自 40 亿年前逐渐形成。从最早的细胞生命出现开始的生物学进化,经历了太古宙(38 亿~25 亿年前)、元古宙(25 亿~6 亿年前)和显生宙(6 亿年前至今)三大地质时代,历时 38 亿年之久。在显生宙末的最近的几千年,地球上的人类进入文明阶段,从此,生物圈的进化愈来愈受人类活动的影响和控制,人类文化进化与生物的进化相互作用、相互制约,这就是生命史最后一个阶段的特征。

生命史的第一阶段和第三阶段都相对地短暂,第二阶段历时极长。本章将对生命史中最重要的进化事件作一概述。关于文化进化,将在最后一章阐述。生命史的阶段和地质时代划分见图 6-1 和图 6-2。

目前所知最早的微生物化石是 35 亿年前的瓦拉伍那微化石群(Warawoona microfossils),宏观体积的动物和植物化石的出现很晚。形态奇特的无硬骨骼的后生动物化石,即著名的伊迪卡拉动物化石群(Ediacaran fauna)发现于澳大利亚及世界若干地区的元古宙末、显生宙初的沉积岩中,同位素年龄大约在 5.5 亿至 5.7 亿年。有分化组织的多细胞植物化石发现于中国元古宙末大约 6.0 亿年龄的地层中(Zhang Yun,1989)。元古宙末到显生宙初这一段时间(6.5 亿~5.5 亿年前)是后生动物和后生植物第一次适应辐射时期,这是生命史中另一个重要的转折点,即由微观生命向宏观生命的进化转变,由单细胞生命向多细胞复杂生命转变。地质历史也因而相应地被区分为显生宙(Phanerozoic)和前显生宙(Pre-Phanerozoic)两大时代。实际上,生物学进化阶段也明显地区分出时距不等、特征明显的两个时期,即前显生宙微观生物进化时期和显生宙宏观生物进化时期。前者从太古宙初到元古宙末,历时近 30

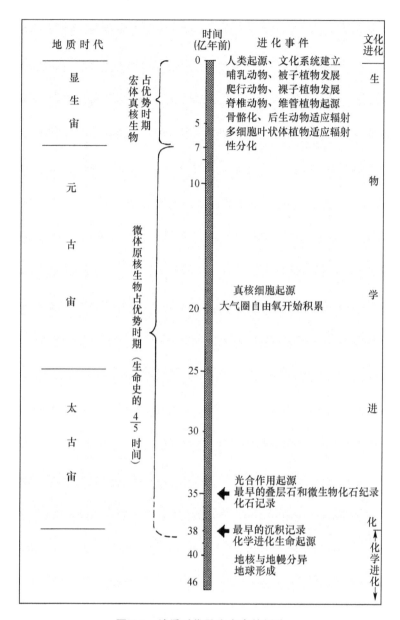

图 6-1　地质时代及生命史的划分

亿年,其间,原核生物是生物圈唯一的或主要的组成部分。单细胞真核生物可能在元古宙中期出现,但直到元古宙晚期才逐渐取得优势。微观生物在生命史的前 3/4 的时间里在地球生物圈中占绝对优势,主要的生物学进化改变表现在细胞内部结构的复杂化和代谢方式的改变上,所以这一时期也可称为细胞进化时期。

　　显生宙生物进化主要表现在器官组织结构的复杂化和多样化上,这时期的生物圈经历了多次的适应辐射、大规模的物种绝灭、不同范围和不等程度的生态系统解体与重建等一系列事件。显生宙的生物进化主要涉及生物组织器官的进化、物种分异和生物多样性的变化。

　　新生代末,从哺乳动物灵长类中分支出来的人科动物后来进化产生了能够创造文化的人

宙 Eon	代 Era	纪 Period	亚纪 sub-Per.	世 Epoch	同位素定年 Ma	延续时间 Ma
显生宙 PHANEROZOIC	新生代 CENOZOIC	第四纪 Quaternary		全新世	0.01	0.01
				更新世	2.0	2.0
		第三纪 Tertiary	新第三纪 Neogene	上新世	5.0	3.0
				中新世	24.6	19.6
			老第三纪 Paleogene	渐新世		40.0
				始新世		
				古新世	65.0	
	中生代 MESOZOIC	白垩纪 Cretaceous		晚白垩世		76.0
				早白垩世	141.0	
		侏罗纪 Jurassic		晚侏罗世		54.0
				中侏罗世		
				早侏罗世	195.0	
		三叠纪 Triassic		晚三叠世		35.0
				中三叠世		
				早三叠世	230.0	
	古生代 PALEOZOIC	二叠纪 Permian		晚二叠世		50.0
				早二叠世	280.0	
		石炭纪 Carboniferous		晚石炭世		65.0
				早石炭世	345.0	
		泥盆纪 Devonian		晚泥盆世		50.0
				中泥盆世		
				早泥盆世	395.0	
		志留纪 Silurian			435.0	40.0
		奥陶纪 Ordovician			500.0	65.0
		寒武纪 Cambrian		晚寒武世		40.0
				中寒武世		
				早寒武世	540.0	

图 6-2　显生宙地质时代划分

类，以其能思维的大脑和能制造、使用工具的双手，再加上能传递和储存信息的社会组织，这三个创造文化的基本条件，把生物圈带进了一个新阶段。地球生物圈已不再是单由自然因素和自然规律控制的系统，人类的意志和行为逐渐成为生物进化与地球环境演变的重要的控制因素。也就如我们在第一章中说的，生物圈将逐渐被理智圈替代。人类文化进化逐渐成为决定地球和地球生命命运的因素。这就是生命史的第三阶段。

6.4　生 命 起 源

地球生命历史中的第一个,也是最大和最重要的事件就是生命的产生。

对生命和生命现象的探索,其历史几乎和人类文明史一样长久。生命现象是我们已知的宇宙现象中最复杂的。生与死、活的生命与无生命的物质的对比是如此鲜明,所以在人类的智慧达到能开始认识世界和认识自己的时候,就提出了"什么是生命?生命从何处来"的问题。这个问题最初是一个哲学问题,是世界观和认识论的问题;后来则成为一个科学问题,是自然科学中长期探索的问题。对"生命从何处来"这个问题的回答,既反映了不同的世界观,也反映了人类对生命本质认识的历史过程。

1. 关于地球生命由来的四种解释

第一种解释是直接而又简单的,即认为地球上的一切生命都是上帝设计和创造的,或是由于某种超自然的东西的干预而产生的。例如,19 世纪以前西方流行的创世说。世界三大宗教中,佛教和伊斯兰教都不曾明确地提出和具体地回答生命由来的问题,只有基督教详细地解释了"人和地上的生命怎样产生的"问题。旧约《创世记》中描写了上帝在一周之内创造了宇宙,创造了光、陆地、海洋、各种动物、男人、女人以及伊甸园中的草木、花果与蔬菜。圣经中的传说故事当然很难和当代科学知识调和。作者曾经和一位牧师交谈,讨论关于圣经中描写的上帝在 7 天之内创造万物的故事。牧师说:"上帝是万能的,天上的一天相当于地上的许多年;相对论不是说时间是相对的吗?"现代创世说的支持者正做出新的努力,使圣经与科学调和,将科学知识用来证明圣经的故事。例如,一本叫作《创世实例》(*A Case For Creation*. Chicago: Moody Press, 1983)的书,列举了生物学和古生物学的一些"证据"来证明上帝造物和种不变的观点。该书作者将古生物记录中的适应辐射、"寒武爆发"这类事实说成是"新种类的突然起源恰恰证明了上帝创造的行为",将某些生物进化的缓慢(保守)说成是"有限改变",是种不变论的证据。这就是现代的新创世说。

第二种解释也是简单的,认为生命是宇宙固有的,早在地球形成之前就存在于宇宙中了。地球上的生命来自地球之外,来自别处。按照这种观点,不存在"地球生命起源"这样的问题,科学要探索的问题是生命通过何种途径从宇宙间的别处"传播"到地球上的。至于宇宙中的生命由来则事实上已成为不可知的问题。假如说,生命就像非生命物质一样,是宇宙或者地球上固有的、永恒的物质存在,当然就没有生命由来的问题。正像恩格斯引证李比希(J. Liebig)的话:生命正像物质本身那样古老,那样永恒,而关于生命起源的一切争论在我看来已由这个简单的假定解决了。事实上为什么不应当设想有机生命正像碳和它的化合物一样,或者正像不可创造和不可消灭的所有物质一样,像永远和宇宙空间的物质运动连接在一起的力一样是原来就有的呢(《自然辩证法》,人民出版社)。李比希的意思是:你要问地球生命的由来吗?那么你就应当先回答:"物质的由来""物质运动的力的由来"。你当然回答不出,那就别再问"生命的由来"。19 世纪以来流行各种"泛种论"(panspermia)解释生命如何从宇宙空间传播到地球上。和李比希不同的是,泛种论认为地球生命是外来的,而李比希没有地球历史的知识。

第三种简单的解释是认为生命可随时从非生命物质直接产生出来。例如,在西方长期流行的、并在 19 世纪引起广泛争论的"自生论"（abiogenesis or spontaneous generation theory），如中国古代的"腐草生萤"的说法。

第四种解释认为地球上的生命是在地球历史的早期，在特殊的环境条件下，通过所谓"前生命的化学进化"过程，由非生命物质产生出来的，并经历长期的进化过程延续至今。这种解释可称之为生命的进化起源说，是达尔文进化理论的延伸。达尔文认为现今地球上的各种生物起源于远古时期少数的共同祖先，这些原始祖先必定也是通过特殊的进化过程产生的。根据进化的观点，生命起源是一个自然历史事件，是整个物质世界（宇宙）演化的一部分。

创世说实际上对生命由来没有作实质性解释，生命固有论和泛种论实际上也回避了生命由来问题。自从 19 世纪 60 年代路易·巴斯德（L. Pasteur）以精确的实验证明即使最简单的生命也不能在现时从非生命物质中自发地产生出来之后，自生论被彻底否定了。但是，最近在太平洋洋峤水热喷口附近发现有非生物的有机合成的可能性（Baross, Hoffman, 1985；Holm, 1990；Seagrex, et al. , 1993），于是"新自生论"（neo-abiogenesis）提出了。但这并不是老的自生论的死灰复燃。

现时，大多数学者认为，关于地球上生命由来问题的最合理的解释是生命的进化起源说或化学进化说。这个学说体现了历史的观点、进化的观点。

2. 关于生命的定义

生命如何通过化学进化产生的呢？对这个问题也有很不同的解释，这些解释又和我们对生命本质的认识及生命的定义相关联。

对于"什么是生命"这个问题的回答也是人类对生命本质的认识过程，与生物学及其他相关科学的发展水平相关联。

学者们从不同角度来认识生命。你可以从构成生命的物质结构着眼，把生命看作是一类特殊的物质结构或有特殊结构的物质。你也可以从生命的基本特征着眼，把生命看作是一种特殊的现象。如果从物质结构来定义生命，就要考虑最简单的生命形式是什么的问题：一条完整的编码基因或一个有酶活性的蛋白质分子是不是生命？病毒、类病毒是否可以作为原始生命的模型？一个最简单而又具有生命基本特征的细胞是怎样的？像支原体（mycoplasma）这样的细胞生命，是否能作为原始细胞生命的模型呢？

如果从生命的基本特征来定义生命，例如，生命的最重要特征是能够自身复制，生命是一个能记载和表达信息、积累信息、保持和传递信息的信息系统；生命能够不断地与外界进行物质交换，进行新陈代谢（用现代科学语言来说，生命是一个靠外界能量输入而保持其有序性的耗散结构）。但问题是生命的最重要的特征并不一定在每一个生物个体表现出来，也不一定在个体生活史的每一个阶段表现出来。例如，自身复制或繁殖后代：老年个体和某些不育个体就不具备这个特征。又如新陈代谢，处于休眠状态的孢子几乎停止了代谢。如果问：不育的工蜂是不是生命？骡子是不是生命？回答当然是肯定的。

不同学者从不同的认识角度提出了不同的生命定义，归纳起来不外乎两类。

第一类定义强调生命的特殊结构，与这种结构相关联的功能特征则被认为是附属于特殊结构的。这类定义可称之为"结构定义"（structural definition）。第二类定义则相反，它从生命的动态功能着眼，而把与功能相关的特殊结构看作是实现这种特殊功能所要求的条件。有人称这一类生命的定义为"运作定义"（operational definition）（Fleischaker, 1990）。

（1）结构定义

从物质结构的角度来定义生命,首先要弄清楚什么是最简单的生命结构? 换句话说,能体现生命的最基本特征和进行生命活动的最简单物质结构是什么?

在关于生命起源的研究中曾经出现过两种不同的结构定义。

其一是将生命定义为某类特殊的大分子,生命现象源于这类大分子的特殊结构,生命特征就是这类大分子的物理化学特征;最简单的生命是某种生物大分子。

其二是把生命看作是一种特殊的形态结构,一种细胞形式或"准细胞"形式的结构,生命的特征就是通过这种结构的膜与外界进行的物质交换(代谢)。最简单、最原始的生命是最简单的细胞。

19世纪的唯物主义者认为生命现象是原生质(protoplasm)的特征,原生质被认为是一种复杂的蛋白质。因此,恩格斯是这样定义生命的:生命是蛋白体的存在方式,这个存在方式的基本因素在于它和周围外部自然界的不断的新陈代谢(参见《自然辩证法》,人民出版社,1971年版)。这里所谓的蛋白体就是构成原生质的复杂蛋白质。根据这个定义,生命起源问题就可还原为蛋白质的起源问题,但是,当时对蛋白质的化学结构所知甚少。20世纪生物化学的研究进展,特别是由于酶研究的成果,使得学者们坚信生命的分子基础就是蛋白质。

20世纪50年代以后,核酸分子结构和遗传功能的研究进展改变了生物学家的看法,人们注意力转向核酸,认为生命的分子基础是具有自我复制和负载遗传信息功能的核酸,于是生命的定义由强调蛋白质及其代谢功能,改变为强调核酸及其遗传载体的功能。生命起源问题被还原为能进行自我复制的低聚和多聚核苷酸的起源问题。

如果生命可以定义为某种生物大分子,那么由此产生的两个问题是:

① 是否存在非细胞形式的生命? 或者说,是否存在能实现生命基本过程和体现生命基本特征的分子状态的生命?

② 在化学进化过程中是先有蛋白质分子还是先有核酸分子?

在现今的生命世界中确实存在非细胞形式的生命。就现在所知,有三种类型。

第一种非细胞形式的生命就是1983年才发现的叫作朊病毒(prions)的病原微生物。朊病毒仅由蛋白质分子组成,但这种蛋白质含有自身复制的密码子。换句话说,这种蛋白质本身也是遗传信息载体。但目前对这种极为特殊的蛋白质生命了解甚少。最初是从患瘙皮病(scrapie)的绵羊身上分离出来的,有人认为人类的阿尔茨海默病(Alzheimer's disease,即老年脑萎缩症)的病原体可能也是一种朊病毒。

第二种非细胞生命是病毒,是包装在蛋白质外壳中的DNA或RNA分子。

第三种非细胞生命是类病毒(viroids),是没有蛋白质外壳的(全裸的)RNA分子。

这三种类型的非细胞生命都具有生命最重要的特征,即在一定条件下能进行自身复制。但它们不能独立地实现其自身复制,要靠感染或寄生于一个活细胞,并借助于活细胞的酶系统及其他条件才能进行复制。因此,从这一点来说,上述三种非细胞的生命不能说是完整的生命,不能作为原始生命的模型。

由此而引出的另一个问题是:在细胞生命出现之前的化学进化阶段,是否可能产生过单由蛋白质分子或单由核酸分子组成的生命形式呢? 虽然朊病毒、病毒和类病毒都不能算是完整的生命形式,但这并不能排除在地球早期化学进化阶段有过非细胞的"大分子状态"的生命形式的可能性,因为早期地球上可能存在大量的非生物合成的有机分子,作为大分子自身复制的外在条件。

如果在细胞生命出现之前的化学进化阶段确实有过由蛋白质分子或核酸分子组成的生命形式,那么接着引出的另一个问题是:在进化过程中先有蛋白质呢,还是先有核酸? 这个问题曾有过激烈争论。早在20世纪20年代,遗传学家缪勒(H. S. Muller)就提出"裸基因说"(the naked gene theory)。现时也有一些证据支持这个假说,例如,在80年代初有人发现在一定条件下RNA具有酶的功能:在RNA分子剪切过程中起催化作用的是RNA自己,被称为核酶(ribozymes),因而有生命起源的"RNA世界"说。朊病毒的发现也提出了另一方面的证据,即蛋白质分子本身也有携带遗传信息和控制自身复制的能力。清华大学赵玉芬的研究小组发现α-氨基酸在 N-磷酸化以后变得活泼了,可以自身聚合成肽、成酯及进行其他多种反应(赵玉芬,等,1993)。这样看来,在前生命的化学进化阶段究竟先有核酸还是先有肽或蛋白质分子的争论并不特别重要了。完整生命结构的分子基础是核酸与蛋白质之间的相互作用和相互控制的复杂关系,因而重要的问题是核酸与蛋白质之间的这种关系在进化中是如何确立的。也许早期前细胞的原始生命形式既不是RNA分子,也不是蛋白质分子,而是由核酸和蛋白质(或许还有类脂)组成的大分子系统。在这个大分子系统内,氨基酸与核苷酸之间的关系通过相互作用和随机固定而逐步确立(这涉及另一个问题:遗传密码起源)。另一种观点认为,不存在分子状态的生命形式,蛋白质与核酸一旦产生,必须包含在类脂形成的膜结构之内才能形成独立的生命形式。换句话说,生物大分子必须有自身存在的膜边界,与外界环境分隔,并且内部也有分隔,才能构成完整的生命。病毒、类病毒和原体都缺少膜分隔,因此都不能在宿主细胞之外进行各种生化反应。因此,如果要从结构上定义生命,那么生命不能定义在分子上,只能定义在形态结构上。

关于生命的另一种结构定义是基于其形态学特征。最早的形态学的生命定义是苏联学者奥巴林于1924年提出的。他认为,最早的、最原始的生命就是一个最简单、最原始的细胞,即原细胞(protocell)。这种原细胞具有膜界,使之与外界半隔离。原细胞通过膜界与周围环境进行物质交换(代谢),并因此而能生长、增殖。因此,生命起源问题就变成原细胞的起源问题。奥巴林以明胶(一种蛋白质)和阿拉伯胶(多糖)混合后形成的所谓"团聚体"(coacervates)作为这种原细胞的模型(奥巴林,《地球上生命的起源》,科学出版社,1960)。20世纪60年代,美国的福克斯(S. W. Fox)等用干燥氨基酸粉末混合物加热后在水中形成的"类蛋白微球体"(proteinoid microspheres)作为另一种原细胞模型。这两种在实验室模拟出来的原细胞都有膜边界(但不是类脂膜),能与外界溶液进行物质交换,能增大体积(生长),并能繁殖(出芽、分裂),具有简单的生命特征。

(2) 运作定义

上述两个结构定义基于两个结构层次,即分子层次和细胞层次。但两个定义都没有涉及"从分子如何过渡到细胞"这个生命起源的实质问题,两个定义也没有给我们一个判断生命的标准。例如,一条有遗传编码的DNA链是不是生命? 一个有膜界并能与外界交换物质的胶体结构(如微球体)算不算生命?

运作定义是考虑到结构定义的缺陷而提出的。运作定义强调生命的动态的功能特征,而把有关的结构看作是实现生命重要功能的条件。运作定义吸取并应用了现代物理学、化学的新理论原理,例如,系统理论、耗散结构理论和自组织理论。下面是运作定义的一个例子。

20世纪70年代两位智利生物学家 Maturana 和 Varela 把生命定义为"自我生产系统"

(autopoiesis,或 autopoietic system)。后来另一位学者 Fleischaker(1990)把这个新定义加以发展和具体化。他是这样叙述和解释生命的定义的：生命需要从外环境输入和转换能量以驱动和维持其自身生产过程，并保持其自身远离平衡的状态。生命系统的特点在于它把内部各个能量转换和物质相互作用过程耦联并组织成为一个完整的"过程网"(network of processes)；其结果是系统中所有组成部分，包括边界膜结构本身都能自动地、连续地再生产出来。

从上述描述中可以看出，个体生命就是一个生产组织，这个组织在空间上是整体的、不可分的，在时间上又是连续运作的。一个活生命就是一个能连续地自我生产其本身结构的组织系统。我们把 Fleischaker 的生命运作定义概括为以下几个要点：

① 生命的基本构成因素是各个相关的生物化学过程。

② 各个相关的生物化学过程通过耦联而组织成为一个网系统。

③ 网状耦联的生化过程在空间上要求一个紧凑的结构，即被束缚于一边界膜结构之内，并在内部有选择地分隔，这样才能具有整体性和个性，并能延续自身。

④ 在边界膜结构之内，生化过程网通过能量的利用、转换和内外物质交换而实现其自身再生产。

自我生产系统中的"自我"就是指生化过程网系统，也就是系统的整体而不是局部。自我生产的实现靠整体运作。换言之，自我生产就是在其自身制造的边界内实现其自身特征的表达，这特征又是由系统内各组成部分之间动态关系所决定的。

简言之，按生命的功能定义，我们可以把生命看作是无数相关的生物化学反应循环通过耦联而组成的有序的、紧凑的、高度组织化的网系统(或者说是一个超循环系统)。由于杂乱的生化反应需要有空间的分隔与组合才能实现有序化，所以膜结构与分隔化(compartmentation)成为生命功能实现的必要条件。因此形态结构是生命功能实现的基础，没有结构，生命的基本特征不能表现。生命的定义中应当包含功能与结构两个方面。下面把功能的定义与结构的定义结合起来，作一个概括：生命是高度组织化的物质结构，核酸、蛋白质等相互作用的生物大分子构成其分子基础，通过生物膜结构实现其内、外之间和内部的分隔化，其内部的无数相关的生物化学反应循环通过耦联，并借助分隔化的结构而组成高度有序的、紧凑的生物化学反应网系统，这个系统靠外界能量输入和内、外物质交换而保持其低熵水平的远离热力学平衡态的有序状态，同时实现其自身复制(再生产)。

现将上述的各类生命定义总结于表 6-1。这些生命的定义是从不同角度回答"什么是生命"的问题。第一种回答是：生命是某种具有特殊结构的物质或特殊的物质结构。第二种回答是：生命是实现某些特殊功能的反应系统。前者强调生命的结构特征，后者强调生命的功能特征。我们则试图把两者结合起来。

表 6-1　生命的定义

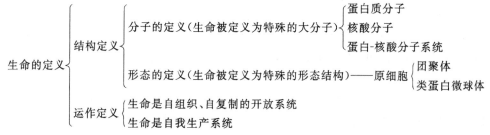

3. 生命起源研究的新进展和新假说

20 世纪 80 年代以来,关于生命起源的研究获得了重要的进展,在探索地球外宇宙空间生命存在的可能性、地球以外的化学进化、自然界中的非生物有机合成以及地球早期的环境和早期生命的地质记录等方面,都取得了令人兴奋的成果。这些成果大大扩展了我们的眼界,加深了我们对生命本质和生命由来的认识。

(1) 对传统观念的突破

20 世纪末,在生命起源研究和对生命现象的认识上,从三个方面突破了传统观念的束缚,即在生命起源所涉及的时间和空间尺度上、在生命和非生命的区分特征上、在生命起源和生命存在的环境条件的限制上都获得了新的认识。

80 年代以来,古生物学和地质学的证据表明,地球上的生命之古老是意想不到的:有细胞结构的生命至少在 35 亿年前就已存在(Awramik, et al., 1983; Schopf, 1983, 1993),稳定同位素分析表明在 38 亿年前生物有机合成已经出现(Schidlowski, Aharon, 1992; Schidlowski, 1993)。而地球和太阳系在 46.5 亿年前开始形成,地球表面在大约 40 亿～38 亿年前才逐渐固结成不稳定、不连续的硬壳。可见,前生命的化学进化可能在太阳系与地球演化初期就开始了。如果我们把构成生物的基本元素,即碳、氢、氧、氮、硫、磷、铁、镁等产生和演化过程也算在前生命的化学进化之内,那么生命起源就和宇宙起源、太阳系和地球起源相关联了,生命起源和进化就成为宇宙、太阳系和地球起源和演化的一部分,生命起源研究所涉及的时间和空间就大大地扩展了。这是对传统观念的第一个突破。

过去被认为是生命最重要的特征和生命特有的现象,现在发现也存在于某些物理-化学系统之中。例如,硅酸盐也能聚合成类似多聚核苷酸那样的双链互补形式的大分子,并且也能自我复制(Schuster, 1984)。又如,膜与分隔建造过去被认为是活细胞特有的,现在知道某些大分子(如类脂)可以自发地形成多层的膜结构。某些非线性远离平衡态的物理-化学系统通过"自组织"过程也可产生一定的形态结构。如今,从简单结构到复杂结构的演化或进化概念也早已不局限于生物系统了。生命与非生命之间的界限依然存在,但不再是过去想象的不可逾越的"鸿沟"。这是对传统观念的第二个突破。

对极端环境的生命的考察和研究大大突破了关于生命生存极限的传统观念。大洋洋嵴上的水热喷口的微生物生态系统研究证明细菌可以生存在 3×10^4 kPa、250℃高温热水中,(Baross, Deming, 1983),从而证实了微生物学家 Brock(1978)的预言:"某些细菌可能生存于含有液态水的任何沸腾的生境中。"生命,特别是低等微生物生存环境的范围大大超过我们的想象。有报道说,极端干旱的寒冷的南极沙漠中有微生物生存(Friedmann, 1982; Friedmann, Weed, 1987; Freedman, et al., 1986)。最近有报道说:从特殊设计的 500～2800 m 深的陆地钻孔的岩芯中分离出多种微生物,证明在岩石圈深处的严酷环境条件下生存着多种多样的原始生命,它们多是化能自养的细菌,有的已生存了几百万年,利用硫化物和氢获得能量(Fredrickson, Onstett, 1997; Pedrsen, 1993)。

按奥巴林-荷尔丹假说,地球早期生命起源于地表"温水池"(warm little ponds)中的"原始汤"(primordial soup)。然而新的地质学证据表明,太古宙早期的地球表面既无稳定的地壳,也无小水池;陨石雨频繁;太阳紫外辐射强烈,而且太古宙的海洋可能是一片热海。从新的研究资料来看,原先的许多关于生命起源的假说不能不受怀疑了。应当摆脱传统观念的束缚,对生命起源问题做大胆的新探索。

(2)地球外的化学进化与"新泛种论"

前生命的化学进化可能不局限于地球上,理由是:① 从地壳形成到最早的细胞生命出现之间的时距相对说来是很短的;② 天体化学研究证明宇宙空间的星际物质以及其他天体中含有大量有机分子;③ 有证据表明地球以外的有机分子曾经通过某些途径到达地球表面。

在地球演化的早期,可能有一定量的星际物质(包含有机分子)进入地球,并可能作为前生命化学进化的材料或至少参与化学进化过程(Delsemme,1984;Greenberg,1984)。

星际物质包括原子、气态分子和固体尘埃颗粒。典型的星际尘埃有一个硅质内核和多层的幔,直径不到 1 μm (图 6-3)。但星际尘埃的年龄通常与太阳系年龄相当。冻结于尘埃外幔中的水、氨、一氧化碳等无机分子通过长期的光化学反应形成了各种有机分子,除了醇、醛、有机酸和腈类分子外,还有氨基酸、嘌呤、嘧啶等生物化学分子,光谱分析证明了这些分子的存在。

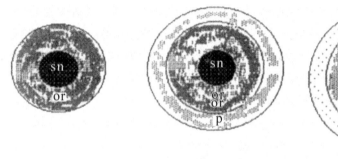
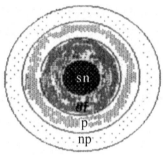

0.1μm

图 6-3　星际尘埃

固体的星际物质具有一个硅核(sn)和经过长期的演化过程形成的耐熔的有机质的幔层(or,p,np)。在地球演化早期可能有一定量的星际有机尘埃进入地球,所带来的有机分子参与了地球早期前生命的化学进化。彗星可能是由聚焦的星际尘埃组成,它们可能将星际有机物带到地球(据 Greenberg,1984,改画)

彗星尾部含有冰粒和有机物,被学者们称之为"脏雪球"。落到地表的 Orion 流星中含有酒精。1908 年西伯利亚通古斯地区一次神秘的大爆炸被某些学者视为一次地外物的轰击事件,考察者发现有氨水等物质遗留在爆炸处。某些学者推断在地球早期演化过程中,星际有机分子可能通过彗星尾部对地球的"轰击"而大量地进入地球,成为前生命化学进化的基本原料。这种说法也可称之为"新泛种论"(neopanspermia)。但问题是假如地球演化早期是高温炽热状态的话,外来的有机分子进入地球也会很快分解。

(3)现代的非生物有机合成与"新自生论"

自生论或自然发生说早已被否定。现今绝大多数学者都相信今天的地球环境与早期地球环境已大不一样,现在的地球表面已不存在前生命的化学进化所要求的环境条件了。然而事物总有例外。

20 世纪 70 年代末美国伍兹霍海洋研究所的阿尔文号海洋考察潜艇发现了在太平洋东部洋嵴上的"硫化物烟囱"(水热喷口)的特殊的生态系统,从而使学者们相信,这种特殊的水热环境和特殊的生态系统提供了地球早期化学进化和生命起源的自然模型:在水深 2000～

3000 m、压力 $265×10^5 \sim 300×10^5$ Pa 的喷口附近,水温最高达 350℃。这里不但有各种化能自养的极端嗜热的古菌(achaeobacteria)生存,而且喷出的水中有 CH_4、CN^- 等有机分子,表明此处可能有非生物的有机合成。某些学者将现代大洋底水热环境中可能存在的非生命的有机合成,视为新自生论的证据(Holm,1990)。

1980 年,在巴黎召开的国际地质大会上,柯里斯(John Corliss)及其同事首次提出"生命水热起源模式"(hydrothermal origin of life model;见 Corliss, et al., 1981)。后来 Baross 与 Hoffman(1985)又给予这个模式以较详细的阐述。作者(Zhang Yun,1984,1986)曾以前寒武纪古生物和现代嗜热微生物的比较研究为依据,指出地球早期水热环境和嗜热微生物可能相当普遍,地球早期生命可能是嗜热的微生物。

海底水热系统是板块构造活动带上的海底地热系统(图 6-4),多分布于板块边缘的洋嵴上。海水与洋嵴下的岩浆体之间有物质和热交换。与热水一起喷出的有各种气体和金属及非金属,如 CH_4、H_2、He、Ar、CO、CO_2、H_2S、Fe、Mg、Cu、Zn、Mn、Ba 以及 Si 等。金属与硫化氢反应生成硫化物沉淀于喷口周围,逐渐堆积成黑色的烟囱状构造。喷口的热水水温高达 350℃,与周围海水热交换后形成一个温度由 350～0℃的温度渐变梯度。同样地,喷出的物质浓度也从喷口向外逐渐降低,形成一个化学渐变梯度。正是这两个渐变梯度,提供了满足各类化学反应的条件。水热系统就像一个流动的反应器一样,这里有非生物有机合成的原料(各种气体),有催化物(重金属)以及反应所需的热能。

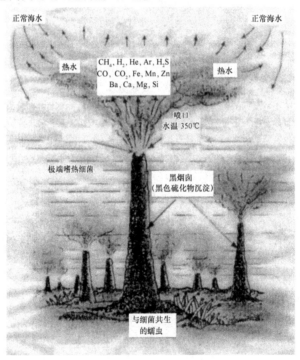

图 6-4　太平洋东部海底洋嵴上的水热喷口

从喷口中喷出高温热水,还原性气体(H_2S,H_2,CH_4)和多种金属,金属硫化物沉淀积聚在喷口附近并堆积形成"黑烟囱"。这里生存着极端嗜热细菌和其他生物。由喷口向外形成的温度梯度和化学梯度以及高温、还原性环境很接近前生命化学进化与生命起源所要求的条件

　　某些学者在实验室里模拟水热环境条件,合成了氨基酸等生物分子,从而支持新自生论。另一些学者对这个新学说提出一些疑问,引起一些争论。

4. 从化学进化到生物学进化

　　最简单的细胞生命与最复杂的化学分子之间的差异仍然是巨大的。多数学者把细胞生命看作是真正的生命,细胞生命出现之前是化学进化,细胞生命出现之后的进化是生物学进化。前者是受化学规律支配的化学过程,后者是受生物学规律支配的生物学过程。化学进化过程包括:① 在一定条件下由无机分子形成生物小分子(氨基酸、嘌呤、嘧啶、糖、单核苷酸、ATP等高能化合物、卟啉、脂类等);② 由生物小分子聚合为生物大分子(多肽、多聚核苷酸等)。上述过程的实际发生的可能性已由大量的实验室模拟实验所证明,同时,地球上的古老岩石以及陨石、宇宙尘中存在的有机碳化合物也表明化学进化在地球早期和宇宙中可能发生过。例如,宇宙尘的外幔中的有机分子很可能来源于长期的化学进化过程,因为每一粒宇宙尘几乎和地球一样古老。

　　细胞生命一旦出现,进化过程就转变为由变异、遗传、选择等因素驱动的所谓"达尔文式进化"。

　　生命起源问题的真正难点是从化学进化到生物学进化的过渡。究竟是怎样过渡的,我们还不甚了解,大体上说,应包含以下步骤:① 能自我复制的生物大分子系统的建立;② 遗传密码起源,即蛋白质合成纳入核酸的自我复制系统的控制之中;③ 分隔形成,即通过生物膜系统使生命结构与外环境分隔,同时使生命结构内部不同功能部分分隔。

　　奥巴林等的团聚体理论实际上已经提出了一个由大分子向形态结构过渡的可能途径,即由蛋白质、核酸、类脂等生物大分子通过胶体化学过程而实现其"空间组织化",形成所谓"复合团聚体",后者再通过所谓的"时间组织化"(进化)过程而产生细胞。但无论是奥巴林本人,还是其学说的继承者都没有具体论证团聚体如何过渡到真正的细胞。

　　近年来,化学、物理学与生物学之间有了更多的沟通,同时也有了更多的共同语言。例如,化学家证明,原子、分子和分子系统都具有自我组织(即奥巴林所谓的空间组织化)能力。Eigen 在 1971 年提出分子自组织理论,它已逐渐成为解释由非生命的分子向生命结构过渡的理论基础。近年来出现的一些新学说,大多基于 Eigen 的理论。下面介绍两个关于由化学系统到生物学系统过渡的可能模式。

　　(1) 超循环组织模式

　　Eigen 于 1971 年在其第一篇论大分子的自我组织的论文中提出了一种可能的过渡形式,即所谓的超循环组织(hypercyclic organization)。他认为在化学进化与生物学进化之间存在着一个分子自我组织阶段,通过生物大分子的自我组织建立起超循环组织并过渡到原始的有细胞结构的生命。

　　何谓超循环呢? 化学反应循环有不同的复杂性等级或组织水平,各个简单的、低级的、相互关联的反应循环可以组成复杂的、高级的大循环系统。生物体内普遍存在着高级的复杂的反应循环,如各种催化循环(反应循环的中间产物可以催化另一个反应循环)。Eigen 认为,类似单链 RNA 的复制机制(正链与负链互为模板)的自催化或自我复制循环在分子进化过程中起了重要作用。Eigen 的超循环组织就是指由自催化或自我复制的单元组织起来的超级循环系统。这个超级循环系统由于自我复制(以一定的准确性)而能保持和积累遗传信息,又由于复制中可能出现错误而产生变异,因此这个超循环系统能够纳入达尔文的进化模式中,即依靠遗传、变异和选择而实现最优化。所以超循环系统可以称之为分子达尔文系统。团聚体和微球体虽然具有某种代谢的功能,但不能自我复制,因而不能保持、积累遗传信息;而超循环组织具备原始生命的最基本特征——代谢、遗传和变异,从而能借助选择实现生物学进化。

选择在分子水平上是如何进行的呢?群体遗传学证明,选择不是作用于个体基因型,而是作用于群体(种群),通过改变群体基因频率而推动物种进化。对于分子系统来说也是这样,选择不能作用于单一分子。按 Eigen 等人的说法,分子系统也存在着类似物种的分子系统组合,叫作准种(quasispecies),选择作用于这些"分子准种"而促其进化。

(2) 阶梯式过渡模式

在 Eigen 的超循环模式的基础上,逐渐发展出一个综合的过渡理论。奥地利维也纳大学的 Schuster 等人(1984 年)提出了一个包括六级阶梯式步骤的、由原始的化学结构过渡到原始细胞的理论(图 6-5),在这个过渡顺序中每一步骤都建立在前一步骤的基础上。

现在让我们来解释一下图 6-5 中的生命早期进化的阶梯。

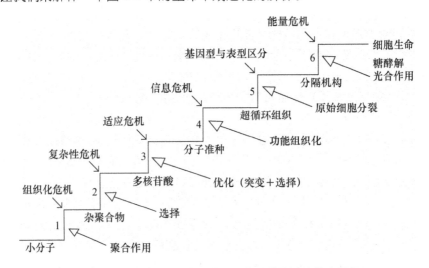

图 6-5　从化学进化到生物学进化的阶梯式过渡模式图解

以数字标记的六级阶梯代表 6 个关键性进化步骤,每一步所要克服的障碍(危机)和克服障碍的途径分别表示在图的左上方和右下方(据 Schuster,1984,改画)

进化从小分子开始到有原始细胞结构的微生物为止要通过 6 道难关(或危机),克服这些进化途中的障碍是通过一定的"革新"。例如,从小分子到形成杂聚合物(第一步),进化系统面临着"组织化危机"(即分散的、无组织的小分子如果不能初步组织起来,就不能进入下一步的进化),克服这个"危机"是通过聚合作用,由不同的小分子聚合为杂聚合物。又从无序的杂聚合物到多核苷酸(第二步)是通过分子系统的选择来克服"复杂性危机"的。

最早出现的核苷酸是以自身为模板来控制其复制的。这时类蛋白或多肽在多核苷酸复制中起催化作用,但它们是作为外界环境因素(有如介质中的铁离子或有吸附作用的黏土等那样的催化因素)而不依赖于多核苷酸。此外如类脂膜的形成,ATP、GTP、CTP 和 UTP 等有活性的单分子的形成也与多核苷酸无关。也就是说在进化的第三步多核苷酸还没有成为遗传载体。在第四步阶梯上蛋白质合成才被纳入多核苷酸自我复制系统中。这时多肽的结构依赖于多核苷酸上的碱基顺序,最早的基因和遗传密码产生了,而这一关键性的步骤是通过上述所谓的超循环模式达到的。

新形成的多核苷酸基因系统必须个别地分隔开来才能通过选择实现优化,基因的翻译产物接受选择作用,基因型与表型区分。但分隔结构要保持其特征的延续需要使其内部的多核苷酸复制、蛋白质合成和新的分隔结构形成三者同步,原始细胞结构满足了这些要求。原始细胞是一种能稳定地保持其特征的分隔结构,原始细胞分裂过程正是其多核苷酸(基因)系统复制、蛋白质合成和新的分隔结构形成三者同步的过程。这就是进化阶梯的第五步。

最后一步是原核细胞生命(微生物)的形成。由一系列在多核苷酸基因系统控制下的代谢反应序列提供给多核苷酸复制及蛋白质合成等所需的能量。比较简单、原始的微生物是行化学自养的或异养的,比较复杂的微生物是行光合作用的原核细胞生命。

Eigen 的自组织理论当然比奥巴林的团聚体学说更科学化一些。通过分子自组织过程形成超循环组织,这个超循环组织能够自催化、自复制、变异和遗传,因而能进行达尔文式的进化,即通过选择(淘汰)而优化。所以,超循环组织可以看作是能通过遗传、变异、选择而进化的“分子系统”。

上述两种由分子进化到生物学进化的过渡模式都属于达尔文式进化模式。

Dyson(1985)提出的非达尔文式的进化模式则是另一种可能的过渡方式。Dyson 根据分子进化中性论(见第十二章)的观点认为,从化学进化到生物学进化的过渡是一个随机过程,即分子系统的随机变异和随机固定过程。奥巴林式的原细胞也可能通过类似小种群的遗传漂移而进化出有活性的蛋白质,然后在原细胞内“寄生”的 RNA 通过随机过程进化出 RNA 基因。Dyson 的模式没有回答这样一个关键问题:完成生命最基本的生物化学反应所需的一系列酶通过随机过程进化产生出来的概率有多大?

5. 研究生命起源的途径

生命起源研究涉及许多学科和广泛知识。目前生命起源还不能说已经形成为一个独立的学科或独立的研究领域。生物学、化学、物理学、地质学、宇宙科学等各领域的研究进展都不同程度地关联到生命起源问题。不同学科领域的科学家从不同角度探索与生命起源相关的问题。

综合起来,可以从以下三方面(三条途径)来探索生命起源。

首先是研究生命起源的历史环境背景。生命起源作为一个历史事件,发生在一定的时间和空间,我们首先要弄清的是那个时间和那个空间的具体的环境条件。例如,假设生命起源于地球,前生命的化学进化发生在太古宙初期或更早,那么地质科学对太古宙地质的研究将有助于了解生命起源的历史环境背景。实际上,地质学已经提供了地球早期地壳形成与演化、构造、岩石、地球化学、古地理、古海洋以及大气圈的特征和状态的有价值的资料。此外,空间科学对太阳系、彗星的考察研究,对陨石的研究也大大丰富了我们对化学进化的环境背景的认识。对现代的极端的或特殊的生境(例如,前面说的太平洋洋嵴水热喷口的生态系统)的考察研究也提供了关于前生命化学进化的环境模式。

　　生命起源研究的第二条途径是化学进化的实验模拟。模拟实验常常是为某种理论假说寻找依据而设计的。1924 年苏联学者奥巴林,1929 年英国学者荷尔丹先后提出了生命起源的"原始汤"假说(后人称之为"奥巴林-荷尔丹"假说)。他们设想地球早期有一个还原性大气圈,地表布满了"温暖的小水池",大气中的无机分子在小水池中合成简单的有机分子,小水池中的水就变成含有机物的"原始汤",生命就诞生在这"原始汤"中。1951 年美国芝加哥大学的卡尔文(M. Calvin)在实验室里用 CO_2、NH_3 和水为反应物,企图合成有机分子,但未成功。1952 年他的学生尤里(Harold Urey)和米勒(Stanley Miller)根据奥巴林的早期地球还原性大气圈的假设,把反应物成分改为 CH_4、NH_3、H_2 和水,在放电情况下(电火花提供能量)合成了多种氨基酸等有机物。这是人类第一次成功地模拟化学进化的第一步,即从无机分子合成简单的生物化学分子。此后,许多学者用不同成分的混合气体(CH_4、CO、CO_2、NH_3、N_2、H_2 等)、不同形式的能源(热、离子辐射、紫外辐射等)以及不同的催化物(重金属、黏土等)成功地进行了多种非生物有机合成的模拟实验,这些反应的中间产物中有氰化物和甲醛等。后来的实验证明,用 HCN 可以合成 5 种嘌呤、嘧啶,用 HCHO 可以合成多种糖和氨基酸。学者们还进行了多肽与核酸的无酶聚合实验。例如,以二氨基丁二腈或磷酸盐为聚合剂可以把氨基酸聚合形成多肽,以咪唑为聚合剂合成了低聚和多聚核苷酸(Oro,et al. ,1984)。

　　这些模拟实验一方面证明了地球上前生命化学进化的可能性,同时也使我们了解化学进化的各种可能的途径。奥巴林的"团聚体"实验和福克斯等的类蛋白微球体实验也是为他们的生命起源的假说寻找依据的。

　　研究生命起源的第三条途径是寻找和研究早期生命存在的直接和间接的证据,即化学进化和最早的原始生命的遗迹。学者们在太古宙的古老岩石中和某些陨石中寻找"化学化石"和原始生命遗体化石的努力持续了几十年。迄今为止,在太古岩中找到的最早的生命记录可以归纳为以下几类:

　　① 有机微结构(organic microstructures);
　　② 具有有机质外壁的微化石(organic walled microfossils);
　　③ 叠层石;
　　④ 沉积炭、石墨。

　　在南非和澳洲太古宙浅变质的岩石中找到的有机碳质的颗粒,最初被当作微生物化石,后来在陨石中也找到类似的东西。现在多数学者认为它们可能是前生命化学进化的产物,称之为"有机微结构"(图 6-6A~D)。

　　具有机质外壁的干酪根质的丝状和球状的微生物化石发现于澳大利亚和南非的太古宙含燧石的碳酸盐岩石中,同位素年龄达 35 亿年(Awramik,et al. ,1983;Schopf,1993)。同时还发现有叠层石,证明早在 35 亿年前地球上可能已存在行光合作用的微生物了(图 6-6E,F)。

　　在中国内蒙古以及加拿大等地的太古宙沉积中有较大规模的石墨矿床。稳定碳同位素分析表明,这些石墨碳可能来源于生物有机碳。

6. 小结

　　对于地球上生命的由来,虽然还有争论,但生命史研究以及其他方面研究的结果令多数学者相信,地球上的生命是在地球上产生的,即在地球演化的早期,在极为特殊的历史环境条件下,通过极其复杂的化学进化过程,产生出最原始的生命。这些原始生命又经历了极其漫长的进化历程,历尽无数危机和难关,延续至今,形成了今日地球上的繁荣强大的生物圈,并将地球表面改变得和它的早期状态截然不同了。

研究还证明了,在太阳系和宇宙空间存在着化学进化的产物——有机分子。然而,空间探索证明,在我们的太阳系中,唯独地球有繁荣的生命,而与地球相邻的类地行星(金星与火星)却是无生命的死寂的行星。作者曾推测,在太阳系形成初期,地球、金星与火星的表面状态是很相似的,可能都具备化学进化和生命产生的条件,只是在地球上生命能延续至今,而在金星、火星上夭折了(张昀,1993)。正如盖娅假说所推断的,假如地球上生命消失,今日地球的表面状态也会和金星、火星一样(Lovelock,Margulis,1974)。

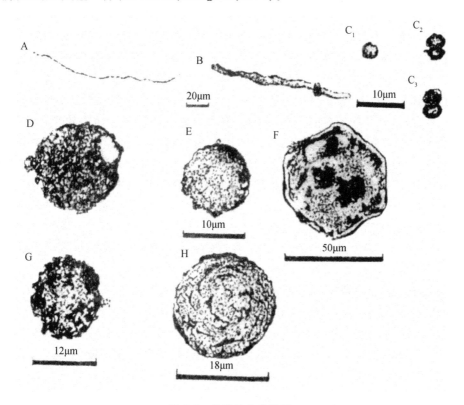

图 6-6 最早的生命记录

A,B. 澳大利亚太古宇瓦拉伍那群(Warrawoona Group)燧石中保存的微生物化石(据 Awramik,et al.,1983 的照片画);C₁~₃. 南非太古宇斯瓦兹兰系(Swaziland System)碳质页岩中的有机微结构(也可能是微生物化石;据 Knoll 和 Barghoorn 1977 年发表的照片画);D. 已知地球上最老的有机微结构,发现于格陵兰的依苏阿(Isua)云母石英变质岩,年龄为(3760±70)Ma(据 B. Nagy 的照片绘);E,F. 从奥盖尔(Orgueil)碳质球粒陨石中找到的有机微结构(据:B. Nagy 的照片绘);G,H. 南非太古宇瓮维瓦特系(Onverwacht System)轻变质岩中发现的有机微结构(据 B. Nagy 的照片绘)

地球上的生命自诞生以来延续了 38 亿年之久,是宇宙间稀有的现象。研究地球生命的过去和现在,关注地球生命的未来,是自然科学的主要任务之一。

关于地球最早的生命的存在我们已经有了若干证据,例如,前面所说的 35 亿年前的叠层石、微生物和类似蓝菌的化石以及太古宙早期的石墨碳。另一方面,分子系统学研究揭示出生物界进化的三条主干,它们分别代表古菌、真细菌或细菌(eubacteria 或 bacteria)和真核生物。按照 Woese(1987)的说法,这三条主干都起源于一个共同祖先,他称之为原祖。虽然我们不知道原祖是什么,但古菌和细菌今日仍存在。其中化能自养的极端嗜热的古菌生活于热泉喷口附近的还原性环境中,它们似乎是古老的生命的孑遗,其生存环境也正是地球早期典型的环境(张昀,1993)。如果最早的生命确实诞生于海底水热环境,那么,这些原始生命应当类似于今日的化能自养的嗜热的古菌和细菌,它们在光合自养的生命出现之前,建立了地球上最早的微生物生态系统。

6.5 光合作用和光合自养生物的起源及有关的地质记录

新的研究进展大大修改了传统的生物系统树,并再度否定了单枝的等级进化概念。按照这种传统老观点,生物进化是沿着一条主线,按复杂性程度(组织化等级)顺序演进的。如果这个观点是对的,那么地球上曾经存在过的生物类群在地质时间上出现的顺序是和它们的进化等级序列是一致的。然而,分子系统树是三条平行的主干(见第九章),真核生物的进化历史与真细菌、古菌同样古老。按照老的观点,光合自养生物应该出现于生命史较晚的时代,因为比起原始的异养生物来它们要复杂得多。然而,出乎许多生物学家的预料,光合作用与光合自养生物的地质记录可以追溯到 35 亿年前,甚至可能更早。认为光合作用和光合自养生物的进化出现晚于异养微生物,或者光合自养生物起源于异养的原始微生物的说法是没有依据的。相反的,根据比较分子生物学研究(Fox,et al.,1980),许多非光合自养的生物可能起源于光合自养生物;真细菌祖先的表型可能是光合自养的。综合地质学、古生物学、分子生物学的多方面证据,可以得出如下结论:光合自养的、化能自养的和异养的生物差不多同时起源于太古宙早期。

早太古代未变质的或轻变质的沉积岩在世界上只发现于两处:一处在南非,即斯瓦兹兰超群(Swaziland Supergroup);另一处在澳大利亚,即皮尔巴拉超群(Pilbara Supergroup)。在属于斯瓦兹兰超群的翁维瓦特群(Onverwacht Group)和无花果树群(Fig Tree Group),以及皮尔巴拉的瓦拉伍那群(Warrawoona Group)中都有未变质的燧石和碳酸盐岩,而且在其中都找到了微生物遗体化石和叠层石(Awramik,1991)。国际专家小组共同研究了瓦拉伍那群的燧石薄片后,一致认定其中保存有真正的微生物遗体化石(Awramik,et al.,1983),某些丝状微化石类似于现代的丝状蓝菌。在南非的斯瓦兹兰超群和澳洲的瓦拉伍那群的碳酸盐岩中都有层状和柱状的叠层石,叠层石是蓝菌和其他微生物生命活动的产物,一般被视为光合作用和光合微生物存在的可靠证据。瓦拉伍那沉积岩的同位素年龄为 35 亿年,斯瓦兹兰超群的年龄为 31 亿~33 亿年。

在上述太古宙沉积岩中还含有较高的还原碳。最近作者等考察了中国内蒙古东南部太古宙的沉积石墨,从沉积学分析和稳定碳同位素组成来看,这些石墨碳可能来源于太古宙的生物有机碳,其中可能包含光合自养生物合成的有机碳。

光合作用的地球化学记录也证实了光合自养生物的极其古老的历史(Schidlowski,Aharon,1992;Schidlowski,1993)。对显生宙和前显生宙各时代的沉积岩的地球化学研究,得出了一些有意义的结果。

地壳中的碳元素主要以两种形式存在：一种是氧化碳，即碳酸盐碳；另一种是还原碳，即有机碳。沉积岩中还原碳几乎都是生物成因的有机碳，通常以干酪根(kerogen)的形式存在。据统计，全球沉积岩的有机碳平均含量为 $0.5\%\sim0.6\%$，总量达 1.2×10^{22} g。1000 多个不同时代的沉积岩样品的分析数据显示，从 38 亿年前形成的格陵兰的依苏阿最古老的岩石到显生宙最新的沉积岩，有机碳含量近乎恒定，即在 0.4% 到 0.6% 之间变动。例如，依苏阿的富碳层中的有机碳含量达 0.6% 以上，显生宙沉积岩平均有机碳含量为 0.5%。如果承认岩石中的有机碳来源于生物的初级生产[据考查现代底栖原核生物的初级生产力为 $(8\sim12)$g·d^{-1}·m^{-2}]，前显生宙的主要初级生产者是原核生物，那么可以推断，地球上的生物固定碳的过程可能有 38 亿年的历史了。

早在 20 世纪 40 年代，一些学者就发现无机碳在转化为生物有机碳时会发生碳同位素的"分馏"现象，即轻碳(^{12}C)相对于重碳(^{13}C)的富集。轻碳更多地进入有机碳化合物，而重碳被留在碳库内，进而沉淀为碳酸盐。后来学者的进一步研究证实所有的生物自养的固碳途径都有这种碳同位素"分馏"作用。这种"分馏"的关键过程是光合作用中导致 CO_2 固定的酶促羧化反应，即将 CO_2 转变为羧基(—COOH)的反应过程，这种碳同位素的生物"分馏"作用导致生物有机碳相对于无机碳库(海水中可溶的 HCO_3^- 和大气中的 CO_2 等)的轻碳相富集，即轻碳与重碳的组成比的改变，有机碳 $\delta^{13}C$ 偏向负值。[①]进一步分析还证明，这种生物有机碳与碳酸盐碳在进入沉积物和经历成岩作用后，同位素组成的改变不大。不同时代的沉积岩中的碳酸盐碳和有机碳的同位素组成分析表明 $\delta^{13}C$ 值变化不大，有机碳 $\delta^{13}C$ 自 35 亿年前到显生宙变化为 $-10\permil\sim-300.7\permil$。这个数值非常接近现代的光合作用固定 CO_2 过程产生的有机碳的 $\delta^{13}C$ 值。38 亿年的依苏阿岩石中的有机碳的 $\delta^{13}C$ 值略偏高，可能是变质作用造成的，但仍保持在 $-10\permil$ 以下。Schidlowski 认为，上述两个证据表明地球上的光合作用至少可以追溯到 35 亿年前，甚至更早。

但这里需要指出的是，甲烷生成菌 CO_2 固定过程中同样有同位素"分馏"作用，产生的有机碳的 $\delta^{13}C$ 值变化范围很大，最低达 $-40\permil$。碳同位素地球化学证据证明了地球上自养的生物碳固定过程可以追溯到 38 亿年前；叠层石和微化石以及沉积岩中的有机碳，其稳定碳同位素组成等方面的证据有力证明了光合作用和光合自养微生物可能早在 35 亿年前就进化产生了。

然而，地球化学和古生物的记录还不能区分非释氧的光合作用(即具光合系统Ⅰ的生物)和释氧的光合作用(即具光合系统Ⅱ的生物)。但地质记录告诉我们，虽然光合自养微生物早就出现了，但地球大气圈中的自由氧的积累是极缓慢的。整个太古宙和元古宙早期的大气都是缺氧的(张昀，1989)，直到元古宙中期大约 20 亿年前大气圈氧的分压才达到 1%PAL(即相当于现代大气圈氧分压的 1%)。大多数学者都同意这样的观点，即现今大气圈中的自由氧的含量乃是漫长的生命史上生物光合作用的累积结果。但是，光合作用的起源大大地先于大气圈的氧化，这一事实如何解释呢？要么，光合系统Ⅱ和释氧的光合作用起源较晚；要么是因为早期地球表面的大量的还原性物质消耗光了光合作用释放的自由氧。哪种解释正确，我们还无法判断。目前我们只知道蓝菌具有光合系统Ⅰ和Ⅱ，能进行释氧的光合作用，而蓝菌(或形

———
① 岩石样品的碳同位素组成通常以 $\delta^{13}C$ 表示，$\delta^{13}C(\permil)=\dfrac{(^{13}C/^{12}C)_{样}-(^{13}C/^{12}C)_{标}}{(^{13}C/^{12}C)_{标}}\times1000$。

态上类似现代蓝菌的微生物)早在太古宙早期已经存在了。但是太古宙的原始蓝菌很可能像光合细菌一样只具有光合系统Ⅰ,在进化过程中获得了光合系统Ⅱ。

6.6 蓝菌的繁荣与衰落

元古宙的地质特色之一是大规模的叠层石碳酸盐沉积。这意味着沉积碳酸盐和建造叠层石的蓝菌普遍地分布和繁盛于陆缘浅海和滨海环境。对古代和现代叠层石长达100多年的研究,证实了叠层石是由底栖的光合自养的微生物群落(主要由蓝菌组成)所建造的生物沉积构造(张昀,1989)。在元古宙的叠层石和燧石中常常能找到蓝菌的遗体化石(图6-7)。有时蓝菌的群体或蓝菌群落能够原地原位地保存在硅化的叠层石中(Zhang Yun,1981,1985,1988)。

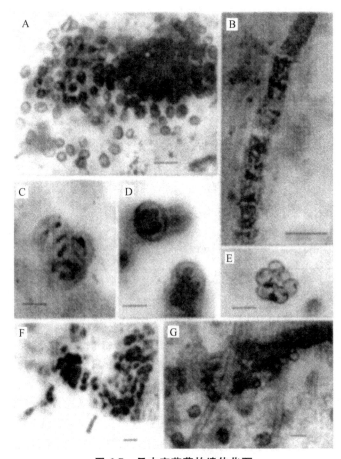

图6-7　元古宙蓝菌的遗体化石

A. 球状蓝菌 Nanococcus sp;B. 丝状蓝菌 Cephalophytarion taenia(Zhang,1981);C. 蓝菌细胞群 Gloeotheceopsis aggregata(Zhang,1981);D. 一组保持着细胞分裂状态的蓝菌;E. 另一类球状蓝菌 Gloeodimiopsis sp;F. 叠层石内穿石蓝菌 Eohyella campbellii(Zhang,Golubic,1987),可以看到细胞群下部的垂直向下生长的丝体,类似现代的蓝枝藻 Hyella;G. 丝状与球状蓝菌形成的席状蓝菌群落的局部放大。(化石保存于中国华北元古宙的叠层石燧石中,来自作者的研究材料;光学显微镜照片中标尺为 10 μm)

在世界各地的元古宙碳酸盐岩中,到处可见叠层石生物礁(图6-8)。把元古宙称为"蓝菌时代"是最恰当不过了。在元古宙长达 10 多亿年的时期里,蓝菌一直是生物圈主要的(占优势的)生物类群,也是全球生态系统主要的初级生产者。

图 6-8　元古宙中期,蓝菌建造的叠层石达到了最大的繁荣

在潮间带和潮下带浅海底,蓝菌形成的席群落沉淀碳酸盐,形成层状或柱状的叠层构造,海水中的
Ca^{2+}、Mg^{2+} 和 CO_2 束缚于叠层石碳酸盐岩石中,其结果使海水和大气圈化学组成发生改变

与显生宙的生态系统比较,元古宙的以蓝菌为主的生态系统要简单得多。在动物出现之前的元古宙,生态系统的生物部分仅由生产者(主要是蓝菌)和还原者(异养细菌)构成,能流与物流的环节少,种间竞争的压力也较弱。元古宙早期浮游生物还未大量出现,蓝菌主要占据浅海底生境,形成叠层石或微生物席生态系统;元古宙中、晚期,臭氧层形成之后,海水表层逐渐成为浮游生物的生境,真核单细胞的浮游植物与底栖的蓝菌并存;元古宙末期,大约 7 亿～6 亿年前,后生动物与后生植物适应辐射时,叠层石骤然衰落,蓝菌时代结束。

漫长的蓝菌时代造成了地球环境的如下改变:

① 大气圈的成分改变。蓝菌释氧的光合作用造成大气圈自由氧的缓慢积累,大约在元古宙早至中期(20 亿年前)大气圈开始氧化,自由氧分压达到 1%PAL(为真核生物起源创造了条件),元古宙晚期到末期自由氧分压增长到 6%～10%PAL(为多细胞动、植物起源创造了条件)。同时由于蓝菌引起的碳酸盐沉积,大气圈中 CO_2 含量下降。

② 海水的物理化学性质改变。例如,钙、镁离子浓度降低,pH 改变。

③ 地球表面平均温度可能逐渐下降(因大气 CO_2 含量下降之故)。

蓝菌繁盛时代造成的环境改变是蓝菌衰落的主要原因。蓝菌衰落的直接后果是生态系统的重建,后生动、植物和真核浮游生物进入新的生态系统。

6.7　细胞进化——从原核细胞到真核细胞

近代细胞学研究,特别是 20 世纪 60 年代以来细胞超微结构的研究揭示出原核细胞与真核细胞之间内部结构的悬殊差别,从而证明生物界内部在结构上的最大的不连续不是在动物和植物之间,而是存在于以细菌、蓝菌等原核生物为一方,以单细胞和多细胞的真核生物为另一方的两大类生物之间。生命史研究证明,原核生物在地球上出现很早,而且在整个生命史的前 3/4 的时间里,是地球生物圈的唯一的或主要的成员。从化石记录来看,虽然有争议的单细胞真核生物化石出现于 20 亿～19 亿年前,但较可靠的、大量的真核生物化石出现于元古宙晚期,即大约 10 亿～8 亿年前。

从原核细胞向真核细胞的进化是最重要的细胞进化事件。由于原核细胞与真核细胞之间差异很大,而且缺少连续的中间过渡类型,因此学者们在进化过渡方式上的争论持续了 20 多年,主张渐进式的进化与主张通过细胞内共生(endosymbiosis)而实现过渡的两种观点截然对立。

主张真核生物起源于细胞内共生的观点可以追溯到 100 多年前。1883 年 A. F. W. Schimper 发现植物叶绿体可以自主繁殖、分裂,从而认为植物的质体来源于"寄生"的蓝绿藻(即蓝菌)。20 世纪 80 年代初美国波士顿大学的生物学家 L. Margulis 出版了她的专著《细胞进化中的共生》(*Symbiosis in Cell Evolution*,Margulis,1981),重新提出并详细论证了"真核细胞起源于细胞内共生的假说"。她认为真核细胞是一个复合体,原核细胞才是最小的细胞单位;真核细胞起源于若干原核生物与真核生物祖先的胞质(cytosol,即相当于除了细胞器以外的真核细胞成分)共生。具体地说,真核细胞的线粒体和质体来源于共生的真细菌(线粒体可能来源于紫细菌,质体来源于蓝菌),运动器官(包括鞭毛和胞内微管系统)来自共生的螺旋体类的真细菌。这一假说除了有许多自然界的细胞内共生的事实和真核细胞器相对的独立性,以及细胞器 DNA 中有与原核生物 DNA 相同的序列等有利的论据之外,还得到了近来比较分子生物学方面的研究结果的支持。例如,对不同生物核糖体核酸的亚单位 16S rRNA 的一级结构的比较研究证明,真核细胞的确是一个复合体,它的胞质部分和细胞器部分是不同来源的。真核细胞的胞质部分是和原核生物中的真细菌及古菌同样古老,而细胞器则接近于真细菌(Fox,et al.,1980)。

但是,内共生假说也存在着一些难点和论据不足之处。例如,内共生说对细胞核起源难以解释。又如,真核细胞的细胞器 DNA 与原核细胞 DNA 有部分相同的顺序,这被作为内共生说的论据;但是真核细胞质体中的 DNA 也包含真核生物特有的核基因和内含子序列(introns),而且真核细胞核 DNA 中也包含有与原核细胞 DNA 相同的部分,可见内共生说这方面的论据是不足的。反对内共生说的学者认为这个假说太粗糙,只注重形态学方面而忽略细胞生理和生化特征。

70 年代就有一些学者用吞噬作用(phagocytosis)、内胞形成(endocytosis)和细胞内间隔作用的渐进发展来解释细胞核与细胞器的起源(Cavalier-Smith,1975)。最近又有人提出膜进化理论(the membrane evolution theory),即用膜分化(membranous differentiation)导致代谢分隔(compartmentalization of metabolisms)来解释细胞器和细胞核的起源(Nakamura,Hase,1991)。主张从原核细胞到真核细胞是渐进的、直接的进化过程的学者们提出了下面一些论据:① 原核细胞与真核细胞之间存在着一些中间过渡类型,例如,原绿藻(*Prochloron*,没有细胞核,但色素组成等特征与绿藻相似)、蓝菌(原核细胞,但其光合作用与真核的植物相似)、红藻(真核细胞在色素组成上接近蓝菌);② 从代谢的生理、生化特征的比较看,真核细胞的需氧呼吸代谢更可能是通过原核生物发酵途径的重复、改造而建立的;③ 某些行光合作用的原核生物具有复杂的胞内膜结构。

关于从原核细胞到真核细胞的进化过渡途径,虽然至今仍有争论,但愈来愈多的分子系统学的证据倾向于支持细胞器的共生起源假说(Gray,1989)。例如,不同生物的核糖体核酸小的亚单位(简称 SSU rRNA,通常用于分析的是 5S 和 16S rRNA),其序列(一级结构)比较分析表明,质体可能来源于近似蓝菌的原始祖先,是通过多次的共生事件进化产生的(Douglas,Turner,1991)。

主张质体起源于多次共生事件的理由是:

① 现生的真核生物的质体及其色素组成有显著不同的三种类型,即含有叶绿素 a 和 b 的绿藻(*Chlorophyta*)和陆地植物,含有叶绿素 a 和 c 的杂色藻(*Chromophyta*)和含有叶绿素 a 与藻胆素蛋白(phycobiliproteins)的红藻。这三种类型可能代表三条进化线系,是各自独立起源的。

② 质体是由两层或多层膜包被的,原核细胞之间的一次共生事件不可能产生两层或多层膜结构。

如果质体起源于细胞内共生,那么至少要通过两次以上的进化事件,即第一次共生事件发生在含有上述不同类型色素组成的各原核生物祖先与具有吞噬特性的原核生物宿主之间,第二次和以后的共生事件则发生在第一次共生所产生的原始真核生物之间。

原先以为含有叶绿素 a、b 的绿藻和绿色植物质体的祖先可能近似现生的原绿藻(*Prochlorophytes*),但 16S rRNA 的比较分析表明原绿藻与绿色植物质体亲缘关系很远,两者无关(Urbach,et al.,1992)。

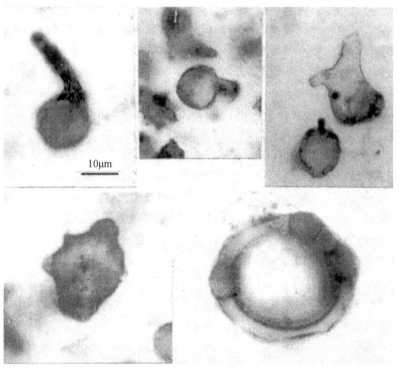

图 6-9　早元古代的单细胞真核生物化石

具有芽球或萌发管状的球状微生物化石和具有原生质体突起的微生物化石,它们是从加拿大安大略省西部的冈弗林特铁建造的黑色燧石中发现的。可能是最早出现的单细胞真核生物,年龄为 19 亿年左右(照片为作者拍摄)

关于最早的真核生物的化石研究虽有许多报道,但鉴定和确认是困难的。这是因为单细胞真核生物形态简单,化石保存中形态改变,古生物学家难以单从简单形态特征判断化石的分类地位。目前已知最早的真核单细胞生物的化石是发现于加拿大安大略省西南部的冈弗林特铁建造(Gunflint Iron Formation)的燧石层中的有芽球或萌发管状的球状微生物(图6-9),其同位素年龄值大约为19亿年。中国的长城群串岭沟组页岩中曾发现类似开裂的孢子囊的结构,同位素年龄值大约为16亿~17亿年(阎玉忠,等,1985)。如果这类化石确为真核生物,那么可以说在元古宙早期,大气圈自由氧开始积累(大约发生在20亿年前,以氧化红层的初次出现为标志)不久,单细胞的真核生物可能就存在于地球生态系统之中了。

6.8 元古宙晚期的生物进化事件和全球环境变化

古生物和地质的大量证据表明,在元古宙晚期,即新元古代(Neoproterozoic)10亿~5.4亿年前这段时间里,发生了一系列重要的生物进化事件和全球性的环境变化。

叠层石的丰度和形态多样性的显著下降标志着蓝菌的衰落(张昀,1989;Grotzinger,1990),生物的多细胞化和微观的单细胞生命的优势地位被宏观体积的多细胞生物所替代,有分化组织的叶状体植物的大量出现(6.5亿年前)和接踵而来的多门类的有体腔的后生动物的适应辐射(5.7亿年前),以及浮游植物多样性的大增长,蓝菌及藻类植物的钙化以及碳酸钙的、磷酸钙的、硅质的、有机质(几丁质)的各种矿化骨骼出现于不同门类的动物和原生生物之中(5.3亿~5.2亿年前),最后是寒武纪的动物多样性大增长("寒武爆发")。与这一系列的生物进化事件相伴随的是全球范围的环境变化,这种变化起因于一些大的地质事件和生物与环境之间的相互作用的新的方式和新的规模。

大量的地质和同位素地球化学的分析资料表明,在8.5亿~5.4亿年前这段时间里发生过一些大的地质事件,并伴随全球范围的环境变化。在地质史上新元古代是以强烈的地质构造活动为主要特征的。新元古代一开始,中元古代形成的超级大陆(超级联合大陆)处于崩解过程中,自8.5亿~8亿年前这个时期,发生了大规模的海底扩张和沉降,板块之间的碰撞、聚合等一系列构造活动。例如,这个时期的泛非洲造山运动伴随着海洋扩张和若干小地块的聚合,形成泛非造山带。冈瓦纳大陆也开始崩解,8亿~7.5亿年前的冈瓦纳大陆西部(相当于澳大利亚和南极部分)与北美西部分离,同时冈瓦纳东部(南美与非洲)被推开。在亚洲和中国范围内,新元古代至古生代还没有形成超级联合大陆,只存在一些分离的地块。中国在中元古代末和新元古代初经历了强烈的造山运动,即晋宁运动,华北地台形成于晋宁运动之末(8.5亿年前)。在震旦纪(7.5亿~5.4亿年前),华北地台内部经历了强烈的沉陷(杨遵仪,等,1989)。

强烈的地质构造活动也强烈地影响了地球环境。同位素地球化学的研究从另一方面揭示了这个时期的全球性环境变化。

碳酸盐岩石中的锶同位素组成($^{87}Sr/^{86}Sr$)反映了该岩石形成时的海水化学特征。海水中的锶有两个来源:来自陆地表面的风化侵蚀的"陆源"的锶有较高的$^{87}Sr/^{86}Sr$值,通过海底水热活动(海底热泉喷出)和海底火山活动带出的"幔源"的锶具有低的$^{87}Sr/^{86}Sr$值。通过系列取样分析发现,8.5亿~8亿年的碳酸盐岩的$^{87}Sr/^{86}Sr$值很低(0.7056),比显生宙任何时代都低很多,这只能用超常的水热注入(即海底水热活动带出大量的物质注入海水)来解释。到了5.9亿年前,即瓦郎格(Varanger)冰期刚结束,$^{87}Sr/^{86}Sr$ 值又显著上升,达到 0.7085 的高值(图6-10)。这反映了水热注入减少,陆源注入增加(Derry, et al., 1989; Kaufman, et al., 1993)。这也可能与造山运动引起的大陆抬升有关。

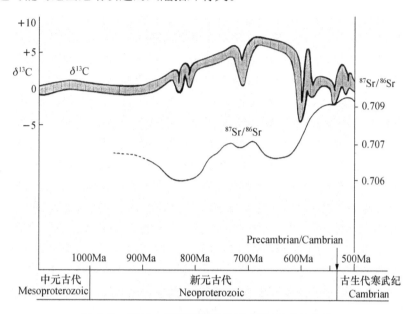

图 6-10　新元古代碳酸盐岩的碳、锶同位素的变化

锶同位素比值$^{87}Sr/^{86}Sr$值在 5.9 亿年前开始显著地增高,可能反映了海底水热活动减弱,注入海洋的还原性物质减少,陆源物质注入增加。碳酸盐碳的$\delta^{13}C$值在 7.2 亿年前和 6 亿年前出现低值(与冰期相对应),可能反映有机物埋葬率下降,同时氧上升,CO_2 下降,导致冰期气候。5.7 亿年前,后生动物辐射可能与冰期后氧含量上升有关(根据 Knoll,1994,改画)

关于新元古代全球环境变化的另一类证据来自稳定碳同位素的分析资料。前面我们曾解释过光合作用对碳同位素的"分馏"作用。由于光合作用优先吸收轻碳(^{12}C),留在表层海水中的可溶性无机碳则富集了重碳(^{13}C)。在沉积的碳酸盐岩石中的两个相,即碳酸盐碳(可被酸溶解的部分)和有机碳(酸不溶的有机物)的各方,其碳同位素组成$\delta^{13}C$的绝对值反映了碳流的相对注入或移出。例如,碳酸盐相的$\delta^{13}C$愈高,表明轻碳被移出(注入有机碳相)愈多。假设进入海洋的碳其同位素组成相对恒定,那么$\delta^{13}C$值的实际变化取决于碳酸盐碳与有机碳的相对埋葬率,或者说主要取决于沉积时期有机物的埋葬率的变化。虽然海洋本身不同区、不同深度的海水的$\delta^{13}C$值有一定差异,例如,深海海水的$\delta^{13}C$值低于表层海水,因为光合作用是在表层进行的,所产生的有机物的氧化随海水深度而减弱,因而深处的有机物埋葬率较高。分析资料表明,新元古代同期的不同盆地之间的$\delta^{13}C$值差异仅为 1‰～2‰,而新元古代的$\delta^{13}C$的实际变化幅度大大超过此数,因此可以认为$\delta^{13}C$值的变化反映了全球环境的变化。

在 8.5 亿～6 亿年前期间,碳酸盐岩石的碳酸盐相的$\delta^{13}C$值较高(通常达到+5‰～+8‰ PDB),这可能反映了有机碳相对的埋葬率的增高;但在 7.2 亿年前和 6 亿年前分别出现了两个$\delta^{13}C$低值期(图 6-10),低值发生的时间正好相当于两个冰期(Kaufman, Knoll, 1995; Knoll, 1994)。新元古代全球气候的特点之一是多次出现的冰期。从全球范围看,新元古代至少有两个较大的冰期,即 7.5 亿～7.25 亿年前(欧洲称之为斯图尔特冰期),6.1 亿～5.9 亿年前(瓦郎格冰期)。这两个冰期正好与碳同位素 $\delta^{13}C$ 低值相对应。有的地区有多达 4 次冰期的地质记录。在中国中西部和南部,大约 7 亿年前的南沱组冰碛岩层代表了一次大范围的大陆冰川作用。此外,在贵州东北部震旦系锰矿层之下有冰碛层,有人认为是南坨冰期之前的另一冰期。

除了冰期气候、构造活动、碳、锶同位素异常等地质事件之外,新元古代也是大型磷、锰及铁矿沉积成矿时期。中国南方所有的大型沉积磷矿都形成于震旦纪晚期到寒武纪早期。例如,贵州中部的开阳、福泉、瓮安磷矿和湖北荆襄磷矿形成于震旦纪陡山沱期(6.5 亿年前),云南昆阳磷矿和中条山磷矿形成于早寒武世早期。在贵州东北部,南沱组冰碛层之下有大型的沉积锰矿。此外,还有早寒武世黑色页岩层的多金属矿。

Knoll(1994)综合分析了新元古代地质和地球化学的资料,做出如下的推断:8.5 亿年前,一个大陆扩张和新地壳形成时期开始,由于板块构造和海底水热活动增强,注入海洋中的还原性物质增多,降低了海洋与大气中的自由氧含量,同时有机碳埋葬率增高,受水热活动的影响,海洋可能频繁出现层化现象(水体呈现温度梯度),导致 CO_2 下降,造成冰期气候。瓦郎格冰期结束之后(5.9 亿年前),锶同位素 $^{87}Sr/^{86}Sr$ 值的上升标志着海底还原性物质注入的减少,同时陆源物质注入增多。这个时期碳酸盐碳 $\delta^{13}C$ 值的低值(负值)可能反映了有机物埋葬率降低,或者由于海洋底部 $\delta^{13}C$ 值低的海水上升与表层水混合作用加强。综合的结果是大气自由氧含量上升,而氧含量的增高有利于大体积的动物的进化产生。Knoll 认为,5.9 亿年前的地质事件所造成的 O_2 的增长是与伊迪卡拉动物辐射相关的。

岩石学提供了另一个重要的变化,即寒武系至元古宙地层界线的上、下的碳酸盐岩石学特征有极其明显的差异,例如,元古宙沉积的白云岩普遍,而寒武纪以后的沉积碳酸盐岩中方解石增多而白云石减少。这种变化反映的究竟是海水化学的变化还是生物的作用,还有待探讨。

6.9 多细胞化和后生动、植物的起源

1. 多细胞化是继真核细胞起源之后的又一重大的进化事件

在 35 亿年的地球生命史的前 4/5 时间里,微观体积的单细胞生物是生物圈唯一的或主要的生命形式。由单细胞微观生命向多细胞宏观体积的生命形式的进化过渡是继真核细胞起源之后的又一个重大进化事件,其生物学意义在于:

① 生物个体体积的显著增大,大的体积是组织分化和器官形成的必要条件;

② 生物结构与功能的复杂化:生物个体在细胞组织分化的基础上形成功能专化的器官系统,提高了生物适应能力并扩大了对环境适应的范围;

③ 多细胞生物个体发育过程涉及的遗传调控机制复杂化:单细胞生物只涉及细胞内调控,多细胞涉及细胞间的调控;

④ 生物个体内环境的相对稳定;

⑤ 个体寿命延长。

简言之,多细胞化是生物组织化水平的又一次大提高,这一进化事件奠定了地球上一切高级生命产生和发展的基础。

2. 多细胞生物的结构形式和组织化等级

比较一下各类多细胞生物的结构形式,有可能揭示出由单细胞生命向复杂的多细胞结构体制进化过渡的可能途径。

(1) 原核生物的多细胞结构形式

元古宙的蓝菌化石在形态上有两种类型:一是单个细胞的形式,分散或者无规则地随机聚集;另一种形式是多个细胞大致有规律地排列或聚集成细胞集群(colonies)。某些底栖蓝菌能形成复杂的内部有一定程度的形态、功能分化的细胞集群。例如,中国长城群的蓝菌化石始蓝枝藻 *Eohyella*(张昀,Golubic,1987)在叠层石的层面上形成有明显形态分化的细胞集群,集群的上部匍匐生长于叠层石层面上(称为匍匐部);集群的下部是向下穿过叠层石层垂直生长的丝体(称为填立部);匍匐部又有营养细胞和生殖细胞的分化(图 6-11)。

尽管底栖的蓝菌有明显的多细胞化趋势,但因其原核细胞的遗传系统还不能实现复杂的细胞间遗传调控,因此,蓝菌及所有其他原核生物都没有进化到组织、器官的结构形式,停留在单个细胞和细胞集群的等级上。只有真核细胞才最终发展出具有分化的组织和行使特殊功能的复杂器官的复杂结构。

(2) *真核生物的多细胞结构形式和组织化等级*

真核生物的结构可以归纳为 4 个组织化等级:

① 单细胞的(例如,原生生物 Protista);

② 多核体(coenocyte);

③ 细胞集群:由一定数目的细胞排列成一定形态的定形集群和由不定数目的细胞排列成不定形态的不定形集群;

④ 组织(tissues):达到组织等级的生物结构最初显示出个体表面部分与内部的分化(皮层或皮组织的分化),营养部分与生殖部分的分化;营养部分进而分化出具有支撑功能和防护功能的硬组织,以及行使各种营养功能的器官系统。

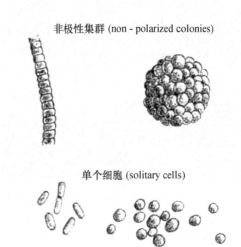

极性集群 (polarized colonies)

非极性集群 (non - polarized colonies)

单个细胞 (solitary cells)

图 6-11　元古宙原核生物蓝菌的多细胞化趋势
由单个细胞(下排)到非极性集群(中排),发展到有两极(上部与下部)分化的极性集群(上排左、中),以及有生殖细胞和营养细胞分化的极性集群(上排右)(根据作者对河北庞家堡长城群蓝菌化石的研究资料)

3. 多细胞植物的起源及有关的化石记录

植物的多细胞化可能经历了如下几个过渡阶段:① 由单细胞形式到各种形式的细胞集群;② 由简单的非极性细胞集群到较复杂的极性的细胞集群;③ 受遗传控制的复杂的细胞集

群产生;④ 有组织器官分化和较复杂生活史的多细胞叶状体植物产生。

20 世纪 80 年代后期以来,我们在贵州中部震旦系陡山沱组的磷块岩(年龄大约为 6.0 亿年)中发现了保存着细胞组织结构的多种形式的植物化石(Zhang Yun,1989;Zhang Yun,Yuan Xunlai,1992),这些化石提供了早期植物多细胞化的证据。在这些化石中有两种类型的细胞集群,一种是由几十到几百个形态相似的细胞有规则地排列成球状的集群,另一种是无数细胞不规则聚集成形态不定的集群(图 6-12)。前者可能是浮游的,后者是适应于底栖的,即匍匐于海底沉积物表面的。

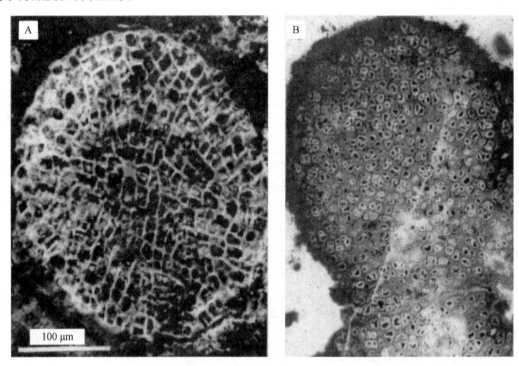

图 6-12　元古宙末的多细胞植物(岩石切片,显微照相,放大倍数相同)

A. 由许多同形细胞规则地排列成球形的细胞群;B. 由许多同形细胞不规则地排列成不定形的细胞集群(化石为作者发现于贵州震旦系磷块岩;同位素年龄为 6.5 亿年)

磷块岩中另一种类型的多细胞植物化石是叶状体植物——叶藻(*Thallophyca*)(Zhang Yun,1989)。叶藻是具有宏观体积的叶状植物体,有皮层和髓层的分化,髓层由薄壁组织或假薄壁组织构成。叶状体的内部有复杂的结构,这些结构可能有生殖或营养的功能(图 6-13)。

除了震旦系磷块岩中保存的各种类型的多细胞植物化石外,在中国和世界一些地方的中、新元古代沉积岩中还发现了一些印痕的和碳质膜的宏观藻类化石,有两种类型。

第一类是宽约 2～3 mm,长约 30～80 mm 的卷曲线状印痕化石,如发现于中国河北蓟县高于庄组(14 亿年)的桑树鞍藻 *Sanshuania*(杜汝霖,等,1986)。类似的化石在澳洲和北美也曾被发现。甚至在更老的地层中,如北美蒙塔那和北密歇根地区的早元古(可能有 20 亿年)含铁地层中发现了盘曲的线圈状印迹。在国外称这类化石为 *Grypania*。这类化石除了外形轮廓外,没有更多的形态学信息,因此究竟是叶状体植物还是原核生物的细胞集群,尚难判断。

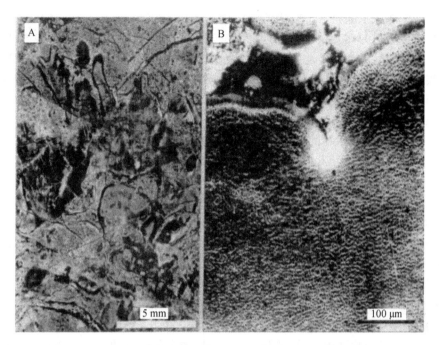

图 6-13　元古宙末期的多细胞叶状植物体(岩石切片,显微照相)

A. 植物体纵切面,显示叶状体形态(叶状体上部有裂陷或分支);B. 叶状体纵切面的放大,示由平行排列的细胞列构成的假薄壁组织(pseudoparenchyma)(化石为作者等发现于贵州震旦系磷块岩;同位素年龄为 6.5 亿年)

第二类是发现于 16 亿～6 亿年前的新元古代地层中的碳质膜化石,包括圆盘形的 *Chuaria* Walcott,椭圆形的 *Morania* Walcott 和 *Ellipsophysa* Zheng,马蹄形或 U 字形的 *Tawuia* Hofmann,以及带状的 *Vendotaenia* (Eichwald) Gninovskaya。其中最为突出的是带有小柄的椭圆形化石 *Longfingshania* Du。这一类化石的分类地位还未弄清楚,主要是因为化石的微细结构未能保存下来。

迄今为止,只有中国贵州震旦系的叶状体植物化石可以肯定地归类到有组织分化的多细胞植物。组织形态学的比较研究表明,它们在分类系统上可以归类到真红藻类(*Florideophycidae*)。最近,国外也报道了元古宙晚期的类似现生的较原始的紫菜类(Bangio-phycidae)的红毛菜(*Bangia*)的化石(Butterfield,1992)。古生物和分子系统学的证据都表明红藻是真核的光合自养生物中较早出现的一支。

4. 后生动物的起源和早期动物的适应辐射

寒武系底部(相当于大约 5.3 亿～5 亿年前的沉积)多门类的无脊椎动物化石(节肢动物、软体动物、腕足动物和环节动物等)几乎"同时""突然"地出现,而长期以来在寒武系界以下的更老的地层中却找不到动物化石。这一现象被古生物学家称为"寒武爆发"(Cambrian explosion),成为古生物学和地质学一大悬案。达尔文在其著作中提到这一事实,并大感迷惑。但达尔文认为,寒武纪的动物一定是来自其前寒武纪的祖先,并且是通过很长时间的进化过程产生的;寒武纪动物化石出现的"突然性"和前寒武纪动物化石的缺乏,乃因地质记录不完全或老地层淹没于海洋中之故(达尔文,《物种起源》第十章)。

澳大利亚的寒武系底界之下的伊迪卡拉化石动物群（Ediacaran fauna）的发现，证明了达尔文的解释一半是对的，即寒武纪的动物有其前寒武纪的进化历史。但如果说寒武纪初期动物化石出现的"突然"性完全是地质记录不全所致，则未必完全正确。后生动物在寒武纪初期的出现确实有一点"突然"，尽管目前对寒武系底界以下的后生动物化石知道得越来越多了，但并未能抹掉"寒武爆发"。寒武系底界以下的化石是如此稀少以致使寒武至前寒武的界线比任何其他地层界线都突出。

后生动物起源和早期进化的信息只能从古生物学资料和现代生物的比较研究两方面获得。

古生物学研究未能告诉我们最早的、最原始的后生动物是什么样子的。迄今为止，古生物学揭示了如下几项重要的历史事实。

① 后生动物第一次适应辐射发生在"寒武爆发"前 0.4 亿～0.5 亿年，即元古宙末期的全球冰期之后不久。以多种形态奇特的动物化石（即所谓的伊迪卡拉型的软躯体的、宏观体积的无脊椎动物印痕化石）的出现为标志。伊迪卡拉动物群首次发现于澳大利亚中南部的伊迪卡拉地区的庞德沙岩中，从 20 世纪 40 年代末到现在，在世界许多地区陆续发现类似的动物化石，统称为伊迪卡拉型动物，其同位素年龄经过最新的测定为 5.7 亿年。

② 伊迪卡拉动物是一些无硬骨骼的、形态多样而奇特的动物，它们和现代生存着的所有的动物都显著不同，不能纳入到现生的动物分类系统之中。它们生存时间相对较短，是快速出现、又快速绝灭了的原始动物。学者们认为，它们代表进化的"试验"或形态适应进化中的"试探"（Glaessner，1985）。伊迪卡拉型化石的某些类型和现代的某些无脊椎动物外表相似，有些则完全不能和现生的动物比较（图 6-14）。

图 6-14　庞德（Pound）石英砂岩中的形态多样而奇特的无脊椎动物印痕化石（一部分）的复原图

（发现于澳大利亚南部伊迪卡拉及其附近地区的大约 5.7 亿年前）

它们代表最早的后生动物的适应辐射。类似的化石也发现于世界其他地方，统称为伊迪卡拉型动物化石。
A. *Cyclomedusa radiata*（水母类）；B. *Charniodiscus oppositus*（分类地位不明，外形上近似现生的腔肠动物海鳃类）；C. *Rangea longa*（可能也近似腔肠动物）；D. *Tribrachidium heraldicum*（分类地位不明）；E. *Dickinsonia minima*（分类地位不明）；F. *Spinther alaskensis*（分类地位不明）；G. *Spriggina floundersi*（分类地位不明）（据 Glaessner 1985 的照片复原）

③ 最早的有钙质外骨骼的动物化石出现于"寒武爆发"之前、伊迪卡拉动物群之后。它们是一些形体较小的(直径通常只有若干毫米)、管状的和异形的硬壳化石,统称为小壳化石(small shelled fossils)。它们的出现标志着动物的第一次骨骼化。

④ 在伊迪卡拉动物化石产出层位之下的更老的地层中,偶尔有一些印痕化石的发现,但是否代表更早的后生动物尚有疑问。

⑤ 现生的无脊椎动物的形态比较研究也用于推测后生动物的起源。

从形态复杂性等级来看,海绵位于原生动物和腔肠动物之间。海绵有两种细胞包含进化信息,即领细胞(choanocytes)和变形细胞(amoebocytes),表明海绵与原生动物中的鞭毛虫类和变形虫类有关系。群体型的原生动物 Protospongea(原海绵)可能是原生动物与海绵之间的一个过渡类型。

但是,海绵与腔肠动物相距甚远,两者之间不可能有进化的联系。一般认为,海绵是进化树的侧支,被称为侧生动物(Parazoa),不算是真正的后生动物。腔肠动物以及其他动物门类的共同祖先究竟是什么样的,动物多细胞化的具体的进化途径是什么,这是长期争论的问题。

一般认为,后生动物与后生植物起源于原始的单细胞真核生物祖先,它们各自独立地走向多细胞化。但后生动物究竟起源于何种类型的祖先,通过何种方式进化出动物各个门类,尚无据可考。因此,关于后生动物起源问题多停留在推测或假说上。

19 世纪 70 年代德国学者海克尔(E. Haeckel)提出一个假说,认为最早的后生动物是形态上类似今日动物的胚胎或幼虫一样微小的生命。具体而言,后生动物起源于类似鞭毛虫的祖先,进化的第一步是由许多鞭毛虫聚集成中空的囊胚,叫作纤毛浮浪虫(blastaea);然后通过内陷形成双层壁的所谓的原肠虫(gastraea)。原肠虫就是最早的后生动物的形式,类似今日无脊椎动物胚胎发育中的原肠胚。后来俄国学者梅契尼科夫(Мечников)又提出后生动物起源于一种类似腔肠动物的实心囊胚形式的祖先,即所谓的浮浪蚴祖先(planuloid ancestor)。这种假说的基本思想至今仍被动物学家广泛接受。最近戴维孙等(Davidson, et al., 1995)又发展了这个观点,他们认为早期的动物不仅仅是从这种微小的、稍许分异的、生理上和发育上类似今日无脊椎动物幼虫那样的后生动物产生的,而且这些幼虫形状的动物经历了重要的进化分支。此后由于它们在发育控制和生理耐受性方面的进化,才从这些进化分支中产生出宏观体积的成体形状的各主要的动物门类。弗瑞等(Wray, et al., 1996)用分子钟的方法推断原口类和后口类动物早在 13 亿～10 亿年前就产生了。这个研究结果在方法学上受到质疑。阿亚拉等(Ayala, et al., 1998)根据基因分析推断后生动物的门类分异发生在 6.7 亿年前。古生物学的后生动物化石记录出现得较晚,与分子生物学的推断相抵触。要么接受戴维孙的说法,要么等待古生物研究的新进展。用古生物学来检验各个假说就需要一流的化石库(lagerstatten)。最近报道的寒武纪磷酸盐化的无脊椎动物胚胎表明,年代较老的磷酸盐的化石库可能是寻找动物进化证据的最好场所。中国贵州陡山沱藻类的高质量的保存就自然呼唤古生物学家去搜寻微小的动物遗体,而这种搜寻如今得到了肯定的结果。

肖书海、张昀和诺尔(Xiao, Zhang, Knoll, 1988)在合作研究陡山沱磷块岩化石时找到了可能是早期动物胚胎的化石。我们的标本是球状体,直径大约为 500 μm。单个球体内包含 1、2、4、8、16 或多达 64 个紧密包装在一起的小球体(图 6-15)。这些小球体的大小和排列表明它们是细胞,正处在连续的二分裂过程。小球体的微小体积以及它们倍增的数目都表明它们处于胚胎发育的早期阶段。小球体排列的几何形式是很精确的,而且非常类似后生动物的早期卵裂阶段。有一层大约 10 μm 厚的带纹饰的外包膜包裹着的单个细胞,被解释为休眠状态的受精卵处于卵包膜内。那些具有 2、4、8 和多个小球体的化石被解释为卵裂胚,内部的小球体相当于囊胚分裂球(blastomeres)。从断面看它们是实心的胚胎(图 6-15D)。正在发育的胚胎没有外面那层厚包膜,而是一层薄壁,相当于现代无脊椎动物合子的外膜。从这一点来看,陡山沱的胚胎可能是直接发育的。在 4 细胞阶段,囊胚分裂球呈四分体排列,陡山沱胚胎在 4、8、16 细胞阶段可以看到早期螺旋形胚胎的特征。因此,我们将这些胚胎化石解释为螺旋形、全卵裂、均等卵裂的实心囊胚。但尚未见到原肠胚和晚期发育阶段的胚胎。陡山沱化石胚胎可以粗略地说相当于海克尔的纤毛浮浪虫或梅奇尼可夫的实心浮浪虫。螺旋形卵裂只发现于两侧对称动物,陡山沱化石证明两侧对称动物早在大型两侧对称动物的遗体和遗迹出现在地质记录之前就已经存在了。有学者证明,螺旋形卵裂只存在于原口类动物的某些门类之中,如果确实,那么陡山沱化石胚胎的卵裂形式也表明不仅两侧对称动物,而且原口类内部的进化分支也早在伊迪卡拉化石群出现之前就发生了。尽管对陡山沱胚胎的解释还有许多不确定之处,但这些胚胎化石第一次提供了直接的证据,支持了下面的假设,即主要的后生动物类群的分异早在动物化石大量出现之前就发生了。更一般地说,后生动物的早期历史如今已经可以通过古生物学直接探讨了。

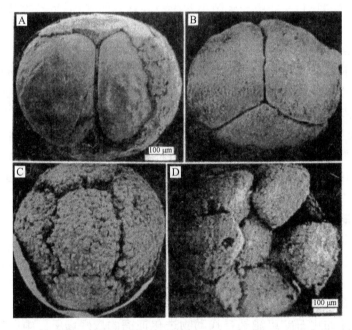

图 6-15　新元古代晚期陡山沱组磷块岩(贵州瓮安)中保存的处于早期卵裂阶段的后生动物的胚胎

A. 2 细胞阶段;B. 4 细胞阶段;C. 8 细胞阶段;D. 16 细胞阶段(断面,示细胞排列方式)。

A 中的标尺适用于 B;D 中的标尺适用于 C(Xiao,Zhang and Knoll,1998)

陡山沱组的杰出的磷酸盐化的植物叶状体和动物胚胎化石的发现,表明古生物学的观察研究能够为分子系统学和发育生物学提供某种有意义的东西,从而促进现代系统发生学、发育生物学和遗传学三者之间的结合,并能深入地探索进化历史,了解多细胞生命的早期进化。

5. 促进生物多细胞化的环境和生物因素

　　叠层石从太古宙早期(35 亿年前)出现,在元古宙中期达到最大的繁荣(图 6-8),到元古宙晚期逐渐衰落。在这 20 多亿年的漫长时期里蓝菌等原核生物在建造大规模的碳酸盐叠层石的同时将大气中的 CO_2 大量地转移到岩石圈中,蓝菌的光合作用又释放出大量的自由氧。其结果是大气圈的化学组成逐渐改变:CO_2 含量下降,自由氧含量逐渐上升。大气氧含量上升的另一后果是大气圈上部的臭氧层的发展,更有效地降低了太阳的紫外辐射,从而使海洋表层水域成为可供生物栖息的场所。新元古代晚期大量的浮游藻类(疑源类)化石(图 6-16)的出现证明了当时海洋表层浮游植物的繁盛,这些浮游植物和浅海底栖的叶状体植物成为当时生态系统中的主要的初级生产者(图 6-17)。浮游植物和底栖叶状体植物的繁盛增加了光合作用氧的释放,使大气圈氧含量水平进一步上升,臭氧层进一步发展。在新元古代曾经发生构造地质活动增强,注入海洋的还原性物质增加,导致氧的消耗增大,大气氧含量可能短时期下降(Knoll,Water,1992;Knolt,1991),但总的趋势是氧含量逐渐上升,特别是在 7 亿~6 亿年前,南沱冰期之后,伊迪卡拉动物适应辐射之前,浮游植物和底栖藻类达到极大繁荣,标志着光合作用释放的自由氧也相应地增多。与氧增长趋势平行的是大气 CO_2 含量的逐步下降,这主要是由于蓝菌建造碳酸盐叠层石过程中转移了大气 CO_2,同时也可能与元古宙晚期构造活动增强及有机物埋葬率增高有关。CO_2 含量下降的总后果是全球大范围的降温和冰川作用的出现。杨子地台震旦系南沱组冰碛岩大致是和澳洲、北欧、北美的新元古代晚期或末期的冰碛层同时沉积的。大面积冰川形成的同时,两极的冰帽可能也扩张,造成海平面下降,继而形成大面积的浅海海滩,为底栖的多细胞动、植物提供了多样的生境。这些是元古宙晚期生物多细胞化发生的外部环境条件。

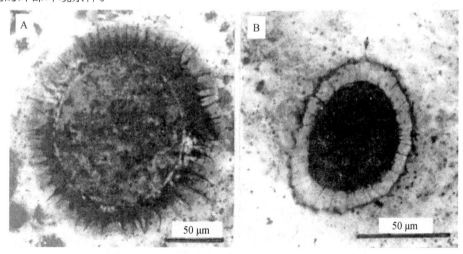

图 6-16　新元古代晚期的浮游植物:疑源类(Acritarcha)

它们是当时海洋生态系统中的主要的初级生产者(化石为作者等发现于贵州
震旦系磷块岩;同位素年龄为 6.0 亿年;岩石切片,显微照相)

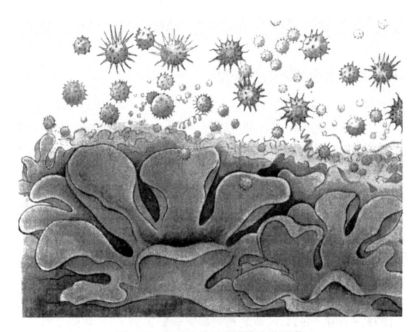

图 6-17　新元古代近岸浅海生物群落

疑源类浮游植物和底栖叶状体植物是当时生态系统主要的初级生产者

元古宙晚期的真核生物的多细胞化的进化趋势之所以不可避免,还因为多细胞化给生物本身带来的显著利益和由此产生的选择压。例如,生物个体体积的增大,个体发育导致结构与生理的可塑性和表型变异增大,内环境的相对稳定以及个体寿命的延长等。

对于光合自养生物来说,多细胞化可能是对固着生活方式的适应。底栖的光合自养生物在沉积物表面形成匍匐的聚群,在滨海和浅海动荡的环境条件下,聚群下部接触底质的部分与聚群上部接收光的部分在形态与功能上分异,分别适应于固着和光合作用,使得聚群"极化"。对光的竞争可能导致聚群上部形态的进一步分异,即由匍匐生长变为向上生长,以扩大表面积,形成分支的叶状体,正如我们看到的陡山沱磷块岩中叶藻的形态(图 6-18)。

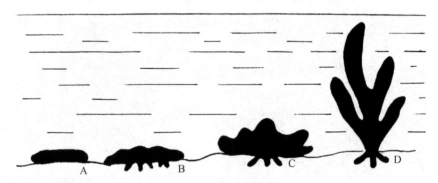

图 6-18　光合自养生物从聚群到叶状体植物的进化过程示意图

对固着生活方式的适应和对光的竞争导致聚群的"极化"(聚群的上部和下部形态与功能的分异)和聚群上部的向上生长及表面积的扩大。A. 匍匐生长的"非极化"聚群;B. 有上、下形态分异的"极化"聚群;C,D. 由匍匐生长改变为向上生长,导致上部表面积扩大,形成叶状体植物

元古宙晚期的生物多细胞化的另一个重要促因是性分化和与之相伴随的遗传系统的革新及生活史的复杂化。我们将在下一节详细讨论。

6.10 性和有性生殖的起源

《周易》说"易有太极(阴阳未分),是生两仪(阴阳分化),两仪生四象,四象生八卦(多样性)。""万物生于阴阳交合",有了阴阳分化才有多样性。从生物学角度上说,阴阳分化可以理解为性分化,即雌雄分化。八卦符号的中央是一个圈,这个圈由代表阴、阳的黑、白合抱的两部分组成,它们之间不是截然的直线分割,又有代表阴、阳的两个小圈分别包含于两个合抱部分之内,这就是"你中有我,我中有你,互相包含"的意思。"阴阳交合生万物"就是有性生殖导致生物多样性。当然,"阴阳八卦"是古人对复杂变化的世界的抽象认识,是对自然界的多样性和统一性的一种抽象的表达方式。我们今天对它的理解和解释也不宜太具体化。

1. 性和性现象

性分化意味着生殖方式的革新,通过两性生殖细胞的融合而产生新个体。从遗传上说,有性生殖产生的新个体具有两套基因,因而有遗传基因重组产生新的遗传变异的可能性。生殖细胞的融合意味着染色体双倍化,有性生殖必定伴随着使融合后的细胞还原的机制,即减数分裂。因此,与有性生殖相伴随的是通过融合(受精)、减数分裂而实现的单倍体—双倍体的世代交替的生活史。对于多细胞生物来说,有性生殖同时带来了复杂的个体发育过程:生活史中的单倍体阶段和双倍体阶段分别适应于生殖与营养功能,生殖细胞融合(受精)后通过个体发育而达到成熟的个体。由两性个体组成种群,种群内基因在个体间流动,个体不能一成不变地延续自己的基因型。有性生殖伴随着复杂的行为进化,为达到受精和繁殖后代的目的,进化出无数复杂的与性相关的行为:求偶、性竞争、性爱、亲情等。

2. 性起源于何时?

"性和有性生殖可能起源很早,即在生物多细胞化之前早就出现了。"这是第一种推断。其根据是:

① 今日的许多原生生物(单细胞真核生物)存在着性分化,例如,某些纤毛虫和有孔虫;

② 减数分裂与有丝分裂在机制上相似,因此,减数分裂可能在真核细胞有丝分裂的基础上与双倍性(通过融合使染色体数目倍增)同时产生。

但是,也有另外一些事实可以反驳第一种推断。

首先,看看原生生物中的性分化。原生生物中性分化和有性生殖仅见于某些特化和结构复杂的种类,例如,有孔虫、纤毛虫以及某些孢子虫;而特化程度低的、较原始的种类,如裸藻、变形虫、沟鞭藻中大多数没有性分化。可见原生生物中的性分化可能是在原生生物进化较晚的阶段出现的。

其次,再看看多细胞生物。绝大多数多细胞动、植物有有性分化,进行不同形式的有性生殖。无性生殖仅限于某些小类群,而且这些小类群位于进化树的顶部。可见这种无性生殖是较晚出现的,是生殖方式进化中的倒退。

此外,多细胞生物中个体的双倍性很普遍,单倍性少见,单倍性只见于苔藓及某些绿藻。复杂的有性生活史仅见于多细胞生物。

由上面这些事实可以做出第二个推断,即性分化和有性生殖并非起源很早,可能是与多细胞化同时或相关地进化产生的。

3. 性分化和有性生殖的古生物学证据

早期生命的有性生殖的化石证据极少。先前报道的澳大利亚新元古代苦泉组中包含 4 个细胞的包囊(Schopf,Blasic,1971),被解释为减数分裂产生的四分体;但后来由于在同一化石群体中发现有 3 个和不等数目的细胞包囊存在,以及包囊内细胞之间的距离不等而被否定,并被重新解释为原核生物(蓝菌中的色球藻类)的细胞聚群(Golubic,Barghoorn,1977)。经过多年的工作,我们在贵州瓮安地区距今 6.0 亿年的震旦系磷块岩中发现了多细胞真红藻类叶藻 *Thallophyca* 的有性生殖结构,这一发现提供了早期植物性分化的可靠证据(张昀,袁训来,1995;Zhang Yun,1997)。根据化石与现代某些多细胞真红藻类的有性生殖结构的比较研究,可以识别出这些化石藻类的雌、雄两类生殖结构(图 6-19)。

(1) 类似囊果和果孢子囊的雌性生殖结构

在 *Thallophyca* 化石的营养组织内,有若干大小不一的细胞群,每个细胞群由几十到近百个形态特殊、体积较大的细胞聚集在一起,外面由数层营养细胞包裹,形成囊状结构。这些囊状结构在叶状体表面略微隆起呈瘤状(图 6-19A)。一些大的囊状结构内部又由许多小的囊状结构组成,每个小囊状结构包含数个相当于果孢子(carpospores)的细胞(图 6-19B);这些大小囊状结构与现代某些真红藻类的雌性生殖结构——囊果和果孢子囊(carposporangia)相似。此外,在化石中观察到 4 个一组的细胞群,4 个细胞规则地排列成十字形四分体状(图 6-19C)。它们很像现代紫菜类(*Porphyra*)的有性生殖结构。

(2) 精子囊群:雄性生殖结构

在叶藻 *Thallophyca* 的叶状体的边缘部分观察到类似某些现代真红藻类的精子囊群(spermatangial sori)的结构(图 6-19D)。

如果上述对化石形态结构的解释是正确的,那么可以得出如下结论:在新元古代晚期的南沱冰期结束后,伊迪卡拉型的动物(无骨骼的后生动物)在适应辐射发生之前,即大约 6.0 亿年前,有性生殖的多细胞叶状体植物已经进化产生,并在滨海及潮下带浅海环境达到相当的繁荣;植物的性分化与多细胞化在进化过程中可能紧密相关。

4. 性起源及其促因

为什么性和有性生活史如此普遍? 为什么绝大多数动、植物采取有性生殖方式繁衍后代? 为什么雌、雄个体有明显的分异(性多态),同时保持一定的数量比例? 这些问题正是进化生物学正在探讨而尚无最终答案的难题。

原核生物和大多数原生生物是通过细胞直接分裂而增殖,也有的通过出芽方式增殖(如某些细菌)。一部分真核生物行无性生殖或无融合生殖,即无须受精(融合)、无须减数分裂的生殖方式。大多数真核生物行有性生殖,其中一部分可以同时行无性生殖和有性生殖,在生活史中有性和无性阶段交替(例如,许多真菌)。

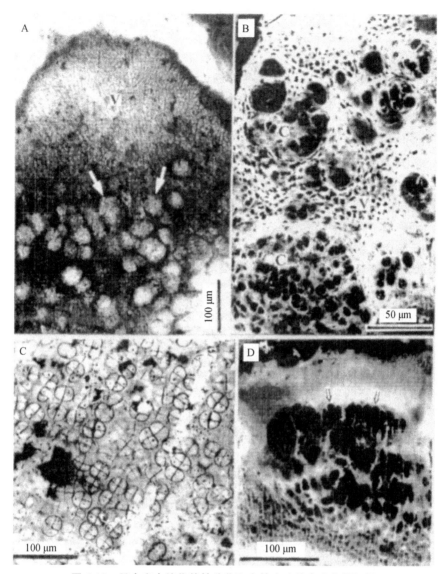

图 6-19 元古宙末植物的性分化和有性生殖的古生物学证据

6.0亿年前沉积于中国贵州中部的磷块岩保存着有明显分化的细胞组织及有性生殖结构的叶状体植物遗体化石,这是目前所知的前寒武纪多细胞植物性分化的最可信的证据。A. 叶藻 *Thallophyca ramosa*(Zhang,1989)的叶状体表面的瘤状物类似现代某些红藻的雌性生殖结构——囊果(cystocarps);B. 叶藻化石的叶状体的切面,示被营养组织包裹的囊果及果孢子;囊状包被内的暗色的球形细胞相当于果孢子(雌性生殖细胞);C. 四细胞组的细胞群,类似现代紫菜类红藻(例如 *Porphyra*)的有性生殖结构;D. 叶藻化石的叶状体切面:在叶状体边缘聚集的长形体类似现代某些红藻的雄性生殖结构——精子囊群(根据作者的研究材料)

　　有性生殖,即融合生殖,通过减数分裂产生单倍体的雌、雄配子,又通过配子融合恢复双倍性,并由此产生新个体。大多数动物、植物有性种群是由各占半数的雌、雄两性个体组成,雄性个体只产生雄性配子。某些植物和少数动物行无性生殖,例如,某些植物的营养体(二倍的)可以直接产生新植株(营养生殖),某些动物(例如,某些昆虫)的雌性无须受精而产生后代(孤雌生殖)。

如果我们将一个有性生殖的种群与一个无性生殖种群进行比较,从繁殖效率上看,有性生殖处于劣势。例如,假设有性种群与无性种群各有 100 个雌性个体,前者需要额外的 100 个雄性个体,则总个体数为 300 个,假设每一个雌性个体每一代只产生 2 个后代,有性种群的雌性每代产生的后代中雌、雄各 1 个,那么有性种群通过有性生殖世世代代只能保持原来的种群大小,即 100 个雌性和 100 个雄性个体,总共 200 个个体,种群个体数一直不变。但无性种群的个体数目却逐代倍增;第一代的 100 个雌性个体产生 200 个第二代雌性个体,第三代是 400 个,第四代是 800 个……无性种群中雌性个体数目占两个种群总数的比例由第一代的 1/3,下降到第 2 代的 1/4,第三代的 1/6,如此等等(表 6-2)。有性种群每一代有 50% 的适应度损失。这是因为在这种情况下,有性种群中的雄性个体除了提供雄性配子(精子)之外没有任何别的贡献,相当于一种生殖浪费。当然,在自然界中雄性个体有保护和照料雌性及幼仔的行为等额外的贡献,从而降低了有性生殖的代价。种群中雄性与雌性个体表型上分异或雌、雄个体"社会分工"有利于整个种群的原因也就在此。倘若雄性个体对种群没有其他的贡献,有性生殖的代价会很高,这可以解释何以蜜蜂缺粮时会将蜂群中的雄蜂驱逐出去,雄螳螂在交尾之后被雌性充当食物等现象。

表 6-2 有性生殖与无性生殖的比较 *

世代数	有性种群			无性种群		总体个数
	雄性	雌性	雌性占总体比率	雌性	占总体比率	
1	100	100	1/3	100	1/3	300
2	100	100	1/4	200	1/2	400
3	100	100	1/6	400	2/3	600
4	100	100	1/10	800	4/5	1000
5	100	100	1/18	1600	8/9	1800

* 假设有性种群与无性种群各由 100 个雌性个体组成,每个雌性个体每代产生 2 个后代,有性种群产生的后代中雌、雄各半,结果是有性种群个体数目世代不变,而无性种群个体数每代增长一倍。有性生殖相对于无性生殖而言每代有 50% 的适应度损失。

既然有性生殖每代有 50% 的适应度损失,那么为什么有性生殖能够进化产生,而且还相当普遍地存在于真核生物中呢? 从进化生物学的角度说,有性生殖必定有很大的优越性,足以补偿有性生殖的代价,才能通过自然选择进化产生,也才能在种群中保持。

有性生殖最显著的优越性是什么? 进化生物学家列出了两大优越性:增加变异量,进化速率高。

有性生殖导致种群内遗传变异的增大是由于基因重组。在无性种群中如果发生 2 个突变,则在种群中只能产生 3 类基因型个体。如果在有性种群中发生 2 个突变,则通过有性生殖和基因重组可以产生 9 类基因型个体。如果两个种群各发生 10 个突变,无性种群只能产生 11 个基因型;而有性种群可产生 3^{10},即 59 049 个基因型。

有性种群进化速率高也由于基因重组。在无性种群中,两个有利突变组合到同一个体之中需要很长时间,因为只有当其中一个突变在种群内扩散、固定之后,另一个突变才能组合进来。假定 A 和 B 两个位点上分别发生有利的突变,产生等位基因 A' 和 B',在无性种群内最初只有 AB' 和 A'B 两种基因型的少数个体,而 A'B' 基因型不大可能在 AB' 克隆内通过 A 突变为 A' 而产生,也不大可能在 A'B 克隆内通过 B 突变为 B' 而产生,因为有利突变发生的频率很低。只有当 A' 等位基因在种群内固定之后或 B' 在种群内固定之后,A'B' 基因型个体才会产生并逐渐增加。但在有性种群内,一旦有利突变 A' 和 B' 在种群内出现,重组基因型 A'B' 就以一定的频率出现,因此,有性生殖的种群进化速率高。

有性生殖的上述优越性只是对种群而言,即变异量增大和进化速率高从长远看对种群和物种有利,有利于种群和物种的延续和发展,减少绝灭的可能性。但对个体而言,有性生殖并无利益。假如性对于个体无利益,那自然选择就不会促使性的产生,也不能保持有性生殖的存在。除非我们接受集团选择的理论(见第七章)。有的学者指出,有些动、植物种类从有性生殖退回到无性生殖,是由于有性生殖过程太复杂,太困难。在环境条件相对稳定、均一的情况下,无性生殖的优越性更明显,因为无性生殖产生遗传上相似的个体。但在多变的、异质环境条件下,有性生殖变得有利。新元古代正值全球环境大变化的时代,冰期之后滨海与浅海环境多样且不稳定,也许正是这种多变的异质环境条件促使生物生殖方式的进化改变,因为有性生殖产生遗传上多样的个体,可以适应更广阔地域的多样的环境条件。在新元古代多变的环境条件下,无性生殖的物种绝灭率相对较高。

多细胞化对性分化可能起了促进的作用。例如,新元古代晚期的底栖固着的叶状体植物,多细胞化促使营养和生殖功能分化,即营养器官与生殖器官特化,分别适应营养和生殖功能。有性生殖可能有利于后代扩散。

从遗传学角度而言,与有性生殖相伴随的基因组的双倍化有利于突变在种群中的保存,因为双倍性降低或消除了某些有害突变造成的适应度下降的影响。

5. 性分化对进化进程的影响

性的产生对整个生物进化进程的影响是极其深远的。我们可列举出与性及有性生殖直接和间接相关的许多生物现象。

正是由于有性生殖带给个体基因型的不稳定,因而生殖隔离的物种是有性生物的存在方式。物种形成可以看成是生物对性和有性生殖带来的不利影响的对策。由于性分化,雌、雄个体在空间上分隔,自然选择促使有性生殖的生物产生超量的配子以保证受精的机会,从而带来达尔文称之为"繁殖过剩"的现象。繁殖过剩导致竞争,导致选择。性分化首先带来了雄性过剩现象,因而有达尔文所谓的"性竞争"或"性选择"(见第七章)。性分化带来繁殖过程的复杂化以及相应的适应进化。雌、雄个体之间的通信联系、性激素、性诱素、求偶行为、性器官、性生活史(性周期)、性爱乃至围绕着性的心理和行为都在进化中出现。

6. 小结

性和有性生殖在绝大多数高等生物中的存在是一个奇特的生物学现象。有性生殖对生物必定有巨大的利益,以致足以补偿有性生殖带来的巨大损失,才能够进化产生,也才能在大多数真核生物中保持。

虽然性分化和有性生殖增加变异量,加速进化而带给种群和物种以长远、巨大的利益,但对个体并无明显好处，因此，性的起源是否有自然选择的作用尚待探讨。但在多变的异质的环境中，有性生殖因其产生遗传多样性的个体而极为有利。因此，新元古代的变化的环境可能有利于有性生殖的进化产生。其次多细胞化对性分化也有促进作用。我们在新元古代 6 亿年前的磷块岩中发现的有性生殖的多细胞植物化石，为这个推断提供了证据。

性分化和有性生殖加速了进化，因而很可能是"寒武纪生命大爆发"的诱因之一。

6.11　显生宙生物进化事件

多细胞动、植物出现以后的地质时代被称为显生宙，目前尚不能确切地定出它的下限，根据现有的古生物和同位素地层学研究资料，大致在 5.5 亿～5.4 亿年前。

显生宙的生物进化舞台上的主角已经不是原核生物和单细胞的真核生物，而是多细胞的宏观的动、植物。显生宙的生物进化主要表现在组织、器官的结构与功能的一系列进化革新，以及通过种形成和种绝灭而表现出来的生物圈组成的变化。

整个显生宙时期主要的进化革新事件，包括：

① 无脊椎动物两侧对称的躯体结构体制的发展和无脊椎动物高级分类群的进化产生（寒武纪早期）；

② 动物的骨骼化：防护和支撑系统的进化；

③ 由于中枢神经系统的发展和内骨骼形成而从无脊椎动物中产生出脊索动物，鱼类起源和发展（寒武纪至奥陶纪）；

④ 陆地植物的木质化，维管系统和维管植物起源（志留纪至泥盆纪）；

⑤ 鱼类运动器官和呼吸器官的改造，两栖类起源（泥盆纪）；

⑥ 生殖系统的进化改变（羊膜卵出现）、皮肤角质化的发展，从两栖类进化出陆生爬行类（石炭纪晚期）；

⑦ 水生无脊椎动物向陆地发展，节肢动物较复杂的呼吸系统（气管系统）及外骨骼的结构特化，导致昆虫及其他陆生节肢动物起源（石炭纪）；

⑧ 陆地脊椎动物爬行类的体温调节系统的发展，温血动物起源（三叠纪至侏罗纪）；

⑨ 哺乳动物起源（三叠纪末）；

⑩ 爬行动物中的皮肤附属物演变为羽毛，飞翔器官（翅）的产生以及躯体结构的适应进化导致鸟类起源（侏罗纪）；

⑪ 被子植物起源（早白垩世）；

⑫ 灵长类脑与前肢的进化，思维器官与劳动器官的产生，人类起源（上新世至全新世）。

我们不可能逐一分析各个进化事件。下面只讨论若干重要的进化事件。某些进化事件，如物种形成和绝灭将在第十章中论述，人类进化将在第十三章论述。此处只就动物骨骼的起源与进化和植物维管系统起源与进化作专题讨论。

6.12　动物骨骼的起源与进化

古生物学家熟知的、首次发现于澳大利亚的伊迪卡拉动物化石距今 5.7 亿年前，它们都是没有硬骨骼的软躯体动物。已知最早的具有硬的外骨骼(外壳)的动物化石是寒武系最底部的所谓"小壳化石"(small shelled fossils),它们是一些小到只有几毫米长的锥形的或异形的小管,其矿物成分是碳酸盐或磷酸盐,这可以说是动物最早的骨骼化。令人惊奇的是,寒武纪初始,蓝菌和其他一些藻类也出现了钙化现象(图 6-20)。

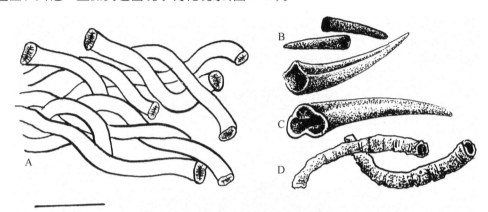

图 6-20　植物与动物第一次骨骼化

寒武纪初始的动物外骨骼的出现与蓝菌的钙化。A. 寒武纪早期钙化的丝状蓝菌 *Girvanella*;
B~D. 长江西陵峡震旦系灯影组顶部(靠近寒武系底界)的小壳化石:圆口螺 *Circotheca* sp.(B)
三槽阿拉巴管 *Anabarites trisuicatus*(C) 和震旦虫管 *Sinotubulites* sp.(D)

(1) 关于骨骼化原因的探讨

动物与植物几乎同时骨骼化(钙化)这一现象引起古生物学和沉积学家们的兴趣,并引起一场关于骨骼化原因的讨论与争论。多数古生物学和沉积学家都认为,新元古代海水化学的变化促进了骨骼的进化产生。例如,英国沉积学家 Riding 认为,在元古宙末到寒武纪初,海水中镁-钙比值 $[m(\mathrm{Mg})/m(\mathrm{Ca})]$ 下降,碳酸盐岩中白云石减少、方解石增多,这种变化与钙化的蓝菌出现相关。同时元古宙末海水中磷酸盐丰富,这和一些磷酸盐的小壳动物化石的出现有关。但俄罗斯学者分析了元古宙末(文德期)到早古生代的碳酸盐时发现,镁与钙的比值并没有大的变化。另一方面,美国学者 Grotzinger(1989)认为元古宙末海水钙的含量下降,海水的钙离子从早元古代的饱和或过饱和状态逐渐下降到新元古代晚期和寒武纪初期的低于饱和点的状态。因此,骨骼化的原因可能不在于海水化学环境,而与生物本身有关。

元古宙末,多细胞底栖植物和浮游植物繁盛,随着动物的第一次适应辐射,海洋生态系统的生物多样性大大增长,食物链层次增多,物种之间竞争加剧。一些学者认为,生态系统中可能出现了肉食性和植食性的动物,骨骼化首先是对生态系统内部新关系的反应。换句话说,蓝菌和其他藻类植物的钙化可能是对植食性动物的采食的防护,一些小的无脊椎动物的矿化的外壳的产生可能也是对捕食动物的适应。如果上述解释是对的,那么我们可以说,骨骼最初是作为防护(防卫)系统而进化产生的。动、植物几乎同时骨骼化可能与元古宙末至寒武纪初的海洋生态系统内部种间关系复杂化相关。骨骼的进化可能与它的另一个重要功能有关,即骨骼的支撑功能,骨骼作为支撑系统使生物体的结构更符合力学原则。关于支撑的重要性,我们可以举出下面几项:

① 多细胞生物的软组织、软躯体若没有硬的支撑系统则难以增大体积;

② 支撑系统使躯体内的重要器官在空间上得以合理地配置,并保持相对稳定的空间位置,实现整体的功能谐调;

③ 支撑系统使动物的运动器官得以发展,并最终使动物能脱离水环境;

④ 支撑系统在植物中的发展使植物能扩大表面积,并向高处获得空间,最终使植物能向陆地发展。

骨骼在进化过程中,其防护功能与支撑功能互相结合,例如,无脊椎动物外骨骼既是支撑系统,又是防护系统。脊椎动物骨骼的主要功能是支撑,其防护功能让位于皮肤(图6-21)。

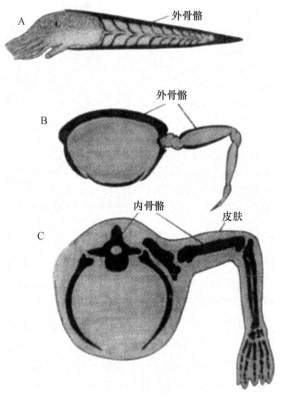

图 6-21 动物的骨骼

A. 头足类(直角石)的外骨骼:主要功能是防护;B. 甲壳动物的几丁质外骨骼:具有
防护与支撑双重功能;C. 脊椎动物的内骨骼:主要功能是支撑,防护功能由皮肤承担

从化学组成上看,可以区分出以无机矿物为主要成分的骨骼和以有机质为主要成分的骨骼。多数无脊椎动物的骨骼以碳酸钙(方解石、文石)为主要成分,几丁质外骨骼见于节肢动物等较高等的无脊椎动物。几丁质是一种多糖(氨基多糖)类有机物,节肢动物(甲壳类,昆虫等)的外骨骼主要是由几丁质和矿化(磷酸钙化)的胶原纤维(一种蛋白质)组成。陆地植物的支撑基础是木质素,是多聚的芳香族化合物。从进化出现的顺序看,以碳酸钙、磷酸钙和硅质的无机成分为主的骨骼出现较早,其次是几丁质骨骼,然后是钙化的胶原纤维型骨骼。植物的木质化比较晚些。

(2) 动物外骨骼体制的利弊

绝大多数无脊椎动物的骨骼位于体外,即外骨骼。动物的外骨骼体制既有它的优越性,也有其限制性,外骨骼体制的优越性在于支撑、运动、防护三项功能紧密结合。

外骨骼体制的限制性也很突出,例如:

① 防护功能与运动功能之间的矛盾。这在软体动物中表现最为突出。厚重的贝壳影响运动能力,而薄的外壳却又减弱了防护功能。这正像人类战争中的武器坦克一样,在装甲厚度与速度之间出现了矛盾。因此在软体动物中可以看到两种极端现象:具有厚重外壳的砗磲(*Tridacna*)已经丧失运动能力,丢失了外骨骼的乌贼却获得了高速率。

② 生长的限制。动物的软躯体的生长受到坚硬的外骨骼的限制。于是我们看到昆虫是如何艰难地"蜕皮"的,但腹足类的螺旋形壳和某些环节动物的管状壳并不影响其内的软躯体的生长。

③ 呼吸的限制。节肢动物的外壳骨骼是体表呼吸的障碍,坚硬的外骨骼也不可能进化出像陆地脊椎动物那样的"负压呼吸"系统。昆虫的气管式呼吸系统的效率较低,限制了躯体体积的增长。

骨骼化是生物结构复杂化的基础,骨骼系统又是生物形态进化的限制因素。

6.13　维管植物的起源与早期进化

在长达 30 多亿年的前显生宙,即整个太古宙与元古宙期间,地球上的生命一直存在于水环境中,也就是说,生物圈包含于水圈之中。陆地生命最早出现于大约 4 亿多年前,并在地球历史最后的 1/10 的时间里达到繁荣。陆地生态系统的建立是和维管植物的出现和进化分不开的。维管植物是地球上最奇特的生物类群之一,就现今的生物圈而言,它占总生物量的 97%(Knoll,et al.,1986),约有 30 万种。维管植物、苔藓植物陆生和淡水藻类以及蓝菌等一起作为初级生产者支持着庞大的陆地生态系统。

维管植物(tracheophyta)是指具有木质化维管系统的陆地光合自养生物,它和不具维管组织的苔藓植物都具有较复杂的个体发育过程,因而合称为有胚植物(embryophyta)。

木质化就是植物的骨骼化。动物与植物的第一次骨骼化发生在元古宙末至寒武纪初,即大约 5.3 亿年前。这一次骨骼化以无脊椎动物钙质外壳的形成和植物中钙藻化石的最早出现为标志,实际上是外骨骼的产生。动物的第二次骨骼化可能发生在中奥陶至晚奥陶世,以磷酸钙的内骨骼出现为标志。植物的第二次骨骼化可能发生于晚奥陶世或志留纪,以木质化的维管系统的起源为标志。

由叶状体植物向维管植物的进化是植物由水环境向陆地干旱环境适应改变的过程,这一过程中包含着植物内部结构与生理机能的一系列革新。这一系列进化革新使植物具备了如下的新的适应特征:

① 植物具备了调节和控制体内外水平衡的能力,从而能够适应陆地干旱环境;

② 植物具备了相当坚强的机械支撑力,不需要水介质的支持而能直立于陆地上;

③ 植物具备了有效的运输水分和营养物质的特殊系统,因而能有效利用陆地土壤中的水分与营养物质;

④ 植物具备了抗紫外线辐射损伤的能力,因而能暴露于强日光照射之下。

非维管植物的一些种类通过形成厚壁的休眠孢子、厚的胶质外鞘以及某些生理机制而获得抗旱或耐旱的能力,苔藓植物也主要是通过生理过程适应陆地干燥环境的。这种被动的适应只能达到"耐受"干旱环境的程度,只有维管植物达到了主动地适应和"利用"陆地特殊环境条件的程度。

体表角质层的产生是维管植物减少体内水分丢失的重要的结构特征。包裹在植物表层细胞外的角质层是醇与酸的聚合物,它有效地防止了体内水分通过体表面蒸发丢失。但角质层(有时角质层外还有蜡质层)也同时阻碍了 CO_2 向植物组织内扩散吸收。与角质层相关的适应进化是气孔结构的产生。气孔上的半月形或肾形的保卫细胞通过改变其膨胀度来调节气孔的开闭,因而能够对水分蒸发和 CO_2 扩散实行有效的调控。

对光照的竞争和为使生殖细胞有效的散布,促使植物体向高大的方向发展。随着植物体的增高,水分与营养的运输困难也增大了,而且高大的植物体需要更强的机械支撑。这些因素所构成的选择压推动了维管系统的进化。最初是有局部增厚的木质化的圆柱形的输导细胞(管胞)和有利于营养物质输送的筛胞产生,进而是有运输和支撑两重功能的维管系统的出现。

角质层、气孔、维管系统、木质化、植物体增大,这些都是陆地维管植物进化过程中相关的进化改变。这一系列相关的进化改变造就了适应陆地环境的维管植物。有趣的是,动物由水环境向陆地环境适应进化过程中也有一系列类似的相关进化改变:首先是动物皮肤的角质化,然后是控制 O_2 和 CO_2 出入的呼吸系统(气管与肺)的改造,接着是内骨骼(支撑与运动)和血液循环系统(营养物质运输)的改造。

虽然某些藻类与蓝菌可能在元古宙晚期就已经登陆了,但一直到古生代志留纪或晚奥陶世以后,大部分陆地才被绿色生命所覆盖。维管植物起源和陆地植物大规模的适应辐射比学者们预期的要晚得多。什么原因呢?可从两方面来解释。从植物本身来说,只有当结构与机能达到一定的进化水平或组织化水平时,植物才能获得对陆地干旱环境的主动适应,并有效地扩展其生境及达到一定丰度。从地球环境方面来看,有一些生物不能逾越的环境限制因素控制着生物进化的方向与进度,例如,大气圈的化学组成、水圈的物理化学特征以及地表温度和土壤的形成和发展等。诺尔等(Knoll,et al.,1986)认为太阳紫外线辐射强度的历史变化是植物登陆的主要控制因素。虽然 20 亿年前大气圈氧分压已达到 1%PAL(现代大气氧含量水平的 1%),并且估计当时已形成能屏蔽短波紫外辐射的臭氧层,但长波紫外辐射仍然对大多数低等植物构成危险。在强紫外辐射下,高等植物体内的类黄酮(flavonoids)的含量增加。类黄酮能吸收紫外线而不阻挡可见光。现在已知类黄酮只存在于苔藓植物与维管植物中,因此,Knoll 等断定,只有当植物能合成类黄酮之后才有效地适应于陆地暴露的环境。

关于最早的陆地植物化石记录,目前仍在努力搜寻之中。已经报道的早期陆地植物化石多是零星的、不完整的,并且是有争议的。

最早的陆地植物化石有两类:一类是作为微体化石保存于碎屑岩中的植物生殖细胞(孢子)和组织碎片,另一类是相对完整的植物遗体化石。

目前已知最早的陆地植物遗体化石有如下两类:

① 丝体植物(nematophyte)。这个名称来自一个化石植物属 *Nematothallus* Lang (1937),是一类小的叶状或线条形的植物,发现于志留纪到泥盆纪陆相沉积岩中。植物内部有一系列长管状体,无薄壁组织。有的学者认为这类植物是陆地旱生植物,也有人认为是维管植物进化线上的早期过渡类型。

② 直径为 1~2 mm 的、双分叉的、末端附着有孢子囊的 *Cooksonia* Lang。这类化石最早出现于志留纪文洛克阶(Wenlockian)和鲁德洛阶(Ludlowian)。鲁德洛阶的标本保存有维管组织。发现于威尔士、捷克和美国纽约州的晚志留世的 *Cooksonia* 标本也有维管组织。早泥盆世的维管植物,如工蕨类(*Zosterophyllums*)及其他一些类似 *Cooksonia* 的原始维管植物大量地发现于中国(云南等地)、北美及欧洲。

最早的陆地植物的微体化石有如下几类:

① 早志留世的四分体和三分体孢子。如发现于美国弗吉尼亚下志留统的孢子。据说这种类型的孢子只产生于有胚植物。

② 直径为 20 μm 左右的有螺纹的小圆管,直径为 11~32 μm 的有环形或螺纹状加厚部分的管状体。某些管子纵向地连在一起,因此被认为是管胞结构。但如前面提到的,有人认为某些微管来自丝体植物。

③ 角质碎片,常与微管化石保存在一起。一些学者认为是来自维管植物的表层细胞。这些角质片相当厚,多无穿孔,因而有人怀疑是来自节肢动物的几丁质表皮。如能证实角质片来自丝体植物,那么反过来可以证明丝体植物是真正的陆地维管植物。

虽然我们目前还难以确定最早的、最原始的维管植物起源于何时,但大量的原始蕨类植物化石发现于中国及世界许多地区的早泥盆世地层中。这一事实表明,陆地维管植物最迟在泥盆纪早期已经在陆地上达到了繁荣,在广袤的古大陆上建立起绿色的生态系统。

6.14　从进化历程看形态进化趋势：复杂性和多样性的增长

纵观生物的进化历史,不难看出生物个体(能独立生存的生命的基本单位)结构的复杂性和多样性(歧异性)的增长趋势。从太古宙和元古宙早期的原核生物,到元古宙中期出现的单细胞真核生物和元古宙晚期的多细胞藻类植物及软躯体的无脊椎动物,到古生代早期的有外骨骼的无脊椎动物和稍后出现的有内骨骼的脊椎动物以及有木质化维管系统的维管植物,从中生代两栖类和爬行类动物及裸子植物到新生代哺乳动物和被子植物,按照时间的顺序我们可以看到两个现象:

① 具有复杂结构的生物类群在生命史上出现较晚,生物结构愈复杂,进化出现的时间愈晚;

② 生命史早期的生物圈的生物组成相对单调,晚期生物圈的生物形态结构上歧异性(多样性)随着生境的扩展而增大。

换句话说,从大的时间尺度来看,生物个体结构的进化趋势是结构上的复杂性和多样性的同时增长。

生物个体结构复杂性的进化增长表现在结构层次增加和各结构层次的分化程度增大。举例来说,一个高等的动物或植物的个体包含细胞、组织、器官和系统等结构层次,要比单细胞生物(原核生物与原生生物)个体结构层次多;真核细胞内的结构分化程度要比原核细胞的高。因此,从单细胞生物到多细胞生物,从原核生物到真核生物的进化表现为结构层次增多和分化程度增大。

生物进化史还告诉我们,生物个体各结构层次的进化是不平行的。前生命的化学进化产生出原始的有细胞结构的生命以后,生命结构的进化主要表现在细胞内部结构的分化和复杂化上(细胞进化);真核细胞出现以后,生物个体结构的进化主要表现在细胞组织的形成、分化和新器官的形成和完善化上,这时构成生物个体的生物大分子和细胞的基本结构并不发生大的改变。换句话说,高等生物组织和器官的进化改变是在保持其生物大分子和细胞的基本结构相对稳定的基础上发生的。用一个形象的比喻来说,如果将各类动物和植物的躯体比做不同的建筑物,构成躯体的细胞和组织则相当于建筑物的组件或构件,构成细胞的生物分子则相当于水泥、木料、钢筋等基本的物质材料;由少数几种类型的基本材料和构件,根据建筑师的设计可以建造出几乎无限多样的建筑物。从建筑工程学来说,建筑形式上的各种变化并不需要在建筑材料上做很大的改变。从这一点来说,生物个体结构的进化就像人类建筑物的演变史一样,结构的高层次上的变化要大于和快于结构低层次上的变化。当生物结构在低层次上的进化达到一定程度时,就趋于保守,进化改变的重心向上转移到较高的结构层次上。例如,在生命史早期,进化主要表现在分子层次上(前生命的化学进化),此后则主要表现在细胞层次上(细胞进化),再后则主要表现在组织和器官结构上。这可以叫作生物结构进化的"建筑法则"。从今天的生物界来看,生物多样性主要表现在高层次的生物结构(及其功能)的变化上,而生物界的统一性则主要体现在低层次的生物结构上。形态的复杂性与其生理功能的复杂性是相关的,具有复杂结构的器官同时具有复杂的和相对完善的功能。形态结构复杂性增长为形态多样性的增长提供了更大的可能性,单细胞生物形态多样性远远小于多细胞生物。导致复杂性增长的前进进化(anagenesis),可能通过不同的途径实现:

(1) 叠加组合

两个或多个独立起源的生物结构通过共生组合而逐渐发展成新的更复杂的新结构。真核细胞的起源可能是通过若干原核细胞的细胞内共生产生的(Margulis,1980)。分子进化过程中蛋白质与核酸可能是独立起源的,二者"叠加组合"形成复杂的生物大分子系统。多细胞生物起源可能通过相对独立的单细胞个体聚集成群,或通过细胞间的共生组合途径逐渐发展为宏观的复杂的个体结构,这种方式也可以看作"叠加组合"。

(2) 渐进的适应进化

器官在适应进化过程中其功能逐渐完善的同时,形态结构趋于复杂化。新器官出现之初,其功能是不完善的,其结构也是相对简单的,常称之为"萌芽器官"。例如,原始的视觉器官没有晶状体,只能感光,不能成像。适应进化导致功能趋于完善,结构趋于复杂。同源器官的比较生理学和比较解剖学研究提供了大量的实例。例如,心脏,从鱼类的单心室、心房,到两栖类的左、右心房的分化,到爬行类的不完全分隔的心室,到哺乳类和鸟类的完全分隔的左、右心室及左、右心房,随着循环系统功能的完善,心脏的结构也趋于复杂化了。脊椎动物附肢的进化亦然,从总鳍鱼到哺乳类的附肢,随着运动功能的完善,其骨骼、肌肉、血管、神经的结构也趋于复杂。神经系统进化的过程可能也是这种情况。

(3) 旧器官的改造

适应于某种功能的器官在一定条件下朝着适应于新的功能的方向特化,最终改变为相对完善的适应新功能的复杂器官。陆地脊椎动物的肺可能从类似鱼类的鳔进化而来,后者用于调节身体比重;在向适应于呼吸功能的进化过程中逐渐复杂化,形成肺这样复杂的呼吸器官。陆地脊椎动物的附肢与鱼类的偶鳍可能是同源的,可以想象,从脊椎动物祖先的鳍状器官(适应于游泳)改造为陆地脊椎动物的附肢的过程中,其功能和相应结构改变之巨大。

　　本章以有限的篇幅概述了漫长的地球生命史和生命史中最重要的进化事件及其发生的环境背景,最后还阐述了生物结构随时间推移而逐渐复杂化和多样化的进化趋势。古生物化石记录、地质学、地球化学、沉积学、生物系统学、比较形态学、分子系统学以及其他自然科学学科的研究进展和提供的有价值的资料是我们了解地球生命史的基本素材。利用这些素材,我们能勾画出越来越详细的、越来越接近真实的生物进化的历史轮廓。今天的任何进化新学说或新理论都不能忽略生命史,不能忽略生命进化的具体过程。无法解释生命史或与生命史的可靠的证据不符合的进化学说或进化理论是不能成立的。

第七章 小 进 化

不积跬步,无以至千里;不积小流,无以成江海。

——荀子:《劝学》

上一章我们在时间的向度上考察了生物的进化,了解生物进化的历史过程。从本章开始,我们将在生物组织的不同层次上考察进化,即从分子、个体、种群、物种和种上分类群,以及生态系统等各个组织层次上考察和了解进化的规律、进化的原因和进化机制。

7.1 概念:什么是小进化

遗传学家哥德斯密特(R. B. Goldschmidt)在《进化的物质基础》(*The Material Basis of Evolution*)一书中用小进化(microevolution)和大进化(macroevolution)两个概念来区分进化的两种方式。他认为,自然选择在物种之内作用于基因,只能产生小的进化改变,他称之为小进化;由一个种变为另一个新种是一个大的进化步骤,不是靠微小突变的积累,而是靠所谓的"系统突变"(systematic mutation),即涉及整个染色体组的遗传突变而实现的,他称之为大进化。

古生物学家辛普孙(G. G. Simpson)在其《进化的速度与方式》(*Tempo and Mode in Evolution*)一书中重新定义小进化与大进化概念:小进化是指种内的个体和种群层次上的进化改变,大进化是指种和种以上分类群的进化。在哥德斯密特看来,大、小进化是两种不同的(无关的)进化方式;而在辛普孙那里则是研究领域的区分或研究途径的不同。也就是说,生物学家以现生的生物种群和个体为对象,研究其短时间内的进化改变,是为小进化;生物学家和古生物学家以现代生物和古生物资料为依据,研究物种和物种以上的高级分类群在长时间(地质时间)内的进化现象,是为大进化。

我们赞同辛普孙的关于大、小进化概念的新定义。我们此处引用的小进化与大进化概念中也多少包含了哥德斯密特的原意,即小进化乃是进化中的"踞步",大进化中的进化革新毕竟不是一蹴即至的,在大多数情况下乃是小进化"踞步"的积累。

7.2　小进化的基本单位

认识生物界的最直观、最具体的对象是生物个体(包括单细胞的和多细胞的个体),因为生命的基本特征体现在个体上,繁殖、遗传、变异都发生在个体上。

因此,达尔文和达尔文以后的许多进化论学者视生物个体为进化的基本单位,认为进化表现为个体遗传组成和性状的改变上。然而,小进化的分析证明,个体不是进化的基本单位,理由如下述。

对于原核生物和无性生殖的真核生物而言,来自同一亲本的无性繁殖系(克隆)是由遗传上相同的个体组成的;换句话说,同一克隆内的个体之间无遗传差异(假如不发生突变)。自然选择的对象是无性繁殖系或克隆。此外,原核生物的细胞分裂周期很短,个体寿命也是短暂的。

对于有性生殖的真核生物而言,个体的基因型是终生不变的,因为有性生殖的生物个体的基因组来自父母双方,有性生殖使个体基因型不能够不变地传递到下一代。

因此,无论是无性生殖或是有性生殖的生物,其个体都不是进化的基本单位。从小进化角度来看,无性生殖的生物的进化单位是无性繁殖系,有性生殖的生物的进化单位是种群(有性繁殖的基本单位)。

7.3　种群的遗传结构

既然小进化的基本单位不是个体,那么小进化的具体表现应当是无性繁殖系或种群的遗传组成的变化。

对于原核生物和无性生殖的真核生物来说,在通常情况下个体之间无基因交流,生殖上是隔离的。每个克隆或无性繁殖系相当于相同基因型的个体之集合。同一克隆或同一无性繁殖系的个体可能在空间分布上是分散的,但遗传上是同一的。

对于有性生殖的真核生物而言,同种个体之间可以互交繁殖,不存在生殖隔离。但是,同种个体在空间分布上是不均匀的:因地理因素、环境因素限制,同种个体被不同程度地分隔,形成不同程度隔离的个体集合,称之为种群或居群(populations)。种群内的个体之间互交繁殖的概率显著大于不同种群个体之间互交繁殖的概率。

遗传学上定义的种群是随机互交繁殖的个体的集合,又称为孟德尔种群(Mendelian population)。

有性生殖的生物个体,其基因型是不可能世代不变地延续的;但种群的全部基因的总和却是相对恒定的。一个种群在一定时间内,其组成成员的全部基因的总和被称为该种群的基因库(gene pool)。你可以这样想象:种群中的个体的基因来自共有的基因库;个体死亡后,通过其后代又把个体基因归还基因库。

经典遗传学依据实验种群的遗传分析而得出的结论是:种群中各基因位点上的正常型(野生型)等位基因的纯合子占优势,突变等位基因因负选择而保持极低的频率。

对自然种群的遗传分析却得出相反的结论：种群内大多数基因位点上存在着一系列等位基因，它们以不同的频率存在于种群中；种群内大多数个体在大多数位点上是不同等位基因的杂合子(Doubzhansky,et al.,1977)。

对许多物种的自然种群的遗传结构的分析证明，自然种群中有大量的变异贮存。进化生物学研究证明了自然种群中存在着大量的变异。种群内既有连续的变异(例如,多基因控制的数量特征,体重、身高等)，也有不连续的变异(例如,某些遗传的多态)；既有一般的形态学的变异，也有细胞学(如染色体数目、结构)和生理、生物化学的(例如,酶)变异。凝胶电泳分析证明人类群体内血红蛋白分子存在着个体间的差异，同一种果蝇有两种或多种乙醇脱氢酶变异型。只有某些濒临绝灭的物种(例如,猎豹)的种群或长期近交的小种群，其遗传多样性很小。

自然种群中保持大的变异贮存对种群是有利的：种群内多种基因型所对应的表型范围很宽，从而使种群在整体上适应可能遇到的大多数环境条件。

7.4 小进化因素：引起种群基因库组成变化的原因

突变、选择、迁移以及偶然因素能引起种群基因频率变化，它们是小进化的主要因素。

如果不存在上述因素，则一个有性种群的遗传组成保持相对恒定。换句话说，在种群内不发生突变，种群成员没有迁出，也没有其他种群成员迁入，没有自然选择作用，没有任何其他进化因素作用的情况下，有性生殖过程不会改变种群基因库的基因频率。这就是遗传学中的哈代-温伯格平衡(Hardy-Weinberg equilibrium)原理。

以一个位点上的等位基因为例：假设一个最简单的情况，即考查种群某一位点上的两个等位基因 A 和 a，它们的频率分别为 p 和 q。种群内三种基因型个体的频率分布见表7-1。

表 7-1

基因型	AA	Aa	aa
频率	P	Q	R

假定种群内个体之间随机互交，则各交配组合的频率分布见表7-2。

表 7-2

交配组合		各组合频率	第二代各基因型所占比例		
♂	♀		AA	Aa	aa
AA	× AA	P^2	1.0		
Aa	× Aa	Q^2	0.25	0.5	0.25
aa	× aa	R^2			1.0
AA	× Aa	PQ	0.5	0.5	
AA	× aa	PR		1.0	
Aa	× AA	PQ	0.5	0.5	
Aa	× aa	QR		0.5	0.5
aa	× AA	PR		1.0	
aa	× Aa	QR		0.5	0.5

第二代基因型 AA 的频率：

$$P' = P^2 + 0.25Q^2 + 0.5PQ + 0.5PQ$$
$$P' = P^2 + PQ + 0.25Q^2$$
$$P' = (P + 0.5Q)^2$$

由于 $P + 0.5Q$ 恰为等位基因 A 的频率 p，所以第二代基因型 AA 的频率为 $(P + 0.5Q)^2 = p^2$。同样的程序可知，第二代基因型 aa 的频率为 q^2，基因型 Aa 的频率为 $2pq$（参考 Ridley,1993）。

于是可知，有性生殖种群在无突变、无迁移、无选择的情况下，一对等位基因 A 和 a 经过一代有性生殖后的频率变化见表 7-3。

表 7-3

亲本基因型	AA	aa	
第一代基因频率	$p(A) + q(a) = 1$		
有性生殖产生的第二代基因型	AA	Aa	aa
第二代基因频率 各等位基因频率	$p^2(AA) + 2pq(Aa) + q^2(aa) = 1$ A：$p^2 + pq = p(p+q) = p$ a：$q^2 + pq = q(q+p) = q$		

由上表可知，假定第一代亲本基因型为 AA 和 aa，等位基因 A 和 a 的频率分别为 p 和 $q(p + q = 1)$，有性生殖产生的第二代个体有 AA、Aa 和 aa 三种基因型，其频率分别为 p^2、$2pq$ 和 q^2，第二代的等位基因 A 和 a 的频率实际上没有变，仍然是 p 和 q。这表明，有性生殖虽然使个体不能将其基因型不变地延续到下一代，但整个种群基因库的基因组成并不因有性生殖而发生变化。了解这一点对了解小进化是重要的。

引起种群遗传组成变化的第一个因素是基因突变。

如果种群内发生突变是随机的（准确地说，相对于种群的适应进化方向而言，突变的方向和性质是不定的），那么，突变本身并不造成驱动种群基因频率定向的改变，即不产生突变压；如果发生定向突变，例如，等位基因 A 以每世代为 u 的突变率变为等位基因 a，回复突变不发生，或回复突变率 $\nu \ll u$，则突变本身构成驱动种群内基因频率定向改变的因素，即形成突变压。假设种群内等位基因 A 的初始频率 $p_0 = 1$，即全部个体的基因型为 AA，经过 n 世代以后，等位基因 A 的频率由于突变而下降，这时 A 的频率

$$p_n = p_0(1 - u)^n$$

每一世代等位基因 A 的频率的改变量

$$\Delta p = p - p(1 - u) = up$$

即等位基因 A 的频率以每世代 $-up$ 的速率下降（此处的负号代表频率下降）。另一方面，种群内等位基因 a 的频率 q 以每世代 up 的速率增长。因此，突变可以看作是驱动进化的因素或进化的一个驱动力。突变率的高低可用来衡量这种力的大小，即通常所说的突变压。但高等动、植物的突变率低（每个基因每世代的突变概率为 10^{-5} 数量级），单由突变压引起的种群基因频率的改变是很缓慢的。例如，假定突变率 $u = 10^{-5}$，经过 10 代以后，等位基因 A 的频率 $p_n = (1 - 0.00001)^{10}$，只减少 0.5%。

引起种群遗传组成改变的第二个因素是种群成员的迁出和迁入。个体在种群间的迁移意

味着种群间的基因交流,这会直接造成种群遗传组成的改变。改变的程度取决于迁移的规模和种群的大小。

单向的迁出,即种群成员的流失,也同时造成基因的流失。单向的迁入,即种群接受外来的个体,也同时引进新的基因。小种群发生较大规模的迁移时(无论是迁入还是迁出),种群遗传组成都会发生大的变动。

种群之间的双向迁移,即种群之间互有迁出和迁入,会引起种群间遗传差异的减少,种群内的变异量增大。

哈代-温伯格平衡原理只适用于大种群,而小种群中的有性过程往往造成遗传组成的漂移;环境波动、灾害以及其他偶然因素也可造成小种群遗传组成的大的变化。

造成种群进化改变的最重要的因素是选择(指自然选择)。选择是一个非随机因素,是种群遗传组成的适应性改变的主要原因。我们在后面要详细阐述。

引起种群遗传组成变化的其他因素还有繁殖方式,例如,近交和远缘杂交。

在隔离状态下的小种群,自体受精的生物,运动能力有限和配子散布的限制以及婚配习性等都可能造成长期的近亲繁殖。长期近交的后果是种群遗传均一化,种群内变异量减少。这种状况有利于种群保持已获得的适应特征,却不利于适应变化的环境。

7.5 适 应

1. 适应是生物界普遍存在的现象

适应(adaptation)是生物界普遍存在的现象,也是生命特有的现象。进化论者与非进化论者都承认生物适应的客观存在,只是对适应的起因有完全不同的解释。一般地说,适应包含两方面含义:

① 生物的各层次的结构(从大分子、细胞、组织、器官,乃至由个体组成的群体组织等)都适合于一定功能的实现。适合于一定功能的结构通常称之为"设计"。生物结构与人设计制造的机械之间的相似之点就在于它们的结构与其功能的相对应,即结构本身体现出某种"目的"。例如,鸟翅亦如飞机机翼一样,其结构适合于飞翔;动物眼睛亦如摄像机一样,其结构适合于感受物像。但任何非生物的自然物体(如一块石头)是体现不出这种结构与功能之间的对应关系的。

② 生物结构与相关的功能(包括行为、习性等)适合于该生物在一定环境条件下的生存和延续。例如,鱼鳃的结构及其呼吸功能适合于鱼在水环境中生存,而陆地脊椎动物的肺的结构及其呼吸功能适合于该动物在陆地环境中生存。

虽然,一般地理解适应并不困难,18 世纪至 19 世纪的反进化论的学者们都曾经竭力描绘过生物的"完美""巧妙"的适应,但对于适应的来源却有完全不同的观点:一种是目的论的解释,另一种是进化论的解释。

将生物与人造物比拟,认为生物也是体现一定目的的"设计",将生物的适应与某种外在的超自然的"意志""智慧"和"创造行为"相联系(例如,特创论);或是将生物适应与生物内在的"意志"或某种特殊的"力"相关联(例如,活力论)。这是目的论的解释,即认为生物的适应只是体现"造物主"的"目的",或是体现生物自身的内在的"目的"。

达尔文第一个提出对适应的进化论的解释,他用自然选择原理来解释适应的起源,使生物学摆脱了目的论。事实上,对适应起源的解释成了进化论的核心内容,不同的进化学说对适应起源有完全不同的解释,例如下面两个极端的观点。

随机论者认为生物的适应是随机事件和随机过程(例如,随机突变的随机固定,灾变事件中的"幸者生存")产生的偶然结果,是纯机会的或纯偶然的。

环境决定论者认为适应是生物对环境作用的应答,是生物定向变异的结果,是生物的可塑性与环境直接作用的结果(例如,新拉马克主义主张的"获得性状遗传",米邱林-李森科主义的"定向变异"说)。

2. 关于"最适者生存"

达尔文没有使用过适应这个词,也没有定义适应概念。达尔文在阐述生存斗争和自然选择原理时使用了"最适者"(the fittest)这个词。它是一个最高级形容词,表明"最适者"之外还有"次适者""较不适者"等。从达尔文的原意来看,适应或适合(fit)是一个相对概念,是一个可比较的概念。但是达尔文却错误地采纳了斯宾塞的口号式的表述:"生存斗争,最适者生存。"生存与死亡是"全或无"的概念,不能定量地衡量适应或适合的程度。这是一个逻辑的错误。

某些学者(如 Gould,1977)批评达尔文的"最适者生存"是同语反复:"什么是最适者?"答曰"生存者";"生存的是什么"? 答曰"是最适者"。其实,批评达尔文的人忽略了一点,即达尔文的确是把自然选择看作是一个"统计学"的,而不是"全或无"的过程的;而且达尔文也十分明白,对于自然选择来说,繁殖(留下后代)比生存更重要。他在《物种起源》中写道:

"在能够生存的那些生物中的最适应的个体,假定它们向着任何一个有利的方向有所变异,就有比稍不适应的个体繁殖更多后代的倾向。"

达尔文的错误在于他不该用"生存斗争,最适者生存"来表述自然选择。因为"最适者生存"与达尔文的自然选择原理是矛盾的:① 达尔文认为进化是通过自然选择而使微小的有利变异得以积累的过程,但微小变异的效应不大可能导致要么生存或要么死亡的后果;② 生存如果不与繁殖相关联则对进化毫无意义,如果生存者不能留下后代或留下相对较少的后代,则不能算是"最适者"。

3. 达尔文适应度

虽然生存是繁殖的前提,但不能繁殖的生存对进化来说是无意义的,因而繁殖(基因延续)是更本质的。现代综合论在修正达尔文学说和重新解释自然选择原理时,以"繁殖"代替"生存",用来衡量适应,"最适者生存"改为"最适者繁殖"(Mayr,1977),并且用适应度(fitness)这个新概念来定量地表示适应的程度。

某一基因型个体的适应度是指该基因型个体所携带的基因传递到下一代的相对值,或该基因型个体对下一代基因库的相对贡献,称之为达尔文适应度。例如,一对等位基因的三种基因型 AA、Aa 和 aa 所对应的表型有差异,这种表型差异(比如说生殖力与成活率差异)造成三种基因型个体之间繁殖概率或基因延续的差异。如果 AA 个体比 aa 个体留下的后代多一倍,AA 与 Aa 表型无差异,则它们的达尔文适应度(D)为:

$$D_{AA} = D_{Aa} = 1$$
$$D_{aa} = 0.5$$

这意味着属于基因型 aa 的个体的适应度与基因型 AA 的个体的适应度有 0.5 的差值,这个差值称之为选择值(selected value):

$$S_{aa} = D_{AA} - D_{aa} = 1 - 0.5$$
$$S_{aa} = 0.5$$

选择值 S_{aa} 是基因型 aa 的淘汰值。只要不同基因型的个体有表型差异,只要表型差异影响了适应度,那么就会有选择发生;选择的强度反映为适应度的差值,即选择值的大小。

4. 适应的定义

一般地理解适应并不难,然而给适应一个确切的定义却相当难,而且涉及一些争论问题。关于适应定义的争论涉及两个原则问题:第一,衡量适应的标准是什么;第二,是否有区分不同来源的适应的必要。

(1) 衡量适应的标准

迄今为止,学者们提出了三种不同的衡量适应的标准。

第一个衡量标准是"生存",第二个衡量标准是繁殖或基因延续。现代综合论以繁殖成功的程度来衡量适应,并引出适应度的概念,已如前述。但是,生态学家有异议,并提出了衡量适应的第三个标准。

生态学家认为,如果以繁殖来衡量适应,那么,繁殖率和存活率势必成为决定适应度的重要因素。然而,在一个生态系统内,种群大小(种群所包含的个体数目)是受环境中可利用的资源及空间限制的,也受系统内其他相关物种的种群状态的限制或控制。因此,在生态系统内,任何物种的种群个体数(丰度)是处于一个动态平衡中。繁殖率和存活率(或淘汰率)是生态学特征,不能作为物种适应的衡量指标。

生态学家 Lewontin(1978)用一个生态数学模式来阐述他的观点。假定有两个种群,它们的个体数目(丰度)受其分布区的物质资源和能源的限制。假定两个种群初始各有 100 个个体,每一个体消耗 1 个单位的物质资源和能源(例如,食物)。假定第一个种群内发生了 1 个突变,突变的个体比正常个体的繁殖力提高 1 倍,而物质、能源利用率保持不变,由此计算出的结果是:该种群内的突变型将完全取代非突变型(即正常型),但种群的个体数目仍保持不变(100 个),生长速率也不变。繁殖力的提高并没有改变该种群在生态系统中的地位和状态,繁殖力的提高被其他的相关因素(例如,因繁殖力提高带来的幼体的高死亡率或天敌捕食数量的增加)所抵消。所以很难说第一个种群因繁殖力提高而比以前更适应了。假如第二个种群内也发生了突变,突变型个体的物质和能源利用率提高了 1 倍,但繁殖力不变。由此计算出的结果是该种群内突变型个体最终将完全取代非突变型,同时种群个体数目增长 1 倍,生长率先是增高,然后下降到原来水平。在第二个种群繁殖力不变的情况下,其物质资源及能源利用效率的提高导致种群个体数目的增长。若以繁殖来衡量适应,第二个种群的突变型个体并非是更适应的;但从生态学角度看,第二个种群的突变型完全替代了非突变型之后导致种群数目的成倍增长,因而第二个种群的突变型个体才是真正更适应的。第一个种群虽然发生了进化改变(突变型代替了非突变型),但种群个体数目并未因此而增多,因此并没有提高适应性,也没有改变它在生态系统中的地位和状态。

从生态学角度来看,衡量适应的标准应当是生物对环境资源的利用效率:能利用其他个体不能利用的物质资源及能源者才是最适者;对物质、能源利用率的提高意味着适应程度的提高;任何能增进生物个体对环境资源的利用率的特征就是适应! 按此观点,适应就是特化,最特化的就是最适应的。例如,蜂鸟、啄木鸟能利用其他生物不能利用的环境资源。从生态学角度看,特化的类型绝灭的概率也高。可见,衡量适应的生态学标准也只有相对的意义。从大进化角度看,上述三个衡量适应的标准都不适用了。

(2) 是否有区分不同来源的适应的必要

适应可以理解为生物的某种状态(即结构与功能特征符合生物生存或延续的利益),这是所有进化论者和非进化论者一致承认的;但适应也包含另一层意思,即生物获得这种状态(适应特征)的过程。持有不同观点的进化论学者对适应的起源也有不同的解释,随机论者强调偶然性(适应的获得也是偶然的),决定论者强调某种进化控制因素直接导致适应。事实上,生物的不同的适应特征(状态)可能有不同的进化历史。有的学者在定义适应时只强调适应的状态而不问其来源;有的学者则企图区分不同来源的适应;有的学者两者兼顾。

例如,迈尔(1977)是这样定义适应的:生物对某种环境表现出的适合状态,可以指生物的结构、功能或整个生物体,同时也指获得这种适合性的过程。这个定义中既包含状态,也包含过程。

杜布占斯基(Dobzhansky,1977)的定义是:生物体的结构与功能如果对生物生存与繁殖有所贡献,则可以说这种结构与功能表现出适应。这个定义只是指适应的状态。

诺尔与尼可拉斯(Knoll,Niklas,1987)定义适应为:一系列可遗传特征或某一组特征的状态,其存在于生物个体中可导致个体在一定环境条件下出生率的提高和(或)死亡率的下降。这个定义也单指适应状态。

戈尔德与弗巴(Gould,Vrba,1982)则力图区分不同来源的适应。他们将适应定义为:可增进生物当前的适应度,并且由针对当前功能的自然选择作用所产生的任何特征。例如,啄木鸟的长喙和相应的头骨构造有利于取食,而且推测是通过自然选择针对鸟喙当前的功能(获得树干内的食物)起作用而产生的特征。这就符合他们定义的适应。他们同时又提出了另外两个新概念,即所谓的先适应(aptation)和联适应(exaptation)。

所谓先适应(Gould,Vrba,1982)是指一种结构和功能特征对当前的适应度有所贡献,但它不是通过针对当前功能的自然选择作用而产生的。这其实和早先学者常用的前适应(preadaptation)概念相近,所谓前适应是指适合于某一种功能的结构被用于另一无关的功能,而且后来通过自然选择而改变为更好地适合第二种功能。例如,海洋双壳类扇贝(*Pecten*),借助强大的闭壳肌的伸缩使其扇状的双壳一张一合地快速游泳。贝壳和闭壳肌最初是适应于保护躯体和取食,游泳是后来进化出来的第二功能。又如某些鱼类的鳔(调节躯干比重是其第一功能)具有某种程度的呼吸功能,后来演变为肺(适合于第二种功能)。

所谓的联适应是指一种结构特征,通过或不通过自然选择作用而发展出同时适合于原有的和新的功能。例如,羽毛最初是为保持体温而进化产生的,但在鸟类进化中发展为翅羽,用于飞翔,后一用途是次生的效果。又如非洲的黑鹭,它的翅既用于飞翔,又用于捕猎(它用翅围一个圈,投一个阴影到水中,以利于搜寻水中猎物)。其翅同时适合于第二种新功能,可以称为联适应。

对适应的上述定义是为了把自然选择的直接后果和次生效应区分开来。这必然涉及进化历史,在缺少证据的情况下这种区分多半是主观的推断。其实在适应的定义中不必一定包含获得适应的过程。适应就是指生物的一种状态。通过自然选择而获得适应进化的过程,我们称之为适应进化(adaptive evolution)。

关于获得适应的过程,还需要澄清容易引起混乱的两个概念,即所谓的前适应(preadaptation)和后适应(postadaptation)。前适应可以指两种情况:① 有利变异(指有利于适应当前环境条件的变异)在适应获得之前就已存在。例如,某些有潜在适应意义的体色突变基因早在保护色(适应性状)形成之前就在种群中存在了(如英国白桦蛾的黑色突变基因早在英国工业化之前就存在于蛾子种群中了)。② 新器官的结构基础在新器官产生之前就已存在,例如,鱼鳔可视为肺的前适应器官,古猿的前肢是人手和臂的前适应器官等。后适应则被解释为新发生的有利变异或新结构(新器官)由针对其当前的利益的自然选择作用加强,并产生新的适应。换句话说,前适应是早已有性状(结构)被改变为当前的适应性状,或者是早已有的(潜伏的)变异(突变)因自然选择作用而在种群中固定。如果是指前者,那么可以说任何新结构或新器官都有其前适应的结构或前适应器官。因为生物体的结构基础是亿万年进化的积累,任何新器官、新结构都是在原有的结构基础上改变而来,任何新结构都不能离开原有的细胞组织、骨骼以及躯体模型。如果前适应是指后一层含义,即潜伏的有利变异的固定,则没有什么必要发明前适应这个易引起误解的概念。而所谓的后适应概念则容易误解为新适应或新器官是从无到有地产生出来的。这些所谓的新概念或新名词,并未能增加我们的知识。

然而,前适应和后适应的概念却包含了这样一个进化原理:每一种形式的进化改变同时又创造了新的潜在的适应。每个物种适应于当前生存环境的特征包含了对未来的不同环境的潜在适应。一种片面的观点认为,前进进化产生的进化革新(特化)限制了进化潜力,一旦进化潜力耗尽,物种就绝灭了,所以高度特化的物种容易绝灭。但前适应的例子说明进化既限制了未来进化的可能性,同时又创造了新的可能性。

7.6 自 然 选 择

1. 在什么情况下发生选择?

达尔文认为,可遗传的变异和繁殖过剩是自然选择的前提或必要条件。但是,根据现代综合论或根据种群遗传学原理对自然选择的新解释,在下面的情况下发生选择:① 种群内存在突变和不同基因型的个体;② 突变影响表型,影响个体的适应度;③ 不同基因型个体之间适应度有差异。按照综合论的解释,繁殖过剩并非选择发生的必要条件;只要不同基因型个体之间适应度有差异,就会发生选择。但繁殖过剩是选择的保障条件,因为选择性淘汰使种群付出的代价(个体的损失)靠超量繁殖而得以补偿。虽然自然种群内存在着大量的可遗传的变异,但如果变异不影响适应度,则不会发生选择。选择的含义是不同基因型有差别地延续,或者可以说,选择就是"区分性繁殖"(differential reproduction)。

自然选择也可以理解为随机变异(突变)的非随机淘汰与保存。变异(突变)提供选择的材料,变异的随机性是选择的前提,如果变异是"定向"的或决定的,那就没有选择的余地了。选择作用于表型,如果突变不影响表型,不影响适应度,则选择不会发生。下面的关于自然选择过程的具体阐述是建立在种群遗传学原理基础上的,而且主要是针对有性生殖的种群的。

2. 选择作用下的种群基因频率的改变

自然选择是种群基因频率改变的一个重要因素,由选择引起的种群遗传构成的改变乃是适应性的改变,即能提高种群平均适应度的进化改变。因此,选择乃是小进化的主要因素。

下边用种群遗传学的方式来说明选择的原理。

假定等位基因 A 相对于 a 是显性,则杂合子 Aa 的表型与显性纯合子 AA 相同,并具有相同的适应度 $D_{AA}=D_{Aa}=1$;隐性纯合子 aa 有一个相对较小的适应度,其选择值 $s>0$,其适应度 $D_{aa}=1-s$。基因型适应度的差异造成选择,选择前、后的基因频率变化如表 7-4 所示。

表 7-4

基因型	AA	Aa	aa
适应度 D	1	1	$1-s$
选择前的频率	p^2	$2pq$	q^2
选择后第二代的频率	p^2	$2pq$	$q^2(1-s)$

第二代的三种基因型个体的平均适应度为
$$p^2+2pq+q^2(1-s)=1-sq^2$$
各基因型的实际频率如表 7-5 所示。

表 7-5

基因型	AA	Aa	aa
频 率	$\dfrac{p^2}{1-sq^2}$	$\dfrac{2pq}{1-sq^2}$	$\dfrac{q^2(1-s)}{1-sq^2}$

由于选择值 $s>0$,所以对于等位基因 a 来说是负选择,对等位基因 A 则是正选择。经过一代选择后,第二代基因库中的等位基因 a 的频率有所下降,A 的频率有所上升。第二代等位基因 A 的频率为
$$p'=\frac{p^2+pq}{1-sq^2}$$
第二代等位基因 A 的频率的增量
$$\Delta p=p'-p=\frac{p^2+pq}{1-sq^2}-p=\frac{p^2+pq}{1-sq^2}-\frac{p(1-sq^2)}{1-sq^2}=\frac{spq^2}{1-sq^2}$$
设基因型 aa 的适应度 $D_{aa}=0.9$,基因型 AA 和 Aa 的适应度 $D_{AA}=D_{Aa}=1$,则对于基因型 aa 的个体的选择值 $s=1-0.9=0.1$。设第一代 A 与 a 的频率相等:$p=q=0.5$;则第二代基因频率的改变量
$$\Delta p=\frac{spq^2}{1-sq^2}=0.0128$$
这时 A 的频率由 0.5 增长到 0.5128,a 的频率下降到 0.4872。

选择值 s 愈大(选择压愈大),则后代基因库遗传构成的改变也愈快。如果选择方向不变,

通过连续世代的选择,A 的频率逐代上升,a 的频率逐代下降,直至 A 完全替代 a。因为隐性纯合子 aa 在种群中的频率随着选择而逐代减小,因而种群基因库基因频率的改变愈来愈慢。例如,要使等位基因 a 的频率从 0.5 降到 0.1,在选择值 $s=1$ 这样强的选择压下,也需 50 代;降到 0.01 需 100 代,降到 0.001 需 1000 代。一个显性的有害突变(例如突变致死或完全不育),其适应度 $D_{AA}=D_{Aa}=0$,选择值 $s=1$ 时,后代的等位基因 A 的频率为

$$p'=\frac{u(1-p)}{s}$$

这里 u 为突变率,p 为 A 的初始频率,数很小。因而上式可写成

$$p'=\frac{u}{s}=u$$

即由于强的选择作用种群中 A 的频率将下降到与突变率相等。如果选择值较小,则种群基因频率的改变速率更慢。表型效应接近中性的或表型有害效应轻微的突变,在种群中更不易消失。这正好说明何以种群内储存有大量的潜伏的变异,这些潜伏变异在一定条件下可能成为进化的材料。前面曾经说过,在一般情况下,野生种群大多数个体的大多数基因位点为一系列等位基因的杂合状态。换句话说,种群内多数个体携带着突变基因。在多数情况下,这些突变基因多少会降低个体的适应度;种群为保持其一定的内部变异量而在总体适应度上有所牺牲,种群遗传学用遗传负荷(genetic load)这个概念来代表由于种群内现存的遗传变异而引起的种群总体(平均)适应度的降低。在自然选择导致一个等位基因逐代替代另一个等位基因的过程中,也会造成种群内部分个体适应度下降,同时也影响种群总体适应度。由选择引起的适应度的下降,在种群遗传学上称替代负荷(substitutional load);或从另一方面看,是选择付出的代价,称选择代价(cost of selection)。

3. 正常化选择

适应于相对稳定的环境条件的种群,其群内发生的任何突变都多少会降低携带该突变基因的个体的适应度,该突变基因频率的增长受到自然选择的阻遏。自然选择剔除种群中的突变而使种群遗传构成保持相对稳定,这种选择被称为正常化选择(normalizing selection)。

例如,种群内发生一个显性致死突变,即在某一位点上等位基因 a 突变为 A,其突变率为 u,选择值 $s=1$(显性纯合子与杂合子的适应度为 0)(表 7-6)。当突变与选择两个相反的作用达到平衡时,如前所述,种群内 A 的频率 p_A 取决于 u 和 s。

表 7-6

基因型	AA	Aa	aa
适应度 D	0	0	1
选择前 s	1	1	0

突变基因 A 的频率

$$p_A=u/s$$

当 $s=1$ 时,$p_A=u$。换句话说,当选择值为 1 时,该突变基因在种群中的频率等于突变率,即该突变基因单靠突变维持其在种群中的存在。

常见的实例,如人类的唐氏(Down)综合征(第 21 对染色体多出一条,造成显性不育性),选择值 $s=1$。人群中的发病率(表型频率)$T=15\times10^{-4}$(每 1 万人中有 15 名患者)。由于显性突变的表型频率为其突变率的 2 倍($T=2u$),所以该基因突变率为 7×10^{-4}。

对于隐性突变来说,情况稍有不同。例如,人的白化病是由一个隐性突变($A\rightarrow a$)造成。在人群中每 1 万人中有 1 名患者,表型频率为 10^{-4}。白化病的表型频率为 $T=q^2=10^{-4}$;白化病基因频率为 $q^2=10^{-4}$,$q=10^{-2}$,即每 100 人中有 1 名携带该隐性突变基因。

正常化选择是一种负选择,即剔除种群中的突变,或阻遏任何降低适应度的突变基因的频率的增长,其结果使种群在遗传上保持相对的均一性,使种群内变异量减小。

4. 平衡选择

在自然种群中同时存在着两种以上的不连续表型,其频率超过了突变所能保持的水平,这种现象称之为多态(polymorphism)。例如,常见的性二型现象,蜜蜂中的工蜂、蜂王、雄蜂的三种表型并存,人类的血型多态等。蜜蜂中的工蜂与蜂王的分异是营养与发育决定的,属非遗传多态;性二型和所谓的"平衡多态"则是遗传的多态。

对种群的遗传多态现象的分析表明,某些平衡多态是自然选择维持的。当突变基因在杂合状态下的适应度高于纯合状态时,即当杂合子为"超显性"时,由于选择作用将会造成突变基因在种群中保持一个大于突变率所能维持的水平。换句话说,自然选择可能维持突变基因的较高的频率,并保持一种平衡状态。这种选择作用被称为平衡选择(balancing selection)。

例如,一对等位基因 A_1 与 A_2,其纯合子的适应度小于杂合子的适应度,假设杂合子适应度为 1,则两种纯合子与杂合子的适应度的差值分别为 s_1 和 s_2(如表 7-7 所示)。

表 7-7

基因型	A_1A_1	A_1A_2	A_2A_2	总频率
适应度 D	$1-s_1$	1	$1-s_2$	
选择前的频率	p^2	$2pq$	q^2	1
选择后第二代的频率	$p^2(1-s_1)$	$2pq$	$q^2(1-s_2)$	$1-s_1p^2-s_2q^2$

当选择值大于零,即 $s_1\neq s_2\neq 0$ 时,等位基因 A_1 与 A_2 的频率 p 与 q 将以 Δp 和 Δq 的量逐代改变

$$\Delta p = -s_1p^2$$
$$\Delta q = -s_2q^2$$

选择后的频率为

$$1-s_1p^2-s_2q^2=p+q$$

达到平衡时的 A_1 与 A_2 的频率分别为

$$p=\frac{s_2}{s_1+s_2}$$

$$q=\frac{s_1}{s_1+s_2}$$

平衡时两个等位基因频率取决于选择值,各自的频率与对方的选择值呈正比。在任何情况下,

杂合子 A_1A_2 总是保持一定频率,因而等位基因 A_1 与 A_2 不能互相完全排斥或替代。

常举的平衡选择的实例是镰状红细胞贫血症的基因频率的调查。患者血红蛋白不正常(在 β 链的第 6 位点上谷氨酸被缬氨酸替代),红细胞呈镰状。这是由于镰状红细胞突变基因 H_b^s 在纯合状态下造成的。纯合的个体($H_b^s H_b^s$)因血红蛋白异常而适应度很低,通常很少能活到性成熟。但镰形红细胞突变基因频率在非洲东部和西部的人群中高达 20%。A. C. Allison 调查发现,杂合体($H_b^s H_b^A$)对疟疾有较强的抵抗力,因此杂合体的适应度(在疟疾流行地区)要大于正常个体。这就出现了超显性引起的平衡选择。正常个体、杂合体和纯合体三种基因型个体的平均适应度取决于疟疾流行的严重程度。在一个中等程度的疟疾流行区,杂合体的适应度为 1,则正常个体为 0.8,纯合体适应度只有 0.1。按照上面平衡选择达到平衡时的基因频率的计算公式,突变基因 H_b^s 的频率

$$q=\frac{1-0.8}{(1-0.1)+(1-0.8)}=\frac{0.2}{1.1}=0.18$$

按这个基因频率计算,发病率应为 $q^2=(0.18)^2=0.0324$,即每一代会有 3.24% 的个体为镰状红细胞贫血症患者。这和所调查的真实情况大体相符合。

5. 稳定化选择与歧异化选择：两种相反的选择模式

选择造成种群遗传组成的变化,一般说来,这种变化使种群整体平均适应度有所提高。但在不同的条件下,选择可以造成种群遗传组成的均一化或歧异化。

(1) 稳定化选择

如果种群所处的环境在空间上相对均一,在时间向度上相对稳定,如果种群与其所处的环境建立了相对稳定的适应关系,那么种群中最普通的、最常见的表型(或者说最接近平均值的表型)的适应度显著地大于那些稀少的、罕见的、极端的表型。在这种情况下,选择的作用是剔除变异(或者说过筛作用),保持种群遗传组成的相对均一,相对稳定。前面所述的正常化选择就是一种稳定化选择(stabilizing selection)。例如,在大多数动物种群中,保护色是受到自然选择的"稳定化"作用的,在一定的环境背景下,那些体色"异常"的个体的死亡率总是远大于正常个体。人和许多动物的身材大小似乎也受到选择的"过筛"作用：侏儒与巨人的适应度低于普通人的适应度,因而一定地域的人群的平均身材保持相对的稳定。

(2) 歧异化选择或分裂选择

在一定条件下,自然选择可导致并保持种群遗传的歧异性和表型的分异。前面说的平衡选择维持种群的多态就是一例。在某些特殊环境下,种群中的两种或多种极端表型的适应度大于一般的、中间型的表型的适应度,那么,自然选择作用将造成种群内表型的分异,同时种群遗传组成向不同方向变化,最终有可能造成种群分裂,形成不同的亚种群。因此,歧异化选择(diversifying selection)又被称为"分裂选择"(disruptive selection)。例如,在经常有大风的岛屿上,无翅的或翅特别强健的个体比那些普通的、中间型个体生存机会更大些。因为前者不会飞,后者有足够的飞翔力能抵御大风,而中间型个体多被风刮入海中。

两种选择并不相互排斥,两种选择可能同时存在于同一种群中。例如,某些种群在体色上均一(表明稳定化选择存在),而在体型上歧异(表明歧异化选择存在)。

6. 定向选择及小进化的适应趋势

在自然选择作用下,种群遗传组成改变,以应答变化的环境。有两种不同的环境变化:趋向性的和非趋向性的。

（1）非趋向性环境变化

有规律的、重复的环境变化(如季节的、昼夜的变化),或无规律的、异常的环境变化(如灾害性气候变化)。

（2）趋向性环境变化

在一定时间内,局部环境可能有变化的趋势(相对稳定的变化方向),或指物理环境变化趋势(气候趋暖、趋旱),或指相对稳定的生态因素(例如,捕食—被捕食竞争关系,长期使用某种农药或工业化污染)。在这种情况下,会形成相对稳定的选择压,造成种群遗传组成的趋向性改变,即小进化的适应趋势。造成种群一定方向变化的自然选择,被某些学者称为"定向选择"(directional selection),或称单向选择(unidirectional selection)。例如,英国的白桦蛾 *Biston betularia*(L.)的黑化,100 年来的观察研究证明,由于英国工业化造成的环境污染,使蛾子栖息的环境背景色由灰白色逐渐变为黑色,在黑色背景下白色的蛾子被天敌发现和捕食的概率大于黑色蛾子,因此,这种多态种的基因频率发生了定向的改变,即黑色类型的频率逐渐增高,白色类型逐渐减少。定向选择的其他例子,如细菌和昆虫的抗药性的进化,由于人的捕捞使鱼类种群平均体重下降(因为体重大的鱼更多地被捕捞,小个体的鱼存活概率相对较高),人工选择造成的家养动物或栽培植物的定向改变。自然界中捕食与被捕食的竞争关系形成稳定的选择压,往往造成捕食者种群与被捕食者种群双方相应的定向改变:捕食者运动速度和灵敏度提高,被捕食者隐蔽和逃避能力提高。

7. 集团选择

在大多数情况下,自然选择是由于种群内不同基因型个体间适应度的差异所引起。但在某些特殊情况下,种内不同集团之间平均适应度的差异也造成选择,被称为集团选择(group selection)。例如,前面曾经说过,对于无性生殖的生物而言,选择的对象是无性繁殖系或克隆,有人称之为克隆选择(clone selection)。又如,某些社会性昆虫(如蜜蜂、蚁类),其族群中通常只有一个可生育的雌性个体,工蜂和工蚁是不育的中性个体。在解释不育的中性个体的适应特征的起源时,达尔文说:"选择作用既可应用于个体,也可应用于全族。"即自然选择可能是通过族群间总体适应度的差异而实现。这种选择被称为亲族选择(kin selection)。亲族选择可以解释不能生育的中性昆虫(例如,工蜂)的利他行为及其他本能的起源和进化(达尔文,《物种起源》第八章)。

既然选择可能作用于种内的集团,那么选择是否在种或种以上的生物"集团"中发生？例如物种之间的竞争是否造成"物种选择"？这是一个有争议的问题,我们将在第十章(大进化)中讨论。

8. 性选择

性选择(sexual selection)是:"建筑在同性个体之间的斗争上面的,通常是雄性为占有雌性而引起斗争。其结果并不是失败的竞争者死,而是它少留后代或不留后代。"(达尔文,《物种起源》第四章)达尔文的性选择定义恰恰符合现代综合论的"适者繁殖"的概念。性选择不是"生存竞争",而是"繁殖竞争"。

达尔文用性选择原理来解释第二性征(即与性别关联的特征)的起源。达尔文是这样描述性选择的:

"性选择由于常常容许胜利者的繁殖,确能提供不挠的勇气、矩的长度、翅的力量……"

"没有角的雄鹿或没有矩的公鸡留有多数后代的机会是很少的。"

"某些膜翅类的雄虫为了某一雌虫而战,她停在旁边,好像漠不关心地看着,然后与战胜者一同走开。"

"雄鸟之间最剧烈的竞争是用唱歌去引诱雌鸟。"

虽然多数学者承认性选择的存在,但争论亦多。我们对性选择的认识可以归纳如下。

① 性选择是繁殖过剩的一种形式,即雄性过剩或雄性生殖细胞过剩。对于物种的延续来说,最经济、最有利的繁衍方式是能保证每一个雌性个体的每一个卵子都有受精机会。为此,雄性个体或雄性生殖细胞的相对过剩是必要的条件。在许多脊椎动物中,通常一个雄性个体产生的生殖细胞的数目远远大于一个雌性个体产生的生殖细胞数目,因而一个雄性能够为一个以上的雌性授精。在"一夫多妻"的情况下,雄性过剩是必然的。

② 性选择是自然选择的特殊形式。假如"适者繁殖"是自然选择的一般原理,那么性选择就是涉及繁殖过程的自然选择。但性选择可能符合种群延续的利益,而与个体生存利益相冲突。某些有利于个体性竞争的特征却不利于个体生存。例如,雄鸟的鲜艳的羽毛;某些有利于性竞争的特征也有利于生存,例如,雄性个体体躯强壮,争斗器官(角、矩等)发达。在前一种情况下,自然选择可能为性选择设置某种限制。雄鸟的鲜艳色彩在性成熟后的交配期是重要的,但完成交配后就不重要了,因此种群受到的负选择的强度相对较小。而雌性的保护色对它们整个一生都十分重要,因而受到的负选择作用很强。雄性个体的利他行为,例如,雄螳螂在交配后被充作雌螳螂食物,有利于种群延续却不利于个体生存,可以用性选择利益来解释。

③ 并非所有的第二性征都是性选择的结果。有些第二性征可能是相关变异或性激素的效果。有些关于性选择的拟人主义的解释缺乏依据。例如,关于性选择中涉及的动物心理因素,达尔文是这样描述的:"如果人类在短时期内,依照他们的审美标准,使他们的矮鸡获得美丽和优雅的姿态,我实在没有好的理由来怀疑雌鸟依照它们的审美标准,在数千世代中选择声调最好的或最美丽的雄鸟,由此而产生了显著效果。"(达尔文,《物种起源》第四章)但是,审美的心理因素是不稳定的,审美标准也是可变的,我们对动物的心理尚未深入了解。对人的审美心理研究表明,审美观与社会存在、生存利益相关。贫穷的社会中,肥胖是富足的象征,所以人们以胖为美。如今医学证明肥胖与心脏病关联,人们以瘦为美。西方的有钱人能在有阳光的海滩度假,他们以深色皮肤为美;穷人晒太阳的时间少了,皮肤反而白了。人类一夫一妻制可能大大削弱了性选择的作用。如果说今天人类的第二性征可能与我们祖先的原始审美标准相关,那么我们亚洲男人少须毛,是因为我们远古母系社会时代的母亲们不喜欢多须毛的男人吗?

人类的第二性征,无论是男人还是女人,都非常明显。某些第二性征的起源与人的审美观无关。因为不同民族、不同文化、不同时代、不同社会、不同阶层的审美标准的差别都很大。而人类的第二性征的民族间的差异很小。例如,男人与女人的体型各民族基本相同。女性体型上的第二性征,如发达的乳房与宽大的臀部,更多地与她们生育利益相关。如果今天女性体型上的解剖特征被作为美的标准,那也是衍生的社会心理。

④ 性别分化可能给物种带来巨大的利益,因此,性别分化可能受自然选择的作用。有性生殖造成繁殖过程复杂化,围绕繁殖过程的自然选择促使有利于种群繁殖和延续的结构、生理功能、行为的进化。例如,性激素、性诱素、性信息素以及与繁殖相关的行为特征可能都是自然选择作用于有性繁殖的结果。雌雄两性的某些第二性征可能是性别分化的副产物,也可以说是自然选择的副产物。

7.7　自然选择作用下的适应进化及实证

对自然选择说的异议主要有下面三种:第一种异议认为自然选择理论不能像物理学或化学定理那样能够通过实验来证明,是"不能被证明的理论"。第二种异议认为自然界不存在自然选择,一切进化过程都是随机的、偶然的、碰巧的。第三种异议认为自然选择在进化中只起微小作用,不能造成显著的进化改变,认为大的和主要的进化改变有另外的、特殊的进化机制。本节中,我们将以某些实例分析来回答第一和第二种异议。至于最后一个异议,由于涉及小进化与大进化的关联问题,将在以后的章节中进行讨论。

1. 自然选择是适应进化的主要原因

应当说,并非所有的生物进化改变都是自然选择的结果。非适应的进化可能是随机的过程。例如,果蝇身上的刚毛数目的改变,血红蛋白分子可变区的氨基酸替换都不影响适应度(因为刚毛的多寡并不影响果蝇的生存能力和繁育能力,可变区氨基酸的替换不影响血红蛋白的功能),因而自然选择不起作用,其进化过程可能是随机的。而适应的进化,即导致生物适应度提高和复杂的适应特征产生的进化主要是自然选择的结果。但是,一个具有重要适应功能的器官,在其进化过程中可能既有自然选择作用,又有随机因素。一个重要器官在其进化的早期阶段,由于器官本身处于原始状态以及环境条件的原因而不具有重要功能或完全没有任何功能,因而不受或只受到极轻微的自然选择作用,其产生和早期的进化改变可能是非适应的进化,可能是随机的进化。而一旦由于环境条件改变或器官发育程度而使该器官具有一定的功能和适应的意义,则自然选择必定起作用而进入适应进化过程。例如,哺乳动物的毛和鸟类的羽可能起源于它们早期祖先的不具重要功能的体毛,就像最近在辽宁西部北栗地区发现的晚侏罗世的一种爬行动物化石(可能是新颌龙的一个新种 *Compsognathus* sp.)的颈、背和尾部的体毛(可能是不具有重要的适应功能而只有"装饰"意义的皮肤附属物,标本收藏于中国科学院南京地质古生物研究所和北京国家地质博物馆),而后来在形成保持体温的毛和用于飞翔的羽的进化过程中受到自然选择作用。

达尔文的确没有能直接观察到自然界的选择过程,他也没能设计和进行严密的实验来证明他的自然选择理论,但他列举了大量的事实,特别是人工选择的事实,来证明选择作用如何改变一个物种和创造新品种。今天的进化生物学家和种群遗传学家在实验室对实验的种群进行模拟实验,证明了选择作用导致种群的遗传特征的显著分异。例如,早在 20 世纪 60 年代

Thoday 和 Gibson(1962)对黑腹果蝇 *Drosophila melanogaster* 的实验种群所做的分裂选择实验,他们选择刚毛数目极多和极少的两个极端类型进行繁殖,而淘汰中间类型,选择 12 代以后,种群发生了明显的分异,获得了表型上和遗传上差异显著的两个品系(刚毛多的和刚毛少的)。这间接地证明了选择在新类型产生过程中的作用。昆虫和微生物抗药性的进化是在定向的强选择压下快速适应进化的最好的例子。例如,柑橘的害虫红蚧(*Aonidiella aurantii*)的种群内有两个遗传上显著区别的类型,一类对氰耐受性高,另一类耐受力低,前者是从后者突变产生的。由于长期使用氰气熏蒸法杀虫,因而使氰耐受力高的个体比率上升,最后导致整个种群基因频率的改变,使整个种群对氰的耐受力提高。家蝇对 DDT 抗性的进化也是这种情况。据考察,自 DDT 发明和广泛应用以后,不到 40 年的光景,大多数害虫已经进化出高的耐受性,以致 DDT 被淘汰。大多数新的农药,在其有效应用 10 年左右就导致目标昆虫的强耐受性的产生而不得不淘汰。目前转而用遗传工程方法培育"抗虫"的植物,以代替杀虫剂的使用。例如,中国棉铃虫对现在应用的所有农药都有强的耐受性,因而农业生物学家将某种毒蛋白基因转到棉花中,培育出抗棉铃虫的新品种。新的问题是,棉铃虫是否会进化出抗毒蛋白的能力,从而使转基因的"抗虫棉"最终不能"抗虫"呢?

此外,由于长期使用某些抗生素和磺胺类药物,已经出现了耐受这类药物的细菌新品系。现在植物保护工作者和医药科学工作者已经意识到,生物在人类自己提供的定向选择压下的适应进化已经使得任何人工合成的杀虫剂和抗菌药从有效逐渐变得无效,"一劳永逸"的杀虫和抗菌的方法是不可能得到的。人类必须与害虫、病菌长期斗争下去。因为人类在与害虫和病菌斗争的同时,又为它们提供了快速适应进化的条件——选择!

2. 自然界中自然选择导致适应进化的第一个实证:蛾的工业黑化

英国学者描述的蛾子工业黑化(industrial melanism)现象已经被许多进化教科书用作自然选择的典型例证。Ford(1964)对此有详细的阐述。野外观察证明,许多鳞翅目昆虫的天敌(主要是鸟类)是靠视觉识别和捕捉猎物的。统计结果证明,虫子体色与环境背景不一致的个体被捕杀的比例显著地大于那些与环境背景色靠近的个体。这就构成了一种自然选择作用,即由鸟类差异性捕食所造成的选择。对许多蛾子的遗传分析证明,它们体色的深浅是多基因控制的数量性状,在种群内存在着体色多态现象,即浅色与深色的个体以不同的比率存在。早在 19 世纪中期,英国学者就发现分布在东部工业区的蛾子比在西部非工业区的同种蛾子颜色黑得多,称之为工业黑化现象。发生工业黑化的蛾子不止一种,Ford(1964)描述了好几种属于鳞翅目不同科蛾子的黑化现象,它们都有停息于树干上或岩石上的习性,并不隐蔽自己。其中一种叫白桦蛾 *Biston betularia* 的,可以作为典型例子。在有灰白色地衣覆盖的树干和岩石上,灰白色的蛾子与背景色很接近,不易被天敌发现。但是,地衣对工业污染极为敏感,工业区的空气污染使树干和岩石上的地衣消失,背景色变深。观察证明,在工业区的深色的树干和岩石上的灰白色蛾子被天敌捕杀的比率远大于黑色蛾子。在工业区放出白色和黑色两个类型的蛾子,结果白色的比黑色的伤亡多好几倍(Ford,1964)。因此,这个原先灰白色蛾子占优势的种群发生了黑化现象,即黑色个体的数量逐渐占优势。这个黑化过程时快时慢,与英国的工业发展情况相关联。据文献记载,最早受英国工业化影响的白桦蛾的第一个黑色蛾子的标本是1848 年在曼彻斯特捉到的。到了 1895 年,曼彻斯特区种群的 98%的个体已经是黑色的了,被称作黑化型(carbonaria)(图 7-1)。对白桦蛾黑化现象的原因,学者们的探索经历了很长时间。20 世纪 20 年代,有人用拉马克理论解释黑化现象。一位叫 Hasebröke 的生物学家认为污染的空气改变了蛾子的生理,体内产生过多的黑色素,因此造成黑化现象。他把好几种鳞翅目昆虫的幼虫放在硫化氢、氨等有毒气体中处理,结果并未发现虫子黑色素增多现象。另一些学者推测,工业污染带来的有毒物质,如铅、锰等,可能引起黑色突变率增高,但后来多次重复实验不能证明这个推测。直到 50 年代,研究才获得重要进展。通过实验室遗传学分析研究和野外生态学观察统计,才终于揭示了工业黑化现象的真正原因——自然选择作用于多基因控制的多态特征的适应进化过程。

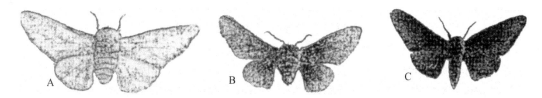

图 7-1 白桦蛾 *Biston betularia* 的标准型与黑化型

A. 白色标准型;B. 显性黑化型之一: *B. betularia v. insularia*;
C. 显性黑化型之二: *B. b. v. carbonaria*;黑化型在英国东部和南部的
工业区比率高,而在非工业化的西部和北部比率低

类似的例子还有对蜗牛 *Cepaea nemoralis* 的生态遗传学研究,结果也证明了在自然选择作用下该种蜗牛不同的壳色类型在种群中的比率取决于环境背景色。

3. 自然选择作用的新例证:加拉帕戈斯群岛的达尔文地雀的喙形进化

对于达尔文描述的加拉帕戈斯群岛达尔文地雀的适应进化,仍有人持怀疑态度。例如,主张随机进化的人认为该岛上地雀的喙的形状与大小的进化改变纯粹是机会的、偶然的:"由于机遇,在达夫涅主岛(Daphne major)上发生了一起强烈旱灾。由于机遇,一些雀科鸣禽碰巧长有很大的喙。"(许靖华,1989)

旱灾的确是机遇(是提供一个自然选择的机遇),但达夫涅主岛上地雀的大喙是不是"碰巧"长出来的呢? 让我们来看看新近对该岛上地雀的研究结果。

加拉帕戈斯群岛上有 14 种达尔文地雀,它们主要的区别特征是喙形和喙的大小。喙形大小又与它们的食性适应相关。格兰特(P. Grant)自 1973 年就开始研究加拉帕戈斯群岛的地雀(Grant,1986,1991)。他比较了该群岛达夫涅主岛上的两种地雀:强壮地雀 *Geospiza fortis* 和大钩鼻喙地雀 *G. magnirostris*,并证明了喙形及喙的大小与食性适应直接有关。强壮地雀的喙较小,只适合于食较小的坚果;大钩鼻喙地雀有大的喙,容易咬开大坚果,只需 2 秒钟就能咬裂一个大坚果,然后再用大约 7 秒钟就能把果内的 4~6 粒种子全部取出吃掉。而强壮地雀打开同样的一个坚果需 7 秒钟,而且要再用 15 秒钟才能取出 1~2 粒种子。大喙地雀和小喙地雀都食小坚果。

由此推断,在岛上的食物来源主要是大坚果时,具有大喙是有利的,自然选择将不利于小喙的地雀。在达夫涅主岛上的强壮地雀种群内有喙形大小差别显著的变异个体。因此,岛上的食物组成会影响喙的进化。格兰特还测量和统计了强壮地雀的几个家族的亲、子代的喙的尺寸,证明大喙的双亲确实产生大喙的后代,喙的大小是可遗传的特征。格兰特对加拉帕戈斯群岛中达夫涅主岛上的强壮地雀进行了连续多年的观察、测量、分析和研究。自研究开始以来,达夫涅主岛上发生了两次大的气候变化事件,为他的观察研究提供了机会。这个群岛的通常气候是1—5月为湿热季节,6—12月为干旱季节。但1977年气候反常,从1976年的6月至1978年年初一直未下雨,持续的干旱造成食物短缺。达夫涅主岛上的强壮地雀种群个体数目剧烈下降(由1200个下降到180个左右),雌性损失更大,1977年雌雄比率为1:5。据格兰特的研究分析,喙小的类型死亡率高于喙大的类型。小喙的个体和雌性个体死亡率高的原因在于食物组成的变化。由于持续干旱,食物中的小坚果日益减少,大坚果的比率增大,这对具有大喙的个体有利。小喙的个体和雌性个体(喙相对于雄性的要小些)死亡率增高,这种选择作用造成下一代喙的尺寸平均值增大(图7-2)。格兰特统计的结果是:1978年出生的强壮地雀喙的尺寸比干旱前增长了4%。4年以后,1982年11月,气候逆转,1983年雨量超常的多,这是厄尔尼诺事件引起的。这一年食物供应充分,食物中小坚果的比率大增。

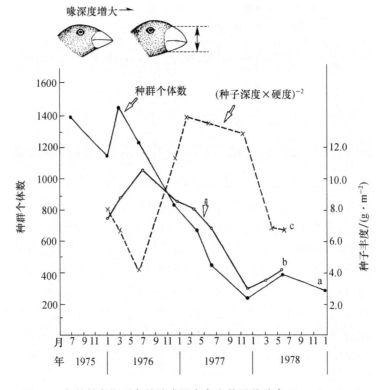

图7-2　加拉帕戈斯群岛的达夫涅主岛上的强壮地雀 *Geospiza fortis*

在1976—1977年间的异常干旱气候下种群个体数目剧减(曲线a),主要原因是食物(种子)的供应减少(曲线b),食物中大而硬的坚果的比率增大(曲线c)。在这种情况下喙的大小影响了地雀的命运,小喙的个体死亡率高于大喙个体。干旱造成的自然选择导致地雀种群喙的尺寸平均值增大(据Grant,1986,改画)

格兰特测量了1984—1985年的强壮地雀,他发现1985年出生的地雀的喙比厄尔尼诺事件前减小2.5%。这种逆转进化恰恰验证了格兰特对1977—1978年干旱事件引起的喙形进化的解释。也就是说,气候变化改变了食物组成,食物组成成为自然选择因素而作用于地雀的喙形的进化。气候的一旱一湿的变化恰好造成一个进化"徘徊",似乎地雀的喙没有增长。但若今后的气候变化有某种趋势,例如,干旱比厄尔尼诺更经常发生,则地雀的喙可能会有增大的趋势。

因此,达夫涅主岛上的地雀并不是"碰巧"长出了大喙,而是干旱提供的自然选择"机会"使地雀的喙增大了。

7.8 自然选择在小进化中的作用(小结)

① 虽然不同学者对于小进化诸多因素的认识和评价不一,但自然选择一般被看作是适应进化的主要因素。

② 对于有性生殖的种群来说,个体间的适应度的差异乃是造成选择的基本条件。种群遗传学为我们提供了计算(或估算)适应度与选择值的简易方法,使我们能对自然选择作定量的分析。但是,对适应度的精确估算几乎是不可能的,因为其中涉及极为复杂的诸多因素。由于种群内多数个体在多数位点上存在着杂合的等位基因,某一位点上属于同一基因型的个体,在别的位点上可能为不同的基因型;因此,种群内每个个体在遗传组成上或多或少是不同的;每个个体的适应度乃是该个体不同位点的基因型所对应的表型范围在一定环境中的适应度的综合值,此其一。同一个体在不同发育阶段和不同生存条件下的适应度也是变化的,因此,个体的适应度乃是个体生活史中不同阶段、不同生存条件下的适应度的平均值,此其二。通常我们在比较不同基因型个体的适应度差异时是针对某一特殊的表型性状所涉及的效应显著的基因,而忽略其他遗传的和表型的差异,不同基因型的个体适应度的比较是统计学的,此其三。

③ 在大多数情况下,种群内个体承受着不同方向和不同强度的选择压,种群的进化改变取决于不同方向、不同强度的选择压的合向量。例如,软体动物钙质硬壳厚度的增长至少受到两个相反方向的选择压。一方面,壳的厚度增加有利于防护,减少被捕食的危险,因而受到正向的选择;另一方面,壳的增厚降低了运动能力,以及其他的不利影响,因而受到反向的选择。壳的最有利的厚度取决于两个相反方向选择的平衡。同样地,植物体高度的增长有利于获得更多的日光,但却增加了水分和营养物运输的困难,因而某种植物的高度取决于不同方向选择的平衡。对家养动物和栽培植物的人工选择常常受到自然选择的阻遏,也是同样道理。用人工选择的方法提高家禽的产卵率或家畜的产乳(肉)率,最终会达到一个限度,这个限度乃是反向的自然选择作用与人工选择的平衡点。

④ 自然选择对于种群的遗传变异起两种相反的作用,即"过筛作用"和"分异作用"。前者是从种群中剔除变异,例如正常化选择;后者是保持或维持种群中的变异,例如平衡选择。两种作用可能在同一种群中存在。有人说,自然选择只是起剔除或保持种群内的变异,而不能创造新类型。但是,在大量的遗传变异的基础上才可能有大量的遗传重组;在大量的遗传重组的筛选中才可能获得最佳的基因组合。自然选择也可以看作是优化过程,因此也是一个创造过程。

⑤ 自然选择造成的种群进化改变的方向和后果因种群内个体适应度的分布状况不同而不同。如果种群内被选择性状的某一极端类型的适应度大于其他类型时,则选择造成该极端

类型频率的增长,引起种群定向的(单向的)进化改变。如果种群内占多数的中间类型的适应度大于任何极端类型时,则选择将剔除各种极端表型的个体,导致种群在所涉及性状上的稳定和遗传上的均一化。如果种群内两种或多种极端类型的适应度大于中间类型时,选择将造成种群内表型的分异和种群多向的进化改变,如果有其他因素起作用,最终有可能导致新亚种的形成。上述三种情况分别被叫作定向(单向)选择、稳定选择和分异(分裂)选择(图 7-3)。

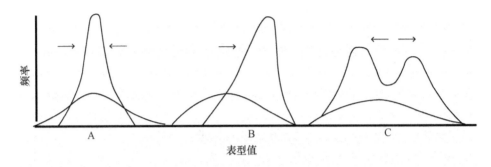

图 7-3　自然选择造成的种群进化改变

A. 剔除极端表型的正常化选择,造成表型变异范围缩小,种群内变异减少,遗传上均一化;B. 定向(单向)选择造成种群平均表型值的单向偏移;C. 有利于极端表型的分异选择造成种群内的分异

⑥ 选择是一个间接过程。通过对个体表型的选择而间接地作用于基因,通过对个体的选择而改变种群的基因库。

7.9　小进化的随机性与决定性

自然选择是建立在随机性基础上的非随机过程。

自然选择的前提是生物本身可提供无穷的变异。自然选择说与决定论的进化学说(如拉马克学说)之分歧点,就在于对生物变异性质的认识。

决定论的进化学说认为生物变异是非随机性的。变异的性质和方向是内因决定的(例如,动物的内在意愿);或者是对外部环境作用的应答,即由环境性质决定的。如此说来,变异本身就是定向的,适应的。变异本身就是适应进化的原因。如果变异的性质与方向是内因或外因决定的,选择就没有起作用的余地。

自然选择说的大前提是生物可遗传变异(突变)的"不定性""盲目性"或随机性。自然选择过程乃是这些随机的(不定的)变异的非随机性的存留与淘汰。

但是,自然选择说与"随机论"(stochasticism)不同。随机论认为,生物的变异和变异的存留与淘汰都是随机的,因而生物进化乃是纯机会的。

机会论者莫诺(J. Monod,1972)在其著作《机会与必然性》(*Chance and Necessity*)一书中说:"在每一个革新的源泉中,机会是生物圈中全部的创造,纯机会是绝对自由和盲目的,是进化的巨大建筑之根基。"另一位随机论支持者,地质学家许靖华在其《祸从天降》(1989 年,西北大学出版社)中写道:"作为一名中国的宿命论者,我喜欢把一切都归因于机遇。"他主张用"幸者生存"代替"适者生存"。

决定论与随机论可能都走向了极端。自然选择说在承认变异的随机性的同时,又承认生物与环境相互作用过程中的某种非随机的后果。

进化的随机性与非随机性的争论几乎又重复了哲学中的偶然与必然之争。辩证地说,"偶然中有必然,必然中有偶然",我以为这是最好的理解。其实,"适者"与"幸者"都难于定义。作为选择因素的环境,本身就有不定的性质。针对生物当前利益的自然选择只产生对当前环境的适应,其结果必定和环境的选择方向及选择压的不定的变化相矛盾。当前的适者,后来未必是。如果特化的进化趋势不可避免,那么特化的后果是难以预测的。因此,选择的非随机性是相对的、有限的,变异的非随机的存留中也包含着偶然性。另一方面,当前的"幸运"未必就是幸运,"福兮祸所伏,祸兮福所倚"。进化中的幸运或机遇好像"中彩"。但是,一度"中彩"或数度幸运降临,并不能创造出(或产生出)一个复杂的适应。一个复杂的适应结构或适应的机能需要无数相关的遗传变异的积累,而无数次连续"中彩"的机会几乎等于零。

进化中必定既有随机的因素,也有非随机的因素。目前,关于小进化的随机性与非随机性还有下面几个问题有待解答:

① 生物可遗传的变异究竟是绝对随机的,还是有某种非随机性质的?

② 选择的后果是否会被各种偶然因素抵消或掩盖?

③ 针对生物当前利益的选择会造成怎样的长远的进化后果?

对于问题①我们将在下一节略加讨论,问题③将在大进化一章中谈到。对于问题②,我们只能指出如下事实:生物过程以及外界环境确实有很大程度的偶然性,DNA 复制中的"错误",遗传重组,配偶组合,受精过程,种子散布,小种群的遗传漂移,病害,天灾……这些偶然因素确实在一定程度上抵消或掩盖了选择作用,但并不能绝对排除选择作用。在一次灾难后的幸存者之中,仍然会有繁殖和延续机会的差异。

7.10　小进化中的内因

拉马克和其他活力论者强调生物内在因素在进化中的导向和驱动作用。但他们没有揭示出具体的内因,因而很容易被否定。

达尔文和现代综合论者或多或少地忽略了生物内在因素在适应进化中的作用,自然选择作用被夸大了。按照综合论的观点,物种不是自身主动地进化,而是在自然选择作用下被动地进化。

现代遗传学的研究进展,促使人们重新考虑一个老问题:生物内部是否存在进化的"导向"和"驱动"因素?

1. 现代遗传学揭示出基因结构的几个重要特征

① 基因有复杂的内部结构。在基因组中有大量的非蛋白质编码的基因,它们大多是由简单的或复杂的、重复的核苷酸序列组成,其功能还不甚了解。例如,人的基因组中,蛋白质编码基因只占整个 DNA 的 1% 多一点,其他的是卫星 DNA(大约占 5%)、中介 DNA(约占 1/4)和特异 DNA。由许多同源的、结构与功能重叠的基因拷贝串联组成基因族,基因族中的重复序列可以由通过"自我控制"的复制增殖而产生,也可以由随机的增殖产生。基因组中的重复序

列具有较大的可变性，而编码的结构基因却相对稳定。有人将基因组的结构形容为"相对稳定的结构基因岛屿群浸没在不断变动的重复序列的潮汐中"。基因组中存在大量的重复序列，它们极大地增加了信息贮存、表达和内部调控能力。

② 基因组处于一种流动的、动态的状态。基因不再被看作是静态的"终极的原因"。基因本身受酶的作用、处理和调控。在酶的作用下，基因可以被切断、拼接、转移、嵌入或插入、重组、丢弃、修改和修复；哑基因可以被转移到一个合适位置而表达。这是非常精确的、有控制的过程。据遗传学家说，指导这些过程的基因系统是所谓的基因总督（governors）。（刚抛弃一个终极原因，又找来另一个终极原因；基因总督又由谁控制呢？）其实，基因组既然是流动的、动态的，那么在基因系统中只有相互作用、相互控制，而不存在终极的控制者。

经典遗传学把突变视为盲目的、随机的；而现代遗传学发现，供自然选择作用的变异是经过生物遗传系统本身加工和组装过的，是经过挑选、摒弃、拼接、编辑过的贮存的变异。

③ 在基因组中有多种多样的、复杂的自我控制和自我组织机制。例如，在卫星 DNA 和中介 DNA 中有某种控制机制可以扩增重复序列，也可以取消重复序列；还存在某种机制，能保持基因族内的重复序列的同质性，能使基因族中的重复序列在染色体之间转移。某些遗传学家认为，基因组中的可变的重复序列可能控制编码基因的表达，推动基因从某个位置转移到另一个位置，使其处于一个新的功能状态。

④ 复杂的基因有所谓的"感应"装置，是指其可以从环境中提取信息，并反映到 DNA 结构中，对环境做出相应的应答。例如，一种操纵子能使一种酶的编码基因只在环境中存在这种酶的作用基质时才表达，在遗传学上称之为"基质诱导基因表达"。

2. 具有进化功能的基因

流动的、动态的基因组和它内部的自我控制、自我组织的复杂机制，本身就具有促进进化的功能。基因的内部"加工"，基因表达的内部控制，基因的内部转移（流动），这些都是生物内部的非随机过程。

有人将某些具有复杂的自我控制机制的基因称为"具有进化功能的基因"（Campbell，1985），例如，转座子。细菌的某些重要的基因被组织在叫作转座子的复杂的特殊结构之中。这种转座子不仅能自我控制其表达，而且能通过自身的控制结构而准确地转移自己的位置。例如，大肠杆菌 Tn3 抗青霉素基因转座子是由一个 β-内酰胺酶基因的 DNA 序列（β-内酰胺酶可水解青霉素）、一个转座酶基因序列、一个转座酶基因抑制蛋白基因序列（该蛋白可抑制转座酶基因表达）和两个逆重复序列（靶点）组成。转座酶可以把两个靶点所标记的结构单位（抗青霉素基因转座子）转移到另一位置（图 7-4）。转座子是细菌进化的重要因子，它们可搭载在较大的细胞结构（如质粒）上，从一个细胞转移到另一个细胞，甚至从一个物种转移到另一个物种。细菌可以通过捕获转座子而快速地获得一种新的适应功能。转座子在真核生物中也普遍存在，据说它们与遗传重组及种形成有关。

某些学者认为基因族中的重复序列的协变机制可能促进进化。所谓协变机制，就是指基因族中的重复序列因某种协调机制而趋向于结构上的极端相似（同质性）。如果在基因族中发生突变，产生一个变异的序列，那么该变异序列可能会按一定的统计学概率重复翻版，即通过所谓的致同进化或协变进化（concerted evolution），最后变异序列替代原来的序列。当一个突变体产生时，或者被消灭，或者通过协变机制，重复翻版、扩增而变为优势。如果基因族存在转座子，那么变异体在染色体之间移动，扩散到其他染色体。如果一个个体的一对染色体之一带有一个变异，如果这个个体存活下来，那么由于该变异序列拷贝的扩增和在染色体之间转移，该个体将会产生超数的带变异的配子，这种变异在群体中的频率将由于生物内部的机制而增长。这个过程的某些细节还是推测的，有待证明。

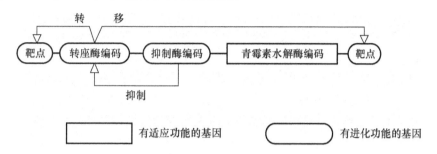

图 7-4 大肠杆菌 Tn3 抗青霉素基因转座子的结构图

它由两个靶点、一个转座酶基因序列、一个转座酶基因抑制蛋白基因序列以及青霉素水解酶（β-内酰胺酶）基因序列构成。青霉素水解酶基因是具有当前适应功能的基因，而其他的结构单元并没有当前的适应功能，但由于转座酶可以把两个靶点所标记的部分转移到另一位置，因此，转座基因序列及控制转座酶基因表达的抑制蛋白酶基因序列和靶点是具有进化功能的（根据 Campbell，1985，改绘）

转座子的转座机制和基因族的重复序列的协变机制都不是直接有助于提高生物当前的适应度，但它们使生物具有较高的进化的潜能，增强生物的进化能力。如此说来，基因具有两种功能，即适应功能（例如抗青霉素的能力）和进化的功能。

3. 有进化功能的基因是如何进化出来的：红皇后假说与物种选择假说

物种怎样进化出具有进化功能的遗传结构呢？这个问题正引起思考，尚没有很好的解答。自然选择只导致生物当前的适应，进化功能则是潜在的适应或未来的适应能力。目前有两种假说可以或多或少地解释具有进化功能的遗传结构的进化，即红皇后假说（The Red Queen hypothesis）和物种选择（species selection）说。

生态上密切相关的物种的相互关联地进化叫作协进化或协同进化（coevolution）。协进化的结果是互适应（coadaptation）。物种之间形成非常复杂的相互作用、相互依存的关系。这种关系是除了物理环境条件之外的另一种重要的外环境。在物理环境条件相对稳定的情况下，物种之间的关系构成驱动进化的选择压。一个物种的任何进化改进可能构成对其他相关物种的竞争压力，所以，即使物理环境不变，种间关系也可能推动进化。在通常的环境下，物种之间保持着一种动态的平衡。物种间的生态关系的牵制作用使得物种在其生存期间绝灭的风险相对恒定：后代与祖先，新种与老种绝灭的机会几乎是相同的。这就是万瓦伦（Van Valen）提出的红皇后假说所要解释的现象。万瓦伦发现，一个分类群的对数形式的生存曲线是线性的，绝灭概率是相对恒定的，于是指出，自然界中的物种生存状况就像莱维·卡罗（Lewis Carroll）描写的爱丽丝历险故事中的红皇后所言的情境："你必须尽力地不停地跑，才能使你保持在原地。"用中国话说就是"逆水行舟，不进则退"。在逆水中要保持在原来的地方，也要不停地尽力地划。或者更形象地比喻为鱼儿在急流中逆水而游，它们尽力地游才能不被水冲走，但要越过浅滩或暗礁,则要跳跃(图7-5)。种间关系的牵制作用使得物种要获得显著的进化改变相当困难,这是因为在生态系统中物种的进化是相互制约的,物种都在进化。从短期来看,只要跟得上就能生存下去。但从长远看,一个物种要在生态系统中获得有利地位就要比别的物种跑得更快。一个物种若具有较大的进化潜力,就等于在进化赛跑中有超常的速度与耐力。从长远来看,竞争的胜利者不是看当前的适应,而是看能否获得超出其他物种的进化能力。竞争的胜利者是那些获得超出其他物种的进化能力的。比方说,物种甲进化出比其祖先快50％的奔跑速度,其猎物——物种乙进化出比其祖先快一倍的速度。这时,物种甲并不比其祖先优越,而物种乙(物种甲的猎获对象)却比其祖先处在较优越的地位,并获得超常的适应。物种甲的失败不是因为它没有进化,而是它的进化能力不如物种乙。如果物种甲因失败而绝灭,物种乙因成功而保存,那么物种的绝灭(淘汰)是一个非随机过程,即物种因进化潜能的差别而区分性地绝灭,这就是物种选择。当前的适应并不能保证未来的成功,具有大的进化潜力的物种才能获得长远的成功。

图 7-5　红皇后假说图解

物种在生态系统中的进化可以形象地比喻为鱼儿在急流中逆水而游,在逆水中要保持在原来的位置,也要不停地尽力地游,才能不被水冲走;若要前进,要越过浅滩或暗礁,则要跳跃。一个物种要在生态系统中获得有利地位就要比别的物种游得更快,一个物种若具有较大的进化潜力,就好比在进化竞赛中有超常的速度与耐力

红皇后假说与物种选择假说结合起来,可以解释具有进化功能的遗传结构起源。红皇后假说强调了物种生存环境中的生物学因素,但忽略了物理环境因素。这个假设尚需进一步验证。

7.11　关于定向变异和获得性遗传

基因组内部自组织和自控制机制的存在,只是说明生物的变异(突变、遗传重组等)可能具有一定程度的非随机性,这并不等于说变异的性质和方向是生物内部决定的,也不等于说变异是定向的。当前的遗传学研究还不能提供足够的证据,令我们放弃自然选择说而重新回到经典的拉马克主义,即回到内因决定论。

值得一提的是新拉马克主义,特别是苏联的米邱林-李森科学说。米邱林和李森科都是农业生物学家,在植物育种方面做了许多工作。其学说的主要观点是:① 环境决定变异性质和方向(定向变异);② 后天获得的性状可遗传(简称获得性遗传)。

李森科认为变异的性质和方向是由环境决定的,所有的变异都是适应于外界环境的。李森科说:"任何特性的遗传变异,均与外界环境条件相符合或相适合""器官和性状发育过程中的变异性,始终适应于外界环境条件"(李森科,《农业生物学》,1945 年俄文版)。为了说明生物的"定向变异"和"可塑性",他们举出了两个著名的实例:一个是米邱林的"糖梨",一个是李森科的"小麦春化"实验。为了获得高含糖量的梨品种,米邱林用 14%的蔗糖溶液注射到梨树苗皮下,最后真的获得了含糖量很高的梨品种(见杜伯罗维娜,《达尔文主义》,中央农业部米邱林农业植物选种及良种繁育讲习班讲义,1953 年中国科学院出版)。李森科为了将春小麦变为冬小麦,在播种前用低温处理种子,并将其在秋季播种;或为了把冬小麦变为春小麦,播种前处理后在春天播种。实际上,米邱林和李森科的实验都不是严格的遗传学实验,因而都不能证明其结果纯粹是环境引起的定向变异。米邱林"糖梨"实验所用的实生苗是杂种的,李森科春小麦与冬小麦相互转变的实验所用的麦种也是不纯的,两者都不能排除自然选择的作用。米邱林与李森科对于生物与环境的相互关系的认识是机械论的。

关于"获得性遗传法则"已被新达尔文主义摒弃许多年了。"获得性遗传法则"之所以被多数进化生物学家所拒绝,并不是因为魏斯曼的切割老鼠尾巴的实验(这个实验并不能证明什么),而是因为还没有足够的遗传学证据证明后天获得性状可以传递到后代。拉马克的这个著名法则至今仍有待精确的实验证明。达尔文提出的"泛生子"假说没有得到证实,但魏斯曼的"种质"与"体质"概念却受到现代遗传学的质疑。某些微生物学家的实验证明某些微生物由环境诱导的抗逆性是可以遗传的。20 世纪 80 年代初,加拿大安大略省癌症研究所的实验证明,小鼠后天获得的对所接触抗原的耐受性有传递到下一代的倾向。但问题是,设计一个严格排除其他因素以证明后天获得性状遗传的实验是困难的。我们既不能用"运动员发达的肌肉和科学家丰富的知识都不能遗传给后代"这样简单的事实来否定获得性状遗传,也不能根据少量有争议的实验结果就重新肯定它。

与获得性状遗传问题有关的是这样一些问题:中心法则是否错了?体细胞信息是否能够、并以怎样的方式反馈到生殖细胞中?环境的信息是否能够、并以怎样的方式反馈到遗传系统中?这些问题随着生物学研究的进展迟早会有解答。如果有答案,一定不会像过去想象得那样简单。

第八章 种和种形成

万物皆种也,以不同形相禅。

——庄子:杂篇《寓言》

自然界万物以物种的形式存在,万物皆有种类,以其不同的形态而禅于无穷。

我们认识生命的多样性也正是从认识物种开始的。进化如何导致生物的多样性?用达尔文的话说,"最美丽的、最奇异的、无限多的生物类型"是如何"从最简单的类型产生出来的",这是进化生物学的核心问题之一。

8.1 物 种 问 题

在进化论产生之前,分类学家早就根据生物的表型特征来识别和区分物种了。就生物分类的目的而言,"什么是物种"似乎不是难解的问题:物种是生物界可依据表型特征识别和区分的基本单位。但自从进化论产生之后,"什么是物种"和"物种是怎样产生的"就成为长期争论和讨论的理论问题了。因为从进化的观点来看,物种是进化的,是进化中产生的。应当说,应用进化理论才能真正认识物种,真正认识生物的多样性。

林奈和林奈以前的博物学家认识到自然界种的真实存在,并且以形态标准和繁殖标准来识别种。例如,17 世纪的学者约翰·雷(John Ray)在其《植物史》(*Historia Plantarum*)一书中把种定义为"形态类似的个体之集合",同时认为物种具有"通过繁殖而永远延续的特点"。林奈继承了约翰·雷的观点,他认为,物种是由形态相似的个体组成,同种个体可自由交配,并能产生可育的后代,而异种杂交则不育。林奈种的概念与现代生物学家普遍接受的生物学种的概念有相同之处;但有一个根本区别,即林奈和他以前的学者把物种看作是不变的、永恒的、独立的创造物,物种之间没有亲缘关系。

达尔文打破了物种永恒性的传统观点,认为一个物种可变为另一个物种,物种之间存在着不同程度的亲缘关系。但达尔文在否定物种不变的观点时走过了头,以致否认物种的真实性。他过分强调种间的连续性,而把物种看作人为的分类单位。

林奈的物种是真实的、永恒的、不变的、特创的、独立(孤立)的。达尔文的物种是变化的、进化的,可产生、可绝灭的,以亲缘纽带相互联系的。达尔文以前的物种概念是基于特创论的,达尔文以后的物种概念是建立在进化论基础上的。

达尔文以后关于物种问题的探讨与争论主要涉及与进化有关的理论问题:

① 什么是物种? 这既是理论问题,又是实际问题。物种的概念和定义必须一方面满足分类学要求,在生物分类实践中有实用性(或用今天常用的术语说有可操作性);另一方面又要符合进化理论,或者说有理论上的合理性。从形态、生理、遗传、生态等不同角度认识物种,以及在空间和时间两个向度上认识物种,必定导致不同的物种概念。

② 生物种是怎样形成的? 自然界的生命为什么以物种的形式存在? 进化如何导致生物多样性? 用进化的观点来考察物种的历史,探讨物种分异和新种形成的原因。

本章将主要讨论上述两个问题,至于其他关于物种的问题,如物种绝灭、种系发生、物种在生态系统中的地位与作用等将在以后的章节中讨论。

8.2 生物为什么以物种的形式存在?

地球生命的一大特点是统一性与多样性并存,生物界是既连续又不连续,林奈只看见了生物的多样性和不连续性,达尔文从生物多样性中看到了统一性和连续性。

直观上,整个生物界是既连续又不连续。从最简单的单细胞生命,到复杂的高等动、植物,不同物种之间都或多或少相似。例如,绝大多数生物有大体相似的细胞结构,相同的遗传密码,相似的代谢途径,这证明它们之间存在着或近或远的亲缘关系。另一方面,绝大多数的物种在直观上是可以识别区分的。即使是儿童,也不会混淆人与猿、马与驴、狐与狼、稻与麦。有经验的农民和牧民识别野生动、植物种的能力不亚于分类学专家。这说明大多数物种之间有明显的形态上的不连续性。生物学家早就证明了种间存在着不同形式的生殖隔离,在自然界里物种之间在遗传上是不混合的。这说明在自然界中物种是真实的存在,生物界表现出某种不连续性和多样性。

那么,生物为什么以物种的形式存在呢? 为什么生物界不是完全连续的呢? 从生物圈来说,物种存在的意义何在呢?

1. 物种的分异是生物对环境异质性的应答

生物生存的环境不仅随时间而变化,而且在空间上是不连续、不均一的,即异质的。环境随时间的变化导致生物的适应进化,环境在空间上的异质性导致生物的分异(性状分歧),分异的结果是不同物种的形成。不同的物种适应不同的局部环境。不能设想有能够适应各种不同环境的一种生物,也不能设想分布全球的生物圈由一种生物组成。万能适应的生物是不存在的:能飞的马绝不会跑得快,能跑的鸟绝不善飞,善于游泳的海豚登上陆地显得笨拙。生物圈在进化过程中歧异度的增长意味着生境的扩大。生物的不连续性是生物对环境的不连续性(异质性)的适应对策。

2. 物种间的不连续抵消了有性生殖带来的遗传不稳定性

真核生物的性分化带来的巨大利益是增大变异量,同时也带来不利的影响,即个体基因型在有性生殖情况下不能稳定地传递到后代。物种和种间生殖隔离的存在能保持种群相对稳定的基因库。没有种间的生殖隔离就不能通过进化获得新的适应,没有种间的生殖隔离会使已获得的适应因杂交而丢失。物种的存在使生物既保持遗传的相对稳定,又使进化不致停滞。物种成为进化的基础。

3. 物种是大进化的基本单位

大进化可以看作是在大的时空范围内生物与地球环境之间关系的调整过程,即生物圈、生态系统通过其中的物种的更替(种形成和绝灭)和种间生态关系的改变来适应变化的环境。物种的存在和物种的更替体现了生物与环境之间既协调又冲突的复杂关系。物种绝灭表明,物种不能在一定范围内保持稳定和延续;新种形成和新的生态关系的建立,表明生物与环境之间从不平衡又达到新的平衡。

4. 物种是生态系统中的功能单位

不同的物种因其不同的适应特征而在生态系统中占有不同的生态位(niches)。因此,物种是生态系统中物质与能量转移和转换的环节,是维持生态系统能流、物流和信息流的关键。

简言之,物种的存在体现了生物界统一性中的多样性,连续性中的不连续性,不稳定中的相对稳定。物种既是进化的单位,又是生态系统中的功能单位。

8.3 物种的概念与定义

进化生物学在回答"什么是物种"这个问题时,首先要从理论上确定物种的概念,进而在这个理论概念的基础上定义物种。不同时期的不同学者,他们的物种概念可能很不相同。物种概念的差异取决于对下面几个问题的认识:

物种是否为客观、真实的存在? 物种之间是否存在着实际的不连续性?

物种是否经历进化改变? 种间是否有历史联系或亲缘关系?

在识别和区分物种时,是否考虑时间因素?

在识别和区分物种时,是注重垂直的进化改变(前进进化,anagenesis)还是注重水平的进化改变(即分支进化)?

1. 模式概念、唯名论概念和群体概念

迈尔(1977)根据对上述问题认识的不同而归纳出模式的、唯名论的和群体的三类不同的物种概念。

(1) 模式概念

传统的分类学家认为每一个物种有一个"理想的"形式,它具有这个种的全部特征,是这个种的形态的完善的体现,这就是形态"模"(type)。分类时以"模"为依据,一个物种所包含的成员不一定完全与"模"相同(承认种内个体存在一定的变异),但是只有与该种的"模"有足够的相似性的个体才能归属到该物种。

模式概念(the typological species concept)源于柏拉图和亚里士多德的哲学思想。柏拉图认为,我们看到的宇宙的多样性是存在于宇宙中的有限数目的"模"(柏拉图称之为 eido)的反映。亚里士多德认为,特殊的生物个体乃是某一普遍范畴的成员。亚里士多德和柏拉图的宇宙观是"本体论"(essentialism)的。依据本体论观点,本体的存在是从个体之间形态相似性推论出来的,形态相似性就成为识别物种(属于同一本体或同一个"模"的个体)的唯一标准。按照柏拉图的说法,生物个体的变异、形态的多样性是虚的,因为个体是本体("模")的影像,就像镜子反映出来的影像有所变形一样,个体不能完全反映本体。因此,不能被虚的影像(个体变异)所迷惑,而要透过多样性的个体看到隐于其后的"模"。"模"才是真实的存在。模式概念指导思想下的分类,只重视共性、相似性,而忽略个性,忽略个体间的差异性;只承认共性的真实,而否认个体变异的真实。实际上,"模"乃是抽象的,是从个体相似性中综合和推断出来的。正像原型说的原型概念一样,模式概念中的"模"就是"原型",而个别的生物乃是"原型"的复制品。

(2) 唯名论概念

唯名论的哲学思想源于中世纪英国哲学家奥卡姆(William of Ockham),他否认柏拉图的具有普遍性的本体或理念的存在,认为生物个体才是真实的存在,而物种就像逻辑的类(如石头、草、鸟)一样,是虚的。18 世纪唯名论很流行,近代也有不少学者持有类似的观点,这是由于生物分类实践中难以避免的主观因素给人造成一种错觉,以为所有的分类单元都是人为的,物种的划分也是人为的。达尔文对物种的看法也受唯名论的影响,他写道:"物种这个名词,我认为完全是为了方便起见任意地用来表示一群互相密切类似的个体的。"(达尔文,《物种起源》第二章)唯名论的物种概念(the nominalistic species concept)重视个性、个体差异,忽略共性,忽略相似性。这恰恰与模式概念相反。两种概念趋向两个相反的极端。

(3) 群体概念

群体的物种概念基于近代的种群遗传学和现代综合论的基本原理,认为生物种是由一些具有一定的形态和遗传相似性的种群构成的,属于一个种的种群之间,以及同种所有的个体成员之间的形态与遗传的相似性大于它们与其他物种成员的相似性。群体概念既重视种内个体的变异(个性),也重视物种成员的共性。但与模式概念不同,群体概念认为物种个体成员之间的差异性或多样性乃是真实的存在,而物种个体成员的共性乃是统计学的抽象,是虚的。但群体概念(the population species concept)同时又承认种与种之间差异的真实性,这一点与唯名论概念不同。

2. 非时向的物种概念

在识别和区分物种时,如果不考虑时间因素,例如现代生物分类学家只对现在存活的生物进行分门别类,并不考虑物种在时间上的延续和进化,所涉及的物种就是非时向的种(nontermporal species;参考 Ridley,1993)。此外,因识别和区分物种的依据不同而有若干不同的物种概念和定义。

(1) 表型种概念

正因为绝大多数物种在表型(主要指形态特征)上易于识别和区分,因此,现代的大多数分类学家在分类实践中仍然主要以表型特征作为识别和区分物种的依据。表型种概念(the phenetic species concept)可以表述为:物种是一群具有一定形态特征的生物个体,它们之间形态上的相似明显地大于它们和其他群个体的相似。表型种概念与传统的模式种概念有相同之处,即都是以形态特征作为区分识别物种的主要的或唯一的依据,只是现代的表型种概念有唯名论的倾向。例如,数值分类学(numerical taxonomy)中的物种概念,它是基于表型相似性或表型距离的统计测量,对物种的定义是以一定的相似性数值或表型距离数值为标准,种的区分标准往往是人为决定的:"一个种群如果与其他密切相关的种群之间的数量性状的重叠超过 10%时,这些种群可视为同一个种。"这样的定义虽然应用上方便,然而缺乏理论依据,利用测量数据进行统计学的处理,例如聚类分析(clustering analysis),可以得出一系列不同等级的聚类群,究竟把物种的界限划在哪一个等级上,则只能人为地决定。这样一来,物种变成任意划分的单位,不同的人可以有不同标准,不同的归类。这实际上否认了物种存在的客观性。表型种的概念不考虑物种的进化,把生物的"类"和非生物的"类"等同看待。

(2) 生殖种概念

根据种群遗传学的理论来认识物种,物种被定义为互交繁殖的群体。例如迈尔(1977)是这样定义物种的:"种是互交繁殖的自然群体,这个群体与其他的群体在生殖上相互隔离。"生殖隔离成为识别和区分物种的最重要的标准。实际上,早在 17 世纪,约翰·雷以及后来的林奈已经应用种间生殖隔离概念了。只是近代的进化生物学家把物种概念置于种群遗传学的理论框架中:物种之间的生殖隔离使得同种的个体共有一个基因库。基因库这个概念的产生是由于有性生殖的个体之间的基因交流,一个与其他种群生殖隔离的种群才能保持该种群基因组成的特性,即保持自己的基因库。物种的个体成员共有一个基因库,可以解释何以物种成员具有表型上的共性。生殖种概念(the reproductive species concept)也可以说是遗传种概念(也有人称作生物学种概念),这个概念揭示了物种的遗传学的特征,使分类学与遗传学结合,理论上似乎更有道理。

但是,生殖种的概念却面对下面的矛盾和问题:

① 虽然从遗传学的观点来看,生殖隔离是种与种之间的不连续性的根本原因,因而也是识别和区分物种的可靠标准,但是在分类实践中很难应用。分类学仍然主要依靠形态特征而不是靠生殖隔离的检测来区分物种。这样一来,物种概念与分类学实践脱节了。

② 生殖种的概念不能应用于无性生殖的生物。对于无性生殖的生物而言,生殖隔离存在于个体之间,存在于无性繁殖系或克隆之间,因而生殖隔离不是区分物种的标准。例如,对于原核生物蓝菌的分类,生殖种的概念完全不适用。

③ 现代的一些生物分类学家希望能将表型种概念与生殖种概念结合起来,即以表型距离(形态差异程度)作为生殖隔离是否存在的指示,以解决理论概念与实际工作脱节问题。在绝大多数情况下,两个群体之间生殖隔离的存在同时意味着它们之间的形态差异也明显。但生殖隔离与形态差异往往并不平行,例如,迈尔(1977)列举的许多所谓姊妹种(sibling species)

的例子：姊妹种之间存在着生殖隔离，但形态差异很小，以致有经验的分类学家也难以识别。

④ 生殖隔离的机制很复杂，可以是遗传的原因，例如因染色体不能配对或其他遗传原因而不能形成合子，或合子形成后不能发育，或虽能发育到成年个体却无生殖能力。也可以是生理的或行为的原因，例如，雌雄不能相互吸引交配，或雌雄生殖细胞成熟期不同而不能受精，或因栖息地不同，或因行为的差异等等。还有自然界的物理环境因素，如地形、地貌造成的种群间实际的生殖隔离。那么是否可以认为任何隔离机制所造成的实际的生殖隔离都可以作为区分物种的标准呢？目前，生物学家倾向于这样的看法：所有的生物学因素导致的种群间的生殖隔离（排除物理的隔离机制）都可以作为物种区分的依据。

一些动物行为学家注意到，某些栖息于同一生境中的亲缘相近的物种之间的生殖隔离是靠求偶信号识别系统实现的。例如，某些蛙类、蟾蜍类、蟋蟀类，其雌性个体可以识别其本种的雄性个体的特殊求偶鸣声，会循其声而趋近并与之交配。每一个种都有其特有的求偶鸣声（就像人类的"情歌"），因而不同种的雌雄个体不会混淆。有人称通过这种机制保持生殖隔离的物种为"识别种"（recognization species；见 Ridley,1993）。识别种仍然属于生殖种的概念。

（3）生态学种概念

从生态学观点来看，物种是生态系统中的功能单位，每个物种占有一个生态位，每一个物种在生态系统中都处于它所能达到的最佳适应状态，就像在适应场上占据一个适应峰（关于适应场和适应峰概念在下一节将详细阐述）。种间杂交所产生的中间型个体，其适应值降低（掉进适应谷），因而被自然选择所阻止。因此，每个物种在生态系统中都能保持其生态位，直至被别的物种竞争排挤，或因本身的进化改变而转移到新的生态位。

Ridley（1993）举了一个例子，说明在没有地理隔离的情况下，自然选择能阻止基因交流。英国的细剪股颖草（*Agrostis tenuis*）生长于垃圾场及其周围。垃圾中含有铅、锌、铜等有毒重金属。细剪股颖草之所以能生长在垃圾堆上，是因为种内遗传变异产生出抗重金属的变异型。这种变异型种群和生长于垃圾场外的正常型（对重金属无耐受性）种群之间界限分明。自然选择阻止了周围正常型个体进入垃圾场，因为它们不能耐受重金属；垃圾场中的变异型种群也未能扩散到垃圾场外，其原因不明，可能是因为与正常型杂交会降低适应值。这样，一个物种发生了分异，两个种群占据了不同的生态位。从生态学种概念（the ecological species concept）来说，它们应当是两个不同的物种了。

3. 时向种概念

在时间向度上识别和区分物种需要另一些标准和定义，如时向种概念（the temporal species concept），因为物种是随着时间而进化改变的，一方面是表型的连续改变，另一方面是种内分异，形成两个或多个新的分类群。如果我们的分类对象不仅仅是现代生存的生物，也包括地质历史上生存过的生物，那么我们必须涉及时间尺度，所以古生物学家需要不同于生物学的物种概念。如果我们对生物进行分类的目的不仅仅限于识别、鉴定和命名，而是要追溯物种之间的历史联系，那么我们在确定物种概念和定义物种时，也要涉及时间，涉及进化事件。

（1）时间种概念

古生物学中的时间种概念（the chronospecies concept）是指一个物种在其生存时间（往往是以百万年计的长时间）内所包含的所有生物个体。怎样确定一个物种的生存时间呢？当一个物种随着时间而进化改变，其后裔的表型的进化改变达到可以明显区别于祖先时，则可以归属于一个新时间种。划分时间种的表型标准往往难以避免主观性。时间种的生存时间和表型进化速率有关。关于时间种问题我们将在第十章（大进化）中讨论。

（2）分支种概念

从分支系统学（关于分支系统学将在下一章详细介绍）的观点看物种，则前面叙述的物种概念都不适用了。亨尼（W. Hennig）修改了迈尔的物种概念，以使其与分支系统学原理相符合。亨尼（Hennig，1966）认为，若以生殖隔离作为物种的区分标准，则不能反映物种的历史的存在。如果把物种看作是生殖隔离的孤立单元，那么一个物种怎能和它的过去的祖先种联系起来呢？实际上亨尼提出了物种概念中的一个逻辑上的矛盾，即物种在"空间上"（或瞬时的存在）是间断的，而在时间上（进化历史上）是连续的。这正如生物学物种概念不能应用于古生物学中一样，因为后者涉及时间（历史）尺度。为了解决这个矛盾，亨尼提出：与其把互交繁殖作为物种的识别标准，不如把每个分支事件（cladogenetic event），即区分两个线系的衍征的产生，作为物种的识别标准。或者说物种是两个分支点（代表两次分支进化事件，即种形成事件）之间的全部生物个体。从分支系统学观点看，每一次分支事件产生两个新种的同时，祖先种就绝灭了。亨尼（Hennig，1966）说："物种是谱系关系的基本元素。"物种是分支分析、生物多样性分析以及进化历史分析的基本单元，物种是系统树的连接点。这就是分支系统学的物种概念和物种定义。它在理论上和分类实践中仍然存在许多问题（图8-1）。

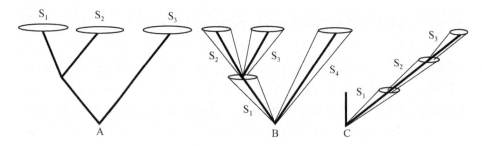

图 8-1　物种概念示意图

A. 无时向种概念：物种 S_1、S_2 和 S_3 是同时存在的物种，它们之间存在生殖隔离，种间有明显的表型差异；B. 分支种概念（the cladistic species concept）：物种 $S_1 \sim S_4$ 是在进化谱系中有关联的物种，是由分支（种形成）事件区分的有时向的种；C. 时间种概念：时间种 S_1、S_2 和 S_3 代表一个物种在时间向度上的连续进化改变，一个时间种相当于表型进化改变的一定的量

4. 关于物种问题的小结

让我们稍微具体地回答什么是物种、怎样定义物种以及定义物种时存在的困难和问题。

首先，我们应肯定如下几点认识：

① 生物种不是逻辑的类，而是由内聚因素（生殖、遗传、生态、行为、相互识别系统等）联系起来的个体之集合。一群个体属于同一物种，主要不是由于它们具有这种或那种相似性，而是由于它们之间的历史联系以及它们与属于别的物种的个体之间的关系。逻辑的类别（例如，非生物的归类）是按照给定的任意特征划分的，属于同一逻辑类别的物只是由于具有所给定的区分特征，而不具有历史的关联。逻辑的类是不会随时间而改变，是不进化的。

物种也不同于种上的分类范畴。种上的分类范畴(例如科、目、纲)的定义是根据某些内在特征,例如脊索动物门是根据"具有脊索"。但种的定义则不能以给定的任意特征来区分,而要根据个体间的相互关系,例如繁殖和相互识别。种上的分类范畴近似于抽象的类,而种是真实的存在。

② 物种是一个可随时间而进化改变的个体集合。这是因为同种个体可互交繁殖,共有遗传基因库,并和其他物种生殖隔离。正因为如此,自然选择可作用于物种,物种成为进化的单位。而逻辑的"类"是不能进化的。生殖隔离和进化是导致物种之间表型分异的原因。

③ 从生态学角度来看,物种是生态系统中的功能单位,不同物种占有不同的生态位。如果两个物种以相似的方式利用同一有限的资源和能源,那么,它们必定会发生竞争和相互排挤,其中必有一个获得相对的成功;如果一个物种的种内发生分异,占据多个生态位,从生态学角度而言,这意味着有新种形成。

④ 生殖隔离对有性生殖的生物而言是区分物种的可靠标准,然而在分类实践中却难以应用。

⑤ 分类的目的若侧重于识别、区分当前生存的物种,则不需要考虑时间因素,因而无时向种概念普遍为生物分类学家所接受。若分类的目的在于建立进化谱系,或分类对象包含了地质历史上的生物,则必须将物种置于时间向度上,因而系统学家和古生物学家所接受的是时向种概念。

⑥ 表型的区分特征无论对于有性生殖生物和无性生殖生物而言都是最重要、最实用的物种识别标准,物种的表型识别特征包括形态特征、生理-生化特征和行为特征。形态特征对于大多数真核生物和原核生物中的蓝菌的物种鉴定是最重要的,也是最实用的。然而对于多态种、姊妹种以及种内变异显著的物种而言,单靠形态特征很难识别。

⑦ 给物种一个在理论上有道理的、在实际应用上又方便的定义是极其困难的。

8.4 种 形 成

1. 种形成的含义

① 一个物种内部分异而形成(产生)新种的过程,就是种形成(speciation)。

② 一个种在时间向度上的延续构成一条线系(lineage),种形成意味着线系发生分支。换句话说,一个线系分支事件就是一个种形成事件。所以种形成也可以叫作分支形成(cladogenesis),是分支进化,也是导致分异度增长的"水平进化"过程。请注意区别另一种情况:一个物种经历或长或短的进化过程而在表型上发生显著的改变,以致可以看作是不同于原先物种的新种;这样形成的新种不是通过线系分支,而是通过线系进化(phyletic evolution)而实现的,所形成的新种是一个时间种。时间种的形成不属于种形成的范畴。

③ 同种的一群个体获得与同种其他个体的生殖隔离的过程,就是种形成过程(适用于有性生殖的生物)。

④ 根据莱特(Wright,1932)的适应峰(adaptive peak)的概念,可以这样理解物种:每一个物种在其最合适的环境条件下,其基因型所对应的表型的适应度达到最高值,就相当于在适应场上占据一个适应峰。在各个峰之间是低谷,当物种离开它最适状态、适应度下降时,就处于适应谷的位置。一个物种通过进化和种内分异而占据两个或多个新的适应峰,这就是种形成(图 8-2)。

图 8-2　适应场图解

⑤　一个物种因进化和内部分异而产生出一群个体,其利用物质、能源的方式不同于所有其他个体。这意味着一个新种从老种中分化产生,它在生态系统中占据了一个新的生态位。这就是种形成。

⑥　从分支系统学观点看,种形成是衍征产生(获得)与祖征丧失的过程(图 8-3)。

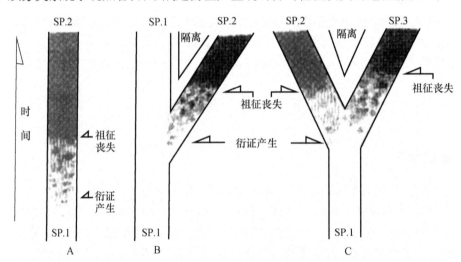

图 8-3　从分支系统学和系统发生的观点来看,种形成过程
乃是衍征的产生和祖征的丧失过程

A. 不分支的种形成,即通过线系进化,衍征产生,祖征丧失,新种(SP. 2)形成,老种(SP. 1)绝灭。B,C. 分支的种形成;通过环境隔离机制,两个隔离的种群因衍征产生和祖征丧失而导致一个(B)或两个(C)新种形成(据 Nixon, Wheeler,1992,改画)

2. 种形成方式

现代生物学在种形研究中所涉及的对象主要是有性生殖的真核生物;无性生殖的生物,特别是原核生物的种形成的研究很少。对于无性生物的物种概念和物种的识别区分标准,学者们还没有一致意见。因此,此处谈的种形成方式是有性生殖生物的种形成方式,而且,迄今为止,种形成的研究多集中于生殖隔离的起源问题。种形成的方式问题实际上就成了生殖隔离的获得方式问题。

我们把有关种形成的研究资料归纳起来,可以区分出两种显然不同的种形成方式:在物种内部分异之初,外界物理因素起着阻止种群间基因交流的作用,从而促进种群间遗传差异的逐渐的、缓慢的增长,通过若干中间阶段,最后达到种群间完全的生殖隔离和新种形成,这是渐进的种形成(gradual speciation);种群内一部分(往往是少数)个体,因遗传机制或(和)随机因素(如显著的突变,遗传漂移等)而相对快速地获得生殖隔离,并形成新种,我们可以用辛普孙(Simpson,1944)与格兰特(Grant,1963)的说法,叫作量子种形成(quantum speciation)。两种种形成方式的区别从图 8-4 的图解来看,一目了然。

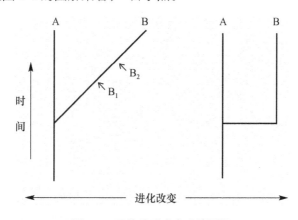

图 8-4　两种种形成方式的图解

左图:渐进的种形成:线系分支是渐进的,新种(B)的形成是通过亚种(B₁、B₂)等中间阶段,达到与老种(A)的生殖隔离。右图:量子种形成:线系分支是突发的,新种(B)快速地达到与老种(A)的生殖隔离,而不通过任何中间形式

(1) 渐进的种形成

种群间的遗传差异会由于种群间的基因交流(个体的迁入和迁出)而减弱,甚至消失。只有环境的阻隔因素才能降低或阻止种群间基因交流,种群间遗传差异才能积累。因此,环境隔离因素是渐进种形成的必要条件。

① 环境阻隔因素的形成。地理的、地形的以及其他物理环境因素,能影响(阻止、减弱)生物迁移和分布的因素,都可称之为环境阻隔因素。例如,对于陆生生物来说,海洋、湖泊、河流构成阻隔;对于海洋或水生生物来说,陆地是阻隔因素。对于多数陆地生物而言,高山、沙漠、不均匀分布的温度、盐度以及地质历史事件都可能构成阻隔。

环境阻隔本身也有一个形成和发展的渐进过程。环境阻隔的渐进发展可能与被分隔的种群间遗传差异的积累是并行的过程。

如果两个初始种群在新种形成前,其地理分布区是完全隔开、互不重叠的,这种情况下的种形成被称为异地种形成(allopatric speciation),完整的称呼是"分布区不重叠的种形成"。如果种形成过程中,初始种群的地理分布区相邻接(不完全隔开),种群间个体在边界区有某种程度的基因交流,这种情况下的种形成被称为"邻地种形成"(parapatric speciation)或"分布区相邻的种形成"。

② 渐进种形成的过程。一个广布的种,在其分布区内,因地理的或其他环境隔离因素而被分隔为若干相互隔离的种群,又由于这些被隔离的种群之间基因交流的大大减少或完全隔断,从而使各隔离种群之间的遗传差异随时间推移而逐渐增大,通过若干中间阶段(如族、地理亚种的形成)而最后达到种群间的生殖隔离。这样,原先因环境隔离因素而分隔的两个或多个初始种群就演变为因遗传差异而相互间生殖隔离的新种。由于初始种群在分化过程中(生殖隔离获得之前)其分布区是不重叠的,故名异地种形成。一旦生殖隔离完成,新种的分布区即使再重叠(环境隔离因素消失),也不会再融合为一种了(图 8-5)。

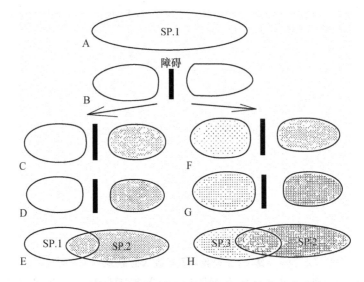

图 8-5   分布区不重叠的渐进的种形成(异地种形成)图解
一个初始种群(SP. 1)由于环境隔离因素(例如地理障碍)而分隔成两个种群(A→B)。两个分隔的种群中的一个发生进化改变,由于遗传变异的积累,变异的种群与初始种群之间达到生殖隔离,环境隔离因素消除后两个种群并不融合为一,一个新种(SP. 2)形成(C→E)。或者两个分隔的种群各自积累遗传变异,双方都发生进化改变,形成两个新种(SP. 2 和 SP. 3),初始种(SP. 1)绝灭消失(F→G)

邻地种形成的过程也大致相同。不同之处在于在初始种群分布的邻接地区,种群间有一定程度的基因交流。但由于初始种群分布的中心区之间基因交流很弱,种群间的遗传差异会随时间推移而增大,但种形成过程可能更慢。

③ 渐进种形成的证据。渐进种形成过程通常要经历很长时间,一个生物学家不可能从始至终直接观察到。种形成的过程多半是根据某些间接的证据推断的,这些证据归纳如下:

a. 不完全种的存在。一个物种可能包含若干亚种或族,亚种是不完全的种,即种内的分异群;同种的不同亚种(或族)之间有明显的表型和遗传的差异,但无生殖隔离。例如,现代人类属于智人种(*Homo sapiens*),由于地理隔离和文化隔离因素而形成不同的族(*races*),即通常所说的人种。人类的族大致相当于亚种,族间的差异包括形态特征(毛发、肤色、眼和鼻的形态以及体型等)和某些生理差异。但人类的各族之间未达到生殖隔离,族间有一定程度的基因交流(异族通婚)。自然界中许多物种是由若干亚种组成的复合种。例如,虎(*Panthera*

$tigris$)在中国有两个亚种,即分布于东北地区的东北虎($P.t.amurensis$)和分布于华南地区的华南虎($S.t.amoyensis$)。亚种和族都是正在形成中的种,是向新种过渡的不完全的种或半种。亚种的形成与地理隔离有关。从前老虎可能在中国东北、华北、华东、华南、西南的辽阔地区连续分布,后来由于环境变迁,老虎的分布区缩小,并且不连续了。例如,按《水浒传》的描述,在北宋时期山东还有老虎(武松过景阳岗时遇见野生老虎),而现在的中原和华东地区只能在动物园见到老虎了。如果地理隔离的时间足够长,亚种各自向适应局部地区的环境进化,最终由于遗传差异的积累而获得生殖隔离,形成完全的种。如果隔离消除,亚种之间基因交流加强,亚种间差异减小,亚种相互融合而消失。

b. 生物地理学证据。有许多物种的地理分布对称形式是渐进种形成的有力证据。例如某些软体动物和鱼类的同种不同亚种"对称"地分布于北太平洋的东西两岸,即白令海峡的东、西两侧。分布于北美西海岸的某个种的亚种在白令海峡附近中断,而同种的另一个亚种分布在东北亚的东海岸,这叫作"北太平洋两侧对称分布"。这种分布形式表明从北极海经白令海峡流出的冷水(寒流)是一个不可逾越的隔离因素。另一个例子是某些海洋动物在北大西洋和北太平洋对称分布。例如,鳕鱼($Gadus\ morhua$)分布于北大西洋,它的一个亚种大头鳕鱼($G.m.macrocephalus$)则分布于北太平洋。又如,比目鱼($Hippoglossus\ hippoglossus$)也分布于北大西洋,它的一个亚种($H.h.stenolepis$)则分布于北太平洋。鲱鱼也是这样,北大西洋的鲱鱼($Clupea\ harengus$)在北太平洋有其亚种($C.h.pallasi$)。这些物种的不连续分布(在北极海和南大西洋、南太平洋不存在)状况,可能是由于北极海水的寒冷和赤道区的热水的阻隔(图8-6)。据生物地理学家推断,这些物种从前很可能是通过北极海而连续分布于北太平洋和北大西洋的,或至少北大西洋的物种可穿越北极海而迁移到北太平洋,如果北极海在历史上曾经

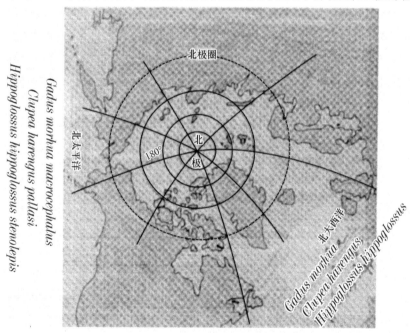

图 8-6　海洋动物在北大西洋-北太平洋对称分布

某些鱼类的同种的不同亚种分别分布于北极两侧的北大西洋和北太平洋(详见正文),
是通过地理环境隔离机制渐进的种形成的实例之一

因地极迁移而比较暖和过的话。

中美洲东西两岸分布着许多海洋动物的姊妹种,可以推测这些形态十分近似的姊妹种的形成与巴拿马地峡的形成历史相关。

某些广布的复合种由若干渐变的亚种组成,这些亚种的分布区相邻,各相邻的亚种之间有一定的基因交流,但分布于两端的亚种通过长期的遗传差异的积累而达到生殖隔离的程度。例如,迈尔(Mayr,1977)描述的银鸥(*Larus argentatus*)复合种呈环北极链状分布:银鸥在更新世以后扩展其分布,可能由北太平洋向东穿过北美,进入西欧,形成环绕北极相邻分布的若干亚种,像一条环北极链;链两端的亚种在欧洲相遇,但已经是相互不混合了(生殖隔离的)。这是邻地种形成的证据。

(2) 量子种形成

许多学者从事实和理论的分析中得出结论:进化并非匀速的,缓慢、渐变的进化与快速、跳跃式的进化可能都存在。也有人认为进化是跳跃与停滞相间地发生(在第十一章中还要讨论)。

哥德斯密特(Goldschmidt,1940)首先提出,高级分类单元的起源不是通过变异的缓慢积累,而是通过大突变(涉及整个染色体组的系统突变)或跳跃式的进化而产生的。辛普孙(Simpson,1944)从古生物学资料分析中得出类似的结论:高级分类单元的起源是相对快速的。例如哺乳动物新目的产生大约只需 1 Ma,与它们的寿命比起来是相当短的。辛普孙认为,高级分类群的产生乃是物种越过适应阈,过渡到一个新适应带,并占据一系列相关的生态位的结果。他把这种快速、跳跃的进化形式称为量子进化(quantum evolution)。后来格兰特(Grant,1963)把快速的种形成叫作量子种形成。分类学家迈尔早就提出了快速种形成的几种可能的方式和机制,其形成过程通常是借助于特殊的遗传突变的发生和固定方式以及随机因素,从而快速地、直接地造成种群间的生殖隔离。由于新种形成过程中通常不涉及地理隔离因素,即形成新种的个体与种群内其他个体分布在同一地域,所以也被称为同地种形成(sympatric speciation)或分布区重叠的种形成。

量子种形成与同地种形成不完全是同义的概念,同地种形成的定义有些含混(下面我们还要谈到)。斯坦利(Stanley,1979)是这样定义量子种形成的:"进化改变主要集中在种形成初期的相对较短的时间(相对于种的寿命而言)之内的种形成过程。"量子种形成的具体实例不多,而争议颇多。

量子种形成的必要条件是:① 显著的突变(或大突变)发生,突变个体与同种群的其他个体之间生殖隔离;② 新突变个体能以某种方式繁殖和延续,突变基因迅速扩散(频率快速增长)并达到在种群中固定。

在自然界中,显著突变并不特别少见,而显著突变个体的延续则是困难的。量子种形成在自然界中可能存在,但我们了解得很少。量子种形成可能通过遗传系统中的特殊的遗传机制(例如转座子在同种或异种个体之间的转移),通过个体发育调控基因的突变,通过染色体组增数和减数等途径而实现。

另一种量子种形成途径涉及随机因素,并且或多或少涉及环境隔离因素,即小种群遗传上快速偏离其母种群。在有一定程度的环境隔离的小种群中,由于遗传漂移(genetic drift),由于自然选择的强效应,比较容易发生遗传组成上快速偏离母种群。一个脱离母种群的、遗传上偏离的小种群容易形成和发展为新的物种,这就是所谓的"奠基者原理"(founder principle)。例如,在一个物种分布区内,少数个体偶然地迁移到一个相对孤立的小区内,形成一个小种群。小种群本身的遗传组成就是物种基因库的有偏差的取样,又由于容易发生近交,自然选择对小种群的效应也比较强,种种因素导致小种群在遗传上显著偏离母种群,而且在小种群内突变基因比较容易快速固定。但小种群不稳定,很容易绝灭。据迈尔估计,99%的小种群绝灭了,因为它们虽然有形成新种的潜能,但它们很难越过适应谷(即在获得新的适应之前适应度的下降);只有极少数小种群越过适应谷而占据一个新的适应峰(形成新种)。

通过小种群快速的遗传偏离的种形成过程,也可以看作是同地种形成,因为小种群往往是在一个大种群的分布区之内的。环境的隔离机制是多种的,不一定是地理的。例如,感染全世界的人的三种虱子——*Phthirus pubis*、*Pediculus humanus* 和 *Pediculus.capitis*,它们分别寄生于人的腋下、体躯(或内衣)和头发中,假如它们是由同一个祖先种分异形成的,你能说它们是"同地"的还是"异地"的?

3. 关于种形成问题的争论

① 种形成的方式问题是近20多年来进化生物学家争论的热点之一。自从艾德里奇和戈尔德(Eldredge,Gould,1972)提出"断续平衡论"(punctuated equilibrium theory)以来,争论就变成"断续平衡论"与"线系渐变论"(phyletic gradualism)两个理论的对立。艾德里奇和戈尔德认为,古生物学的证据表明新类是"突然"出现的,化石记录中没有大量的中间类型,没有渐变的、平滑的进化过程的证据。新物种是突然出现的,然后是长时间的进化停滞,直到另一次快速的种形成。换句话说,进化过程似乎是跳跃、停滞、再跳跃,直至绝灭。而作为对立面的"线系渐变论"主张新物种是渐进地形成的。如果物种是渐进形成的,那么必定有大量的中间类型的化石记录。然而,化石记录中的中间类型虽然也有,但不常见。达尔文的解释是:由于地质过程的原因,地层中保存的化石记录很不完全,由于化石记录不全,所以看起来物种似乎是"突然"出现或"突然"绝灭。

上面叙述的关于种形成模式的两个对立的观点可以综合列于表8-1。

表 8-1　两个种形成模式的比较

"线系渐变"模式	"断续平衡"模式
新种通过祖先种群的表型进化改变而形成	新种通过种群内的分异而形成
新种形成是渐变的	新种形成是快速("跳跃")的
种形成过程涉及种群内大多数个体	种形成过程最初只涉及种群内少数个体
种形成过程中环境的隔离因素起重要作用	大突变、遗传漂移及其他偶然因素在种形成过程中起重要作用

表8-1中的两个对立的种形成模式,实际上代表两个极端的观点。例如,表中的第1项,渐进种形成并不排斥种群的分异(分支),达尔文本人就始终强调性状分歧(水平进化)。在种形成的速度问题上双方也并非完全对立。主张渐进种形成的人也认为在某些情况下种形成可能是一个快速的过程。渐进并不一定是慢速的。实际上,争论双方阵营的划分是不大分明的。例如,迈尔(1977)曾经竭力宣传快速种形成的观点,他认为已存在的物种,其遗传组成是成功

地适应其生存环境的,通过缓慢的微小突变的积累是不大可能造成显著分异而产生种上分类单元的;新种和新的高级分类单元的产生只能通过大的、快速的基因型的改变。这个观点已非常接近艾德里奇和戈尔德的断续平衡论观点。按迈尔的说法,新种的产生必定是一种跳跃,新种必定显著不同于其源出的老种。然而这又如何解释他曾深入研究过的姊妹种(sibling species)呢? 不仅迈尔,其他综合论者,如辛普孙、杜布占斯基等在种形成的解释上都曾提出过自相矛盾的观点。

断续平衡论者把达尔文作为对立面加以批判,否认渐变,否认渐进的种形成的可能性。然而,达尔文强调渐变,强调连续(从个体差异到不显著变种,再到显著变种和物种),是因为他的对立面是特创论,是种不变论。达尔文并不否认自然界的物种偶尔发生突然的改变。达尔文强调渐变,但并不能说他是"渐变主义"(gradualism)。例如,达尔文在《物种起源》中有一段话非常接近断续平衡论的观点,他写道:"许多物种一旦形成就不再进一步改变……物种发生改变的时间虽然也以年计,但相对于不改变的时间是短暂的。"

② 目前,渐进种形成和量子种形成两方面的实例或证据都有,渐变进化与断续的进化两种模式的证据也都不少。问题不在于哪一种理论正确,哪一种理论错误,而在于哪一种模式在自然界更普遍,更常见。问题还在于我们对种形成的具体过程和种形成的机制了解甚少。哥德斯密特认为,高级分类群是通过大突变(系统突变)产生的,大突变产生出一个不同于同种其他个体的怪物,这个怪物有可能是有利大突变的携带者,它成为一个新的分类群的祖先,如,始祖鸟就是一个有希望的怪物(hopeful monster),它成为鸟类的祖先。

支持哥德斯密特观点的人还举出其他许多论据。一种功能完善的器官的适应度很高,但其中间状态要么有害,要么无利,因此其起源不可能是渐进的。例如,腹足类的内脏在进化中发生过180°的扭转(前鳃类的肛门、鳃和排泄系统出口都在头部一端,而后鳃类相反),在进化中产生任何中间过渡形式的可能性都是不可能的(消化道的开口和呼吸器官不可能处于螺壳的中间位置)。不完善的羽、不完善的翅、不完善的肺、不完善的乳腺,都不能受自然选择作用而发展。

反对哥德斯密特的人也有许多理由。大突变发生的概率很低,有利大突变就更少了。在同一种群内同时发生两个以上相同的有利大突变的概率就更加微乎其微。如果大突变产生出一个"有希望的怪物",而它却找不到同类配偶,则这个怪物就没有希望了。只有无性生殖的生物,例如,某些植物的大突变个体可能通过无性生殖或自体受精而延续。

4. 关于种形成方式的小结

① 通过地理的或其他环境隔离机制,被分隔的种群由于遗传差异的积累而达到生殖隔离,这种渐进的种形成方式在自然界中确实存在,已有不少事实证据。

② 量子种形成的定义模糊。如果量子种形成单是指种形成过程时间短、进化快,那么究竟多长时间、多快的速率才可称得上"跳跃"? 是几代,还是几百代? 是几年,还是几千年? 快速的种形成并不一定要通过大突变。隔离因素加上强的分异选择或定向选择有可能造成快速的种形成。例如,第七章列举的加拉帕戈斯群岛达尔文地雀的快速进化分异,根据某些学者的观察和计算,由中体型的强壮地雀(*Geospiza fortis*)进化到其近亲大体型的大钩鼻喙地雀(*G. magnirostris*),在平均每10年发生一次干旱(造成强的定向选择压)的情况下,只需200年

(Grant,1991)。在这种情况下,种形成速率很快,但其进化过程是渐变的而不是跳跃的。东非大湖区的数百种土著丽鱼(cichilids)可能是在短短的 1 万多年内由共同祖先种分异形成的,因为最近的研究证明东非大湖在更新世末期 12 400 年前曾完全干涸(Johnson et al. ,1996;见本书第十章)。这说明,通过选择、隔离分化的渐进的种形成过程并不一定是缓慢的。

　　③ 如果把量子种形成定义为无中间过渡的种形成过程,那么下面的情况是否可称为量子种形成呢? 在强的选择压作用下,一个物种在改变为另一个新种时,原来的种因逐代的选择淘汰而不存在了,中间过渡类型也不存在。如图 8-7 所示,新种形成是因快速的表型进化改变,这里并未发生分支,而是线系进化的结果,可以叫作不分支的跳跃种形成。

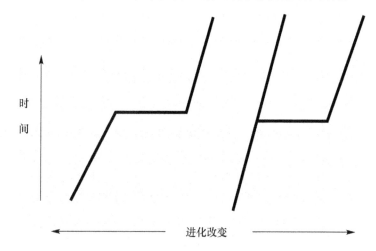

图 8-7　量子进化与量子种形成
新种形成仅仅是因快速地表型进化改变,而不伴随分支(左),这种不分支的跳跃的种
形成不同于快速的分支种形成(右),前者是量子进化,后者是量子种形成

　　辛普孙的量子进化概念不完全等同于格兰特的量子种形成的概念。前者虽然认为量子进化是快速的进化,但它可以通过分支种形成,也可通过线系进化而实现。上面所举的例子应属于量子进化,而不属于量子种形成。

　　因此,量子种形成应该定义为无中间过渡的、快速的分支种形成。

第九章　分类系统与进化谱系

　　草木畴生，禽兽群焉，物各其类也。

——荀子

　　草、木、禽、兽各有其类，识别和区分各种生物，并将其逐级归类，形成门、纲、目、科、属、种多级金字塔式的分类系统，这种基本的分类方法在古代中国和古希腊早已有之。建立在形态学基础上的分类学是生物学中最古老的学科。形态学与分类学很早就被牵扯到创世说与进化论之间的争论之中：同源与同功，原型与分化等这些形态学的概念曾被用来支持或反对不同的观点或学说。分类学本身也随着生物学的基本理论和指导思想的演变而演变，以识别和区分各类生物为主要目的的传统分类学，演变为以追溯进化谱系为主要目的的现代生物系统学（systematics）。分子生物学的发展使得我们在追溯进化谱系时不仅仅依据表型（形态的、生理的、行为的）特征，而且能够直接比较不同生物的基因型特征（例如，编码基因的序列），并在此基础上建立了分子系统学（molecular systematics）。通过生物分类学工作追溯进化谱系（phylogeny），建立能反映进化谱系的分类系统，成为进化生物学领域中的一个重要的内容。

9.1　分类学与系统学

　　通常意义的分类学（taxonomy）是指对生物进行识别、鉴定、描述、命名和归类的专门学科分类学的任务可以分为两部分：第一部分就是物种的识别、鉴定、描述和命名，这是基本的、也是繁重的工作；第二部分就是归类和建立分类系统，为每个已鉴定的物种在分类系统中安排一个合适的位置。这部分工作理论性强，与进化理论密切相关。

　　对分类学的最大误解，就是把生物分类看作是和图书分类编目、商品归类、岩石和矿物分类等同样的工作。事实上生物分类之所以成为一门特殊的学问,在于生物与非生物有一个最根本的区别,那就是生物之间有亲缘关系,有历史的联系(因为生物经历了进化过程),而非生物却没有这种联系。因此,建立分类系统并非简单的事,它涉及生物学的基本理论和哲学思想。

生物的识别、命名和归类工作早在中国商周之前和古希腊时代就有了。从神农识百草到李时珍的《本草纲目》,生物(特别是植物)的识别和鉴定已达到相当准确的程度。亚里士多德对动物的分类也相当合理,但那时还不能称之为分类学。直到林奈创造了双名法并被普遍采用之后,分类学才真正建立起来。林奈识别并命名了12 000多种动、植物,并将它们归类为1000多个属。但林奈的双名法及分类系统主要是为了便于识别、记忆和整理自然界各类生物。林奈是种不变论者,信奉创世说,其分类的指导思想是认识和辨别上帝精心设计和创造的生物种,揭示上帝创造的智慧。因而林奈的物种是个别的、独立的创造物,它们之间不存在历史的内在联系,不存在亲缘或谱系关系。因此,林奈的逐级归类的分类系统并不是为揭示谱系关系而建立的。

进化论带给分类学以新的指导思想、新的概念、新的原则和新的方法,分类学的目的也随之发生了根本改变。举例来说,林奈根据生物的形态特征的比较来识别并命名物种,并根据物种间的相似性建立属、科、目、纲等分类单元。但林奈认为,每一分类群的共同特征反映了上帝造物的原始设计,即后来欧文所谓的原型(见第四章)。达尔文从进化的观点看问题,认为同一分类群的物种的某些共有特征是从共同祖先那里继承的;提出了共祖、传衍和性状分歧等新概念,并给予分类系统以新的含义。进化生物学家主张分类系统应反映物种之间的亲缘关系历史的联系或进化的谱系。因此,以进化理论为指导思想的分类学,其目的已不仅仅是物种识别与归类,分类的主要目的是通过分类追溯系统发生(phylogenesis),推断进化谱系。这样的分类学就是系统学。

系统学可以定义为比较研究生物所有的可用于分类的特征,建立可反映生物类群进化历史(进化谱系)的分类系统的学科。分类学的任务是鉴别和命名物种,并将物种归并到不同等级的分类单元,建立便于检索的分类系统。同时,分类学还要研究和制定有利于分类工作进行的分类法则(例如,命名法)。实际上系统学也要做上述的分类学基本工作,因此,分类学可以看作是系统学的组成部分。分类学的最终目的是要建立一个既实用又反映进化历史的分类系统。分类学如能达到这两个目的,那么它和系统学就合二为一了。但事实上分类学的要求与系统学的要求有时是不能调和的,这一点我们下面还会说明。

简言之,系统学是在进化理论的指导下通过分类学的基本工作来研究系统发生,推断生物的进化谱系的专门学科。以建立反映生物进化历史的分类系统为最高目的的分类学也被称为进化系统学,它是从传统分类学发展演变而来的。

9.2 分类学的两种指导思想和两种原则

分类学中有以两种截然不同的指导思想建立的分类原则。

第一种是根据表型特征识别和区分物种,并按照表型相似的程度逐级归类,建立易于检索的分类系统,这就是表型分类原则(the phenetic principle of classification)。根据这种原则的分类不涉及进化,生物与非生物被等同看待;生物的任何表型特征原则上都可作为分类依据而不必对这些特征进行分析和区别对待;按照表型相似的程度或相异程度(表型距离)逐级归类,所建立的分类系统以易于检索和实用为目的,而不必反映生物的进化谱系。

根据表型分类原则,生物分类与非生物分类没有本质的不同。非生物也可以根据物理的特征进行分类。例如,矿物可以根据化学组成、晶形、硬度、颜色及光学特征来鉴别和归类,图书可根据标题、内容、著者、出版时间等来分类编目。所建立的分类系统(矿物分类检索系统,图书目录或检索系统)以实用方便为目的,并随着所选择的分类标准不同而不同。根据化学组成对矿物进行分类,则有硫化矿物、氧化矿物、硅酸盐矿物、碳酸盐矿物等;若以晶形、光性或其他物理特征为分类依据,则有另一套分类系统。因此,表型分类难以避免分类的主观任意性问题。

遵循表型分类原则的分类方法叫作表型分类。作为表型分类的典型代表,数值分类学(numerical taxonomy)建立了一套能减少主观任意性的,能比较客观地、定量地反映分类对象之间的表型相似性或表型距离的分类原则和方法(参考 Sokal,Sneath,1963),其要点可以概括如下:

① 将用于分类的表型特征数值化,便于统计学处理;

② 在计算和比较分类对象的表型相似性或表型距离时,要选择尽可能多的表型特征,分类特征愈多,则客观性愈强;

③ 所有用于分类的表型特征原则上是等价的,即所有特征在分类上被一视同仁,不特别强调某些特征的分类学意义;

④ 通过多变数统计学方法(例如,聚类分析)对分类对象的数值化的表型特征进行分析,根据计算出来的相似性系数或距离系数逐级归类。

数值分类克服了传统的表型分类的某些缺点,例如,避免了分类特征文字描述的含混不清,分类对象的性质不同的表型特征可以用统一的数字语言进行定量的比较,减少了主观任意性。

然而数值分类也和传统的表型分类一样,其最大缺陷是缺少理论基础,即将生物与非生物同样对待,忽略了生物之间的历史的、内在的联系。

第二种分类原则是以建立进化谱系为目的的谱系分类原则(the phylogenetic principle of classification),遵循这种原则的分类方法被称为谱系分类。谱系分类的代表就是"分支系统学"(cladistic systematics),它主张以进化中的分支作为识别和区分分类单元的标准和确定各分类单元谱系关系的依据,以所谓的共祖近度(recency of common ancestry,这个概念后面将做解释)来衡量不同分类单元之间的亲缘关系,并确定其在谱系中的地位,最后建立的分类系统是反映系统发生历史的进化谱系(参考周明镇,张弥曼,余小波,1983)。换句话说,谱系分类的基本原则是分类系统与进化谱系相符合。谱系分类只适用于生物,不能用于非生物分类。

在大多数情况下,表型分类与谱系分类能给出同样的或非常近似的结果。例如,我们将牛(*Bos taurus*)、山羊(*Capra hircus*)、梅花鹿(*Cervus nipon*)、麋鹿(*Elaphurus davidianus*)、虎(*Panthera tigris*)、豹(*Panthera pardus*)、狼(*Canis lupus*)、狐(*Vulpes vulpes*)8 种动物进行分类,按照谱系分类原则得到的分支树系和应用表型分类得出的表型(距离)树系相同,因而无论根据表型分类原则还是谱系分类原则,所建立的分类系统都与进化谱系相符合(图 9-1)。但是,在某些情况下,两种分类原则给出不同的结果。例如,当我们将龟、鳖、蛇、蜥蜴、鳄鱼和鸟类分别进行表型和谱系分析,结果如图 9-2 所示。根据分支分析,最早的分支发生在龟、鳖类与其他各类之间,然后是蛇和蜥蜴先后分支出来,而鳄鱼与鸟类最后分支出来。从分支树系来看,鸟类与鳄鱼最近,它们在分支树系上有最近共同祖先。但是,按多项表型特征的距离分析,鸟类因其特化的体型、飞翔器官、羽以及恒定体温等而与鳄鱼及蛇、蜥蜴差异很大;而鳄鱼在综合表型特征上与鸟类差异较大,更接近蜥蜴和蛇。因此,根据表型距离而做出的树系图与分支树系不相符合。如果根据表型距离,鳄鱼应和蛇、蜥蜴等归入一类,而鸟类应独自为一类。但若按谱系分类原则,鳄鱼应和鸟类归入一类。这样一来,两种分类原则就有两种不同的分类结果(图9-2)。之所以发生这种情况,是由于不同种类的动物的不同部分或不同器官的进化改变的速率不同。鸟类在头骨构造上与鳄鱼最近似,但鸟类因适应于飞翔而在体型、前肢构造、皮肤附属物以及生理上的进化改变很大。鸟类与鳄鱼虽然有较近的共同祖先,但由于鸟类表型适应进化很快,在某些表型特征上与鳄鱼类相距甚远。

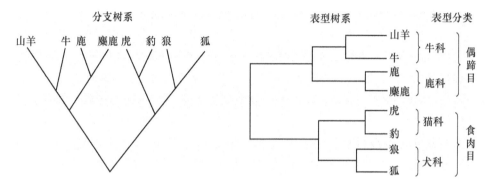

图 9-1 根据谱系分类原则和表型分类原则对 8 种动物的分析和分类

分支树系(左)和表型树系(右)相符,两种分类原则得到相同的结果

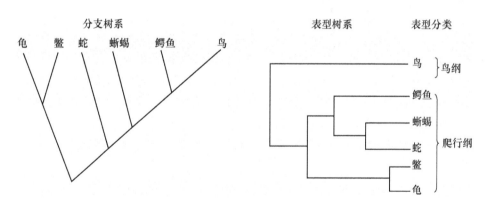

图 9-2 分支树系(左)与表型树系(右)不完全相符

在分支树系中鳄鱼与鸟类最近,但在表型树系中鸟类与所有其他动物表型距离很远

9.3 分支系统分析与进化谱系的推断

以追溯进化谱系为目的的分支系统学已成为进化生物学中的一个重要组成部分。亨尼

(Hennig,1966)把他建立的分支系统学称作谱系系统学(phylogenetic systematics),也可译为系统发生系统学,因为他主张把生物的分类建立在谱系分支的基础上,即通过各类性状(特征)的分析追溯谱系分支。所谓分支,就是有区分意义的性状(特征)的产生,也就是性状分歧。由同一进化线系(一类生物在时间上的延续就是一条进化线系)的分支,产生出两个对立的类群,称为姐妹群。例如,前面举出的例子(图9-1)中的虎与豹、狼与狐、鹿与、麋鹿、山羊与牛在谱系分析中分别构成4个姐妹群。分支系统分析的具体操作就是通过性状(特征)分析来识别姐妹群,并以类群之间的共祖近度(在谱系关系上相对于共同祖先的"距离")来安排它们在谱系关系。这个分支树系一方面反映了系统发生,另一方面又是分类的唯一依据。

分支系统分析的基本原则可概括为如下几点:

① 分支系统要求一个分类群(分类单元)应包含一个共同祖先的所有已知的后裔成员,即所谓的单源群(monophyletic group),所建立的分类系统是单源群系统。

② 分支系统学认为,各分类单元是通过分支进化(cladogenesis)产生的,通过对分类对象的各种特征的比较分析来确定谱系分支,这是分支系统学中最基本的工作之一。

③ 根据各分类单元之间的共同特征来确定它们的谱系关系,分类单元之间共有的衍生的同源相似性(the shared derived homologies)在确定谱系关系和识别姐妹群上最有意义。

④ 需要最少数目进化改变的进化谱系,即遵循所谓的简约性原则(parsimony principle),以此所推断的进化谱系最可靠。

⑤ 各分类单元之间的共祖近度是衡量它们亲缘关系远近的唯一指标,进化谱系是分类的唯一依据。

下面,我们对分支系统学的基本原理和进化谱系推断方法做进一步解释。

1. 分支系统学要求建立单源群系统

分支系统学要求区分三种分类群,即单源群、近源群(paraphyletic group)和多源群(polyphyletic group)(图9-3)。分支系统学只接受单源群,拒绝在分类系统中包含近源群和多源群。所谓单源群,是指一个分类群应包含同一祖先全部已知的后裔,而不能排除任何一个。例如,前面的例子(图9-2)中,如果按分支系统学原则,鸟类不应被排除在"爬行动物纲"之外;由于排除了鸟类,因而这个爬行动物纲不是单源群,而是近源群。

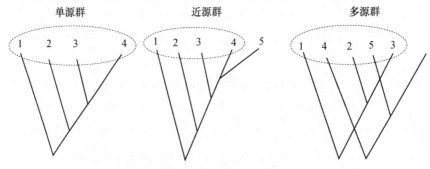

图9-3　三种分类群

单源群包含同一祖先的所有已知的后裔;近源群只包含同一祖先的已知后裔的一部分,表型进化较快的后裔可能被排除在外;多源群则包含了亲缘关系较远的表型趋同的种类(根据 Ridley,1993,改画)

　　如果一个分类群包含了多个共同祖先趋同进化的后裔,那就是多源群。表型分类不考虑趋同进化问题,因而有可能把趋同的性状作为分类依据而出现多源群问题。例如,在软体动物中有几种外壳形态很相似的种类,蝛(*Acmaea*)、帽贝(*Patella*)、无鳃贝(*Lepeta*)、菊花螺(*Siphonaria*)以及新帽贝(*Neopilina*),它们都具有帽形壳,外形十分接近(图9-4)。

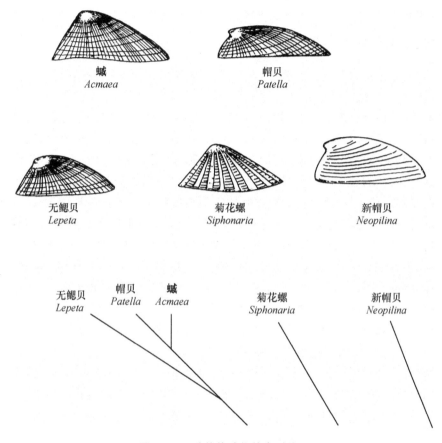

图 9-4　几种软体动物的表型趋同

这几种亲缘关系较远的软体动物都具有帽形的壳。新帽贝与寒武纪的单板类化石很相似,它被认为是活化石。帽贝、蝛和无鳃贝分属腹足纲的前鳃亚纲不同的科,菊花螺则属于腹足纲的肺螺亚纲,它们都栖息于潮间带岩石海岸,适应于强波浪的环境。如果仅仅根据壳形特征将它们归入一个分类群,则构成一个多源群

　　前面4种属于软体动物的腹足类(Gastropoda),但亲缘关系上并不很近,菊花螺属于肺螺亚纲(Pulmonata),其他3种分属于扭神经亚纲(Streptoneura)不同的科。它们由于适应于潮间带动荡环境而在壳形上趋同。新帽贝则是一种栖息于深海的活化石,与早寒武世的化石单板类(Monoplacophora)形态上相似,其结构具有软体动物双神经类(Amphineura)和腹足类双重特点。新帽贝目前也被归入单板类,其帽状的外壳是原始的特征。如果根据壳形特征来分类,将它们归入一个类群,那么这就是一个多源群(这只是假设情况)。分支系统学要严格区分三种类群,并且要求所建立的分类系统只能是单源群系统。

　　简言之,按照表型分类原则所建立的分类系统可能也容许包含多源群;而分支系统学只容

许单源群,因为它要求分类系统与进化谱系相符合。但是,分支系统学的这种苛刻要求却往往与分类学的实用目的相冲突,使分类学因迁就理论要求而失去实用意义。许多分类学家主张兼顾分类学的两种目的和要求,从而有综合进化分类学的出现,它主张分类学要考虑分支进化和前进进化(anagenesis)两个方面,既接受单源群,也容许近源群。关于综合进化分类原则,我们后面还会详述。

2. 推断进化谱系的简约性原则

确定分类单元之间谱系关系的基本方法就是对各类特征进行比较,获得指示各单元之间亲缘关系的依据。

特征(或性状)是生物表型可识别的单位(除表型外,生物分子特征、基因型特征也用于谱系分析)。每项特征可以有两个或多个可能的状态,例如,脊椎动物的"有性生殖方式"这项特征有"卵生"与"胎生"两个可能状态;动物"皮肤附属物"这项特征有"毛""羽""鳞"等可能状态。

我们以前面所举的牛、山羊、狼、狐 4 种动物为对象,分析比较它们的特征,推断它们之间的谱系关系。最简单的方法是根据它们之间的表型相似程度聚类并排列谱系,即从相同特征的数目指示相似程度,将相同特征最多的种聚类在一起。4 种动物具有许多共同特征,例如,都有脊椎,都是胎生,都有乳腺,都是恒定体温,都有毛等。也有一些特征是部分动物所具有的,例如,牛与山羊都反刍,而狼与狐则无;牛与狼(狐)有长尾,山羊则为短尾等。每个动物具有该种独有的特征,例如,它们的体型各不相同。可比较的特征几乎是无限多的,在确定谱系关系时选择哪些特征和选择多少特征进行比较,则决定性地影响最终结果。换句话说,如果以相同特征的数目为确定谱系关系的依据,那么对特征的选择的不同就会有不同的谱系。这就是问题所在:如果有多个可能的谱系,那么哪一个最可靠?

系统学家提出推断谱系的原则:在所有可能的谱系关系中,所涉及的进化改变事件数目最少的谱系是最可信的,这就是简约性原则。换句话说,按简约性原则推断谱系是最合理的。4 种动物有 3 种可能的谱系(图 9-5):A——牛与狼、狐与山羊分别聚类;B——牛与狐、山羊与狼分别聚类;C——牛与山羊、狼与狐分别聚类。

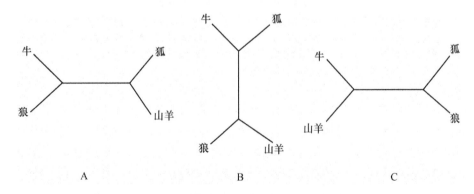

图 9-5　推断进化谱系的简约性原则图解

假设牛、山羊、狼与狐 4 种动物被作为谱系关系分析的对象,根据它们的特征比较来排列谱系,则有 A、B、C 三种可能的谱系。按简约性原则,谱系 C 是最可信的,因为它涉及的进化事件数目最小(参考正文)

各类的共同祖先不能确定,也许牛是它们共同祖先,也许狼是它们的共同祖先,也许它们的共同祖先是谱系中的任一点上的未知动物。因此,图 9-5 中的谱系是所谓的"无根树系"(unrooted trees)。

假如 4 种动物的共同特征忽略不计,假设牛与羊之间有多达 40 个相同的特征,这些特征是狼与狐所没有的;狼与狐之间也有 40 个牛、羊所没有的共同特征;4 种动物又各自具有 8 个独有特征(只为一种动物所有的特征)。假设牛与狼、狐之间,山羊与狼、狐之间的共同特征很少而忽略不计。我们先假定牛为其他 3 种动物的共同祖先,以牛为起点,看看从牛进化到其他 3 种动物总共需要多少进化事件(每一个进化事件产生或改变一个特征)。

先看图 9-5 中的谱系 A:

① 牛进化出自己的 8 个独有特征需要 8 个进化事件;

② 牛进化到狼和狐分别需要 48(即 8+40)个进化事件,总共需要 96(即 48×2)个进化事件;

③ 牛进化到山羊需要 8 个进化事件;

④ 整个谱系涉及 112 个进化事件。

如果以任何其他动物为进化起点,计算结果相同。谱系 B 的情况与谱系 A 相同,总共涉及 112 个进化事件。现在看看谱系 C:

a. 牛自身进化需 8 个进化事件;

b. 牛进化到山羊需 8 个进化事件;

c. 牛进化到狼、狐只需 56(即 40+8+8)个进化事件,因为狼与狐有最近的共同祖先;

d. 狼、狐各自有 8 个独有特征,需要 16 个进化事件;谱系涉及的进化事件总数为 72 个。

以任何其他动物为进化起点,总的进化事件数目相同。

由此可以得出结论是:按简约性原则,谱系 C 以其最少的进化事件数目被认为是最可信的。

这里有一个问题:为什么简约性原则是合理的?

简约性原则是建立在这样一个假设的基础上的,即重复进化的可能性极小。换句话说,一个特征一旦进化产生,要么一直传递下去,要么消失,不大可能重复地产生、消失、再出现。例如,动物祖先从卵生进化到胎生,胎生这个特征状态就一直保持下来,成为哺乳动物的共同特征。在卵生到胎生的进化历史过程中,不大可能经历从胎生再转变为卵生,然后再进化出胎生这样的重复事件。简约性原则就是建立在"进化途径是简约的"这样一个推理上。

3. 特征分析

可以比较的特征几乎是无限多的,分支系统学要求对分类特征进行分析,有所选择。

(1) 识别和区分同功特征和同源特征

物种之间的相似性可以区分为两类:其一是同源的相似性(homologies),即不同物种具有与它们共同祖先相同的特征;其二是同功的相似或趋同的相似性(analogies, convergent similarity),即不同物种的相似的特征是各自独立进化的结果。同功特征(或趋同特征)没有指示谱系关系的意义,因此,特征分析的第一步就是识别和区分同功特征和同源特征。例如,前面曾提到的帽贝、蠋、菊花螺和新帽贝,它们都有斗笠状的贝壳。然而只要仔细分析比较它们的其他特征，就知道相似的外表之下却隐藏着实质的差异：例如，帽贝和蜒具有扭转的内脏和位于前方的不对称的鳃；菊花螺具有能在陆上呼吸的"肺"（外套膜变态而成）；新帽贝则有两侧对称排列的 4 对鳃。这说明它们之间的亲缘关系甚远。帽贝、蜒和菊花螺都栖息于潮间带的动荡环境，斗笠状的外壳是趋同进化的结果，而新帽贝的笠状壳则是原始特征。因此，对于这些物种来说，壳形特征不宜作为推断谱系关系的依据。

同源的相似性又需要进一步区分。某些共同特征可以是来自较远的共同祖先，例如牛、山羊、狼、狐都是胎生，都有乳腺等。这种相似性叫作共祖相似性（the shared ancestral similarities），这种同源特征叫作祖征。另一类相似性是来自最近的共同祖先，或者说姊妹群的两个物种具有其最近的共同祖先第一次出现的特征。例如，牛与羊都有 4 个胃，能进行反刍。这种相似性被称为共衍生相似（the shared derived similarity），这类特征叫作衍征。在分支系统分析中，衍征最有意义，因为衍征指示两个物种（或两个分类单元）的最近的共同祖先。而祖征虽然指示了许多物种的同源，但在谱系分析中没有区分意义。如果衍征只出现于其中的 1 个物种或 1 个分类单元，称之为独有衍征（autapomorphy）。例如，山羊的胡子是牛、狼、狐所没有的独有衍征，它将山羊与其他动物区分开来。

（2）确定特征的极性

这里有一个问题，即怎么知道一项特征的不同状态在进化上孰先孰后？弄清楚这一点才能区分祖征和衍征。例如，胎生与卵生哪一个老，哪一个新？反刍胃与非反刍胃哪一个在先，哪一个在后？弄清楚了，则一项特征就有了方向，用系统学的术语说就是特征有了极性。如果特征有了极性，则推断的谱系也就有了方向性，有方向的谱系树才能有根，无根谱系树才能因此而变为有根谱系树（rooted phylogenetic tree）。

怎样确定特征的极性呢？

第一个简便方法是外群比较法。所谓外群（outgroup），是指分类对象之外的、但与分类对象有一定亲缘关系的物种。例如，如果分类对象是牛、山羊、狼与狐，我们可以选择鳄鱼作外群，也可以选择关系更近一些的老鼠作外群。鳄鱼以及其他爬行动物都是卵生的，我们也知道鳄鱼的化石的记录比牛、山羊、狼与狐要早，因此我们可以确定卵生在前、胎生在后，生殖方式这个特征就有了极性。我们用同样的方法，即通过外群比较结合化石记录以及胚胎发育等方面的知识可以确定反刍胃是衍征，而非反刍胃是祖征。

下面，我们通过一个简单例子来具体地说明前面提到的一些专用术语和谱系关系分析的具体过程。

现以小鼠（*Mus musculus*）、大袋鼠（*Macropus giganteus*）和鸭嘴兽（*Ornithorhynchus anatinus*）这 3 个远缘物种作为谱系分析对象，并以麻雀（*Passer montanus*）作为外群来分析它们的系统关系。它们具有某些共同特征，如有脊柱、封闭式血液循环系统、恒定的体温等；另一些性状，如有乳腺，是 3 个分析对象所共有、外群（麻雀）所无的。上述特征不是趋同进化的结果，而是来自较远的共同祖先，即所谓的祖征。祖征无助于限定和区分这些分类单元，在系统分析中无意义。另一些特征，如生殖方式（有胎生与卵生两种特征状态）和生殖器官结构（泄殖腔的有或无两种特征状态）是 3 个被分析的分类单元之间有差异的特征。例如，鸭嘴兽是卵生，有泄殖腔；小鼠与大袋鼠是胎生，无泄殖腔。胎生和无泄殖腔这两种特征状态是小鼠与大袋鼠共有、鸭嘴兽及外群（麻雀）都无的，这类只见于分类群中的部分成员的特征就是衍征。胎生与泄殖腔退化是小鼠与大袋鼠在进化中获得的共有衍征（synapomorphy）。小鼠具有胎盘，大袋鼠没有胎盘,有胎盘这个特征是小鼠独有的,即独有衍征。小鼠与大袋鼠由于胎生和泄殖腔退化等共有衍征而在分支树系中联在一起(图 9-6),构成姊妹群。相比之下,小鼠与大袋鼠的共祖近度要比小鼠、大袋鼠姊妹群与鸭嘴兽之间的共祖近度大些,这在图 9-6 的分支树系中已经表示出来了。

图 9-6 分支树系图解
以鸭嘴兽、大袋鼠和小鼠作为谱系分析对象,以麻雀为外群的分支系统分析(详见正文)

祖征与衍征概念是相对的,例如,乳腺的存在对于小鼠、大袋鼠和鸭嘴兽这个单源群而言是祖征;但假如把麻雀加入分支系统中,则乳腺又是衍征。

分支系统分析是一个相当复杂的技术操作,涉及许多具体的技术问题。分支系统学者们发展出一些数据处理和分支树系联结的原则、方法和计算机程序,此处从略了。

4. 进化谱系与分类学矛盾的调和：综合进化分类

分支系统学与分类学的目的要求不能完全吻合。分支系统学似乎逐渐与分类学脱离而独立发展。分支系统学在生物分类上要求分类系统完全对应于进化谱系,而这一点与分类学的实用要求往往冲突。综合的进化分类学要求分类系统既要反映系统发生,又要反映前进进化和适应进化造成的改变;既要照顾理论的要求,又要考虑到分类学的实用目的。如果将分支系统学的树系与普遍接受的分类系统之间做一比较,分支系统学与传统分类学之间的矛盾就一目了然。在图 9-7 中鸟类在分支树系中的位置很低,它和恐龙类、鳄鱼类连接构成一个小群,它是小群中的一支;而在分类系统中,鸟类与爬行类、两栖类并列,构成(一个)高级分类群(鸟纲)。这是因为分类学家考虑到鸟类适应进化所产生的表型的显著改变。在树系左侧,鱼纲包含了几个并列分支(并系群),这和分支系统学要求不符合;在树系右侧,爬行纲、哺乳纲和鸟纲的划分也不符合分支系统学的要求。

分支系统学过分强调水平进化(分支)而忽视垂直进化(前进进化)。正如中国进化分类学家陈世骧(1987)指出的,分类学不能只反映系统发生(宗谱)而不考虑进化水平。他指出,若按分支分类学的原则,原核生物与真核生物不能并列为两大超界,而真核生物只能是原核生物下属的一个支系;同样的,动物与植物也不能并列为界,哺乳类与鸟类只能同属于爬行类下面的两个分支,爬行类将归于两栖类系统,两栖类将归于鱼类系统,黑猩猩将与人类成为姊妹群而与其他类人猿分开。这样的分类系统很难为分类学界所接受。陈世骧属于综合的进化分类学派,他吸收和采用了分支系统学中的一些概念和方法,将传统进化分类学与分支分类结合起来了。

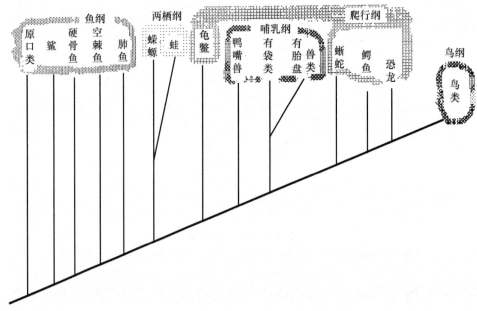

图 9-7　分支系统与分类系统的矛盾

分类系统中的鱼纲包含了几个并系群;鸟类在分支系统中与恐龙、鳄鱼很近,但在分类系统中它和所有的爬行类并列,这是因为分类学家考虑到鸟类的适应进化所产生的表型的显著改变。爬行纲是一个排除了鸟类和哺乳类的近源群

9.4　分子特征与分子进化谱系

　　传统的生物分类和谱系树(反映系统发生的树状谱系图)的建立是基于生物表型特征的比较分析,这里所谓的表型特征主要指形态学的(结构的)特征,也包括某些生理的、生化的以及行为习性的特征。

　　表型是基因型与环境相互作用的产物,基因型相同的个体在不同环境条件下发育,可能出现显著的表型差异,给分类和谱系分析带来很多困难和不确定性,所以有人主张直接将基因型特征用于分类和系统学研究。这里所谓的基因型特征是指基因和基因产物的分子结构特征,具体地说就是某些蛋白质分子及其编码的 DNA 和 RNA 的一级结构特征。

　　朱克坎德和鲍林(Zuckerkandl,Pauling,1965)最早提出这个设想,认为核酸和蛋白质分子包含有系统发生的信息,可以用于系统学研究。然而,基因型特征这个概念有点模糊。如今,同工酶的电泳型、大分子免疫学特征以及某些生物化学分子(如脂类、色素以及多胺类等)的结构特征也被用于分类和系统学研究,这些特征属于表型特征还是基因型特征呢?严格地说,只有基因本身的结构(碱基序列)特征才算是基因型特征,基因的产物只有在能对应于基因结构的情况下才能称作基因型特征。所以,最好将可用于分类和谱系分析的生物分子,包括蛋白质、DNA 和 RNA 以及其他生物分子的特征总称为分子特征。

（1）分子特征在系统学研究中的应用

分子特征用于系统学研究有很大优越性。生物界不同类群形态学进化速率差异很大，但分子进化速率相对地恒定（见第十二章）。在建立包括最原始的生命在内的系统树时，不能不利用生物大分子的信息，这是第一个优越性。

一个基因或一个基因的片段包含了几百到几万对核苷酸，每个核苷酸位点就相当于一项特征，每一个位点有 4 种可能的特征状态，即相当于 4 种碱基。一个蛋白质或多肽分子由几十个到上万个氨基酸组成，每一个氨基酸位点相当于一项特征，每一个位点有 20 种可替代的氨基酸，相当于 20 个可能的特征状态。在谱系分析时，如果我们能识别和应用几十个表型特征就算很不错了，而用于谱系分析的分子特征的数目通常都在几百到几千个。这是分子特征，特别是生物大分子特征应用于谱系学分析的另一个优越性。

但是分子特征应用于系统学研究上也有很多局限性。

首先，分子特征较难区分同源与同功，也不容易确定祖征和衍征。当两个物种的某器官相似时，我们可以对该器官的结构与功能进行比较分析，进而判断它们是同源的相似，还是同功的相似。例如，比较人、犬、鸟、鲸鱼的前肢骨骼结构和它们的功能，就知道它们虽然有不同的功能，但有基本相似的结构，因而知道它们是同源的。我们也从内脏器官的比较以及贝壳的适应功能的分析中，知道帽贝与菊花螺的外壳形状的相似乃是同功的相似。然而，对于分子特征来说就很难判断同源和同功，也不容易确定祖征和衍征。

举例来说，细胞色素 c 的第 54 位点上，人与猕猴都是酪氨酸，马、猪、牛、羊、犬、兔、袋鼠、鸡、鸭等都是苯丙氨酸，但在企鹅，却是酪氨酸。我们很难知道，人与企鹅在细胞色素 c 的第 54 位点上的相似是同功（趋同）还是同源，因为我们不知道这第 54 位点上的酪氨酸被苯丙氨酸替换会有什么功能上的意义；我们也不能确定第 54 位点上的酪氨酸是衍征还是祖征。同样的，在第 70 位点上，人与猕猴都是天冬氨酸，猪、马、牛、羊都是谷氨酸，兔子又是天冬氨酸。很难确定人与兔在第 70 位点上的共同特征是同源的还是同功的，也不知道在第 70 位点的天冬氨酸与谷氨酸谁是祖征，谁是衍征。

正因为如此，生物大分子每一个位点就是一个独立的特征，每一个位点的进化改变（氨基酸的替代或核苷酸的替代）在谱系关系分析中都是等价的。也就是说，在第 54 位点上的改变（例如，酪氨酸被苯丙氨酸替换）与第 70 位点上的改变（例如，天冬氨酸被谷氨酸替换）在谱系分析时是同等看待的，不能说哪一个有意义，哪一个没有意义，或哪个意义大，哪个意义小。但表型特征却不是等价的，乳腺的有无与毛的颜色在指示谱系关系上是不等价的。

分子特征的上述特点使之有利于统计分析，因为分子特征能够转换为数值，因而数值分类方法中的距离法常常被应用于分子系统学中。

（2）分子进化谱系

许多分子系统学家应用分子特征数据和简约性原则来推断进化谱系（也可以叫作分子进化谱系或分子系统树），获得很好的结果。简约性原则在分子系统学的应用基于如下论断：

① 当一对亲缘关系密切的物种具有相同的氨基酸或核苷酸序列时，这段序列也存在于它们的共同祖先，也就是说可以看作同源的相似。

② 在最简约的谱系（即需要最少数目的的进化改变的谱系）中，一个类群所有成员共同的特征（相同的序列）和各成员的区分特征都是同源特征。

③ 在最简约的谱系中同源特征是可以识别出来的。

简约性原则应用于分子序列谱系分析,其程序与前面叙述的表型特征分析(图9-5)大体相似。图 9-8 以图解方式说明如何对 5 个物种的包含 6 个位点对应的氨基酸的同源蛋白质片段应用简约性原则进行分析的过程。简约性原则要求对所有可能的谱系进行分析,找出进化改变次数最少的谱系,即最简约的谱系。简约原则认为最简约的谱系才是正确的、可信的谱系。

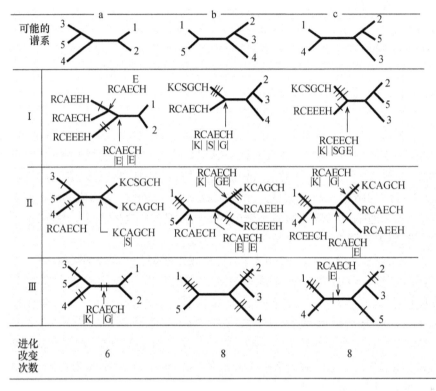

图 9-8　5 个物种的同源蛋白质片段(包含 6 个氨基酸的序列)的分子进化谱系分析

根据简约性原则计算各种可能的谱系(此处只选择 3 种可能的无根树系,列在图的上部)所涉及的进化改变次数,以短截线表示在图中。比较的蛋白质分子序列:物种 1 为 KCSGCH;物种 2 为 KCAGCH;物种 3 为 RCAEEH;物种 4 为 RCEEEH;物种 5 为 RCAECH(图中 A,丙氨酸;C,半胱氨酸;E,谷氨酸;G,谷氨酰胺;H,组氨酸;K,赖氨酸;R,精氨酸;S,丝氨酸)

5 个物种的序列可以排列成多种可能的谱系,图 9-8 列出其中 3 个(无根系)。让我们计算一下各谱系的进化改变次数。先看谱系 a:第一步先分析左侧 3 个物种。推断物种 3 和 5 的共同祖先序列可能是 RCAEEH 或 RCAECH;然后推断物种 4 与物种 3、5 的共同祖先序列,它可能是 RCAECH(步骤 1,箭头指示共同祖先序列)。这样计算出谱系 a 左侧部分共涉及 3 次进化改变。以同样方法计算出右侧部分也是 3 次进化改变,每一次进化改变涉及一个位点上的氨基酸替换(图中以短截线表示)。谱系 a 涉及的进化改变总数为 6。同样步骤,可计算出谱系 b 和 c 的进化改变次数都是 8。这样,我们知道谱系 a 是最简约的,也是正确推断的谱系。

在谱系 a 中,物种 3 和 5 的第 3 位点相同,都是丙氨酸(A),因而区别于物种 4(第 3 位点是谷氨酸)。因此,对于聚为一类的物种3、4、5三者而言,第3位点的丙氨酸是一个"衍征",它使物种3与5聚类并与物种4区分;而第1和第2位点的精氨酸(R)和半胱氨酸(C)则是无区分意义的"祖征"了。

需要说明的是,简约法虽然已经比较普遍地应用于分子系统学研究,但由于分子特征的趋同现象比表型趋同更常发生,而且区分分子同源相似性与趋同相似性比较难,所以分子系统学的一些研究结果,特别是在所应用的分子序列很短的情况下,有很大的不确定性,因而引起争议。

除了简约法以外,距离法也常应用于分子谱系分析。关于分子系统学的方法,我们将在第十二章中补充阐述。

第十章　大　进　化

夫自细视大者不尽,自大视细者不明。

——庄子:《秋水》

　　在小的时空范围内观察宏观的现象是达不到完全认识的;反之,以大的时空尺度观察细小的事物或过程也达不到精确的认识。

　　以大的时空尺度观察生物进化过程,即观察种以上的高级分类群在长的时间(地质时间)尺度上的变化过程就是大进化的研究内容。大、小进化之区分只是观察的尺度、层次不同。大进化与小进化结合研究,才能达到对生物进化的较完全、较精确的认识。

　　北宋的沈括在《梦溪笔谈》中曾经描述和解释过环境和生物在大的时空尺度上的变化,他写道:山崖之间,往往衔螺蚌壳及石子如鸟卵者,横亘石壁如带。此乃昔之海滨。今东距海近千里,所谓大陆者皆浊泥所淹耳。

　　1000 年前的中国学者已识沧桑之变:今日的大陆,昔日的沧海;随着环境的变迁,许多生物消失了,许多新的生物出现了。从大的时空尺度来看,生物圈随着地球环境的变化而变化的规律,就是大进化的研究内容。

　　在大的时空尺度上考察进化,就不能以个体或种群为对象,而是以物种和种上的分类群为对象。物种是大进化的基本单位。关于大进化与小进化之区分以及它们之间的关系,有许多争论。

　　物种和种上分类群的起源可以看作种和种上分类群的分类学特征的起源。高级分类群的特征是该分类单元所有成员共有的特征,也是与其他高级分类单元区分的特征。高级分类群的特征的起源通常被视为进化的革新事件。例如,真核生物细胞核与细胞器的起源,脊索动物的脊索和脊椎骨的起源,维管植物的维管系统起源,两栖动物呼吸器官起源,以及哺乳动物的乳腺、胎盘的起源等。这些特征的出现常常和适应辐射相关联,是大进化研究内容之一。

绝灭是进化的另一种形式。物种和种上的分类群既有产生，又有绝灭。物种和种上分类群的替代(新的产生，老的绝灭)，以及由此引起的生物圈物种多样性随时间而变化的规律，是大进化研究的重要内容。

物种在时间向度上的延续、分支、中断(绝灭)构成复杂的谱系关系，反映这种关系的系统树的特征也是大进化研究的对象。

10.1　名词概念

1. 专用术语

如果以时间(通常是地质时间，以 Ma 为单位)为纵坐标，以进化的表型改变(例如，形态变化)的量为横坐标，在这个坐标系中，某一瞬时存在的物种相当于坐标中的一个点；这个种随时间世代延续，则在坐标系中构成一个由该点向上延伸的线，这条线就叫作线系；线系是物种在空间和时间两个向度上的存在。如果该物种随着时间推移而发生表型的进化改变，那么代表该物种的线系在坐标中发生倾斜(朝某个方向)，在一个线系之内发生的表型进化改变叫作线系进化，线系倾斜度代表该线系的线系进化速率。

如果一个物种因线系进化造成的表型改变足以判断为不同于原物种的新的分类单元，在古生物学上称之为时间种。古生物学家为了使化石分类有助于相应地层的划分，常常将一个线系由下而上地划分为若干相继的、连续渐变的时间种。

一个线系的延续在某一地质时间终止了(在坐标上这个线系停止于某一点上)，叫作绝灭。在一个线系之内，由一个时间种过渡到相继的另一时间种时，前一个时间种的终止(并不意味着真正的线系延续的终止)，在古生物学上称之为假绝灭。

在一个物种之内分化出一个或多个新种，相当于一个线系发生分支，称之为种形成，或称之为分支形成或分支进化。有些学者认为种形成不一定伴随分支，种形成不等于分支形成。如果新种形成的同时，母种很快绝灭，则在进化坐标上看不到线系分支。

由同一条线系分支产生出若干线系，合起来像一丛树枝，称之为枝丛或线系丛。通常所说的系统发生或谱系进化，是指若干相关的线系或线系丛随着时间的进化改变。请注意：谱系进化涉及多个相关的线系，例如，某一分类群(相当于一个枝丛或进化系统树的局部)的各线系单元的产生(种形成、分支)、延续、中断(绝灭)的历史过程。换句话说，谱系进化就是通过种形成和种绝灭而表现出来的进化改变，包括平均表型的改变和分类学在多样性的变化；而线系进化只涉及一个线系，只包含平均表型的进化改变。

以上专用术语的图解见图 10-1(参考 Stanley，1979)。

2. 大进化的其他名词概念

(1) 垂直进化

垂直进化(vertical evolution)是导致生物结构复杂性程度增长的进化过程，也称为前进化(anagenesis)。

（2）水平进化

水平进化(horizontal evolution)是导致生物分类学多样性(taxonomic diversity)增长的进化过程,实际上是分支进化的同义词。

（3）停滞进化

停滞进化(stasigenesis)是结构复杂性程度和分类学多样性都无明显变化的进化过程。停滞进化的证据是"活化石",例如,腕足动物中的海豆芽(*Lingula*)、裸子植物中的银杏(*Ginkgo*)。

以上名词概念的图解见图 10-2 (Dobzhansky et al.,1977)。

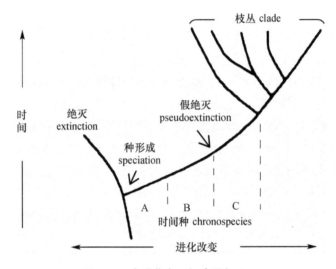

图 10-1　大进化名词概念图解之一

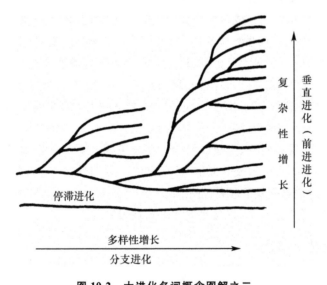

图 10-2　大进化名词概念图解之二

（根据 Dobzhansky,et al.,1977 年修改重绘）

10.2 大进化型式

大进化型式(pattern of macroevolution)是指在一定时间,一组线系通过线系进化、种形成和绝灭过程所表现出来的谱系特征。简单地说,就是谱系进化(系统发生)的时空特征。

现时生存的和过去存在过的生物之间的祖裔关系(亲缘关系)可以形象地表示为一株树:从树根到树顶代表时间向度,下部的主干代表共同祖先,大小枝条代表互相关联的线系。这就是系统树(phylogenetic tree)或进化树(evolutionary tree)。所谓的大进化型式则形象地表现在系统树的形态上:枝干的延续、中断、分支方式和分支频度,枝干的倾斜方向和斜度,枝干的空间分布特征等。

系统树是一个抽象的概念,它不是一个实际可见的实体,它是由研究者根据各方面的资料综合分析而推断出来的。由于研究者所掌握的资料不同,观点不同,推断出来的系统树的形态也不同。因此,究竟大进化的型式或系统树的形态是怎样的,常常意见不一。

1. 辐射、趋同和平行

（1）辐射

一个单源群的许多成员在某些表型性状上发生显著的歧异,它们具有较近的共同祖先,较短的进化历史,不同的适应方向,因而能进入不同的适应域(adaptive zones),占据不同的生态位。在系统树上则表现为从一个线系向不同的方向密集地分支,形成一个辐射状枝丛(线系丛),叫作辐射(radiation)。由于辐射分支产生的新分类群通常是向不同的方向适应进化的,所以又称适应辐射(adaptive radiation)。这些新分类群有较近的共同祖先,较短的进化史,不同的适应特征。

一个大的枝丛往往代表一个高级分类单元,因此,适应辐射往往导致一个高级分类群的"快速"产生。适应辐射发生在下面一些情况下:

① 一个物种或多个物种实现了一个"进化革新",即获得有进化潜能的新的适应特征之后,往往能进入新的适应域,而发生大的适应辐射。例如,元古宙末期,一些异养和自养的生物完成了从单细胞向多细胞体制的进化过渡之后,很快出现了后生动物与后生植物的第一次适应辐射。这一次适应辐射的证据是大约 6.5 亿年前中国扬子地台震旦系陡山坨组的原叶体植物化石群(见第六章)和 5.7 亿年前的软躯体的伊迪卡拉动物化石群。在寒武纪早至中期,无脊椎动物外骨骼产生之后,出现了三叶虫和其他节肢动物,具外骨骼的软体动物以及其他许多形态奇异、结构多样的动物,中国云南早寒武世的沉江动物化石群和加拿大中寒武世布尔吉斯页岩(Burgess Shales)动物化石群为典型代表,它们是动物界最大规模适应辐射的证据,生命史学者称这一次适应辐射为"寒武爆发"。

② 大规模的物种绝灭之后,种间竞争压力减小,空的生态位出现,往往导致快速的种形成和适应辐射。地史上多次大的集群绝灭之后,都有不同规模的适应辐射发生。元古宙晚期至末期,建造叠层石礁的蓝菌迅速衰落之后,多细胞动、植物及疑源类浮游植物迅速繁荣;奥陶纪末无脊椎动物中的三叶虫、笔石、腕足动物和苔藓虫共 100 多科动物绝灭,其后不久发生了鱼类的辐射;白垩纪末大型陆地爬行动物绝灭之后,第三纪早期哺乳类发生适应辐射。也有例

外，例如，地史上曾先后发生过 5 次珊瑚礁生态系统的大绝灭事件，分别发生在中寒武世特里马多克阶（Tremadocian）、早泥盆世法门阶（Famenian）、早二叠世赛特阶（Scythian），早侏罗世里阿斯阶（Lias）以及古新世。大绝灭的特征是全球范围内上述时期的相应地层中缺少或罕见珊瑚礁。大绝灭之后往往有一个长达 800 万～2000 万年的珊瑚礁生态位空虚时期，这可能是因为全球气温持续偏低，恢复缓慢之故（Copper，1989）。

③ 一个物种迁移到一个分散的、隔离的环境（例如，大陆物种迁移到群岛）或迁移到地形、地貌复杂的环境（例如，湖泊河流交错的地区，地形起伏多变的地区），形成许多隔离的小种群，由于分异选择以及随机因素而发生适应辐射，在相对较短的时间内形成适应于局部环境的性状分异的新种。例如，达尔文描述的加拉帕戈斯群岛达尔文地雀，生活在中美洲附近的这个群岛上的达尔文地雀有 13 种，它们是过去大约 100 万～500 万年期间由同一祖先（从大陆迁移来的一个物种）进化而来，它们的体型、喙形以及食性有明显的差异。又如，非洲东部维多利亚大湖区的众多的湖泊-河流网形成复杂的异质环境，生活在河湖区内有 500 多种丽鱼（cichilid），这类鱼属于丽鱼科（Cichilidae），形似河鲈，广泛分布于中南美洲、印度次大陆、中亚及非洲，在世界共有 1000 多种，而非洲的维多利亚大湖区的种数占一半。在大湖区的物种大多是各自在有限区域内占优势的地方种，各占一个湖盆地。湖沉积分析表明，大小湖泊的年龄为 75 万～180 万年。可以推断，这 500 多个地方种是在短短的 100 万年左右的时间内由共同祖先分支形成的。常将其称为"爆发式种形成"。最近的研究证明，大湖曾在 12 400 年前完全干涸（Johnson，et al.，1996），干涸状态持续了 1000 年之久，现在生存的丽鱼类必定是在 12 400 年之后由少数迁入的丽鱼祖先分异形成。在 10 000 年这样短的时间内形成数百个物种，可以说是进化的奇观。

④ 具有竞争优势的外来物种进入新的生态系统，在大规模排挤竞争劣势的地方种的同时，广泛地分布于新地域的不同地区，并快速分异形成适应不同环境的新种。例如，巴拿马地峡形成后，北美洲的某些哺乳动物进入南美洲后发生适应辐射。

（2）趋同

属于不同单源群的成员各自独立地进化出相似的表型，以适应相似的生存环境；不同来源的线系因同向的选择作用和同向的适应进化趋势而导致表型的相似，这就是趋同（convergence）。趋同进化与适应辐射恰恰相反，后者也可以叫作趋异。

固着生活的各门类的无脊椎动物，如腔肠动物门中的珊瑚、甲壳类的藤壶、棘皮动物门中的海百合都具有相似的辐射对称的躯体构型。水中游泳的不同门类的脊椎动物，如哺乳纲的鲸和海豚、爬行类的鱼龙都具有与鱼类相似的体型。

一般地说，适应辐射往往导致相关物种具有来自共同祖先的同源器官或同源特征，趋同进化则导致不同分类群的物种具有功能相似的同功器官或同功特征（analogous features）。发生适应辐射的类群，其成员保留着较多的同源特征，证明它们有较近的共同祖先。进化趋同的各物种具有明显的同功特征，较少的同源特征，证明它们的共祖近度小（有较远的共同祖先，见表 10-1）。

表 10-1　辐射与趋同的比较

	成员间表型比较		成员间的共祖近度
	独有衍征	共同祖征	
辐射	显著	多	大（亲缘关系近）
趋同	无或少	少	小（亲缘关系远）

（3）平行

同一或不同单源群的不同成员因同向的适应进化而分别独立地进化出相似的特征；换句话说，有共同祖先的两个或多个线系，其线系进化方向与速率大体相近，就叫作平行（parallelism）或平行进化。平行与趋同不易区分，一般地说，两条线系比较，若后裔之间的相似程度大于祖先之间的相似程度，则属趋同；若后裔之间的相似程度与祖先之间相似程度大体一致，则属平行。平行进化所导致的相似性既是同源的，又是同功的。

再看澳大利亚有袋类（后兽亚纲 Metatheria）与大陆的真兽类（真兽亚纲 Eutheria），双方有非常相似的（形态和习性上）对应物种。例如，澳大利亚的袋狼（*Thylacinus*）与大陆的狼（*Canis*）相似，袋猫（*Dasyurus*）与豹猫（*Felis*）相似，袋飞鼠（*Petaurus*）与鼯鼠（*Glaucomys*）相似，食蚁袋兽（*Myrmecobius*）与食蚁兽（*Myrmecophaga*）相似，袋鼹（*Notoryctes*）与鼹鼠（*Talpa*）相似，小袋鼠（*Dasycercus*）与老鼠相似。这些例子常被作为平行进化的典型事实。有袋类与真兽类来自共同祖先，澳大利亚与欧亚大陆自第三纪以来长期隔离，双方各自发生适应辐射，并独立地进化出适应不同环境的相似的物种。双方的相似性既包含同源（来自共同祖先），也包含同功因素（适应相似环境）。

三种进化型式的图解见图 10-3。

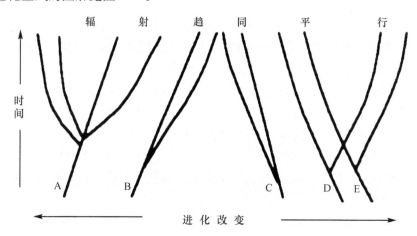

图 10-3　大进化型式图解之一：辐射、趋同与平行

2. 渐变型式与断续平衡型式

图 10-4 所示的两个不同形态的系统树代表两种大进化型式。下面解释其间的差别。

影响进化型式的两个最主要的因素是表型（此处是形态）进化速度（在图上表现为线系的倾斜）和种形成（在图上表现为线系分支）。表型（形态）进化的改变也相应地包含两个分量，即由线系进化产生的线系进化分量和由线系分支产生的种形成分量。再看看图 10-4，两种进化型式的差别可一目了然：A 图中各个线系的倾斜是大体均匀的，表明表型进化是匀速的、渐进的，进化改变主要由线系进化造成而与种形成无关，种形成（分支）本身只是改变进化方向；B图中线系的显著倾斜（几乎呈水平方向，代表快速的表型改变）和几乎不倾斜（几乎垂直，代表表型无改变）交替发生，表型进化是非匀速的，即在种形成（分支）期间表型进化加速（跳跃），而

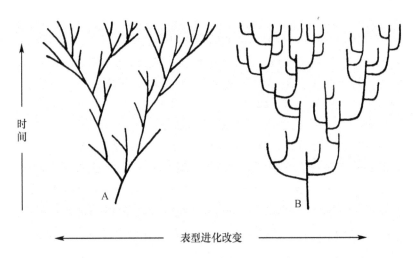

时间

表型进化改变

图 10-4　大进化型式图解之二：线系渐变型式（A）与断续平衡型式（B）

在种形成后保持长时间的相对稳定（几乎不发生表型的进化改变），表型的进化改变主要发生在相对较短的种形成期间。

上述两种进化型式的区分是由美国的两位古生物学家艾德里奇（Eldredge）与戈尔德（Gould）于 1972 年提出的。他们把后一种进化型式称为断续平衡模式（punctuated equilibria model），并认为是真实的；把前一种进化型式叫作线系渐变模式（phyletic gradualistic model），并当作对立面批判，认为是不真实的。之所以用断续平衡这个词组来命名他们的新理论，是因为强调进化速率的不均匀，即跳跃与停滞交替发生。戈尔德（Gould，1977）自己也认为这个名称不合适（我们也没有找到合适的译名），但未想出更好的名称。

两种进化型式一提出，就变成两种进化观点的对立。艾德里奇和戈尔德把两种进化型式视为互不相容的两种理论，把达尔文以及达尔文以后的多数进化学者的观点置于被批判的对立面，并冠之以"线系渐变论"（phyletic gradualism）。

艾德里奇和戈尔德早期的观点比较温和，但后来发表的一些著作中则使用了某些强烈的、甚至极端的表述方式来表达他们的观点。例如，Gould（1980，1982）认为，现代综合论是狭隘的外推论（extrapolationism）和还原主义（reductionism），以致引起对他们理论的反驳与批评（Hoffman，1989）。关于某些争论问题，我们将在本章的总结中阐述。

艾德里奇和戈尔德的理论的要点是：

① 认为新种只能通过线系分支产生，古生物学中的"时间种"（即通过线系进化产生的表型上可区别的分类单位）是不存在的。

② 新种只能以跳跃的方式快速形成（量子种形成方式），新种一旦形成就处于保守的或进化停滞状态，直到下一次种形成事件发生之前，表型上不会有明显变化。

③ 进化是跳跃与停滞相间，不存在匀速、平滑、渐进的进化。

④ 适应进化只能发生在种形成过程中，因为物种在其长期的稳定（停滞）时期是不发生表型的进化改变的。由此推论，种形成本身就是适应进化，否则就绝灭了。

艾德里奇和戈尔德早先还接受综合论关于种形成的解释，即通过隔离和变异的积累的渐进的种形成,但后来他们只接受量子种形成理论,认为新种是在祖先种群分布区内形成的(同地种形成),通过分布区边缘的小的亚种群的随机漂移形成。如果随机的遗传漂移是种形成的主要机制,而适应进化又只能发生在种形成事件中,那么适应的产生则只能归因于偶然了。但艾德里奇和戈尔德并没有完全拒绝自然选择说。关于适应起源问题的争论,我们在本章末尾再介绍。

艾德里奇和戈尔德为了更明确地阐述其观点而树立了一个对立面,即他们所说的"线系渐变论"。按照艾德里奇和戈尔德的说法,线系渐变论的主要观点如下:

① 新种只能(或主要)通过线系进化产生(例如,古生物学中的时间种就是线系进化的产物)。线系分支是线系进化的副效应,在进化中是次要的现象。

② 新种只能是以渐进的方式形成,进化是匀速的、缓慢的。

③ 适应进化是在自然选择作用下的线系进化。

其实在生物学家和古生物学家中,持上述绝对的"线系渐变论"观点的人极少。量子种形成和渐进的种形成在自然界中都存在。快速的种形成和长期的进化停滞在自然界中也不乏实例。古生物学家既提供了许多支持断续平衡进化型式的化石证据,也举出了许多证明渐变的进化型式的实例。虽然有一些化石证据由于地层连续性问题、化石记录是否完全的问题等原因,其可靠性还有争议,但迄今为止,古生物学的、生物地理学的以及其他领域的资料并未显示只有利于一种进化型式的"一边倒"现象。

关于两种进化型式,我们需要强调如下几点:

① 断续平衡论和所谓的"线系渐变论"代表两种极端的观点。

② 断续平衡的进化型式与渐变的进化型式在自然界中可能都存在,有待弄清的问题是哪一种进化型式在自然界中更普遍。一些有利于某一方的古生物证据因地层连续性问题而有待弄清。

③ 将学者们划分成"断续平衡论者"和"线系渐变论者"完全是人为的,是不合实际情况的。持极端的"线系渐变论"观点的学者是少数。例如,现代综合论的先驱者之一,赫胥黎(J.H. Huxley)认为自然选择造成的进化过程一般来说并不随种形成而加速,种形成只是进化的一个方面,大多数种形成是偶然事件,与大进化趋势不相吻合,因而构成生物学的浪费。这可以说是比较典型的"线系渐变论"。但是绝大多数被戴上"线系渐变论者"帽子的进化生物学者是承认种形成中的跳跃或主张量子种形成的,他们只是认为自然界中一般的种形成过程是渐进的方式。其实,断续平衡论的一些基本观点并不是新鲜的。早在 20 世纪初期,底弗里斯(De Vries)曾引用物理学家开尔文(Kelvin)所计算的地球年龄(20~40 Ma),并由此推论,种形成不可能像达尔文所描述的那样缓慢,在如此短的地球历史(Kelvin 计算的地球年龄是错误的,现在知道的地球年龄是 46.5 亿年)中如此多的物种存在,说明种形成必定是通过大突变快速形成的。首次提出大进化概念的哥德斯密特的观点也接近断续平衡论。被艾德里奇和戈尔德反对的现代综合论的主要奠基者,也都不同程度地强调过种形成过程的跳跃特征,例如,莱特认为小种群的遗传漂移可能快速形成新种,古生物学家辛普孙是最早提出量子进化概念的,迈尔曾宣扬过量子种形成。最有意思的是被艾德里奇和戈尔德当作"线系渐变论"鼻祖的达尔文,他本人也曾表达过和断续平衡论非常相似的观点。达尔文在《物种起源》中有这样一段话:"许多物种一旦形成就不再改变……物种经历改变的时期,虽然也长达以年计,但与物

种保持自身特点而不变的时期相比也许是短暂的。"

④ 不论艾德里奇和戈尔德对达尔文和新达尔文主义有多少批评,绝不能把断续平衡论看作是达尔文学说和综合论的替代理论,它只是后者的部分修正。目前有一种倾向,一种新理论出现就同时宣布达尔文学说"死亡"。这是对达尔文学说及其后的进化理论的整体内容缺乏了解,也是对进化理论的发展过程和发展规律缺乏了解。当作者读了戈尔德的《自达尔文以来》(*Ever Since Darwin*,1977)以及在哈佛大学听了他的"全命史"课以后,才了解戈尔德本人是达尔文学说的热心的捍卫者。当某些学者宣称达尔文学说已经"死亡"时,戈尔德写道:"虽然我有点骄傲地自称是达尔文主义者,也并不算是自然选择学说的最热心的卫道者,但我也不相信达尔文主义已经死了。"他还以讽刺的口吻写道:"恐怕没有比宣告某些著名的主义已经死亡更能引起大众及学者们的注意了。"

10.3 进化速率

1. 进化速率的衡量

进化速率可定义为单位时间内生物进化改变的量,这里涉及两个尺度:时间尺度和进化改变量的尺度。

时间尺度有两种:绝对地质时间(根据同位素测年方法测定的地质时间)和相对地质时间(地质时代或地层单位所代表的时间)。绝对地质时间通常以 Ma 为单位。地质时代最大的单位是宙,依次为代、纪、世和阶。通常选择最小的时代单位阶作为相对地质时间单位。但不同地质时代的阶所代表的绝对时间长短很不一致,例如,寒武纪的 7 个阶中最短的代为 7 Ma,最长的为 20 Ma;白垩纪的 12 个阶中最短的为 1 Ma,最长的为 15.5 Ma;整个第四纪只有 2 Ma,而全新世只有 0.01 Ma。总起来说,除了第四纪,显生宙各时代每个阶所代表的绝对时间最短的为 1 Ma,最长的为 20 Ma。大多数阶代表的地质时间为 5~12 Ma。

应用相对地质时间于进化速率的计算虽说不那么精确,但全球的地层对比已有很好的基础,而地层绝对年龄数据的测定有许多限制,所以用地质时代单位代表时间是很方便的。

进化改变量的衡量比较复杂,通常应用下面三种尺度:

① 形态学尺度。通常以可度量的形态特征的量值变化来衡量。

② 分类学尺度。以分类学单元(种、属、科)产生或消失的数目来衡量;因为每个新分类单元的产生意味着一定的形态(表型)改变量。

③ 分子尺度。以生物大分子一级结构的改变量为衡量尺度。具体地说,就是以蛋白质分子的氨基酸替换数或核酸分子的核苷酸替换数为衡量尺度。

与上述三种进化变量对应的是三种进化速率:形态学进化速率(单位时间内形态改变量)、分类学进化速率(单位时间内分类单元产生或消失的数目)和分子进化速率(单位时间内大分子的氨基酸或核苷酸的替换数)。关于进化速率的计算方法,可参考 Stanley 的著述(1997)。

2. 形态学进化速率

形态学进化速率可表示为

$$v_形 = 形态改变量 / 进化时间(Ma)$$

此处的形态量虽然可以直接用形态度量值,但在大多数情况下,为了便于不同对象的比较,需要把不同的度量单位换算为统一的单位。形态学统一度量单位可以用荷尔丹(J. B. Haldane)建议的达尔文单位(d)。一个达尔文单位相当于每百万年改变形态值的一个自然对数单位。这样,形态学进化速率可表示为

$$v_形 = \frac{\ln X_2 - \ln X_1}{t_2 - t_1}$$

此处 X_1 为初始形态值,即祖先的形态度量值;t_1 为初始时间(祖先生存时间);t_2 是进化终止时间(即后裔生存时间);X_2 是终止形态值,即经过 $t_1 - t_2$ 时间的进化过程所达到的状态。

例如,生活于上新世 500 万年前的上新马($Pliohippus$)的肩高平均值为 85 cm(非准确数据),它的后裔——现代马的平均肩高为 150 cm(非准确数据),那么马的肩高的进化速率为

$$\frac{\ln 150 - \ln 85}{5} = 0.11d$$

马在 500 万年期间,其肩高的进化速率为 0.11d。即每百万年进化改变 0.11 达尔文单位。

又如,周口店出土的北京直立人(Beijing $Homo\ erectus$)脑容量(颅腔容积)为 1088 mL(5个成人头骨的平均值,据吴汝康,1989),其后裔——现代中国人的平均脑容量为 1400 mL;北京直立人距今大约 50 万年,从北京直立人到现代中国人的 50 万年间脑容积的进化速率为

$$\frac{\ln 1400 - \ln 1088}{0.5} = 0.51d$$

从直立人到现代人,其脑容积的进化(增长)速率显然比上新马到现代马的肩高进化(增长)速率高得多(使用统一尺度和统一单位才能比较)。

3. 分类学进化速率

分类学进化速率可以一般地表示为

$$v_分 = 分类单元产生(消失)的数目 / 进化时间(Ma)$$

分类单元既包括时间种,也包括分支种形成产生的分类单元;前者是线系进化的结果,后者涉及谱系进化。因此,分类学进化速率也相应地区分为两种,即线系进化速率(rate of phyletic evolution)和谱系进化速率(rate of phylogenetic evolution)。

(1) 线系进化速率

假定所研究的化石材料可以证明是同一线系的,则可计算出某一地质时间内的线系进化速率,即单位时间内从一条线系产生的时间种数目:

$$v_线 = 时间种产生数 / [进化时间(Ma) \cdot 线系数]$$

即每百万年、每条线系产生的时间种数目。

由于时间种实际上代表一定的形态改变量,因此,线系进化速率是形态进化速率的另一种表达形式。线系进化实际上是线系内的表型进化,是小进化,严格说来不属于大进化范畴。但是在计算线系进化速率时往往涉及许多相关线系的平均进化速率,因此与大进化相关。此外,对于渐变论者来说,大进化是小进化的积累,种形成也是线系进化累积的结果。所以,渐变论者注重线系进化速率的研究;而断续平衡论不承认线系进化,也不承认有时间种,自然也不必

计算线系进化速率。

通常用时间种的寿命来测量线系进化速率。时间种可以看作是线系进化的结果，时间种可以作为综合的形态变量的测度。在某些情况下，时间种的寿命比较容易测算。

某一时间种的寿命，是指它在线系进化中的形态改变达到另一个新时间种的标准之前所经历的那段时间。由于时间种寿命的长短反映了线系进化的快慢，我们可以用时间种寿命的倒数作为衡量线系进化速率的尺度：

$$v_{线} = \frac{1}{时间种寿命}$$

时间种寿命愈短，进化速率愈高。例如，一个寿命为 2 Ma 的时间种，其线系进化速率可表示为 0.5 时间种 /Ma，即每百万年产生 0.5 个时间种。

Simpson(1944)在研究上新世到更新世的哺乳动物进化速率时，曾应用过所谓的分类学生存曲线(taxonomic survivorship curve)法（见 Simpson 的 *Tempo and Mode in Evolution*）。所谓的分类学生存曲线，就是根据所获得的时间种的寿命数据而做出的种数随时间变化的曲线，也可以叫作时间种生存曲线。通常用回溯法，即反时间方向追溯时间种的寿命，也就是从一个种沿着它的进化线系回溯到该种形态改变到另一时间种时所持续的时间。根据所得数据可以做出生存曲线，并算出相应的时间种的平均寿命及线系进化速率。

有两种情况，举例说明如下。

已知一组相关的时间种，它们的生存时间是连续衔接的，即它们属于同一线系。在这种情况下，可以直接计算出它们的平均寿命和线系进化速率。

例如，5 个时间种(a、b、c、d、e)，它们分别生存于 t_a、t_b、t_c、t_d 和 t_e 时间，持续 10 Ma；生存曲线如图 10-5 所示。如果线系进化是匀速的，时间种的形态尺度是相对均一的，即 5 个时间种寿命大致相等，那么我们可以直接算出它们的平均寿命和线系进化速率：

$$时间种平均寿命 = \frac{10 \text{ Ma}}{5 \text{ 时间种}} = 2 \text{ Ma / 时间种}$$

$$线系进化速率 = 0.5 \text{ 时间种 / Ma}$$

这时，它们的生存曲线几乎是平滑的直线(图 10-5A)。

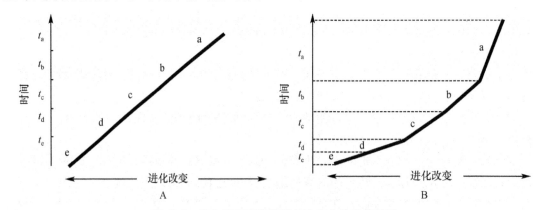

图 10-5　单个线系进化速率与生存曲线计算图解

a、b、c、d、e 为同一线系的时间种，其寿命分别为 t_a、t_b、t_c、t_d 和 t_e，线系进化速率与时间种的寿命呈反比例如果各时间种寿命不等(线系进化是非匀速的),假设物种 a 的寿命是 4 Ma($t_a=4$),物种 b 和 c 的寿命为 2 Ma($t_b=t_c=2$),物种 d 和 e 的寿命为 1 Ma($t_d=t_e=1$),其生存曲线就不是一个平滑直线(图 10-5B),5 个时间种的平均寿命仍然是 2 Ma,平均线系进化速率为 0.5 时间种/Ma。

第二种情况稍复杂些:已知一组时间种属于同一单源群,但来源于不同的线系。这时就要用回溯法作生存曲线。例如,一个单源群现时生存的物种有 10 个,它们可能来自若干不同的线系。现在我们沿着地质时间反向追溯:在地质时间 t_1(假定是距现在 1 Ma 前),这 10 个种里面只有 9 个种的化石尚可鉴定为与现生种相同的种,另一个种的化石因形态变化显著而归属到不同的时间种;到地质时间 t_2(2 Ma 前),还剩 4 个种的化石尚可鉴定为与现生种相同,另外 5 个转变了;到地质时间 t_3(3 Ma 前),尚存 2 个;到地质时间 t_5(5 Ma 前),还剩 1 个;到地质时间 t_6(6 Ma 前),10 个现生种在地层中不再有与其相同的化石种(图 10-6)。

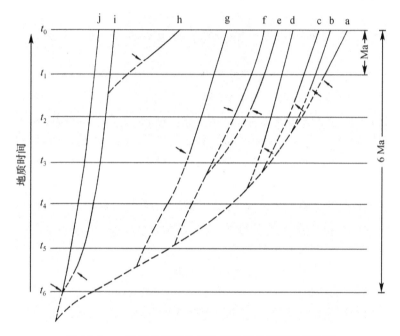

图 10-6　一组相关线系的平均线系进化速率计算图解

a～j 代表 10 个来自不同线系但有亲缘关系的现生物种;t_6～t_0 代表时间尺度(6 Ma)。沿时间反向追溯,各物种分别"绝灭"(假绝灭,箭头指示)于不同时间,至 6 Ma 前全部"绝灭"

把上述时间种种数在反向的时间尺度上的变化画成曲线就是该单源群的生存曲线(图 10-7A)。从时间种寿命的频率分布(图 10-7B)可以看出,多数种的寿命在 2～3 Ma 之间,平均寿命(Ma/时间种)为:

$$[(1\times1)+(2\times5)+(3\times2)+(5\times1)+(6\times1)]/10=2.8$$

$$平均线系进化速率=\frac{1}{2.8}时间种/Ma=0.36 时间种/Ma$$

如果时间种划分所依据的形态学标准大致均一,则用这种方法测得的不同类群的线系进化速率是可以比较的。地层连续和化石记录较完整乃是必要条件。某些学者用这种方法测出

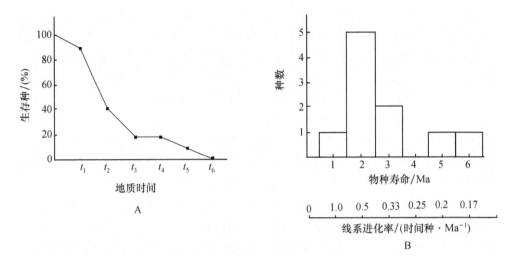

图 10-7   生存曲线与线系进化速率的计算图解

的欧洲上新世至更新世哺乳动物平均线系进化速率为 1.1 时间种/Ma。只有 1% 的线系，其进化速率达到 2.9 时间种/Ma，极个别的线系达到 4 时间种/Ma。海洋无脊椎动物的线系进化速率更低，例如，腕足类的准小石燕科（Spiriferellinae）中的大多数种的寿命都超过 3Ma，其线系进化速率在 0.3~0.4 时间种/Ma。从上述数据来看，线系进化速率都很低，由此引起某些学者对于小进化能否解释大进化产生怀疑。这个问题后面还要说明和讨论。

（2）谱系进化速率

谱系进化速率涉及三个量：种形成（分支）速率（rate of speciation, rate of cladogenesis）、绝灭速率（rate of extinction）和种数净增率（rate of net increase in number of species），它们分别以字母 S、E 和 R 代表，其关系可表示为

$$R = S - E$$

① 种数净增率 R 的计算。

一个单源群的物种数目在单位时间内的相对增长可表示为

$$\frac{dN}{dt} = RN$$

此处 N 代表物种数目，t 代表时间。将上式积分，则有：

$$N = N_0 e^{Rt}$$

N_0 代表初始种数，N 代表经过时间 t 以后的种数，e 为自然对数底数。上式表示，一个单源群的物种数目随时间而呈指数增长。将上式两侧取对数，则

$$\ln N = \ln N_0 + Rt, \quad R = \frac{\ln N - \ln N_0}{t}$$

R 表示单位时间内物种数目的对数增长（Stanley, 1979），单位是 Ma^{-1}。不同分类群的 R 值不同（虽然 R 值不是种形成速率的直接度量，但它与种形成速率呈正相关）。例如，软体动物中的瓣鳃类 11 个科的平均 R 值为 0.061 Ma^{-1}，哺乳动物 7 个科的平均 R 值为 0.22 Ma^{-1}，其中最低的是海螂科（Myidae），为 0.046 Ma^{-1}；最高的是鼠形科（Muridae），为 0.35 Ma^{-1}

(Stanley,1979)。R 值的大小也反映出不同分类群的适应进化的潜力。鼠形科的 R 值高,表明这一类哺乳动物在适应进化中是相当成功的。

② 种数倍增时间 t_2 的计算。

t_2 表示一个单源群的物种数目增加一倍所经历的时间(t_2 值也常用于比较不同分类群种形成的速率,它和种形成速率呈负相关)。

设 N_0 为某单源群初始种数,N 为某一进化时刻的种数,则 $N/N_0 = 2$ 时所需时间为

$$\frac{N}{N_0} = e^{Rt} = 2$$

两边取对数,则

$$Rt = \ln 2, \ t = \frac{\ln 2}{R}$$

上式中的 t 就是种数倍增时间 t_2。以海螂科和鼠形科为例,前者 $t_2 = 15.07$ Ma,后者 $t_2 = 1.98$ Ma。鼠形科的种数增加一倍只需 2 Ma 时间,而海螂科需要 15 Ma,表明鼠形科分异快速。

③ 绝灭速率的计算。

绝灭速率可分为两种情况:用线系寿命的倒数表示的假绝灭速率(rate of pseudoextinction)和瞬时生存的物种的平均绝灭速率。前者只涉及一个线系,后者涉及一个单源群的所有线系。

假绝灭速率(或称假绝灭率)可定义为单位时间(Ma)内时间种消失的数目。线系寿命的倒数既是线系进化速率的度量,也是假绝灭率的度量。例如,一个线系的若干时间种的平均寿命为 5 Ma,其假绝灭率为 0.2 时间种/Ma,即每百万年绝灭该时间种的 20%。

平均绝灭速率(平均绝灭率)指一组线系或一个单源群的所有线系的平均绝灭速率,其中既包含假绝灭,也包含真绝灭。这里所说的"平均",是指瞬时生存的物种(线系)寿命的平均值。这是因为某一单源群所包含的线系在该单源群生存的时间之内是先后不同时绝灭的,它们的寿命不等。要精确地计算出所有线系的平均寿命,必须引用概率的概念。

例如,某一单源群的 11 个种(分别属于 11 个线系)在 3 Ma 期间先后全部绝灭(这个单源群整体绝灭),但各线系寿命不等,计寿命为 1 Ma 的有 6 个线系,2 Ma 的有 3 个,3 Ma 的有 2 个。如果计算这 11 个线系的平均寿命,则有下列三种算法和三个不同的数值:

● 将线系数除以该单源群生存时间:

$$E = 11 \text{ 线系}/3 \text{ Ma} = 3.66 \text{ 线系}/\text{Ma}$$

● 将各线系寿命的总和除以线系总数,得平均寿命,再用其倒数代表平均绝灭率:

$$L(\text{平均寿命}) = \frac{(6 \times 1) + (2 \times 3) + (3 \times 2)}{11} \text{Ma} = 1.64 \text{ Ma}$$

$$E(\text{平均绝灭率}) = \frac{1}{L} = 0.61 \text{ 线系}/\text{Ma}$$

● 先求出瞬时生存的线系的平均寿命,再以其倒数表示绝灭率:在 3 Ma 期间,各线系因其寿命不等,因而每一瞬时存在的概率(即任何一个短暂时刻遇到它们的机会)也不等(表 10-2)。

表 10-2　不同寿命的线系在某一瞬时的概率

寿命	线系数	概率
1 Ma	6 个	$6 \times \frac{1}{3} = 2$
2 Ma	3 个	$2 \times \frac{2}{3} = 2$
3 Ma	2 个	$2 \times \frac{3}{3} = 2$

因此,在该单源群生存的 3 Ma 期间,每一瞬时生存的线系是 6(即 2+2+2)个。它们的平均寿命和平均绝灭率分别为:

$$L = \frac{(2 \times 1) + (2 \times 2) + (2 \times 3)}{6} \mathrm{Ma} = 2 \ \mathrm{Ma}$$

$$E = 0.5 \ 线系/\mathrm{Ma}$$

上述三种算法和三种结果中当然是第三种最准确。前两种计算都不同程度地夸大了绝灭率。

4. 进化速率计算中的误差

从现有的研究报告提供的资料来看,不同方法、不同的对象和不同的时间间距计算出来的进化速率很不相同。根据化石记录所测算的进化速率,一些学者总结出如下两个结论:

① 线系进化速率普遍偏低,无脊椎动物一般在 0.2~0.3 时间种/Ma;新生代哺乳动物线系进化速率较高,但也只达到 1 时间种/Ma。而某些地质时代的生物适应辐射时期的分类学进化速率非常高,例如,早寒武世的 15~30 Ma 期间共产生出 30 个科的三叶虫,平均每百万年产生 1~2 个科。因此,缓慢的线系进化不能解释适应辐射时期的快速分支。

② 脊椎动物形态学进化速率比海洋无脊椎动物快,更新世的哺乳类比第三纪的哺乳类进化得快。

美国密歇根大学的进化生物学家金杰里奇(Gingerich,1983)分析了 521 个形态学进化速率的数据之后发现一个规律,即各种方法计算出来的进化速率值是其所用以测量速率的时间间距的函数。即所涉及的时间间距愈长,所测得的进化速率值愈小;时间间距愈短,则计算出的进化速率愈大,二者呈负相关。金杰里奇统计的 521 个数据中,所涉及的时间间距最短的为 1.5 a,最长的达 350 Ma,进化速率最高的达 2.0×10^5 d,最低的为 0.1 d。按照时间间距长短可以分为 4 种情况(表 10-3)。第一种情况是人工选择实验,时间间距为 1.5~10 a,所测得的形态学速率最高,为 $(1.2 \sim 2.0) \times 10^5$ d,平均 58 700 d。第二种情况是根据种群迁移历史资料的分析数据而计算出的进化速率,时间间距 70~300 a(平均 170 a),形态学速率也很高,平均达到 370 d。第三种情况是对更新世以来的哺乳动物的分析统计,时间间距为 1000~10 000 a(平均 8200 a),平均速率为 3.7 d。第四种情况是对各类脊椎动物和无脊椎动物化石资料的分析统计,时间间距 0.3~350 Ma 不等,测得的速率最低,平均只有 0.07~0.08 d。

表 10-3　形态学进化速率与时间间距的关系（根据 Gingerich，1983）

资料类别	资料数目	时间间距		进化速率/d		速率与时间间距的对数相关系数
		范围	几何均数	范围	几何均数	
人工选择实验	8	1.5～10 a	3.7 a	12 000～2 000 000	58 700	0.60
种群迁移历史	104	70～300 a	170 a	0～79 700	370	−0.78
更新世以来的哺乳动物	46	1000～10 000 a	8200 a	0.11～32	3.7	−0.22
脊椎动物化石	228	0.08～98 Ma	1.6 Ma	0～26.2	0.08	−0.83
无脊椎动物化石	135	0.3～350 Ma	7.9 Ma	0～3.7	0.07	−0.52
综　合	521	1.5～350 Ma	0.2 Ma	0～200 000	0.73	−0.94

金杰里奇认为：造成计算出来的进化速率值如此悬殊的原因是计算误差，而造成误差的原因在于时间间距的不统一。时间间距与计算的进化速率之间的负相关的关系可用下面的经验公式表达：

$$\ln v = -\ln t - 1.92$$

式中的 $\ln t$ 为时间间距的对数，$\ln v$ 为进化速率（单位为 d）的对数。时间间距愈长，则其间所包含的进化过程的快速、缓慢、停滞、徘徊等情况在计算中被忽略；某些快速进化的物种由于难以保存完全连续的化石记录往往不被作为测定进化速率的对象；某些器官特征改变到一定程度就难以识别。诸如此类的因素使得应用长时间间距的资料测算的进化速率偏低。

金杰里奇将上述各类资料数据按他的经验公式加以校正，即用统计学方法把各类数据的时间间距统一标准化，结果发现不同资料所计算出来的形态学进化速率大大接近了。例如，将时间间距换算为 1 Ma 时，无脊椎动物化石的形态学速率为 0.21 d，脊椎动物化石为 0.12 d。如此看来以前认为脊椎动物进化比无脊椎动物快的结论要颠倒过来了。此外，从表 10-3 来看，人工选择实验测得的进化速率达到 60 000 d 左右，种群迁移历史的资料也得到近 400 d 的高速率。金杰里奇认为，若按 400 d 的速率计算，老鼠变为大象也只需 10 000 a 左右。因此，线系进化速率并不像某些人说的那么低。400 d 速率值代表适应辐射时期的速率，小进化未必不能解释大进化。

10.4　进 化 趋 势

1. 概念

进化趋势（trend of evolution）是指在相对较长的时间尺度上，一个线系或一个单源群的成员表型进化改变的趋向。所谓趋势或趋向，是指变化的方向，但趋势是一个统计学的概念，是许多个别成员不同变化方向的统计学的（综合的）方向。因此，当我们说进化有某种趋势时并不意味着定向或均向进化（unidirectional evolution）。

一个线系在其生存期间表型进化改变的趋势叫作线系进化趋势（phyletic trend）或小进化趋势（microevolutionary trend）。亲缘相近的一组线系或一个单源群，在其生存期的谱系分支和与之相关联的后裔的平均表型变化的趋向性，叫作谱系趋势（phylogenetic trend）或大进化趋势(macroevolutionary trend)。

　　古生物学家早就注意到一些化石记录所显示的形态学特征的进化改变的趋势。最著名的例子就是马的进化谱系。从始新世的马的始祖到现代马,其身材有逐渐增大的趋势(由大约如犬一般的身材进化到今日的高头大马)。象的进化谱系也有类似情况,身材和体重有增大的趋势。人科谱系中从南方古猿(Australopithecus)到现代智人,身材和脑容积增大的趋势十分明显。肉食性哺乳动物的脑容积也有增大的进化趋势。在无脊椎动物中,菊石目(Ammonitida)的成员从泥盆纪到白垩纪绝灭之前,其壳的缝合线有逐渐复杂化(褶曲增多)的进化趋势。

　　上面例子中的进化趋势既包含线系进化趋势,也包含了谱系进化趋势。如果我们追踪一条进化线系,并能确定时序上相继的化石记录为同一线系的祖裔关系,那么,比较它们的表型进化改变,如果有趋向性,那就是线系进化趋势。

　　但是,在大多数情况下,我们研究的化石记录代表一组相关的线系,一个谱系。

　　化石记录中体积增长的趋势很常见,古生物学上常称这种进化趋势为"柯帕法则"或"柯帕定律"(Cope's law)。称之为法则或定律未必合宜,因为所谓法则或定律应当被证明是普遍适用的或能解释一种普遍存在的现象的。实际上化石记录中既有体积增长,也有体积不变,还有体积减小的。例如,在马的进化谱系中个别线系身材逐渐变小。现代马中也有像中国川马那样的小身材的。但从马的进化谱系总体来看,始新世和中新世各种马的平均身材要显著地小于现代各种马的平均身材。进化趋势的确存在。

2. 表型分异与谱系分异

　　构成进化趋势的两个分量是表型分异和谱系分异。

　　(1) 表型分异

　　表型分异(phyletic divergence)指后裔们的平均表型相对其祖先表型的偏离。例如,某一单源群在其进化过程中从时间 t_1 到时间 t_2,其组成的线系的平均表型发生了显著变化,譬如说,在时间 t_2 时的各线系(后裔)的平均体积比较其在时间 t_1 时的祖先增大了一倍,从而造成谱系的偏斜(图10-8)。这里,造成谱系偏斜的因素有二:一是线系进化,即该单源群的各线系(成员)的表型的趋向性改变(在图10-8中B和D表现为线系的倾斜);二是种形成(分支)的趋向,即种形成过程中表型改变的方向(在图10-8中C和D表现为新的分支伸出的方向)。

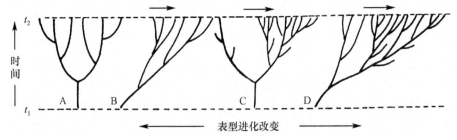

图10-8　进化趋势图解:表型分异与谱系分异

　　A. 无表型分异,也无谱系分异(无进化趋势);B. 有表型分异,无谱系分异(有进化趋势);C. 无表型分异,有谱系分异(有进化趋势),表现为左、右两枝丛之间物种净增率 R 的差异,这是由于各枝丛的种形成速率 S 和绝灭速率 E 的差别所致);D. 有表型分异,也有谱系分异(有进化趋势)(根据 Vrba,1983,改画)

（2）谱系分异

谱系分异（phylogenetic divergence）是指一个单源群内代表不同进化方向的枝丛（线系丛）之间因种形成速率和绝灭速率的差异而造成谱系的不对称，即各枝丛之间在物种（线系）数目上的显著差异（图 10-8 C 和 D）。

例如，一个单源群的谱系由代表不同方向（左、右）的两个枝丛组成，假设从时间 t_1 到时间 t_2，两个枝丛的物种差异性增长造成谱系的不对称，即左侧枝丛的物种数目净增长率（R）显著地小于右侧枝丛的物种数目净增长率。R 的差异，则是由于种形成速率（S）和绝灭速率（E）的差异造成的。假如在谱系进化中，某一进化方向的种形成速率（线系分支频度）大于（或小于）另一方向的，或某一方向的绝灭速率大于（或小于）另一方向的，则会造成谱系偏斜（不对称）。由于谱系的偏斜，造成后裔的平均表型相对于祖先表型的偏离。

表型分异与谱系分异这两个进化趋势，其分量的不同组合可以造成以下四种情况（Vrba，1983）：

① 无进化趋势（既无表型分异，也无谱系分异）；

② 进化趋势仅表现为表型分异；

③ 进化趋势仅表现为枝丛之间的物种净增率（R）的差异或种形成速率（S）和绝灭速率（E）的差异；

④ 进化趋势表现为表型分异与物种净增率差异的结合。

上述四种情况的图解见（图 10-8A～D）。

3. 从系统树看进化趋势

分析一下系统树，可以看出谱系进化趋势。

① 根据 Fox 等（1980）和 Woese（1987），整个生物系统树有三条主干，它们分别连接着今天的真核生物、真细菌和古菌三大主群。三条主干的根部可追溯到 30 多亿年前的太古宙早期。

第一条主干的末端是只有大约数十种到数百种的古菌主群，包括一些极端嗜热菌、嗜盐菌、甲烷菌，是三大主群中最小的，是系统树中后裔最单薄的一支。

第二条主干的末端是包括今日除古菌以外的所有的原核生物，如蓝菌、绿硫细菌、革兰氏阳性菌、螺旋体等 10 多个微生物类群，有 10 万种以上，统称真细菌。

第三条主干是庞大的真核生物主群，在系统树上是"枝繁叶茂"的一支，包括原生生物（Protista）、真菌（Fungus）、植物（Plantae）和动物（Animalia）等主要的高等生物，总共有几百万到几千万种。

整个系统树明显地不对称，真核生物的分类学多样性大大超过真细菌和古菌；古菌可以说是古老的生命的"孑遗"。这个不对称的系统树显示出生物表型复杂化的进化趋势，也就是说在生命史的后期，复杂的高级的生命占优势。

② 根据威尔孙（Wilson，1992）的统计，现在已知的（已描述记载的）动物的种数为 1 032 300：其中最庞大的类群是节肢动物门中的昆虫纲，有 751 000 种，占已知动物种数的 72.8%；包括脊椎动物在内的脊索动物门只有 42 300 种，占已知动物种数的 4.1%；哺乳动物种数只占已知动物种数的 0.39%。如果分类学家的取样有代表性，也就是说，上述的统计数

字反映了动物界多样性的真实情况的话，那么我们可以说动物系统树最"繁茂"的一支是昆虫，而不是动物学家认为的最高等哺乳动物。正如寒武纪被古生物学家称为"三叶虫时代"一样，现代（第四纪）也可以说是"昆虫时代"。

③ 在哺乳动物中，灵长目是种数不多的小类群，而人科动物中现存的只有一个种，就是智人种（*Homo sapiens*），在哺乳动物系统树上是最"萧条"的一支。然而我们经常说人类是今日世界的统治者，人类是一个优势种。但从谱系进化来看，我们十分惭愧，我们人类的近亲是如此稀少，我们人科家族是"单传"了。

4. 造成进化趋势的原因

进化是否有方向和控制进化方向的因素是什么，这是进化论发展史上争论的主要问题之一。从拉马克的进化等级观点到终极目的论者的"直道进化论"（orthogenesis），都强调进化的"定向"，认为决定进化方向的原因在生物体内部。达尔文虽然不同意进化"定向"的观点，但也不否认进化有一定的方向。他认为进化的一般趋势是适应局部环境，环境通过自然选择控制进化方向。随机论者彻底否认进化有一定方向，也否认进化方向受内因或外因的控制，认为进化方向是随机的，不可能有长期的恒定的方向，只可能有短暂的统计学的趋势。

现代的多数进化学者承认进化趋势的存在，并且提出了若干解释进化趋势发生原因的理论。

（1）以小进化趋势解释大进化趋势

某些学者认为，进化过程中的表型改变主要是小进化的结果，进化的主分量是线系进化。小进化（线系进化）趋势与大进化趋势是一致的。小进化趋势（线系进化趋势）是由长期的、稳定的选择压造成的。换句话说，定向选择是小进化与大进化趋势的原因。例如，某些渐变论者认为，从蹄兔（*Hyracotherium*）、中新马（*Miohippus*）、草原古马（*Merycohippus*）到现代马（*Equus*），是一个长的、连续的进化线系，由于长期稳定的选择压，使马的祖先向适应在草原上快速奔跑的方向进化，躯体增大的同时，四肢和足趾结构发生缓慢的定向的改变。一个相对稳定的生态系统中的相对稳定的种间生态关系，例如，在相对稳定的食物网（链）中的种间竞争，会造成稳定的选择压。长期的环境趋向性变化（如气候趋暖或趋冷）也能够造成稳定的选择压。人类活动往往造成定向的选择压和定向的进化，例如，农药的使用引起昆虫抗药性增长的进化趋势。

但是，稳定的、定向的选择压并不一定能造成进化趋势。在自然界里，多数种群都处在强的恒定的负选择压之下，即受到正常化选择作用。例如，生活于洞穴的黑暗环境中的鱼类，其眼睛的结构和功能有不同程度的退化，甚至有的完全丧失视觉。这是由于选择压消失（在黑暗环境中，视觉没有适应意义），控制眼睛结构和功能的多基因系统因突变重组而瓦解。从有光的正常环境转入无光的黑暗环境而引起视觉器官的退化，可视为适应特征的消失过程。由此可见，稳定的选择压乃是保持物种已有的适应特征的必要条件。洞穴鱼类眼睛的退化反过来证明这种结构是通过自然选择而产生的，而且支持了"红皇后假说"。生物进化犹如"逆水行舟"，不进则退。

至于马的进化是不是线系进化，学者们尚有争议。例如，Simpson认为从蹄兔到现代马的谱系相当复杂，并非一条单线系。

（2）物种选择假说

一些学者认为,自然选择不仅在个体和种群层次上起作用,而且在物种层次上也起作用。他们将小进化机制搬用到大进化中。例如,大进化中的物种被当作小进化中的个体,大进化中的种形成和绝灭被看作是出生与死亡,大进化中的种形成产生的变异相当于小进化中的突变与重组(Stanley,1979)。由于物种被视为自然选择的单位,因而称之为物种选择(species selection)。

我们来看看图 10-9 中所表现的谱系趋势:来自同一祖先的两个枝丛(左侧与右侧),从时间 t_1 到 t_2,双方在种形成(分支)速率上无显著差异,但绝灭速率差别很大;左侧枝丛的大多数线系在 t_2 之前终止(绝灭),只有一个延续到 t_2;右侧枝丛的大多数线系延续到 t_2,从而造成谱系的偏斜(谱系趋势)。这一过程被解释为物种之间或种上的分类群之间的竞争造成非随机的物种绝灭(此处是两个枝丛之间竞争和差异性绝灭),类似一种选择过程。假如种形成是随机事件(犹如小进化中的随机突变),而种绝灭是非随机的,即在单源群内不同的枝丛之间存在着种寿命的不等或绝灭速率的差异,随着推移,一个枝丛的物种丰度逐渐超过另一个枝丛,并且最终一个枝丛完全取代另一个(高级分类群的替代)。

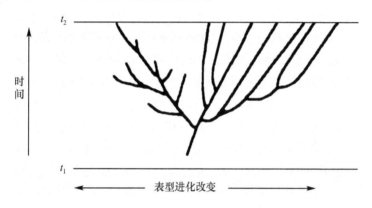

图 10-9　物种选择假说图解

来自共同祖先的两个枝丛(左侧与右侧)从时间 t_1 到 t_2 期间双方在种形成
速率(表现为分支的频率)上无显著差异,但绝灭速率差别很大

造成物种选择和高级分类群替代的前提条件:

① 单源群内某一枝丛所有的或大多数物种具有相对于另一枝丛成员的竞争优势(例如,图 10-9 中右侧枝丛所有成员具有某些共同特征,而这些特征是左侧枝丛所有成员不具有的,这些特征使右侧枝丛成员具有相对于左侧枝丛成员的竞争优势);

② 单源群内各枝丛的种形成事件在各个适应方向上是随机的,不定向的。

如果承认自然选择在物种层次上起作用,承认物种选择的存在,那么大进化趋势必定是适应的趋势。持这种观点的人认为,大进化的一个明显趋势是体制复杂化和器官功能的完善化。这是由物种选择造成的,是非随机的物种绝灭(区分性绝灭或淘汰)造成的大进化的适应的或"进步"的趋势。

有些学者(Stanley,1979)认为,中寒武世以后节肢动物中的三叶虫逐渐衰落,甲壳类逐渐繁盛,最终前者被后者替代,原因是甲壳动物具强有力的颚、螯肢和坚固的头胸甲,相对于三叶虫在竞争上占优势。因此,当海洋中肉食性的头足类和鱼类兴盛时,作为捕食对象的三叶虫大量绝灭,只有少数存留,并发生进化改变。三叶虫的绝灭是非随机的,那些游泳能力差、防卫能力差的物种绝灭的概率大些。物种选择造成中寒武世以后三叶虫的进化趋势,同时在节肢动物中发生了高级分类群的替代(甲壳类替代三叶虫类)。假如三叶虫的绝灭和甲壳类的兴盛相关,种间竞争和物种选择造成大进化趋势,那么是否越高级的(体制复杂的)类群就越适应,越占优势呢? 适应受时间和空间的限制,在某一地史时期、某种环境条件中极适应的物种,换了时代或换了环境,就未必适应了。中生代的恐龙如果生活于现代环境,未必能占据那么广阔的生境。低等的单细胞生物在现代的某些环境中仍是很适应的,体制复杂的高级分类群并没有完全"替代"体制简单的低级分类群。

有的学者认为物种选择的存在可以从某些对物种生存有利的特征得到证实。换言之,某些特征(性状)对个体有利,而另一些特征对个体未必有利,但对物种有利。例如,孤雌生殖对个体的延续有利,而有性生殖对个体未必有利。但有性生殖对于物种有利,因为有性过程增加遗传变异量,减少物种绝灭的可能性,所以在自然界中有性生殖比孤雌生殖更普遍。由此推论,自然选择可作用于个体和物种两个不同的层次。

(3) 定向种形成

渐进的种形成往往和局部环境的变化趋势相关。假如环境在较大范围和较长的时间内有趋向性的变化,那么通过渐进的种形成途径形成的新种也大致适应变化中的环境。在这种情况下,种形成本身具有某种趋向性,称为定向种形成(directional speciation)。

(4) 效应假说

对于大进化趋势发生的原因,Vrba(1983)提出另一种解释:进化趋势可能是物种内在的生物学特征的非自然选择的效应,她称之为效应假说(the effect hypothesis)。这位学者反对物种选择说,认为种形成是随机的,无一定方向的;新种不一定比老种更适应,只是适应方式不同于老种而已。她认为在小进化过程中自然选择可能造成某些适应特征,这些特征可能影响物种的进化能力,例如,影响种形成速率。不同物种可能具有不同的形成新种的潜能,这样就有可能在谱系进化中造成不同的枝丛之间种形成速率(S)的差异,从而造成谱系进化趋势(图10-10)。简言之,小进化过程造成的某些性状可能影响物种的进化潜能,影响种形成,差异性的种形成会导致大进化趋势。例如,广适性物种比狭适性物种在变化的环境中形成新种的可能性大,绝灭的可能性较小。这是因为前者受到的选择压低于后者。

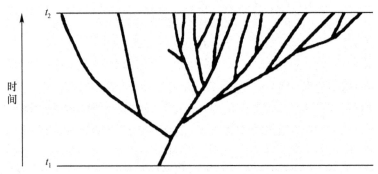

图 10-10 效应假说图解

来自同一祖先的两个枝丛之间在种形成速率上有显著差异,导致谱系偏斜(趋势)

效应假说的基本点是：生物种本身的生物学特征是进化趋势的控制因素。这一观点最近得到某些化石统计资料的支持。例如，有人统计了 55 个绝灭了的和 44 个尚存的海洋生物高级分类群中科的产生速率和科的绝灭速率，发现在高级分类群的进化史中，随着时间的推移，科的产生速率逐渐下降，而科的绝灭速率增长或不变(Glinsky, Bambach, 1987)。因此，大的分类群中新分类群的产生速率下降，而绝灭率维持相对高的水平，这种不对称可能是导致大进化趋势的重要因素。

（5）谱系漂移：随机的进化趋势

某些学者用计算机模拟进化的随机趋势，得出结论：在小的枝丛（犹如小进化中的小种群）内，随机的种形成和随机的绝灭也会造成谱系的显著偏斜（即谱系趋势），这叫作谱系漂移(phylogenetic drift)，就好像小进化中小种群内发生遗传漂移一样(Raup, Gould, 1974)。

10.5　绝　灭

1. 概念

任何物种将会遭遇三种可能的命运之一：

① 线系长期延续而无显著的表型进化改变——"活化石"；

② 线系延续，但因线系进化而改变为不同的时间种，或因线系分支（种形成）而形成新种；

③ 线系终止——绝灭。

绝灭，就是物种的死亡，物种总体适应度下降到零。绝灭是种形成的负面，是种形成的负效应，因为物种的数目在有限的空间和有限的可利用资源的情况下不可能无限增长，有产生就同时有消亡。绝灭是生物圈在更大的时空范围内的自我调整，物种绝灭是生物与环境相互作用的过程中，生物为达到与环境的相对平衡与协调所付出的代价。

a. 常规绝灭。在整个生命史上，绝灭亦如种形成一样作为进化的正常过程，以一定的规模经常发生，表现为各分类群中部分物种的替代，即新种产生和某些老种消失。这是常规绝灭(normal extinction)。

b. 集群绝灭。在生命史上也曾发生过好多次非正常的大规模的绝灭事件，在相对较短的地质时间，一些高级分类群整体消失了，这是所谓的集群绝灭(mass extinction)。集群绝灭和与之相继的大规模适应辐射，构成了生命史上大规模的物种替换，即大的毁灭与大的创造。

随机的无区分的绝灭叫作随机绝灭(random extinction)，由种间竞争、物种选择引起的区分性绝灭叫作非随机绝灭(non-random extinction)。

2. 认识历史

林奈以前的种不变论者们相信自然界的物种是永恒存在的，永远不变的，不承认物种绝灭。

居维叶从化石研究得出结论：物种曾大批地、多次地绝灭，局部地区曾发生大规模的绝灭（即今日所谓的集群绝灭）。这是居维叶在学术上的重要贡献之一，但他并未摆脱创世说。

另一位创世论者 W. Buckland(1823)也承认有大规模的物种绝灭发生过，认为是大的灾变引起,他称之为"上帝的大屠杀"。

然而,作为进化论者的拉马克却不认为自然界的物种会绝灭,他只承认一个物种可以转变为另一物种,只有延续,没有中断。但他认为人类可能会造成物种绝灭。

达尔文认为自然界有限的资源只能维持有限数目的物种,因此,性状分歧不可能导致物种数目的无限增加。新种形成的同时必定有一些老的物种绝灭。这可以说是达尔文对常规绝灭的认识。达尔文也认识到大规模的绝灭,但他不甚理解,称之为"奇怪的、突然的绝灭"。对于地球历史中某些高级分类群的突然消失,他勉强地将其归因于化石记录不完全。达尔文的这种保守观点影响了后来的学者们对集群绝灭的看法。

关于白垩纪末陆地爬行动物及某些海洋无脊椎动物和浮游生物绝灭的原因,已争论了大半个世纪,至今仍未停止。新灾变论的观点可追溯到 20 世纪 20~30 年代。例如,Marshall 和 Hennig 认为白垩纪末的大绝灭是宇宙辐射突然增强造成的。后来又有人认为是超新星爆炸造成宇宙线突然增强而引起绝灭。60 年代至 80 年代,海水毒素说、海平面升降说、地壳板块愈合说以及小行星撞击说陆续出现。

新灾变论的中心思想是:集群绝灭是不同于常规绝灭的异常事件,是需要用特殊原因来解释的特殊现象。

3. 常规绝灭

所谓常规绝灭,有如下几种含义:分类群内部部分物种的替换,即新种形成与老种绝灭大体保持平衡;绝灭速度接近该分类群的平均绝灭速度;与常规种形成(normal speciation)对应的绝灭(所谓常规种形成,是相对于适应辐射时期的爆发式种形成而言的)。

对于常规的物种绝灭的原因,有如下几种解释。

(1) 物种内在的原因

① 物种进化潜力说。物种遗传系统提供的变异量减少;例如,小种群内长期近交导致种群基因库变异量低,在变化的环境中不能产生新的适应,导致绝灭。或者由于高度特化,进化受到已有的适应结构的限制。例如,熊猫是由肉食性熊科动物的祖先进化而来。熊科动物由肉食到杂食的进化改变,使其失去了某些肉食动物的典型的适应特征,如捕食能力、奔跑速度及感官灵敏度下降,但熊科动物还保持强大的身躯、爪、牙及一定的灵活性。而熊猫在食性的改变上比其他熊科动物走得更远,更特化,它逐渐适应于植食性,即由肉食到杂食,更进而向植食性发展。虽然熊猫消化粗纤维素的能力几乎比得上反刍动物,但它在捕食能力、灵活性上丧失得更多,成为更特化的、在进化上受到更大限制的物种,因而在环境改变的情况下濒临绝灭的境地。

② 物种寿命说。遗传的潜力和环境的机遇决定了物种的寿命。一些学者相信,物种也像个体一样有一定寿命,即也像个体一样会衰老、死亡。决定个体寿命的既有先天的(遗传的)因素,也有后天的(环境的)因素。物种本身的遗传结构包含了它的寿命决定因素。但谁也说不清某一具体物种究竟何时绝灭,正如很难预言某个体的具体寿命一样。

(2) 生态系统内的竞争与排挤

食物链下层的物种之间的竞争多表现为对生存空间的争夺,例如,植物的不同物种之间,附着生物之间的竞争。食物链上层的物种之间竞争多表现为对食物的争夺,因为它们以相似的方式利用有限的能源,例如,肉食动物之间的竞争。上述两种竞争的结果是排挤,被排挤的物种如果不能获得新的生态位就走向绝灭。动物学家认为:小藤壶(*Chthamalus*)是被藤壶(*Balanus*)排挤到潮间带上部的;海百合在古生代曾广泛生存于浅海底,而今只有少数残余物种生存于较深的海底了,这也是竞争排挤的结果。

食物链上层物种与下层物种之间的竞争,是相互控制和相互依存的竞争。例如,捕食者与被捕食者之间、寄生者与寄主之间的竞争乃是有限制的竞争。捕食者与被捕食者之间因某一方的显著的适应进化而造成另一方的个体数量显著下降,可能导致绝灭(图 10-11)。但据说这样的情况不经常发生。

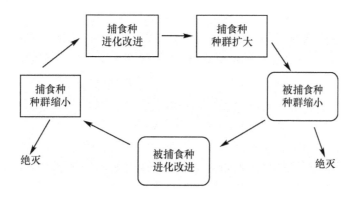

图 10-11　生态系统内种间竞争是物种绝灭的可能原因

当捕食种或被捕食种一方发生显著的进化改进(例如,捕食能力或逃避被捕食能力的显著提高),而另一方却未能发生相应的进化改进,则会造成种群缩小,绝灭的机会增大

（3）生态链效应

生态系统的支持物种(例如,珊瑚礁生态系统中的造礁珊瑚和造礁藻类,热带雨林生态系统中的某些木本植物,水生态系统中的某些浮游生物,微生物席生态系统中的造席蓝菌)的绝灭或丰度下降,会引起生态系统内相关的其他物种绝灭。

（4）小种群的随机绝灭

任何物种,其种群个体数量下降到某一临界值以下时,很容易因偶然的事件(如环境波动)而绝灭。

4. 集群绝灭与生命史中的"危机"事件

作为生命史中的不寻常现象和重要的大进化事件,集群绝灭越来越多地吸引各领域学者的兴趣和关注。在性质、原因和发生的机制与规律上,集群绝灭是否完全不同于常规绝灭? 通过古生物资料的分析而揭示出的生命史中多次的绝灭或危机事件,与地球科学、天体物理学所揭示的地质、天文事件之间究竟有什么联系? 各次可识别的集群绝灭事件是否是同一原因造成的? 物理因素与生物因素在集群绝灭的发生上起什么作用、起多大作用? 这些都是本节要讨论的问题,目前学者们对这些问题还没有一致的、肯定的答案。

(1) 集群绝灭的识别

什么是集群绝灭？如何识别生命史中集群绝灭事件？不同学者有不同的看法和解释。最简单而直接的回答是：大量物种在相对较短的地质时间内消失，或者说，某一地质时间内绝灭速率"异乎寻常"地增高的现象。集群绝灭的第一个含义是：大大超过常规绝灭速率的物种绝灭事件。识别集群绝灭的方法，是将各个地质时期的物种绝灭速率(纵坐标)标在地质时间尺度(横坐标)上，集群绝灭发生时期必定对应于绝灭速率的高峰。但是，究竟多高的绝灭速率可以算作集群绝灭，还没有一定标准。

短时间内大量物种的消失意味着生物圈生物多样性的大损失。集群绝灭另一个含义是：生命史上生物圈多样性显著降低的事件。识别集群绝灭的相应的方法，是将生命史各个时期的生物圈的分类学多样性(taxonomic diversity)标在时间坐标上(即以多样性为纵坐标，地质时间为横坐标)，集群绝灭发生时期对应于多样性曲线上的一个显著凹下的"深谷"。生物圈多样性的大损失，导致地球生命延续的危机，所以与集群绝灭事件相关联的全球生物圈多样性显著降低被某些学者(如 McGhee，1989)称为生命史中的生物危机(biotic crisis in the history of life)。

集群绝灭事件往往涉及高级分类群，即一些高级分类单元(科、目、纲，甚至门)中的大多数或全部物种绝灭。在生命史上曾多次发生一些高级分类群的整体消失，接着有一批新的分类群产生。集群绝灭之后往往继之以大的适应辐射。生命史上的集群绝灭与适应辐射相关联，可称之为生命史中大规模的物种替换或生物圈组成的更新。

大规模的物种绝灭又与生态系统的破坏或解体相关(互为因果)。随着大绝灭之后新类群的出现和稳定环境的恢复，新的生态系统建立起来。因此，集群绝灭另一层含义是生命史上大范围的生态系统的破坏与重建。

对于什么是集群绝灭，可以简单地概括为：集群绝灭是生命史上多次(重复)发生的大范围、高速率的物种绝灭事件，即在相对较短的地质时间内，一些高级分类单元所属的大部分或全部物种消失，从而导致地球生物圈多样性的显著降低；集群绝灭与继之发生的适应辐射和新类群的出现，构成了生命史上多次的生物圈组成的更新和大范围的生态系统重建。

识别集群绝灭和将其与常规绝灭区分，必须定量地估计绝灭的规模。这涉及如下几个物理量：

① N_e：某一地质时间内绝灭的物种(或其他分类单元)的绝对数目。

② N_e/N：某一地质时间内绝灭物种占当时生存的全部物种总数的比率。

③ $E(=N_e/\Delta t)$：绝灭速率。

④ $E/N(=N_e/N\Delta t)$：相对绝灭速率。

如果我们要通过计算分类学多样性，并从多样性的变化来识别集群绝灭，则不能只考虑绝灭速率，还必须考虑物种(或其他分类单元)的产生速率(origination rate)。衡量多样性损失的程度，涉及下面一些物理量：

① N_o：一定地质时间内新种(或其他分类单元)产生的数目。

② $O(=N_o/\Delta t)$：物种(或其他分类单元)产生速率。

③ $\Delta N(=N_{o}-N_{e})$：一定时间内物种(或其他分类单元)数目的改变量。

④ $\Delta N/\Delta t(=O-E)$：多样性变化速率,又称更新速率(turnover rate),在集群绝灭期更新速率为负值。

考虑到绝灭与产生两个因素,集群绝灭时期可能会有两种情况发生:第一种情况是绝灭速率很高而物种产生速率很低($E>O$),造成多样性迅速而持久的下降;第二种情况是绝灭速率很高,物种产生速率也相对较高,导致较高的更新速率,但多样性的下降可能不显著,危机持续时间可能较短。这里提到的危机持续时间,是指多样性损失(降低)持续的时间,相当于多样性变化曲线上"低谷"的宽度。

(2) 生命史中的集群绝灭事件与主要的危机时期

① 前显生宙。目前我们对前显生宙的绝灭事件了解很少,因为前显生宙的古生物研究资料还没有积累到可供统计分析的程度,而且还因为组成前显生宙生物圈的主要生物是蓝菌、细菌等原核生物,应用于显生宙真核生物的物种概念和分类原则不适用于它们。有一些证据表明原核生物形态进化有保守性,例如,已知某些元古宙的蓝菌化石在形态上几乎和现代的一些种类一样(Zhang Yun,1981,1988)。

尽管如此,前显生宙古生物学的研究进展也提供了一些证据,表明元古宙的蓝菌、细菌和一些真核的微生物化石种类存在于一定的、有限的时代和地层中。例如,中国华北地台中元古代雾迷山组中的藻类化石 *Bactrophycus oblongum* Zhang、*B. dolichum* Zhang 以及 *Achaeoellipsoides conjunctivus* Zhang,在晚元古代地层中从未出现过。就目前所知,这类化石只出现于世界其他地区的中元古代同时代的地层中,可见它们肯定地绝灭了(Zhang Yun,1985)。但我们还不能确定其绝灭的型式是否是"突然"的。美国学者 J. P. Grotzinger(1990)统计分析了前显生宙到显生宙早期各时代地层中的叠层石的丰度和形态多样性,得出结论:叠层石发展史上有三次大的"突然"衰落。第一次在 10 亿年前,即由中元古代向晚元古代过渡时期(中元古代末);第二次在 6 亿年前,即由前显生宙向显生宙过渡时期(晚元古代末);第三次在奥陶纪(4.7 亿年前)。叠层石丰度和形态多样性的"骤然"下降,是否意味着建造叠层石的某些蓝菌及其他微生物种类的大绝灭呢? 这还有待进一步证明。

但元古宙末期到显生宙初始,即大约在距今 $550 \sim 650$ Ma 之间,与后生动物和后生植物早期适应辐射的同时也发生过若干次较大规模的绝灭事件。这些绝灭事件涉及陆缘浅海至潮间带的底栖叶状体藻类植物、最早的原始无脊椎动物以及浮游植物。事实上,这个时期出现的原始多细胞植物(如前面第六章提到的中国南方震旦系磷块岩中保存的藻类化石)、浮游植物(如疑源类)以及原始的后生动物(如伊迪卡拉动物化石群),不仅形态多样而独特,而且都是"短命"的,即它们只发现于时代上很局限的地层中,短暂的繁荣之后就消失了。瑞典和美国学者(Vidal,Knoll,1982)统计分析元古宙末的疑源类的多样性变化,证明这个时期的确发生了疑源类的骤然绝灭事件,即相当数量的物种的生存期都很短,差不多"同时"消失。

② 显生宙。美国学者塞普科斯基(Sepkoski,1982)统计了显生宙各时代 6 亿年以来的海洋动物化石以科为单位的多样性的资料,识别出五大绝灭事件(或五个大的生物危机时期),如表 10-4 和图 10-12 所示。

表 10-4　塞普科斯基识别出的五大集群绝灭事件(Sepkoski,1982)

集群绝灭事件	距今年代/Ma	绝灭的海洋动物的科数
Ⅰ. 晚奥陶世绝灭	439～440	22
Ⅱ. 晚泥盆世绝灭	360～380	21
Ⅲ. 晚二叠世绝灭	220～230	50
Ⅳ. 晚三叠世绝灭	175～190	20
Ⅴ. 晚白垩世绝灭	60～65	15

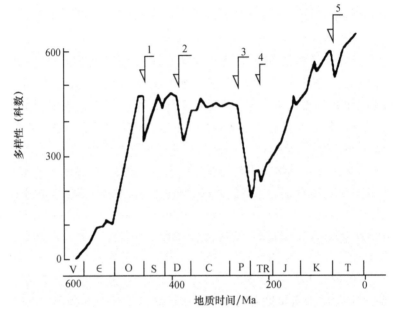

图 10-12　根据塞普科斯基(1982)的统计数据而做出的海洋动物科多样性变化曲线

显示出五大集群绝灭时期(表现为多样性骤然下降,即曲线出现深谷,图中用箭头指示),分别发生于晚奥陶世(1)、晚泥盆世(2)、晚二叠世(3)、晚三叠世(4)和晚白垩世(5)。大绝灭所造成的多样性损失通常要一定时间后才能恢复到先前水平(箭头末端的横线代表恢复时间)。V=文德期;∈=寒武纪;O=奥陶纪;S=志留纪;D=泥盆纪;C=石炭纪;P=二叠纪;TR=三叠纪;J=侏罗纪;K=白垩纪;T=第三纪(根据 McGhee,1989,改画)

　　从表 10-4 看,晚二叠世的危机最严重,海洋动物的 50 个科绝灭,差不多占当时海洋动物总科数的一半。

　　如以属、种为单位来统计,则更为严重,占总数 83% 的属和 96% 的种绝灭了。据估计只有 4% 的海洋动物种延续生存到三叠纪(Raup,1979)。从海洋动物方面来说,晚白垩世的绝灭规模是最小的。

　　衡量危机的严重程度不仅仅依据绝灭速率和多样性的绝对损失,还要看绝灭引起的多样性降低的状态持续时间的长短:持续时间长表明绝灭事件影响大,多样性恢复缓慢;持续时间短表明绝灭事件影响较小,多样性恢复较快。确定危机发生的时间(或危机期)可以根据最大绝灭速率发生时间,也可以根据更新速率。但多样性损失最大时期并不一定和最高绝灭速率发生时期相吻合。例如,在晚泥盆世绝灭事件中,腕足类的绝灭高峰(最大绝灭速率)发生在弗拉斯阶(Frasnian Age)后期的 4 Ma 期间;但从更新率来看,多样性最大损失期是在弗拉斯阶之末,持续期间仅 1.3 Ma。有的学者(McGhee,1989)认为,晚泥盆世的生物危机主要是由于新种(新类群)产生的速率下降所致,而不是绝灭速率增高的直接结果。这一点很重要,说明生物危机并非仅仅是绝灭速率增高的结果。

塞普科斯基统计的五大绝灭事件中,晚二叠世的持续时期最长,高速绝灭从列奥纳德阶(Leonardian Age)持续到塔塔尔阶(Tatarian Age),前后持续 10 Ma 之久。但因为晚二叠世曾发生全球海退,地层记录不全,统计上有较大误差。晚泥盆世和晚三叠世的危机中高速绝灭持续时间也相当长,而晚奥陶世和晚白垩世危机持续时期较短。危机持续时间的长短可能由多种因素造成,除了地层缺失、化石记录不全而造成高速绝灭的假象外,还因为某些大的集群绝灭事件实际上包含了一系列相继发生的较小的绝灭事件。

除了上述五大绝灭事件外,一些学者根据古生物统计资料的分析识别出大大小小 20 多个绝灭峰,这些绝灭峰可能代表高速率的绝灭,但不一定反映真正的生物危机。只有当集群绝灭导致生物圈相当大部分的物种损失,全球大范围的生态系统受影响时,才构成生物圈的真正危机。

我们把一些主要的集群绝灭造成的生物危机时期列在表 10-5 中。

表 10-5　生命史上主要的集群绝灭事件与生物危机时期

生物危机时期	发生时间 (距今 Ma)	受影响的生态系统和绝灭涉及的主要类群	说　明
中元古代末	约 1000	陆棚浅海和滨海叠层石、微生物席生态系统;蓝菌及某些真核微藻类	有待研究,资料不足
晚元古代末	约 550~650	陆棚浅海和滨海底栖与浮游生态系统;底栖叶状体植物、疑源类浮游植物、伊迪卡型后生动物	多次适应辐射和多次绝灭事件
早至中寒武世	约 510~535	海洋生态系统;早期多门类无脊椎动物、三叶虫、古杯类、单板类、某些甲壳类、一些分类地位不明的动物门类	多次辐射与绝灭,最大的绝灭发生在中寒武世
晚奥陶世	约 439~440	海洋生态系统;三叶虫、笔石、头足类、腕足类、苔藓虫、珊瑚等	持续时间较短
中志留世,文洛克阶/鲁德洛阶	约 420	海洋生态系统;海洋无脊椎动物	包含一系列小绝灭事件,持续时间长
晚泥盆世,弗拉斯阶/法门阶	约 360~380	海洋生态系统;四射珊瑚-层孔虫礁生态系统消失;某些鱼类和浮游藻等	可能包含一些小绝灭事件
晚二叠世	约 220~230	海洋生态系统;菊石、蜓、腕足类、四射珊瑚、海百合、苔藓虫等	显生宙海洋生物损失最大的绝灭事件
晚三叠世	约 175~190	海洋生态系统;菊石、瓣鳃类、腹足类、牙形石动物	地层记录不全,资料不足,有待研究
晚侏罗世	约 130~140	海洋生态系;菊石、瓣鳃类	规模较小的绝灭
晚白垩世,马斯特里赫特阶	约 65	陆地生态系统与海洋生态系统;恐龙、菊石、瓣鳃类、钙质浮游植物(颗石藻)等	大型爬行类绝灭令人注目;白垩系上界有铱(Ir)富集
始新世晚期	约 35~40	海洋生态系统;浮游生物、软体动物、鲸类等	可能由一系列小的绝灭事件构成,持续 3~4 Ma

这些列出的绝灭事件与危机并非都是无可置疑的事实。由于地层缺失、化石记录不全（有些种类虽然生存过但没有留下化石）、统计方法本身的问题等原因，定量地识别危机时期和区分背景绝灭（常规绝灭）与集群绝灭是有困难的。

（3）关于集群绝灭的周期性与新灾变说

纵览一下显生宙的生命史，生物的繁荣与衰落似乎有规律地交替，每隔一段时间发生一次较大规模的绝灭，给人以深刻印象。A. G. Fischer 和 M. A. Arthur 于 1977 年首先提出大胆假设，认为中生代以来大约每隔 32 Ma 发生一次大规模绝灭，其根据就是他们对菊石、有孔虫等中生代以来的化石记录的统计分析，这可能是最早正式提出的集群绝灭周期性的假说。后来两位美国学者，芝加哥大学的塞普科斯基（Sepkoski）和诺普（D. M. Raup）根据海洋动物化石资料的统计分析，提出"晚二叠世以来每隔 26 Ma 发生一次集群绝灭"的绝灭周期性假说（Sepkoski，Raup，1986；Raup，Sepkoski，1988）。这个假说提出者否定生命史上各次集群绝灭是由不同复杂原因引起的偶发性事件的说法，而认为绝灭的周期性表明不同的集群绝灭可能由单一原因引起，并且绝灭发生机制也大致相同。这个单一原因可能就是非正常的物理环境变化。因而绝灭周期性假说与灾变假说一拍即合。虽然早期的灾变假说主要地仍将注意力集中在地球上，海退、全球降温、火山活动、板块愈合等等都曾作为引起集群绝灭的原因而提出。80 年代以后，注意力转到地球以外了。

1980 年阿尔瓦雷兹（Luis Alvarez，Walter Alvarez）及其同事们发现了在若干不同地点的晚白垩世地层的上界，即白垩系/第三系（K/T）地层界线上黏土层的铱（Ir）含量异常（高出平均值许多倍），同时用磁性地层学方法验证了不同地点的铱异常层的同时性。他们据此推论，这个铱异常的黏土层是一个地外天体撞击地球后留下的地球化学记录。他们又根据铱的沉积量来推断，撞击地球的天体直径为 10 km 左右。他们认为撞击引起的热浪、尘埃蔽日、降温等一系列的环境后果乃是白垩纪末恐龙及其他生物集群绝灭的直接原因。其后不久，1982 年阿尔瓦雷兹研究小组与 Ganapathy 同时发现始新世末期，即始新世/渐新世界线（Eoc. /Olg. 界线）附近沉积物的铱异常，对应于始新世末期的一次较小规模的集群绝灭。这样一来，地外天体撞击引起地球上集群绝灭的新灾变说开始盛行。天文学家加入灾变研究中，天文学家计算（估计）出地外天体碰撞地球的概率，并由此推论大约每隔几百万年或几千万年发生一次较大的碰撞事件。于是新灾变说的支持者自然会以此来解释集群绝灭的周期性。

1983 年 8 月，在美国北亚利桑那大学召开的"绝灭的动力学学术会议"上，和同年在印第安纳州波利斯城召开的"北美地质年会"上都集中讨论了集群绝灭问题。据报道，"会议被灾变说的悲观气氛笼罩""承认灾变是地球历史的正常内容，对地质学家来说是一个哲学的突破""小行星碰撞地球已被承认是集群绝灭的原因"。会上塞普科斯基等的集群绝灭周期性假说与阿尔瓦雷兹等的小行星碰撞引起灾变说找到了共同点，即周期性的天文事件引起周期性的绝灭事件。然而，不论在两个会议上，还是在会议之后的十几年来，并没有找到任何天文事件的周期与地球上识别出来的绝灭事件的"周期"完全吻合。这是新灾变说自己也承认的难点之一。

1994 年 7 月 17—22 日，苏梅克-列维 9 号彗星与木星相撞事件使得 Alvarez 等人提出的小行星撞击地球引起晚白垩世恐龙及其他生物集群绝灭的假说受到更大的重视，并使得美国国会众议院航天和科学技术委员会要求美国宇航局制定一个关于彗星与小行星对地球的威胁的研究计划。苏梅克-列维9号彗星中的最大碎块(G碎块)直径约为3.5 km,撞击木星引起的爆炸释放出相当于 6×10^{12} t TNT炸药的能量,撞击点上形成了一个相当于地球大小的黑色斑痕。如果这事件发生在地球上,其影响必定是很大的。位于火星与木星之间的小行星带由大约3万颗大小不等的天体碎块组成,据说其中大约有2000颗直径超过1 km。还有15颗直径为1~10 km的彗星或彗星碎块正穿越地球轨道内侧运行,它们都有碰撞地球的可能性。天文学家们对地外天体撞击概球的概率有各种不同的估计,大致为10~50 Ma发生一次不等。据推测,1908年西伯利亚通古斯爆炸和森林大火可能是一次彗星碎块撞击事件。作者曾经考察过加拿大安大略省的萨得伯里(Sudbury)盆地,它具有撞击坑的构造特征,盆地边缘的岩石中有冲击锥(shock cones)和小玻球。最近在萨得伯里盆地内发现的碳聚球(fullerenes,即 C_{60} 和 C_{70})中包裹有氦,其同位素比值 $^3He/^4He$ 显著大于太阳风的比值,而且比地幔的最高值大一个数量级,不可能由宇宙线轰击造成或来自地内;这个比值很接近某些陨石的数据;结论是萨得伯里盆地碳聚球中的氦来自地外天体(Becker Poreda, Bada, 1996)。这是撞击事件的有力证据。类似的证据在世界上还有多处。

下文将对绝灭的周期性假说和与之相关的新灾变说作一个小结,并给出一些评论。

① 阿尔瓦雷兹和塞普科斯基等新灾变说提出者和支持者揭示出地球和生命史上造成生物进化明显的不连续性的异常事件,并纠正了传统地质学和古生物学忽视地球以外的因素对地球发展和生命进化影响的倾向,开阔了眼界和思路。

② 集群绝灭的周期性还没有得到证实。首先是统计资料的局限性,塞普科斯基等只统计了生命史的一小段,即晚二叠世以来的2.7亿年的绝灭资料,缺少前寒武纪和早古生代的资料。其次,统计所用的分类单位是科,地层时代单位是阶,两种尺度都包含相当大的人为因素。再次,某些关键的地层缺失(例如,晚二叠世的海退造成地层不全)及化石记录不全,从而影响统计的结果。即使按塞普科斯基等得出的26 Ma的绝灭周期来检验,预期的绝灭发生时期与统计得出的绝灭峰的分布并不完全吻合。例如,有两个理论上(按绝灭周期为26 Ma的说法)预期的绝灭峰缺如,即一个应发生在中侏罗世,另一个应发生在早白垩世。另有5个化石统计得出的绝灭峰却不是理论上预期的。通过统计而得出的理论却未能通过统计学的检验。

③ 即使绝灭的周期性得到证实,也不能把所有的集群绝灭归因于地球外的单一因素。换句话说,重复发生的(或周期性发生的)事件并不一定是由单一的外部原因引起。资本主义早期的周期性的经济危机乃是资本主义经济体系内部的原因造成;中国的"合久必分、分久必合"的社会历史似乎也有"周期性";中国近代史上差不多每隔40~50年发生一次大的革命事件等,如果都被看作是周期性的,但它们并不是外来原因造成。因此,从统计学的"周期性"推论到"单一的外部原因"是不合逻辑的。

④ 地外天体撞击地球的异常事件在地球历史上曾经多次发生过,而且将来还有可能发生,这一点已经由前面说过的许多证据证实,没有多少人怀疑了。但撞击事件与集群绝灭事件的因果联系还有待研究证实,撞击对地球环境和生物圈的影响(机制、规模和程度)也有待研究。撞击是不是集群绝灭的主要的、直接的原因,这个问题还有不少疑问和争论。例如,假设晚白垩世的绝灭是由小行星撞击引起,白垩至第三系界线上的铱异常层标志着撞击事件发生时期,那么绝灭物种的化石记录应当在铱异常层之上截然中断或化石丰度明显下降。但在某些地方(例如,西班牙的Zumaya)的白垩至第三系地层剖面上,浮游植物颗石藻(coccoliths)在

铱异常层之下,即撞击事件发生前 1 万年左右丰度下降,逐渐消失。菊石在铱异常层发生前也逐渐消亡,在晚白垩世末的 2 Ma 内由 10 种逐渐下降到零。瓣鳃类也如此。陆相地层中恐龙化石在铱异常层之下种数就下降了。再者,塞普科斯基列出的若干集群绝灭事件实际上包含着若干相继发生的较小规模的绝灭事件,意味着绝灭是一波又一波的,而不是那么"突然"。当然,由于地层缺失问题或统计方法中的人为因素等原因,使得我们对绝灭型式的了解还不够客观。但不少学者提出不少证据,表明集群绝灭并非很"突然"。这就给地外事件与集群绝灭之间的因果联系打上问号了。苏梅克本人和其他天文学家估计,苏梅克-列维 9 号彗星中的一个碎块落到地球上的话,也只造成像美国罗德岛那么大的坑,但所形成的尘埃云却能造成相当大面积的日光阻断或减弱,导致粮食减产。撞击的直接后果可能并不十分严重,但对地球环境的影响可能是长期的。

⑤ 有人认为,地球以外的因素影响地球生物圈的进化过程的现象应归属于新的研究范畴,被称为宏进化(megaevolution),集群绝灭及其对生命进化的影响即属于宏进化。在宏进化中,"适者生存"或"适者延续"的法则已不适用。在灾变事件中,基因好的与命运不济的同样遭殃。宏进化的法则是"幸者生存"(许靖华,1989)。

(4) 关于集群绝灭的无区分性与区分性

在集群绝灭中,一些高级分类群(科和科以上的分类单元)整体消失,即属于同一分类群的具有不同生态习性和适应特征的所有物种全部绝灭了。一些学者认为这是集群绝灭无区分性的证据,在大灾难面前无优劣之分。但是,在比较不同生境、不同生态系统、不同的地理区域的物种在集群绝灭时期的绝灭情况时,可以看出绝灭的区分性。

① 地理纬度的区分性。集群绝灭时期受损失最大的往往是低纬度(这里指的是古纬度)区生态系统,高纬度区和两极地区的生态系统受害较轻或无损失。热带海洋的礁生态系统总是受灾最重的,每一次大的集群绝灭总是伴随一种类型的礁生态系统的消失和继之而起的新类型的礁生态系统的出现。例如,古杯类礁生态系统于中寒武世危机中消失,继之而起的苔藓虫生物礁于晚奥陶世衰落,后来的层孔虫-床板珊瑚礁生态系统于晚泥盆世危机后绝迹,接着由海绵、藻类、苔藓虫、腕足类等组成的复杂的礁生态系统崩溃于晚二叠世,晚三叠世的六射珊瑚礁由盛而衰,晚白垩世的厚壳蛤礁也于危机中消亡。几乎每一次大的生物危机都涉及热带生物礁。高纬度区总是轻灾区或非灾区。属于同一高级分类单元的高纬度区的物种存活率大于低纬度区。造成这种区分性的原因较复杂。热带物种数量多,多样性高,生态系统分异度高,种间竞争压力较大,在正常情况下更新率也较高(常规绝灭速率和种形成速率都较高),这种情况下的生态系统比较脆弱,易受环境灾变之害。此外,热带物种多是地方化的,即适应于狭窄的局部环境,分布区有限,也易受灾变之害。寒带物种数目少(多样性低),物种分布区域较宽,多为广适性种,对环境灾变的抵抗力较大。但另一方面,正因为热带生物多样性高,在统计时对多样性变化的定量估计可能偏高。热带生物区系中常常包括大的分类群(即包含较多物种的分类单元),在正常环境下,大分类群与小分类群的绝灭没有明显区别,但在集群绝灭时,大分类群遭受的损失要比小分类群严重得多。

② 栖息地的区分性。在某些集群绝灭事件中,同一地理区的浅水种类的绝灭明显地多于深水种类。这里的浅水种类既指浮游生物,也指浅水区底栖生物。在集群绝灭发生时期,潮间带和潮下带浅海底栖生态系统绝灭的严重程度大大超过深水生态系统。有证据表明,在集群

绝灭之后,往往有高纬度区的物种向低纬度区(重灾区)迁移,深水物种向浅水转移。

③ 海洋与陆地的区分性。自从晚志留世到早泥盆世陆地生态系统真正建立和发展起来之后,在历次大的集群绝灭事件中,海洋与陆地生态系统都受到损失,但双方在受害程度和受害最严重的时间上有一定差别。陆地生态系统在大难之后恢复较快,危机持续时间相对较短。根据化石统计资料揭示的陆地生态系统集群绝灭发生时间与海洋生态系统的危机时间并不十分吻合,这里可能有统计的误差,也可能海洋与陆地绝灭确有一定时间差。

(5)**集群绝灭的原因——物理的,还是生物的?**

在探索地球生物绝灭的地球外原因的热潮中,除了前面叙述的小行星或彗星撞击地球引起灾变的假说外,天文学家还提出了其他一些集群绝灭的地外原因假说。有些假说还试图将天文学周期与地球上的绝灭"周期"联系起来。例如,有人提出假说认为地球绕太阳运转的轨道以及地球与太阳之间距离的周期性变化(即所谓的米兰柯维奇周期),会造成地球环境的大改变,从而导致大的绝灭(Rampino, Stothers, 1987)。又如,有人认为太阳系周期性地穿越银河系的旋臂,会引起地球环境扰乱,导致集群绝灭(罗先汉,1993)。这些假说的共同问题是所预测的天文事件与绝灭事件不能很好地对应或吻合。

现在该回到地球上寻找原因了。

全球降温与集群绝灭的关系已经从前面提到的绝灭的纬度效应中看到:低纬度的热带生态系统受害大于高纬度的寒带和温带生态系统,说明两个生态系统的物种耐受低温环境的能力有差异,也说明寒冷可能是集群绝灭的重要原因之一。此外,浅水区种类比深水区种类易于绝灭可能也和降温有关。元古宙末期至寒武纪初期、晚奥陶世、上新世初都有大规模的冰川作用的地质记录,与集群绝灭发生时间接近。晚泥盆世的绝灭高峰期在冈瓦纳冰期之前,而晚二叠世绝灭高峰发生在冰期之后,还有其他的集群绝灭事件与冰川事件搭不上边。因此,全球降温只能说是某些集群绝灭事件的可能原因(或主要原因)之一。此外,全球变冷可以是多种因素引起的。例如,小行星撞击地球造成尘埃蔽日、阳光阻断、温度下降,大规模的火山喷发也会造成类似的"核冬天"。

海平面大幅度下降(海退)造成生物栖息地面积的变化。例如,陆棚浅海区域面积缩小,也会引起物种迅速绝灭。但是,同样地,海退也不能解释所有的绝灭事件。有些绝灭事件发生时期并未发生海退。而且,海退可能是全球降温的结果,即与两极冰帽的体积扩大相关。海退虽然造成某一类生境面积减小,但也可能造成另一类生境面积扩大。例如,海退造成大面积的海滨浅滩,并使一些原先淹没的岛屿露出。

火山活动也是集群绝灭的可能原因之一。短时间内大规模的火山喷发所造成的直接与间接的后果近似于地外天体撞击的效应,如火山灰形成蔽日的尘云,气温下降,而且也可能造成沉积物的地球化学异常(例如,火山灰和火山岩中相对富集的铱等元素在孔隙水和微生物作用下溶解、迁移、沉淀、吸附并聚集于黏土沉积物中)。晚奥陶世、晚泥盆世和晚白垩世集群绝灭时期确有大规模造山运动和火山活动,但大多数火山活动延续时间比集群绝灭持续时间长,火山活动与集群绝灭之间的联系还有待研究。

如果说,物理环境因素是集群绝灭的主要原因的话,那么并非单一的物理因素可以解释所有的绝灭事件。事实上,各主要的集群绝灭发生时期的环境背景是不同的。例如,晚白垩世绝灭时期的环境是:大规模海退,气候不稳定,火山活动与大地构造运动强烈;而在此之前的中白垩世(Cenomanian阶)的一次较小规模的绝灭事件发生时期正是海进过程,气候稳定,火山活动与构造运动弱。两者处于相反的环境背景。

现在让我们回到逐渐被忽略的生物本身或地球生物圈内部来寻找集群绝灭的可能原因。

高级分类群之间的竞争、排挤和替代说也曾用来解释集群绝灭。如果常规绝灭表现为高级分类群下的个别物种的进化失败,那么集群绝灭则表现为一个或多个高级分类群的大部分或全部物种因竞争失败而覆没。但所列举的高级分类群替代的多数例证,如古生代三叶虫被甲壳类替代,腕足类的有铰纲被瓣鳃类替代,第三纪奇蹄类的许多属的绝灭被偶蹄类的一些新属替代等,曾被一些学者置疑或否定。例如,统计资料表明晚二叠世腕足类快速绝灭之时,瓣鳃类也以较低的速率绝灭,第三纪偶蹄类与奇蹄类的多样性变化曲线并无显著的负相关。至少可以说,三叶虫、腕足类以及奇蹄类的许多属种的快速绝灭并非种间直接竞争的结果。

在环境相对稳定的一般情况下,生态系统内的种间竞争与相互依存的关系,绝灭和物种形成两个相反的过程大致保持着平衡。只是在特殊的情况下,生态系统内部种间关系处于失衡状态,快速绝灭和系统内物种多样性的显著波动才会发生。一种情况:当两个空间上隔离的生态系统因隔离机制的消失而相遇,发生大规模的物种交流(迁出、迁入)。对于有限面积、有限资源的生态系统来说,物种数目突然增加,导致竞争加剧,相对稳定的状态被打破,物种绝灭速率升高,直到达到适当数目物种和新的种间关系建立,才逐渐恢复平衡状态。例如,原先相互隔离的南、北美洲两大生态系统因200万年前巴拿马地峡形成而使两大陆连接,两个生态系统相互接触和沟通,北美洲哺乳动物进入南美洲,南美洲哺乳动物进入北美洲,两个大陆的物种数目都很快增加,在南、北美洲都发生了较大规模的物种绝灭和替代。北美洲因连接欧亚大陆,其哺乳动物在进化等级上高于南美洲,适应和竞争上略强于南美洲的物种。最后,北美洲哺乳类在南美洲取得的竞争优势或成功要大于南美洲的土著物种在北美洲的成功。注意两点:一是两个生态系统都发生了较大的绝灭,其原因不在物理环境改变,而在于大的物种迁入、迁出造成的生态系统内部的竞争加剧;二是高级分类群之间的确在竞争上有相对的强、弱区别,南美洲的较原始的哺乳类移居北美洲后所取得的成功,不如北美洲的较高级的哺乳类移居南美洲后所取得的成功。

生态系统内部因素导致系统失衡和绝灭速率增高的另一种情况:生态系统内个别物种因快速进化而获得特别显著的适应度的增长,或某个别新形成的物种具有改变生态系统内种间关系或改变生存条件的新特征。在上述情况下,有可能造成个别物种的种群迅速扩大及个体数量爆发式增长,相对平衡的种间关系被打破,一些或相当大部分的物种生存条件被破坏,因而导致绝灭速率增高。一个典型的实例是人类通过体质进化和文化进化而获得的新的适应特征,大大提高了适应度,人口增长,特别是近几十年来人口迅猛增长和人类活动对环境的影响使无数物种的生存条件逐渐失去,造成今天生命史上空前规模的物种绝灭,特别是高等植物与高等动物的绝灭速率超过了生命史上的集群绝灭期的速率。试想,如果在生命史上曾经出现过能毁灭森林、草原植被或感染一些动物的病原微生物,将会发生什么情况。另一方面,生态系统内某些物种的绝灭可能造成整个生态系统解体的后果。例如,主要的造礁生物的绝灭会造成礁生态系的解体和相关物种的绝灭。一类生物本身的生命活动可能造成其自身衰落或绝灭的条件。例如,元古宙蓝菌的兴盛大大改变了地球环境,使大气自由氧含量增高(蓝菌光合作用释放氧气)和CO_2浓度下降(碳酸盐沉积),从而造成蓝菌和其他原核生物的衰落和真核生物发展的条件。

遗憾的是,我们今天的多数学者的兴趣仍然是地球或地球外的物理的灾变因素,忽视引起绝灭的生态学机制和生物本身的因素。其实,物理的外因是通过生物的内因起作用的。有些学者,例如 Jablonski(1986)论证说,广适性物种对于灾变的耐受力大于狭适性物种,因而在集群绝灭事件中受到的损害较小。如果这一点被证实,那么在集群绝灭发生时,生物本身的特性并非无足轻重,宏进化也并非完全是"幸者生存"的随机过程。

（6）小结

集群绝灭与地球历史上曾经发生过的环境灾变已经被证明是事实,但绝灭事件与环境灾变事件(地球上的和地外的事件)之间的关联还有待进一步研究。

集群绝灭的原因可能是复杂的,各次绝灭事件的原因可能是不相同的。认为生命史上主要的绝灭事件是由单一因素引起的说法是把复杂问题简单化了。

物理环境因素,特别是像小行星或彗星撞击地球的天文学事件对地球生物圈的影响是不容忽视的,不能仅仅看作是破坏和毁灭。大的破坏(或毁灭)是为大的创造提供条件。地球上稳定平衡的生态系统因灾变事件而暂时失去稳定、平衡,这为新的生态系统的建立创造了条件。新的生物类型在老的类型占优势的情况下不能发展,虽然哺乳类祖先在恐龙时代就已经存在了,但在恐龙的阴影下不能发展,恐龙的绝灭为它的兴起开辟了道路。裸子植物在中生代末的大量绝灭为新生代被子植物的发展腾出了空间。这符合一条哲学原理:"不破不立。"

尽管有人说,灾变和集群绝灭使进化的时钟倒转了。但纵观生命史,进化的进程仍是向上的、前进的。这是因为即使宏进化过程也不是完全随机的。试想,如果每一次集群绝灭、每一次灾变都是随机灭亡与存活的话,那么生命史的确会是前进一步、倒退两步,或是徘徊停滞。幸好生物圈的进化并不是这样。除了探讨集群绝灭的外部物理环境的原因以外,注意力还须更多地转向生物本身和生态系统的内因。正如另一条哲学原理所言"外因通过内因起作用"。

10.6　大进化与小进化问题讨论

1. 小进化模式能解释大进化吗?

现代综合论基于种群遗传学基础之上的小进化模式是否可以解释种形成和高级分类群起源等大进化现象,是多年来进化生物学中争论的问题之一。

虽然辛普孙(Simpson,1994)同意把进化的研究区分为小进化与大进化两个领域,但并不主张把小进化与大进化割裂开来,他不认为大进化是不同于小进化的另一种进化方式,而只是强调研究领域的不同。但是哥德斯密特(Goldschmidt,1940)最初提出大、小进化概念时就已经明确强调大进化机制是不同于小进化的。他说:"由一个种变为另一个种是进化的决定性步骤,也是大进化的第一步,这个进化步骤需要通过另一种进化方式,而不是靠微小突变的积累。"哥德斯密特所说的另一种方式,就是通过所谓的大突变(macromutation)或系统突变(systemic mutations)而产生显著的表型变异,从而造成新种、新属或新的高级分类群的产生。到了 20 世纪 70 年代以后,断续平衡论者和许多古生物学家则更强调大进化与小进化之间的不匹配(incompatibility)和大进化的自主性(autonomy)。他们认为综合论提出的小进化模式不能解释大进化,大进化过程与小进化过程是脱钩的(decoupling)。断续平衡论认为生物进化在两个层次上展开:第一个层次的进化就是小进化,是自然选择或随机因素在种群和个体的层次上引起的微小改变,没有重要意义;第二个层次的进化是大进化,是造成新种或新的高级分类群产生的进化过程。两个进化过程是相对独立的,大进化更重要。

与此相反,某些进化生物学家则反对夸大大进化的自主性,认为小进化过程是大进化现象的基础,小进化过程在一定程度上可以解释大进化现象,不存在与小进化无关的独立的大进化过程(Ayala,1985;Gingerich,1983)。

主张大进化自主性的主要理由是:

① 小进化靠微小突变的积累,进化速率太慢,不能解释化石记录所显示的高级分类群"快速"产生的事实。

② 小进化是渐变过程,自然界中的种形成和高级分类群起源是"跳跃"。

③ 以小进化模式解释大进化是简单的外推论,混淆两个层次的现象是简单的还原论。

另一方面,反对"大进化与小进化不匹配"一派的反驳论点是:

a. 小进化的速率有快有慢,在一定情况下小进化速率很高。例如,加拉帕戈斯群岛上的地雀的适应辐射研究证明了在自然选择作用下的小进化过程可以在不长的时间快速地产生适应不同环境的新种(见本书第七章);东非大湖区的数百种土著丽鱼是在短短的1万年内由迁入的少数祖先快速分异形成的(见第八章)。金杰里奇(Gingerich,1983)的研究证明了古生物学家根据化石记录测算的线系进化速率有误(见本章第三节)。

b. 物种是由个体和种群组成,没有理由认为突变、自然选择、遗传漂移等这些在个体和种群层次上的小进化机制不能解释种或种以上的分类单元的进化现象。

c. 物种和种以上的分类单元不能构成与种群实质上不同的结构层次,因而小进化与大进化不能看作两个独立的组织层次的现象。

双方仍在争论中,但双方争论的焦点逐渐明确了,即是否存在驱动大进化的特殊机制?

2. 进化与个体发育:关于重演与异时

个体的表型特征不是静止的,是随着个体发育过程而变化的。一定的形态特征的出现,器官结构的形成都是通过基因调控而有序地实现。个体发育过程是表型随着时间而有序的变化过程,它和进化过程有某种相似性。个体发育与进化之间有什么联系,是生物学中一个古老的问题。赫克尔的重演律(recapitulation law)说:个体发育阶段与物种进化历史是对应的。换句话说,个体发育似乎是系统发生的"重演"。例如,哺乳动物的早期胚胎都很相似,都有鳃裂,似乎重现了它们(也包括我们人类)远古生活于水中的共同祖先的特征。

为什么个体发育"重演"系统发生呢?更具体的解释是:在进化过程中发生的每一个进化改变都被记录在遗传系统之中,并且附加到由遗传系统调控的个体发育过程的"末端",成为发育的新阶段。这样,进化的进程(系统发生)的各阶段就被顺序地附加到个体发育过程中,个体发育阶段与进化(系统发生)的阶段就对应起来了(图10-13)。

这真是一个能解释奇妙现象的奇妙假说。

后来的研究证明,许多动物的个体发育并不符合重演模式。例如,蝴蝶的毛毛虫,蜻蜓的生活于水中的幼虫都是非常特化的,是幼虫阶段适应的进化改变。许多证据表明新的进化改

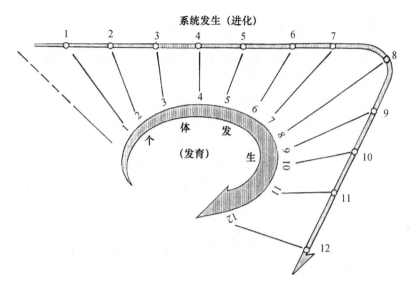

图 10-13　进化与个体发育的关系

重演律图解：在进化过程中发生的进化改变被记录于遗传系统之中，并附加到由遗传系统调控的个体发育过程的末端，成为个体发育的新阶段。进化过程（系统发生）顺序发生的进化改变就顺序地附加到个体发育过程之中（重演）

变、新的特征并不一定附加到个体发育的"末端"。但这不等于说重演律是谬说，它只是把进化与个体发育的关系过于简单化了。现在，进化生物学家对个体发育和进化的关系有了更多的了解，对重演律又有了新的兴趣，而且逐渐明白在什么情况下重演律被打破。

在什么情况下，新的进化改变不是附加在个体发育末端而是出现于发育的中间某阶段呢？一个有趣现象就是所谓的异时性（heterochrony）。

在发育过程中生物个体的不同部分都有各自的时间表，如果发育调控基因突变，改变了不同部分的发育速率，原先的发育时间表就被打乱，其中生殖细胞相对于体细胞发育的时间差尤为重要。如果基因突变改变了生殖细胞和体细胞的相对的发育速率和相对的发育时间表，就出现了发育的异时现象或异时成熟（heterochronic maturation）。如果性成熟提前了，即生殖发生在体细胞（营养器官）尚未发育完全的阶段，那么新产生的个体就不会"重演"其祖先，新个体的成体特征不是附加在祖先的成体阶段之后，而是出现在相当于祖先发育的中间阶段（幼年期）。生殖发生于形态学上的幼年阶段（在祖先还处于幼年的形态时就繁殖后代了），就其形态学结果而言，被称为幼年形态形成（paedomorphosis）。如果体细胞发育速率不变，而只是生殖细胞发育加速，性成熟发生在体细胞发育的较早阶段，这种现象称之为先期发生（progesis）。如果生殖细胞发育速率不变，而只是体细胞发育滞缓，生殖也会发生在体细胞发育的早期阶段，这种情况称之为幼态持续（neoteny）。两种情况都是异时现象，都是由于生殖相对于体细胞发育的超前而引起。如果情况反转过来，即体细胞发育加速或生殖细胞发育滞缓，体细胞发育相对于性成熟而言超前了，这才会有"重演"。

人类进化中的意义早就被学者们注意。有的学者认为人类的成年形态类似幼年的猿，可能是我们的祖先在进化过程中曾发生过幼态持续（见本书第十三章）。

3. 是否存在大进化的特殊机制？——关于大突变

对于大进化与小进化之间关系问题，争论的焦点是：大进化事件的发生（物种形成和高级分类群的起源）是不是有特殊的原因和机制？

这个问题包含两个方面：① 是否存在能导致显著表型改变的遗传机制（大突变）？② 如果存在，这种大突变能否和如何产生大进化革新，即成为具有显著适应意义的新特征而在种群内固定，并引起快速的分支进化（适应辐射），从而导致新分类群的产生？

从遗传学角度来说，导致大的表型改变的大突变是存在的。发育调控基因的突变最受到重视。我们前面说的发育的异时就是一例。某些调控基因突变在发育早期阶段只有微小的效应，但在发育后期却显示出大的表型后果。这就是说，调控基因突变的表型效应在发育过程中"放大"了。某些调控基因控制胚胎的器官形成和器官的位置。例如，果蝇的同源异形突变（homeotic mutations）导致器官形成位置的改变：长触角的部位长出足来（触角足），长平衡棒的地方又长出多余的翅（双胸）。哥德斯密特所说的大突变产生"怪物"是完全可能的，换句话说，导致大的表型改变的遗传机制确实存在。发育调控基因突变就是大突变的一种可能形式。

现在来分析一下问题的另一方面：这种大突变是否能成为进化革新的基础？

在自然选择作用下的小进化过程能够产生适应的表型。而大突变产生的却是显著偏离其祖先表型的"怪物"。哥德斯密特本人以及他的支持者也都承认，大突变产生的新表型往往是不适应的，甚至是畸形的、不能生存的或不育的。但哥德斯密特坚持认为大突变有可能产生有适应意义的特征，或者用他的话说，大突变可能产生"有希望的怪物"（hopeful monsters），它们是新类群的祖先。

假如"有希望的怪物"能成为一些大分类群的祖先，而一个新产生的分类群往往具有一系列相关的适应特征，这个怪物如何能突然获得这些适应特征呢？例如，两栖类相对于它们水生的鱼类祖先而言，具有适应陆地环境的特征——肺、足及其他特征；哺乳类相对于爬行动物而言，有分异的牙齿、强的颚、适于奔跑的四肢、毛、恒定体温、胎生、更复杂的循环系统和神经系统。这一系列重要的、相关的适应特征怎能通过一次大突变而产生？或者说这么多重要的表型适应特征如何一下子集于一个"怪物"身上？

古生物化石证据表明，新类群或新适应的产生并非"一步到位"。这个过程也可能相当长（例如，哺乳动物最早的祖先可以追溯到三叠纪的似哺乳类爬行动物），也可能相对地短，但总是通过若干中间阶段的。在中国辽宁西部晚侏罗世地层中发现的古鸟类化石（孔子鸟、辽宁鸟）具有爬行类和鸟类的混合特征；在北票地区发现的中华龙鸟（*Sinosauropteryx prima*）实际上是一种兽足类恐龙，被有细毛，也是具有混合特征的"怪物"。任何成功适应的新类型的起源一般说来是通过许多中间阶段的渐进过程（虽然并非那么连续）。鸟类飞翔器官的进化，涉及骨骼、肌肉、羽毛等复杂的进化改变，不可能"一蹴而至"的。渐进（进化）不等于慢速。

大进化通过大突变的特殊机制而实现，仍然是未被证明的假说。但这并不等于说不存在大进化的特殊规律。从大的时间和空间尺度上观察到的现象往往是在短时间和小范围内观不到的。例如，大进化研究中揭示出的进化的非匀速特征、集群绝灭、"爆发"式的适应辐射等乃是大进化的特殊现象。从这个意义上说，大进化与小进化可以看作不同层次的现象。但大进化现象仍然有其遗传的机制，从这一点来说，大进化与小进化不是相互脱节的独立无关的过程。

4. 自然选择是否在生物的不同层次上起作用?

自然选择是两步过程:首先是表型的选择,进而造成不同基因型有差异地延续。新达尔文主义的体质与种质、表型与基因型概念有助于对自然选择的理解。

我们已经介绍过生物个体以上层次的自然选择,例如,亲族选择,也可以称为集团选择。如果一个集团成为选择的单位,那么这个集团成员必定共有一些适应特征。例如,一群蜜蜂的集体工作效率(工蜂采蜜、采花粉等)和防卫能力高于其他蜂群,那么整个蜂群连同它们的蜂王都有较高的生存和繁育机会。一个较好地适应变化的环境的物种(例如,一个广温性物种能适应寒冷和炎热的环境),其绝灭的机会相对较小。集体工作效率、集体防卫能力、广温性等等就是集团成员共有的特征。

在物种或物种以上的层次上可能有两种形式的选择。

第一种形式是由于物种之间或高级分类群之间的绝灭概率的不等而引起物种的区分性绝灭。即某些物种具有某些整体的适应特征,在一定环境条件下存活的概率相对较高;而另一些物种因不具备这些特征而容易绝灭(此处的"某些物种"往往指有亲缘关系的某一类群或高级分类群)。这就是一种"筛选",斯坦利称之为物种选择。其实,达尔文在《物种起源》中对生存竞争和自然选择所做的解释包含了物种的区分性绝灭。另一种可能形式是某些物种通过小进化过程获得的一些适应特征在一定环境条件下显示出长远的后效应。例如,某些物种具有相对较高的进化潜能,在一定环境条件下能够快速分支,产生新种和新分类群。这就是 Vrba 的效应假说所解释的。

物种选择的前提是:存在物种整体的适应特征和种间或高级类群间的竞争。有些学者认为,中寒武世以后,节肢动物中的三叶虫逐渐衰落,甲壳类逐渐繁盛,原因是甲壳动物具强有力的颚、螯肢和坚固的头胸甲,相对于三叶虫在竞争上占优势。因此,当海洋中肉食性的头足类和鱼类兴盛时,作为捕食对象的三叶虫大量绝灭,同时在节肢动物中发生了高级分类群的替代(甲壳类替代三叶虫类)。有的学者认为,物种选择的存在可以从某些对物种整体生存有利的特征得到证实。换言之,某些表型特征只对个体有利;而另一些特征对个体未必有利,但对物种整体有利。例如,孤雌生殖对个体的延续有利,而有性生殖对个体未必有利,但对于物种的延续有利,因为有性过程增加遗传变异量,减少物种绝灭的可能性。所以在自然界中有性生殖比孤雌生殖更普遍。由此推论,自然选择可能在物种及种以上层次起作用。每个物种具有其总体适应特征,物种之间对食物和空间的竞争也确实广泛存在。这似乎支持了物种选择说。但问题并非这样简单,因为物种处在生态系统内的复杂关系之中,物种的特征可能影响生态系统内的种间关系,绝灭也受生态系统内的复杂关系制约。

如果自然选择在个体以下的组织层次上也起作用,则应当可以看到微观层次的适应特征。在细胞层次上,有丝分裂器、质体、线粒体、鞭毛等这些细胞内的结构不仅适应于相应的功能(细胞分裂、光合作用、呼吸、运动),而且也被认为是细胞进化的结果。遗传密码被认为是分子进化的结果。如果这些都可以看作适应,那么就应当承认自然选择能够在生物个体以上和个体以下的各层次上作用或曾经作用过。为了解释不同层次的自然选择,Hull 和 Dawkins 引进了一对新概念,即复制体(replicators)和互作体(interactors)。复制体被定义为"能直接以复制方式延续和传衍其结构的任何实体",基因、染色体组都可以看作是复制体。互作体被定义为"任何可容纳、保存和传布复制体"的实体,生物个体、克隆、亲族、物种等都可视为互作体。复制体与互作体概念有些类似魏斯曼的种质和体质概念,所不同的是"互作体能以其整体与环境相互作用,从而影响包含其内的复制体的复制和延续"。复制体和互作体都是抽象的概念,是为了解释不同层次的自然选择而提出的。目前要证实个体以下层次的选择很难。例如,在前生命化学进化阶段是否经历过"分子选择"过程呢? 在早期细胞进化阶段,例如,有丝分裂器的起源是否经历过"细胞选择"呢? 但是,现今高级的多细胞生物的分子或细胞层次上的进化改变要么通过个体表型的选择,要么通过中性突变的随机固定而实现,两个过程也都可以看作是个体层次的现象。艾德里奇(Eldridge,1989)主张把个体的表型特征区分为两部分:与生殖功能相关的和与营养功能相关的。他提出了两个相应的概念:① 生殖特征(reproductive properties),即与生殖的全部功能或部分功能有关的表型特征;② 经济特征(economic properties),即与个体获得和转换能量以维持个体的生长、分化、代谢等生命活动相关的表型特征。

将表型特征作这样的区分,可能有助于对适应度、自然选择和性选择概念的认识。生殖特征与适应度直接关联,而经济特征与适应度间接地关联。其实,生殖特征与经济特征之间也是关联的。艾德里奇本人也承认,要严格区分两类特征是困难的,特别是单细胞生物。性选择主要影响生殖特征。自然选择既影响生殖特征,也影响经济特征。

自然选择作为一种自然"优化"过程能够比较合理地解释生物适应的起源。这种"优化"过程是否存在于个体以上和个体以下的许多生物层次,还有待探讨和证明。

5. 协进化

俄国学者克鲁泡特金(П. Кропбткин)为了反驳达尔文的生存竞争说而在 20 世纪初写了一本书,叫《互助论》。他列举了自然界中许多动人的"互助""互利"的事实。蚂蚁关怀和保护蚜虫,蚜虫分泌的液汁是提供给蚂蚁的营养食品,蚁和蚜虫建立了"互利"关系。蜜蜂与开花植物的关系不仅是互利的,也是相互适应的关系。但寄生虫与寄主之间的关系并非"互利",而只能说是相互作用与相互适应。在自然界中相互密切关联的物种,其进化也必定是相互关联的。蚂蚁的关照与保护蚜虫的行为与蚜虫的分泌是相互影响和相互促进的。寄生虫的任何表型的进化改变也必定影响其寄主。捕食猎物的肉食动物与被捕食的动物之间似乎是竞赛式的进化。生态上密切相关的物种的相互关联的进化叫作协进化。互适应是协进化的结果。

物种之间形成非常复杂的相互作用、相互依存的关系。这种关系是除了物理的环境条件之外的另一种重要的外环境。在物理环境条件相对稳定的情况下,物种之间的关系形成驱动进化的选择压。所以,即使物理环境不变,种间关系也可能推动进化。在通常的环境下,物种之间保持着一种动态的平衡。任何一个物种的任何一个进化改变,都会引起与其相关的物种的"反应",最后又回到平衡。种间关系的牵制作用使得物种要获得显著的进化改变相当困难,同时也可能使处于生态关系中物种的绝灭概率几乎恒定。万瓦伦(Van Valen,1973)根据古生物资料,计算出 2 万多个物种的寿命。他把这些数据画成生存曲线,即以生存物种数目的对数为纵坐标,以时间为横坐标,他发现这个生存曲线(对数形式)几乎是线性的,甚至几乎呈直线。一个大分类群(例如,一个目或科)从其起源之时算起,各个时期的物种绝灭率几乎是相同的。这说明一个物种或一个类群,在其生存期间并不会随着时间而变得更好,更能避免绝灭的厄运。换句话说,新的年轻的种并不比其祖先处境更好些。这是种间竞争和协进化的缘故。

第十一章 生态系统进化

且夫天地为炉兮,造化为工;阴阳为炭兮,万物为铜;合散消息兮,安有常则? 千变万化兮,未始有极。

——贾谊:《鵩鸟赋》

11.1 生物之间的两种联系纽带和两类系统

生物之间存在着两种关系,或者说两种联系纽带:一是亲缘关系,二是生态关系。前者是历史的联系,遗传的联系,内在的(抽象的)联系;后者是现实的、生存方式上的联系,是外在的、具体的联系。两种关系可能相关地同时存在(例如,同一种群的个体或同一亲族的个体之间既有亲缘关系,又存在生态关系),也可能不相关(例如,生存于不同时间的祖先与后裔之间仅存在亲缘上的历史联系,而不发生实质性的生态联系;两个隔离的同种的种群之间也只有亲缘上的联系)。

建立在上述两种关系基础上的两类系统是亲缘系统(或称系统发生系统)和生态系统。前者是系统学家和进化生物学家研究和建立的(应当说是由他们通过研究探索而发现的),后者是生态学家考察和研究的对象。

每一个生物个体都属于一定的亲缘系统,也同时处于一定的生态系统之中。就像社会中的人:每个人和他(她)的父、母、兄、弟、姐、妹、儿、女、亲戚形成亲缘关系联系的家族(或宗族),又同时与妻(夫)、上司、下属、朋友、社会组织、团体等发生联系而处于一定的社会关系(类似于生物界的生态关系)之中。

在自然界中,同种的个体之间(一般情况下)两种关系同时存在。物种是两类系统交汇点:物种既是亲缘系统的基本单位,又是生态系统中的组成单元。

11.2　生态系统是随时间而进化的信息系统

　　生态系统是由生物与非生物环境各个相互作用的部分组成的组织化整体。系统内各部分的相互作用构成反馈环,从而达到某种程度的自我控制。系统内各部分相互作用而给予系统未来状态以某种限制(给无限可能的未来状态以限制,从而使未来状态多少可以预测),系统内有相互作用,就有信息储存。一个系统现有状态的获得,也就是信息的获得,系统就是信息携带者。因此,一个生态系统是一个控制系统,一个信息系统。

　　生态系统通过内部各部分之间的相互作用而达到某种状态,同时获得信息。系统内的信息表现为控制机制。系统每获得新的信息,意味着系统内控制机制的进一步完善。例如,生态系统内食物链的上、下层的捕食者与被捕食者之间的相互作用构成一个负反馈环:捕食者数量增长导致被捕食者数量下降,当后者数量下降到某一限度,捕食者因食物减少而数量下降,从而被捕食者数量逐渐上升,后者数量上升到某种程度又导致捕食者数量增长(图 11-1)。如此而达到一个相互控制的稳定状态,并有信息储存。假如捕食者或被捕食者一方发生了进化改变,双方关系也发生改变,最后有可能达到一个新的稳定状态,并有新的信息储存,同时系统内的控制机制进一步完善化、复杂化。这个过程也是一种进化过程。所以,生态系统是能随时间而进化的组织化的信息系统,系统之所以能进化是因为系统内的生物在进化。

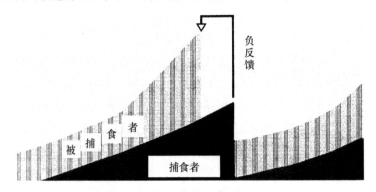

图 11-1　生态系统内部控制机制之一例
食物链上、下层的捕食者与被捕食者之间的相互作用构成一个负反馈环,捕
食者种群个体数量的增长导致被捕食者种群个体数量的下降

　　从另一个角度来看,生态系统是一个靠外部能量输入和内部能量消耗而维持其有序(组织化)结构的开放系统。具体来说,生态系统是靠捕获、转换太阳能(或其他形式的能),并借系统内的能量流动(消耗)而驱动内部物质流和信息流,保持系统处于一种所谓"远离平衡态的稳定态"。这种状态在一定条件下会失去稳定,并产生新的内部结构。失去原有结构而产生新结构,就是进化过程。

　　当生命在 38 亿～35 亿年前出现于地球上时,最早的、最简单的微生物生态系统就建立起来了。自那以后,地球上的生态系统经历了一系列不可逆的改变。就地球生态系统总体而言,随着生物的进化,随着生物本身组织化程度的提高和多样性的增长,生态系统也随着时间而趋向于复杂化、有序化。就广义的进化概念而言,生态系统的历史演变过程实质上是进化过程,但并不是生物学意义上的进化,与基于遗传系统的生物学进化过程不同,在这种场合下用演化一词更合适些。但为了方便起见,此处我们仍然用进化。

11.3　生态系统的组织化水平

生态系统进化的总趋势是复杂性的增长和有序化,也就是系统的组织化水平的提高。生态系统的组织化水平表现在:系统的物质、能量利用效率(维持单位生物量所产生的熵的大小),系统内结构层次或物质、能量转换的环节(例如,食物链或食物网)的复杂程度,系统内物种的多样性以及系统的相对稳定程度。

不同生态系统之间、同一生态系统不同组成部分之间的组织化水平的差异决定了能量与信息的流动方向。能量与信息从组织化水平低的系统向组织化水平高的系统流动。在系统内,能量与信息从组织化水平低的部分向组织化水平高的部分流动。例如,在一个生态系统内,能量与信息从食物链(网)的下层流向上层,由植物部分流向动物部分,由浮游生物流向底栖生物。在全球范围内,能量与信息从海洋生态系统流向陆地生态系统;在包括人类社会的大系统中,能量与信息从农村流向城市,由发展中国家流向发达国家(这是就总体的、一般情况而言,实际上也存在局部的反向流动)。

获得净能量输入的一方同时获得信息,因为成功者同时获得改进,组织化水平进一步提高,信息积累。丢失能量的一方同时也丢失信息。例如,食物链(网)下层的被捕食者因大量被捕食而降低或维持低的组织化水平,进化缓慢。但失败者也可以通过逐步的进化改进而减少能量丢失,从而获得信息,提高组织化水平;反之,若成功者无进化改进或改进很小,则获得的能量减少或不再获得能量而被淘汰(捕食者也会绝灭)。在海洋生态系统中,浮游生物因长久地、大量地丢失能量而处于进化缓慢或停滞状态,海洋鱼类因大量或过量被捕捞而致使种群幼年化、退化、甚至不能延续。许多浮游种类因大量能量丢失而造成物种朝着提高繁殖力、缩短生命周期的方向适应,幼年个体在种群内占优势。

11.4　在生态系统内的物种进化

1. 物种在生态系统中的地位与作用

一个生态系统是由不同生物种的种群和相关环境构成的。一个物种的不同种群可能包含于不同生态系统或同一系统的不同组成部分之中。例如,一个广泛分布的物种的不同地域的种群属于不同生态系统,某些物种的个体生活史的不同阶段可能属于不同生态系统或处于同一生态系统的不同部分(蚊子和蜻蜓的幼虫处于水生态系统,成虫属于陆地生态系统;蛙和一些鱼类幼体是被捕食者,处于食物链的下层,而成体却是捕食者,处于食物链上层)。物种在生态系统中的地位和作用是处于变化中的,生态系统内的物种之间,物种与环境之间的关系是错综复杂的。

在生态系统中的物种是物质与能量的转换或转移的环节,是系统内的功能单位。一个种群占据生态系统中的一个生态位。所谓生态位,可以理解为一个生态学空间,但它不是一个简单的物理空间,而是由物理环境和种群的生物学特性(结构的、生理的、行为的综合特征)共同决定的多向度空间。生活于同一物理空间(例如,一个草原)的不同物种的种群(例如,牛、马、羊)占据不同的生态位,因为不同种群的生物学特征不同,它们利用物质、能源的方式不同(例如,羊可以吃低矮的草和草根,而牛不能)。占据不同生态位的不同物种的种群在生态系统中起不同的作用。

2. 竞争、协进化与共存

(1) 在生态系统内不同物种种群之间的相互作用常常表现为竞争

在食物链同一层次的不同种群之间为获得更多份额的有限资源(食物、营养物)和生存空间而竞争。食物链上下层次之间则是相互依存、相互制约的竞争关系。依赖于同一有限资源的不同种群之间的竞争往往是很激烈的,如果没有阻止竞争的因素,则强烈竞争可能导致两种可能的结果:一是竞争中的强者取代弱者,后者被排挤(在生态系统中消失);二是竞争的各方或某一方发生进化改变,即在资源利用方式上更特化,适应的范围更窄但更有效,例如,加拉帕戈斯群岛上的达尔文地雀食性上的分异和特化。特化与分异的结果降低了竞争强度,导致不同物种在同一生态系统中的共存。

在生态系统中,生物与非生物环境之间的相互作用是物种进化的另一个制约因素。在系统内,生物利用和改变着物理的环境条件,改变了的环境条件又反过来制约或影响物种进化。例如,元古宙蓝菌的光合作用和沉积碳酸盐的结果造成大气自由氧的增长和 CO_2 含量下降,导致需氧的真核生物的繁荣和蓝菌自身的衰落。

(2) 协进化和共存

自然界中的所有生物种都处于生态系统之中,生态系统内的物种进化是在生态关系中实现的,在自然界中不存在孤立的物种进化。生态系统内的物种进化受到系统内其他相关物种的制约,也受到非生物环境条件的制约。因此,一个物种在生态系统内的进化表现为该物种与其他生态上相关的物种以及相关的环境的相互关联、协调,保持相对平衡的协进化。例如,捕食者种群与被捕食者种群,寄生者种群与宿主种群之间在进化中保持着相互适应、相对平衡的关系,任何一方的进化改变都有一个限制,即不至于造成对方的延续中断以致双方都不能生存。生态系统内的协进化的结果是一定的物种组合共同占有和利用同一生境中的物质资源、能源、空间(共存)和生态系统的相对稳定的结构与状态。

用 Hutchinson(1965)的话来说,协进化就是"生态的舞台,进化的表演"(The ecological theater and evolutionary play)。物种是演员,物种进化是演员在一定的舞台(生态关系)上进行的表演,这种进化表演受舞台背景的制约,舞台背景也要与演出内容相协调。

只要留心,我们到处都能看到自然界协进化的结果。例如:① 在世界各地相似的生境中我们都能看到相似的生物群落(即所谓的并行群落),它们有相似的物种组成,大体近似的物种数目和丰度,相似的食物链(网)结构,相似的生态关系;② 一定地区或一定生境中的物种数目、丰度及食物链层次都和该地区或该生境的面积大小和可利用的资源状况相适应。

例如,全世界潮间带的生物群落结构非常近似;全世界河口地区的生物群落也大体相似;同一纬度地区,相同深度海底的底栖生物群落组成极其相似(图 11-2);面积较大的大陆,其物种数目多于岛屿的物种数;大岛屿的物种数多于小岛屿。

　　达尔文清晰地描述了生态系统内协进化造成的共存状态,他在《物种起源》中写道:"世界就整体而言,以及就其主要部分而言,其所栖居的脊椎动物区系在个体数量和适应结构上都是恒定的。无论是世界或任何其主要部分,都不会在一个时期充满过量的生物,而另一时期却空荡无物。除短暂时期外,总有植食性动物、肉食性动物、大个体与小个体的种类以及各种微小的适应变异。它们都相互呈一定的数量比例。现在的区系表现出同样的平衡,每一个大陆都有其与该大陆面积和气候呈比例的动物区系,而每个区系都有植食和肉食动物的一定比例的组成,这不可能是偶然的。"

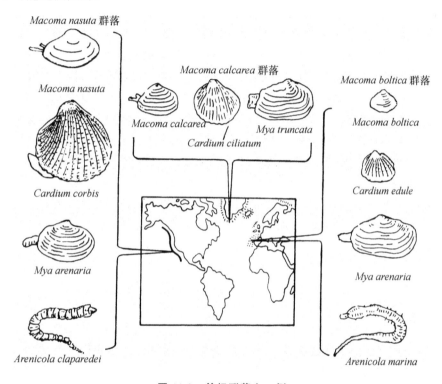

图 11-2　并行群落之一例

分布于北美太平洋沿岸、东大西洋及北极海区的相同深度的海底底栖动物群落的物种组成大体相似,它们都是以樱蛤(*Macoma*)、心蛤(*Cardium*)和海螂(*Mya*)等少数几个属的物种为优势种

　　下面两个实例表明达尔文的上述观察和论断是对的。

　　① 关于南、北美洲哺乳动物区系。

　　大约在 200 万年前,巴拿马地峡形成,原先分隔的南、北美洲通过地峡而连接。在地峡形成之前,南美与北美哺乳动物区系中没有共同的物种,但由于趋同进化,南、北美洲的哺乳类形成了许多生态上对应的(在生态系统中扮演相同角色的)物种。南美与北美在地峡形成前已各自形成了相对稳定的生态系统,北美的哺乳类有 25 科,南美洲有 30 科。当巴拿马地峡形成,南北连通之初期,发生了动物的大迁移,南北物种交流的结果,南美洲与北美洲哺乳动物种数与科数都大大增加;接着在南、北美洲的物种之间发生了激烈的竞争、排挤和绝灭,物种数目逐渐减少;最后,南美和北美区系中的哺乳动物种数与科数又回落到地峡形成前的水平。但南北区系的物种组成有所变化:北美洲有一些南美物种定居,南美洲也有不少北美物种立足。但北美哺乳类在南美立足的物种数目要大于南美哺乳类在北美定居的数目。

② 关于"岛屿平衡"。

麦克阿瑟与威尔孙(MacAthur,Wilson,1967)研究岛屿的物种分布后,提出了所谓的"岛屿生物地理理论"(the theory of island biogeography)。他们发现岛屿上的物种数目是由迁移率和绝灭率之间的平衡所决定的。迁移率的大小取决于岛屿与大陆之间的距离(因为岛屿物种来自大陆),而岛屿上的物种绝灭率则与岛屿面积相关(面积愈小,绝灭率愈高)。当岛屿上的物种绝灭与物种迁移达到平衡时,面积大的和距大陆近的岛屿的物种数目大,面积小的和距大陆远的岛屿的物种数目小(假定岛屿生态条件相近的话)。查阅地区生物志即可知,岛屿面积与物种数目确实相关,大的岛屿有较长的物种名单,小岛屿的物种数目有限。岛屿上的物种数目、丰度以及群落结构几乎是恒定的、可以预期的。但各岛屿具体的物种组成由于进化历史和其他因素的影响而各不相同。曾经与大陆相连的岛屿在与大陆隔离后,物种数目逐渐下降,最后达到与该岛屿面积大体相称的水平。例如,日本岛、中国台湾岛、不列颠岛、加里曼丹岛、特里尼达岛,在第四纪最末一次冰期之前与大陆相连,在冰期末(1万年前)冰融后与大陆隔离,岛上的物种数目逐渐下降到今日的水平,即大致与各岛的面积相称。被火山喷发毁灭了的岛屿生态系统,通过物种的移入、定居和生态系统重建,最终恢复到被毁前的物种数目,但物种组成与被毁前略有不同。

由此可见,任何一个面积与资源有限的地区只能容纳和支持一个有限数目的物种和有限数目的生物个体以及一定结构的生态系统。在生态系统中的物种进化是受生态因素制约的一种动态平衡过程。

11.5　在短时间尺度上生态系统的变化——演替

在短的时间尺度(相对于地质时间而言)上观察生态系统的变化,可以看到一个有规律的演变过程。一个生态系统从建立初期的相对不稳定状态,通过系统内物种之间、物种与环境之间的相互作用以及系统内生物与环境的自然组织、自然调整过程而逐步达到相对稳定的状态,在这个过程中,系统内的生物与环境双方都经历了有规律的变化,在生态学上称为演替。

演替不是严格意义上的进化,演替是在相对较短的时间里有规律的变化。达到稳定状态的生态系统在短暂的破坏之后又恢复到原来状态的这种现象,说明生态系统短时间内的变化从某种意义上说是可逆的(可重复的)过程。例如,前面所说的被毁的岛屿,其生态系统有可能恢复到被毁前的状态。多数生态系统都处在某种相对稳定、平衡的状态,这样的生态系统具有一定的自然调节能力,对于保持全球稳定的环境是极为重要的。

演替是生态系统自我调整的过程,在此过程中系统的有序程度、组织化水平逐步增高。在演替过程中,系统的任何一种变化如能导致系统未来状态的相对稳定,则这种变化被系统所接受,并伴随信息的积累。因此,演替过程的每一步变化都将减弱或阻止系统结构的进一步改变(阻止信息的进一步积累),因而演替的结果是导致生态系统趋于最大的保守,趋于最大的稳定。演替的最终结果是生态系统达到所谓的顶极(climax)状态,这时转移单位信息所产生的熵最小。

在下面的情况下可以看到演替过程:荒芜之地的生态系统的建立,被毁的生态系统的重建,两个隔离的生态系统相遇并融合。

11.6　生态系统进化：在地质时间尺度上的生态系统演变

迄今为止，某些生态学家虽然也使用"进化"一词来表示生态系统随时间而改变的过程，但所阐述的内容没有超过协进化和演替的概念。演替并不等于进化，通过演替而达到稳定平衡状态（即所谓顶极）的生态系统，如果不再随时间而进一步改变怎能称之为进化呢？然而古生物学资料的综合分析却显示出：在长达 35 亿～38 亿年之久的生命历史中，除了少数极端环境（如海底水热环境、热泉等）中的古老微生物生态系统之外，地球上的生态系统随着时间而发生了巨大的不可逆的变化。从以下的分析中可以看出，地质历史上生态系统的变化是符合广义进化定义的变化。

驱动生态系统不断变化的主要因素是地球环境的不可逆的、趋向性的变化和物种的不可逆的生物学进化。莱伊尔以来的地质学家所持的关于地质变化不定向的可逆的传统观点已渐被抛弃，近代的地质学研究证明了地壳岩石圈、大气圈和水圈不可逆的变化趋势。例如，从太古宙以来岩浆活动、火山活动和水热活动有逐渐减弱的趋势，从还原性缺氧大气圈向氧化大气圈演变的趋势，海水温度由太古宙的＞80℃到现代的缓慢下降的变化趋势等。生物进化的不可逆性已为大多数科学家所承认。既然生态学舞台（环境）和生物演员（物种）都随时间而改变，新演员在新的舞台背景下自然要演出新的节目（老的演员即使还留下，也将扮演不同角色了），这意味着生态系统在地质时间尺度上随着地球环境改变和生物进化而不断改变。

处于稳定平衡状态的生态系统如何被打破平衡而出现不可逆的进一步改变呢？这可能通过灾变和渐变两种方式。

在下面的情况之一或两者兼有时，生态系统的稳定平衡将被打破，且不再恢复到原来状态：① 环境的重大改变（灾变）；② 生物种的大规模替代（大绝灭和大的适应辐射）。环境灾变事件与生物种的大规模替代往往是相伴随的，其结果是生态系统的大改变，这在地球历史上曾发生过许多次。例如，元古宙中期氧化大气圈的出现和与之相伴随的生物由原核细胞向真核细胞的进化过渡，引起海洋微生物生态系统的大改观；元古宙晚期大气圈进一步氧化、全球性降温和海平面变化，伴随着原核生物衰落和多细胞动、植物出现，引起海洋生态系统又一次大改观。二叠纪末、三叠纪末和白垩纪末的环境与生物的巨大变化，带来了面貌截然不同的新生态系统的建立。

在通常的情况下，即使环境与生物没有巨大的"突然"改变，生态系统也不是完全停止变化。一个被毁的生态系统重建后也不会完全恢复到原来的状态，至少其物种组成名单有所不同。常规的物种绝灭和新种形成是不断发生的，小幅度的环境变化也是不断发生的。在长的时间尺度上，生态系统由量变的积累到质的巨大改变也是可能的。

11.7　生态系统进化幕

由于地质历史上发生多次的灾变事件，每次事件都引起地球环境的显著改变和生物种的大规模替代，以及大范围的生态系统重建，从而造成生态系统的进化呈现了一幕接一幕的演变特点，每一幕都有不同的舞台（环境背景）和不同的演员（物种）。不同地质时期的生态系统的特点是明显的，根据古生物、古环境以及与现代类似环境生态系统的比较研究所提供的资料，可以概略地划分出五个生态系统进化幕（见表 11.1）。

204 / 生物进化（重排版）

表 11-1　生态系统进化幕（阶段）

地质时代（同位素时间）	全球环境特点	生态系统与生物进化事件	生态系统结构				生态系统占据的空间范围
			有机物生产者		消耗者	还原者	
			底栖	浮游			
太古宙早期（38～35亿年前）	地壳和原始海洋形成，大气圈缺氧，海水温度较高（约80℃），海水是还原性的，海底水热活动强烈	生命起源，最早的微生物生态系统建立	化学自养细菌（利用甲烷、氢）	无	无	异养细菌（?）	海底水热喷口附近
太古宙至元古代（35～20亿年前）	大的稳定地块形成，伴随陆棚面积扩展；大气圈仍缺氧，海水温度下降	光合作用起源，具光合系统I的光合细菌和蓝菌出现和繁盛	光合细菌和原始蓝菌为主，化学自养细菌	无	无	异养细菌	有光带与浅海底
中元古代（20～10亿年前）	氧化大气圈形成，大气中自由氧逐渐增多，臭氧层形成；大规模海相碳酸盐沉积，海水温度继续下降	真核生物起源，蓝菌和真核藻类的光合作用成为有机物生产和自由氧主要来源；浮游生物出现和繁盛，大规模生物礁出现	蓝菌为主，光合细菌，化学自养细菌	真核单胞藻类，蓝菌	异养的单细胞真核生物（?）	异养细菌	浅海底和海洋表层水域（有光带）
晚元古代（10～6.0亿年前）	大气圈含氧量上升，CO_2含量急剧下降，全球性温和冰川出现，海平面大幅度变化	真核生物性别分化，减数分裂和世代交替出现，后生动物、植物起源，叠层石的蓝菌衰落	原植体植物为主，蓝菌，光合细菌，化学自养细菌	真核单胞藻类，蓝菌	无脊椎动物，原生动物，真菌	异养细菌	滨海、浅海及半深海海底，海洋表层及中下层水域
显生宙（6.6亿年前至现代）	陆地土壤形成，大气圈氧含量继续上升，全球性气候分带，环境极分异	陆地维管植物和脊椎动物起源和发展，陆地生态系统建立，动物、植物歧异度增大，物种替代频繁	陆地维管植物，海洋底栖藻类	真核单胞藻类，蓝菌	海洋和陆地后生动物和原生动物，真菌	异养细菌	滨海、浅海、深海海底，海洋表、中深层水域，陆地和陆上水体、大气层

1. 太古宙早期

生命起源和最早建立在化学自养细菌化学合成基础上的微生物生态系统的建立阶段。

根据综合的资料分析,太古宙早期的地球环境是这样的:地壳刚形成,缺氧的还原性大气圈逐渐向以 CO_2 为主的酸性大气圈过渡;原始海洋形成,深度约 1000～2000 m,按某些学者提供的证据推断,太古宙早期海水几乎是沸腾的($>80℃$);海底喷气和水热活动的强度至少 5 倍于现代情况,海水是还原性的,含 H_2S、H_2、CH_4、NH_4^+ 及各种金属离子,可能还含有 HCN、HCHO 及某些有机分子,它们来自水热喷口。

一些学者根据某些前寒武纪微生物化石群及古环境类似于现代热泉嗜热微生物和水热环境的事实推测,最早的原始生命可能是生活于水热环境中的化学自养的嗜热的古菌或真细菌,而水热环境可能在太古宙普遍存在。在东太平洋 2000 m 以下的海底水热喷口附近,发现了生存着极端嗜热微生物和建立在这些化学自养细菌基础上的特殊生态系统,促使一个新的假说的出现,即认为化学进化、生命起源和最早的生态系统建立的地点是海底水热环境,这里具有化学进化、生命起源和生态系统建立和进化的一切必要的条件:热喷口释放的热能和喷出的 CH_4、H_2、NH_3、H_2S、HCN 以及各种金属,提供给非生物有机合成的能源和原料;水热喷口附近的温度、pH、化学成分的梯度变化提供了复杂多样的环境条件,有利于生命和生态系统的进化;海底较地面环境相对稳定和安全(见第六章)。

最早的原始的微生物生态系统是简单的,其生物组成可能只包含有机物生产(化学自养细菌)和还原分解(异养细菌)两个部分。

2. 太古宙至早元古代

以进行不生氧的光合作用(具光系统 I)的光合细菌为主体的浅海底栖微生物席生态系统的建立和发展阶段。

这个时期的地球环境有很大变化:大规模的稳定地块形成,海水温度逐渐下降;大气圈 CO_2 含量也逐渐下降,但仍然缺氧;稳定碳同位素的分析和叠层石的出现,证明在 35 亿～30 亿年前地球上已经出现光合作用生物。大气圈仍然缺氧,表明这种光合作用可能是不生氧的光合作用。与大的稳定地块形成的同时出现了大面积的浅海陆棚和浅海盆地,微生物生态系统由深海底水热喷口附近扩展到浅海有光带,形成席状的微生物群落。生态系统结构仍然简单。

3. 中元古代

大规模的蓝菌(蓝藻)叠层石礁生态系统和浮游生态系统的建立和发展阶段。

随着进行生氧的光合作用(具光系统 II)的蓝菌和真核藻类的出现和繁盛,大气圈的自由氧积累,氧化大气圈出现。蓝菌引起大规模的碳酸盐沉积形成巨大的生物礁,同时大气中 CO_2 含量急剧下降,海水温度和气温都下降。由于臭氧层逐渐形成,太阳紫外辐射减弱,海水表层可供生物生存,浮游生态系统建立并发展。浮游生物的发展大大提高了海洋生产力和氧的产量,更加速了大气圈的氧化。由于海洋有机物生产增加,为异养生物的出现和发展提供了条件。生态系统内增加了消耗者(异养生物)的中间环节。

4. 晚元古代

以浅海底栖多细胞藻类植物和无脊椎动物为主体的生态系统和以单细胞真核藻类植物及原生动物为主体的浮游生态系统的建立和发展阶段。

由于大气圈 CO_2 含量的急剧下降,导致全球性气温下降(冰川)、海平面及海水化学变化等因素造成蓝菌叠层石生态系统的衰落和解体,后生动、植物出现。发生了生命历史上的第一次较大规模的绝灭和较大的适应辐射。海洋生态系统进一步复杂化,表现在物种多样性增大,生态系统内物质能量转换的层次增多。

5. 显生宙

以陆地植物为基础的陆地生态系统与海洋生态系统并行发展阶段。

随着环境的分异,物种多样性大增,生态系统内物种之间竞争和相互依赖的关系加强,生物与环境之间的相互作用也加强,物种绝灭和新种形成速率增高。

11.8 生态系统进化的趋势

纵观地球上生态系统的演化历史,可以看出下面的明显趋势,而这种演变趋势正符合前面所说的广义的进化(或演化)的概念。

① 随着生态系统内生物的进化,生态系统中的物种能量利用效率逐步提高。表现在初级生产力的提高(由化学合成到光合成,由光系统Ⅰ到光系统Ⅱ)和能量转换率的提高,从而导致生物量对初级生产比值的逐步上升。

② 生态系统复杂性程度逐步提高。表现在随着物种多样性的增高而造成生态系统内生态关系复杂化,系统内物质、能量的转换层次增多。

③ 生态系统占据的空间逐步扩展。由半深海底到浅海有光带,到海洋表层水域、陆地及陆上水体和空中(图 11-3)。

④ 生态系统内物种占据的小生境由"不饱和"逐步达到"饱和"状态。表现在物种之间竞争逐渐加剧,物种寿命缩短,绝灭速率和种形成速率提高。在早期阶段,新种产生往往增加系统内的新环节,并不常常引起绝灭,前寒武纪"长寿"的物种较多可以证明这一点。显生宙以后新种产生往往导致老种绝灭,新老物种之间的替代关系很明显。

我们在长的时间尺度上分析了生态系统的进化,并指出地球环境的不可逆变化和生物进化是驱动生态系统进化的基本因素。而今,生态系统的进化又加入了人类活动的因素,而且看来,未来的生态系统进化趋势主要取决于人类活动。当前人类活动正在导致环境的大改变和高等动、植物的大绝灭,并将引起生态系统的不可逆改变。我们对地球生态系统进化历史及其规律的了解可能有助于掌握和控制生态系统未来的进化。

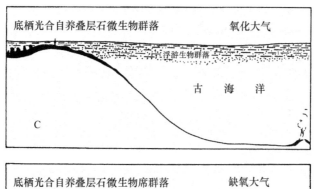

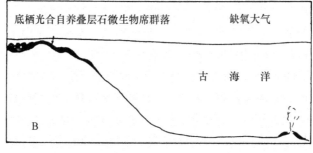

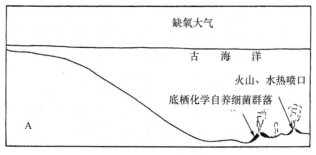

图 11-3　生态系统空间上的扩展

太古宙早期占据半深海底水热环境（A），元古宙早期扩展到浅海底和潮间
带（B），元古宙中期扩展到表层水域（C），志留纪以后扩展到陆地

11.9　人类影响和控制下的生态系统的进化趋势——理智圈的扩展

　　自从人类社会进入文明阶段，人类成为生物圈内部的一个超常的力量，一个迅速增强的影响和控制因素。人类社会构成了一个独立的系统，并且持续不断地影响和改造生物圈和地球环境。于是出现了一个新名词或新概念，叫作理智圈（noosphere：来自希腊词根 noos，意为理智、思想或智慧）。这是早年曾旅居中国的法国学者德日近（Teihard de Chardin）造的词，最初的含义是生物圈以外的思想意识圈层。后来苏联学者维尔纳德斯基（Vernadsky，1945）将其重新定义为：人类按其意志、兴趣和利益而重新塑造的生物圈，即人类影响和控制的特殊生态系统。

　　原始人类社会中一个人所消耗的能量和物质与一个同体积的动物差不多，人对自然界的影响力也和普通动物差不多。随着人类文明的发展，人类对自然界的影响和控制力愈来愈大。

所以,理智圈是人类社会文明发展到一定阶段才出现的,而且随着人类文明的发展愈来愈扩大。按照当前的趋势,理智圈将取代自然生物圈,也就是说,生物圈可能会被改造成为人类影响和控制的理智圈。

在现阶段,人类只是在局部范围内建立了完全由人类控制的或人类控制很强的生态系统,就是城市工业生态系统和农业生态系统,即维尔纳德斯基所谓的工艺圈(technosphere)和农艺圈(agrosphere),即人控生态系统(artificial ecosystems),合称为理智圈(Vernadsky,1945)。与之相对应的是人类影响较小的或控制较弱的自然生态系统(natural ecosystems),也就是尚未被人类开发、改造的生物圈部分。

理智圈是这样一种特殊的生态系统,它是靠消耗岩石圈中储存的太阳能(石油、天然气、煤)及其他非初级生产的自然能(水能、核能)来维持的,以超常的速率消耗物质资源的系统。人类社会文明发展的趋势(从当前的情形来看)是把一个经历 38 亿年进化过程而形成的相对稳定、相对平衡、生物多样性很高的地球生物圈,按照自己的意志和利益逐步改造成为一个靠大量消耗地球岩石圈储存的太阳能来维持的,大量转移、消耗某些物质元素并造成元素地球化学循环阻滞的、生物多样性很低的、不稳定、不平衡的理智圈。这样的发展趋势是令人担忧的。

众所周知的一个哲学命题是:自然界和人类社会按其自身规律发展而不以人类意志为转移。然而,人类在把生物圈改造成理智圈时分明是把自己的意志加诸自然界,也加诸人类自身。这就出现了一些问题:人类的意志在多大程度上符合自然规律?人类意志与自然规律冲突时会造成什么样的长远后果?迄今为止,人类改造自然界的有意识活动所造成的结果是否已经无可挽回地改变了地球的演化方向?当人类在全球建立了理智圈时,人类能否长久地管理和维持这个失衡的、不稳定的、单调的(多样性日趋下降的)巨大系统而不致崩溃?当人类不断消灭地球上生存了千百万年的古老物种的同时,又像"上帝造物"一样不断创造新的物种,地球上的生物组成会大大改变,人类能否协调新的物种组合,建立稳定的生态关系?这些问题当前还不能明确地回答,但确实需要考虑和研究。

当人类按照自身利益来改造生物圈时,所建立的理智圈是否理智?这取决于人类对自然规律认识的深度,取决于不同文明阶段的自然观和在其指导下的社会行为,取决于人类对自身短期利益与长期利益的判断,取决于其他许多不确定因素。人类在改造自然中已经造成、正在造成,而且还会造成重大失误。迄今为止,人类科学技术进步和社会文明的发展总是伴随着更多的岩石圈储存的能量的消耗,更大量的物质转移,更严重的物质循环的阻滞,更多的生物种的绝灭。从某种意义上说,这是不理智的,也不是真正的文明进步。照此发展下去,地球有可能向金星与火星的状态演化。文明与进步的概念应当修正,我们应当重视社会观念的革新,强调新自然观,强调盖娅,强调协进化。让更多的人认识到人类不能在忽视自然界、忽视地球的情况下发展,人类社会应当被纳入地球表层大系统之中,让人类社会、自然界的生物和地球环境在相互作用中协调进化。当全体人类认识到这一点时,真正理智的理智圈才能建立。

第十二章　分子进化和分子系统学

常生常化者无时不生,无时不化。

——列子:《天瑞》

12.1　概　　念

分子进化一词有两层含义。从生命历史看,在前生命的化学进化阶段(细胞生命出现之前),进化主要表现在分子层次上,即表现在生物分子的起源和进化上。换言之,从时序上说,分子进化是生物进化的初始阶段;但从另一角度来看,在细胞生命出现之后,进化发生在生物分子、细胞、组织、器官、生物个体、种群等各个组织层次上,分子进化是生物分子层次上的进化。换言之,从组织层次上说,分子进化是生物组织的基础层次的进化。我们通常所说的分子进化就是指后者;前者通常被称为前生命的化学(分子)进化。

一般而言,对自然现象的认识过程是从人类感官所及的层次开始,逐步向微观和宏观两个方向扩展。向微观领域的探索往往出于寻找"深层原因"的动机。对进化原因和进化机制的探索,最终必然深入到分子层次。

向宏观领域探索则是相反的过程,即用已知的低组织层次的知识去认识和解释高组织层次现象。

如今,科学家们发现,不同层次的现象遵循不同的规律和不同的法则。低层次的规律并不完全适用于高层次,用高层次的规律解释低层次现象也往往行不通。因此,本章讨论的分子进化规律和分子进化的理论基本上只适用于分子进化。

12.2　生物大分子进化的特点

在生物大分子的层次上来观察进化改变时,我们看到的是一个不同于表型进化的过程。根据分子进化研究的权威之一木村(Kimura,1989)的总结,分子进化有两个显著特点,即进化速率相对恒定和进化的保守性。

1. 生物大分子进化速率相对恒定

如果以核酸和蛋白质的一级结构的改变,即分子序列中的核苷酸或氨基酸的替换数作为进化改变量的测度,进化时间以年为单位,那么生物大分子随时间的改变(即分子进化速率)就像"物理学的振荡现象"一样,几乎是恒定的。

通过比较不同物种同类(同源的)大分子的一级结构,可以计算出该类分子的进化速率。对于某类蛋白质分子或某个基因(或核酸序列)来说,其分子进化速率可表示为氨基酸或核苷酸的每个位点每年的替换数,即

$$K = \frac{d}{2tN}$$

上式中的 K 是分子进化速率(每个氨基酸位点每年的替换数);d 是氨基酸或核苷酸替换数目;N 是大分子结构单元(氨基酸或核苷酸)总数;t 是所比较的大分子发生分异的时间,$2t$ 代表进化时间,进化经历的时间是分异时间的 2 倍。例如,比较现代的两个分类群 A 和 B 的同源大分子的差异,假定 A 与 B 的最近的共同祖先 C 生存于 2000 万年(20 Ma)前,即 A 与 B 从 2000 万年前开始发生分异($t=20$ Ma),但 A 和 B 的同源大分子的差异乃是 A 和 B 各自独立地进化的结果,因此,实际上的进化时间是分异时间的 2 倍($2t=40$ Ma),如图 12-1 所示。

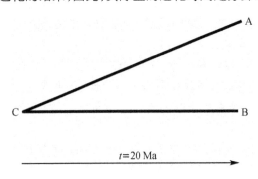

图 12-1　生物大分子进化经历时间图解

A 与 B 来自 20 Ma 前的共同祖先 C;A 与 B 的同源大分子之间的差异是它们分异以来各自独立进化的结果。因此,大分子进化经历时间是分异时间的 2 倍($2t=40$ Ma)

对于不同物种的同源大分子,其分子进化速率是大体相同的。例如,用不同动物种的血红蛋白分子的一级结构比较和计算,所得出的分子进化速率是每个氨基酸位点每年替换 10^{-9}($K=10^{-9}/(\text{aa} \cdot \text{a})$)。例如,用人和马的血红蛋白比较,其 α 链上有 18 个氨基酸位点替换了,计算得出的分子进化速率 $K=0.8\times10^{-9}/(\text{aa} \cdot \text{a})$;用人和鲤鱼的血红蛋白比较,有 68 个氨基酸位点差异,计算出的分子进化速率 $K=0.6\times10^{-9}/(\text{aa} \cdot \text{a})$。

即使是表型进化停滞的所谓"活化石",如杰克逊港鲨,自石炭纪以来(大约 3.5 亿年前)表型几乎没有变化,但其血红蛋白的 α 与 β 链之间的氨基酸位点的差异量几乎和人的血红蛋白分子的 α 与 β 链之间的差异量相同(人为 147 个位点的差异,鲨为 150 个)。这说明,分子进化速率(此处指的是大分子一级结构的改变速率)远比表型进化速率稳定。

一些研究资料表明,生物大分子进化中的一级结构的改变(替换)只和进化经历的时间相关,而与表型进化速率不相关。为什么生物大分子进化改变的速率如此稳定呢? 一种可能的解释是:大分子一级结构中组成单元的替换是一个没有特殊驱动和控制的随机过程。

2. 生物大分子进化的"保守性"

这里所说的"保守性"是指功能上重要的大分子或大分子的局部在进化速率上明显低于那些功能上不重要的大分子或大分子局部。换句话说,那些引起现有表型发生显著改变的突变(替换)发生的频率较那些无明显表型效应的突变(替换)发生频率低。

例如,在已研究过的蛋白质分子中,进化最快的是血纤肽(fibrinopeptides),它在血凝时从血纤蛋白原(fibrinogen)分离出来,但却没有什么生理功能,它的进化速率比血红蛋白快 7 倍(表 12-1)。胰岛素原(proinsulin)的中部部分 C 肽的进化速率 6 倍于胰岛素,因为 C 肽在胰岛素形成时就被移除了,是没有生理功能的部分。血红蛋白分子的外区要比所谓的"血红素袋"(heme pocket)的内区在功能上次要得多,前者进化速率是后者的 10 倍。

表 12-1 不同生物大分子的进化速率

生物大分子类别	进化速率/($10^{-9} \cdot aa^{-1} \cdot a^{-1}$)
血纤肽	8.3
胰 RNA 酶	2.1
溶菌酶	2.0
血红蛋白 α	1.2
肌红蛋白	0.89
胰岛素	0.44
细胞色素 c	0.30
组蛋白 H_4	0.01

核酸分子进化的"保守性"特征也很明显。例如,DNA 密码子中的同义替换比变义替换发生的频率高,因为前者不会引起对应的蛋白质分子氨基酸顺序的任何改变。又如,内含子(intron,基因之内功能不明的插入序列)内的碱基替换速率也相当高,大致等同于或高于同义替换。简言之,"哑替换"发生的频率高于"非哑替换"。假基因(pseudogene)是丧失功能的"死"基因,其替换速率更高。例如,哺乳类球蛋白假基因的进化速率为 5×10^{-9}/(aa·a),这个速率大约 2 倍于正常球蛋白基因第 3 密码位的替换(大多为同义替换)速率。另一方面,功能上重要的基因或基因内的"保守区",例如,大肠杆菌和高等生物基因中的启动区或转录起点内的"保守区"(对基因的启动和转录极为重要)很少发生替换。

功能上重要的生物大分子和大分子的局部的进化保守性说明大分子进化并非是完全随机的,大分子的进化(表现为一级结构单元的替换)中存在某种制约因素或控制机制,这正是需要深入研究的。

12.3 分子进化中性论:论点和论据

20 世纪 60 年代末到 70 年代初,基于对蛋白质和核酸分子的进化改变(表现为蛋白质分子中的氨基酸替换和 DNA 分子中的碱基替换)的比较研究,木村与太田(Kimura,1968;Kimura,Ohta,1971),金与朱克斯(King,Jukes,1969)差不多同时提出了一个后来称作"分子进化中性论"(the neutral theory of molecular evolution)的理论(木村在随后出版的一本专著中,详细论述了这个理论;见 Kimura,1983),用以解释分子层次上的"非达尔文式的进化"(non-Darwinian evolution in molecular level)现象。

(1) 分子进化中性论(下面简称中性论)的基本论点

在生物分子层次上的进化改变不是由自然选择作用于有利突变而引起的,而是在连续的突变压之下由选择中性或非常接近中性的突变的随机固定造成的(这里所谓选择中性的突变是指对当前适应度无影响的突变)(见 Kimura,1989,1990)

换句话说,中性论虽然承认自然选择在表型(形态、生理、行为的特征)进化中的作用,但否认自然选择在分子进化中的作用,认为生物大分子(蛋白质、核酸)的进化中主要因素是机会和突变压。

(2) 分子进化中性论的主要论据

a. 分子层次上的大多数变异是选择中性的;

b. 蛋白质与核酸分子的进化速率高而且相对恒定;

c. 突变压在分子进化中的作用在最近的研究中得到越来越多的证实;

d. 按群体遗传学的数学模式计算出来的自然选择代价过高,不符合实际情况。

下面对这些论据做一些说明。

① 论据之一:从分子层次上看,绝大多数突变(表现为大分子一级结构中组成单元的替换)是选择中性的,那些有显著表型效应的突变(包括会带来适应度降低的"有害"突变和能提高适应度的"有利"突变)很少发生。有下面一些证据:

a. 哑突变占优势。在 DNA 的 64 个密码子中,除了 3 个终止密码子,其他 61 个密码子共有 549 种替换,其中同义替换 134 种(占总数 24.4%),无义替换 23 种(4.2%),变义替换 392 种(占 71.4%),同义和无义替换占总数的 1/4 以上。在变义替换中也有相当一部分是无显著表型效应的。

b. 在生物基因组中,非编码的 DNA 占绝大部分。例如,人基因组中蛋白质编码的 DNA 只占 1% 多一点,其余的是非编码的卫星 DNA(约 5%)、中介 DNA(占 1/4 左右)、特异 DNA。所谓卫星 DNA,多是短的重复序列,特异 DNA 是非重复的序列,与中介 DNA 相间分布。整个基因组的结构就像是相对稳定(保守)的结构基因(编码基因)小岛散布于许多易变的、重复的核苷酸序列之中。大多数突变发生在非编码的 DNA 上。

c. 自然种群遗传结构的分析证明,种群内的遗传多态普遍存在,大分子多态尤其常见。中性论者认为分子多态不是由平衡选择保持的,而是由突变(输入)和随机绝灭(消除)两个相反过程之间的动态平衡保持的。

假如种群内大多数突变是选择中性的,即这些突变不受自然选择作用,那么它们如何在种群中扩散并达到固定(即在种群中的频率达到 100%)呢? 中性突变的频率变化是随机的,即只能通过"随机漂移"而达到固定。在这种情况下,大多数中性突变,甚至某些有微小的选择利益的(能略微增加适应度的)突变,也会在不多几代的漂移中随机地绝灭(消失)了;只有很少的突变经过很长时间,即平均大约 4 倍于种群有效大小(种群内能生育的个体总数),大约相当于若干万世代,才能扩散到整个种群而达到固定。木村(Kimura,1989)给了如下的计算公式。

设 v_t 为总突变率,其中有 f_0 部分为选择中性的,则分子进化速率(每个位点、每个世代的替换发生数)K_g 可表示为

$$K_g = v_t f_0 = v_t \frac{v_0}{v_t} = v_0$$

上式中的 v_0 代表选择中性的突变产生速率(简称中性突变率)。

分子进化速率通常以年为时间单位,突变率以世代为单位,将上式换算成以年为单位的分子进化速率 K_y,则有

$$K_y = (v_t / g) f_0$$

上式中 g 为每世代的年数。如果几乎全部突变都是中性的,则 $f_0 = 1$,这时 $K_g = v_t$(或 $K_y = v_t / g$);这表示当全部突变为选择中性时,分子进化速率达到最大值,这个最大的速率等于突变率。种群中的中性等位基因的频率取决于中性突变的产生与它们随机消亡之间的平衡。

② 论据之二:蛋白质和核酸的进化速率(一级结构组成单位的替换速率)相当高,而且相对恒定。

例如,若将蛋白质分子进化速率换算为基因组按年计的突变率,则这个数值相当高。一般的高等动物的基因组含有大约 4×10^9 碱基对,考虑到每个密码子包含 3 个碱基对以及大约 $1/4$ 的无义替换,按进化速率较低的细胞色素 c 的进化速率 $0.3 \times 10^{-9} / (aa \cdot a)$ 计算,则每年每个基因组的突变数为

$$4 \times 10^9 \times \frac{1}{3} \times 0.3 \times 10^{-9} \div \frac{3}{4} = 0.5$$

即一个基因组(个体)每两年就会发生一个突变。

再看看表型进化速率。一般承认,人的脑量(脑容积)的进化增长较快,若按 Haldane 的公式,以达尔文单位(自然对数单位)计算,即按公式

$$v_{表} = (\ln X_2 - \ln X_1) / t$$

计算由北京(周口店)直立人到现代智人的进化过程中表型(脑量增长)进化速率为 0.51 d(见第十章),相当于每年增长 0.1 μL。

当然,这种计算和比较并不很恰当,中性论者只是想借此强调有相当大部分的突变是和表型改变无关的,或者说分子进化速率与表型进化速率"不匹配"。前面已经说过,如果将每世代、每个配子的中性突变率换算为以年计的分子进化速率,则发现不同生物的同源大分子的进化速率几乎相同。一些分子进化中性论者认为,大分子的替换速率"像钟表一样恒定"。这就是"分子钟"(后面将谈到)的理论基础。如果生物大分子的替换类似物理的振荡一样保持恒定速率,那就真的表明分子进化不受自然选择制约。

③ 论据之三:如果种内变异大多数不是选择中性的,那么按上面计算的基因组突变率和种群遗传学公式计算,在负选择情况下的选择负荷是太大了。

假设某个种群内的某个等位基因替换另一个是受自然选择控制的,例如,一个有利突变 A_2 替代原有的等位基因 A_1,假设基因组中携有 A_1 的个体的适应度相对地下降,对 A_1 的选择值为 s,如表 12-2 的情况:

表 12-2

基因型	A_2A_2	A_1A_2	A_1A_1
适应度	1	$1-s$	$1-2s$
选择前频率	p^2	$2pq$	q^2
选择后频率	p^2	$2pq(1-s)$	$q^2(1-2s)$
综合(总频率)	$p^2+2qp(1-s)+q^2(1-2s)=1-2sq$		

如果 A_1 与 A_2 不影响表型,即不影响适应度,则无选择发生,总频率$(p+q)$应当等于 1 (100%);在上面所假设的情况下,等位基因的替换是在自然选择控制下的,选择值 $s>0$,因而种群的总的适应度有所下降,即种群以每世代 $2sq$ 或 $2s(1-p)$ 的比例淘汰一部分个体,这个 $2sq$ 就是选择代价(是个负值),也就是等位基因 A_2 替换 A_1 过程中每世代付出的代价。

经过一定世代之后,当 A_2 完全替换 A_1 时,种群所付出的总代价(累计的淘汰值)L 为:

$$L = \int_{l_0}^{l_n} 2s(1-p)\mathrm{d}t = -2\ln p_0$$

上式中的 p_0 为 A_2 的初始频率。据计算这个总选择代价 L 可高达 30 倍于种群大小。在这种情况下,种群为保持其原来的大小(个体总数),每世代都要增加繁殖量以补充选择过程中的损失,这个超过通常(无选择的情况下)水平的繁殖量叫作生殖超量。荷尔丹认为,一般情况下种群所能忍受的每世代的淘汰率不超过 10%,否则种群就不能延续。在每世代淘汰 10% 的情况下,一个种群也需 300 代才能恢复到原来的大小。换言之,一个种群内由选择造成的基因替换每 300 代只能发生一次,多于此数种群不能延续。而所计算的种群内的突变率(无论按世代还是按年度计)相当高,如果所有的突变都要使种群付出选择代价,那是种群不能负担的。由此推论,在种群内发生的突变中必定多数是中性的,种群内大多数等位基因的替换是不受选择制约的随机过程。

上面简述了分子进化中性论的基本论点和论据。

(3)**补充说明:如何定义和认识所谓的"选择中性的"等位基因问题,以及中性的和非中性的在种群内的替换和固定速率问题**

① 所谓选择中性的,并不能简单地理解为"无利也无害"的;也不能只根据是否存在选择作用来判断一组等位基因是否为中性。等位基因是否为中性取决于两个因素:一是种群大小(种群包含的个体数目),准确地说是有效种群大小(种群包含的能繁育的个体数目);另一个是选择值。

假设 A_1 和 A_2 是同一位点上的两个等位基因,它们的适应度分别为 1 和 $1-s$,其中 s 为选择值,$s \geq 0$。A_1 和 A_2 对适应度的贡献有差异,差异的大小取决于选择值 s。但选择作用的大小不仅仅取决于 s,还取决于有效种群大小 N_e。假如 N_e 很小,例如,A_1 和 A_2 存在于一个只有 100 个繁育个体的小种群中,这时如果选择值也很小,例如,$s=0.001$,则

$$N_e s = 100 \times 0.001 = 0.1$$

这时选择作用极微,在这个小种群内等位基因 A_1 和 A_2 的频率变化是一个随机漂变过程,A_2 能替换 A_1,A_1 也可能替换 A_2。但如果 A_1 和 A_2 发生在一个大种群中,$N_e=10^5$,即使选择值不变,则

$$N_e s = 10^5 \times 0.001 = 100$$

这时等位基因 A_1 和 A_2 在种群内的频率变化不再是随机过程,而更多地受选择的作用,这时 A_1 必定最终替换 A_2。除非选择值变得更小,例如 $s<10^{-5}$ 时,则 A_1 与 A_2 又变为选择中性了。因此,等位基因是否为中性由选择值和有效种群大小两个因素决定,当 $N_e s \ll 1$ 时,则等位基因的频率变化为随机过程。所谓选择中性是指如下的情况:各等位基因对适应度的贡献之差异很小,以致其频率变化为随机过程,选择几乎不起作用(Dobzhansky,et al.,1977)。

② 在一个随机互交的种群中,等位基因的替换速率 K 可由下式计算得出:

$$K = 2NVX$$

式中 N 为种群个体数目(假设种群由二倍体个体组成),V 为每个配子每单位时间的基因突变率,X 为一个突变产生的等位基因在种群内达到固定的概率(可能性)。在这个种群中,每单位时间有 $2NV$ 个突变发生,每个突变所产生的等位基因获得固定的机会是

$$X = \frac{1}{2N}$$

假如所有新产生的突变基因获得固定的机会相等,则中性等位基因的替换速率 K_n 可由下式计算:

$$K_n = 2NV\frac{1}{2N} = V$$

a. 上式所表达的意思是:选择中性的等位基因的替换速率等于该等位基因突变率,与种群大小无关,与选择无关。前面已经提到,一个中性等位基因在种群中出现到最终在种群内固定所需经历的时间(世代数目)为其有效种群大小的 4 倍,即

$$t_{nf} = 4N_c$$

假如有效种群大小 $N_e = 10^5$,则一个中性突变基因达到固定所需时间为 4×10^5 世代,40 万代对于大多数高等动、植物来说意味着几百万年的漫长时间。即使在一个只有 1000 个繁育个体的小种群内,固定时间也需要 4000 世代,对于人类来说就相当于 10 万年。

选择中性的等位基因的替换速率低,固定所需时间长,可以解释一般的自然种群中分子多态现象普遍存在的事实。

b. 非选择中性的等位基因的替换速率不仅与种群大小有关,而且与选择值有关。设种群个体数为 N,繁育个体数为 N_e,等位基因 A_1 和 A_2 的适应度分别为 1 和 $1+s$,设 A_2 为有利突变,$s>0$,则 A_2 替换 A_1 的速率 K_s 由下列公式计算(Dobzhansky,et al.,1977)

$$K_s = 2NV(2N_e s/N) = 4N_e sV$$

式中 V 为突变率,s 为大于零的正值,因此 $K_s>V$。换句话说,在选择作用下,有利的等位基因替换相对不利的等位基因的速率大于有利基因的突变率。由此可见,在选择作用下等位基因的替换速率高于选择中性等位基因的替换速率。但由于有利突变稀少,所以表型的适应进化速率相对说来慢于分子进化速率。

12.4 中性论与自然选择说是对立的吗？——关于中性论的问题讨论

中性论提出之后,某些学者强调中性论与选择说的矛盾对立,或者认为两者之间必有一个是真理,一个是谬误。如果进化是纯机会的,则生物的适应也纯属偶然。其实连中性论的创始者木村本人也不愿意完全否认选择说而陷入随机主义(stochastism)中。木村在一篇文章中

(Kimura,1989)声称他不否认适应进化的意义,承认至少有很小一部分突变具有适应意义而受到自然选择的惠顾。他虽然承认了自然选择的作用,但却认为是次要的进化因素。木村认为进化的驱动力是机会和突变压,而不是选择。其实,突变本身也是随机的,因此,中性论与新灾变论一样,都强调机会,强调随机进化。

那么,我们今天是否应当做出"非此即彼"的选择,即接受中性论而抛弃选择说,或者拒绝中性论而坚持选择说? 问题并没有如此简单。科学发展过程中往往不是一个新理论出现就完全否定了先前的理论,新理论往往是对旧理论的修正和发展(张昀,1991);进化论经历了两次大的修正。至少到现在为止,我们还看不出近些年来问世的一些新理论,如断续平衡论、新灾变论以及中性论是如此完善而系统的新的进化理论,以至于我们可以毫不犹豫地抛弃先前的综合论而全盘接受它(或它们)。

1. 中性论是解释生物大分子进化现象的理论

一种理论可以应用于一定范围,解释一定层次上的现象,但却往往不能应用于另一范围或另一层次。正如小进化原理不能很好地解释大进化现象一样,在种群遗传学研究基础上发展起来的自然选择原理也不能很好地解释分子水平的进化现象。木村本人把他的理论称作"分子进化中性论"也包含这样的意思,中性论只是解释分子进化现象的一个理论。

选择只作用于表型,并不直接作用于分子。所谓选择中性的突变,指的是:① 无显著表型效应的突变;② 有表型效应但不影响适应度的突变。假如大部分中性突变是前者,则分子进化的结果大多与表型无关。例如,动物的血红蛋白分子的进化经历了 4 亿年,分子的相当大部分发生了氨基酸的替换,但并未改变其基本的生理功能。这种无表型效应的分子改变从分子层次上看是显著的进化改变,但从表型层次上看这不能算是进化。分歧在于进化的衡量尺度不同:前者以分子的一级结构的改变(替换数)作为进化改变的度量,后者以表型的改变量为进化的度量。

因此,分子进化中性论虽然很好地解释了分子多态性的起源,但并未能解释表型的适应进化。中性论所涉及的只是生物大分子一级结构单元的(中性的)替换,并不能包含和解释分子进化的全部(例如,生物大分子次级结构的进化改变)。

2. 分子进化的保守性表明选择仍然起作用

为什么功能重要的大分子和大分子的局部替换率低? 生物大分子中相对稳定的、替换率很低的部分叫作"保守区",这些保守区往往是功能上重要的。功能上重要的大分子或大分子的"保守区"为什么保守? 有两种可能性:

① 有强的负选择存在,即任何发生在功能重要的大分子或大分子"保守区"的突变,因造成适应度下降而被选择剔除(中性论者承认有一定的负选择存在,但并未验证);

② 存在着某种调控机制阻止功能重要的大分子或大分子"保守区"的突变产生(这一点尚未证明)。

如果第二种可能性存在,则那种能阻止功能上重要的大分子或大分子"保守区"发生突变的调控机制的起源不大可能是完全随机的进化过程。总之,在上述两种情况下都不能完全排除选择。

3. "选择中性的突变"的选择

许多突变的表型效应之所以是微小的或中性的,可能是由于复杂的调控机制,基因表达受内、外环境条件制约。因此,在很多情况下选择不是针对某一个位点,而是针对复杂的基因调控系统。换句话说,虽然选择中性的突变(selectively neutral mutations)似乎不受选择的制约,但其调控系统却是在选择控制下的。

4. 选择在生物大分子的适应进化中起作用

中国学者(贺福初,吴祖泽;1993,1995)观察到生物大分子之间的协进化现象,例如,细胞活性因子与其受体的进化速率是高度相关的。同时也观察到其他一些现象证明功能相关的生物大分子进化中的相互作用和相互制约。分子协进化现象表明选择在分子进化中起作用。在分子层次上可能存在两种进化形式,即导致分子多样性(多态)的中性进化和导致"分子适应"的非中性进化(适应进化),后者是通过"分子选择"而实现的。

5. 中性论的贡献

中性论揭示了分子进化规律,这是它的重要贡献;其次,中性论强调随机因素和突变压在进化中的作用,是对综合进化论的纠正和补充。今天,中性论者一方面承认自然选择在表型进化中的作用,同时又强调在分子层次上的进化现象的特殊性。

近来,某些中性论者强调突变压在进化中的作用,这是值得重视的。例如,最近的研究表明,某些生物有很高的突变率,而且某些生物显示出很强的定向突变压。某些RNA病毒的替换速率比DNA生物的平均替换速率高100万倍。例如,A型流感病毒的核苷酸替换速率为10^{-3}/(aa·a),艾滋病毒的替换速率也达到10^{-3}/(aa·a)的数量级(Saitou,Nei,1986;Penny,1988)。从进化研究的趋势来看,未来将会有更多的关于生物内部进化驱动和进化定向因素的研究发现。

12.5　分子系统学和分子系统树

1. 原理和概念

从生物大分子的信息推断生物进化历史,或者说"重塑"系统发生(谱系)关系,并以系统树的形式表示出来,这就是分子系统学的任务。

基于表型信息的系统学是追溯表型特征随时间而改变的历史过程。而分子系统学是追溯生物大分子的进化历史,即追溯某一基因组线系(genome lineage)在其进化历史中所有的突变固定事件的积累过程。某一基因组线系包含了进化过程中顺序发生的突变固定事件的信息。由于古生物化石几乎没有留下有意义的古生物大分子信息,我们只能从现代生存着的物种的生物大分子获得信息,并据此推断大分子进化史,建立系统树。由现代生存的物种的大分子获得的涉及其进化历史的信息是不完全的,因而所推断出来的系统树具有一定程度的不确定性和假设性。常常从同一组数据推断出若干不同的系统树,因而分子系统学涉及方法选择问题和如何从一系列可能的系统树中选择"最合适的"或"最可信的"树的问题。

假如生物大分子进化速率是相对恒定的,那么大分子进化改变的量只和大分子进化所经历的时间呈正相关。换句话说,大分子的进化改变量是进化时间的函数,因而可作为衡量不同进化单位(例如,物种)之间亲缘关系的指标。如果我们将不同种类生物的同源大分子的一级结构做比较(假定这些大分子的结构顺序已知),其差异量(氨基酸或核苷酸替换数)只和所比较的生物由共同祖先分异以后所经历的独立进化的时间呈正比。用这个差异量来确定所比较的生物种类在进化中的地位,并由此建立系统树,称为分子系统树(molecular phylogenetic tree)。因此,可以这样说,建立分子系统树的理论前提是生物大分子进化速率相对恒定。

下面是一些关于系统树的概念和专用术语。

① 大多数系统学方法推断的系统树是无根树(unrooted tree),或称无根谱系(unrooted phylogeny)。所谓"无根",是指树系中代表时间上最早的部位(最早的共同祖先)不能确定。

② 树系的末端代表现代生存的物种,称为顶结(terminal nodes),也称为外结(external nodes)或顶端(tips)。

③ 树内的分支点叫内结(internal nodes)。

④ 两结之间的连接部分称为分枝或枝(branches),也可称之为节(segments)或连接(links)。

⑤ 达到并终止于顶结的枝叫周枝(peripheral branches),未达到顶结的其他的枝叫作内枝(interior branches)。

⑥ 在一个无根的双分叉(每个内结有 3 个分枝)的树系中,假如顶结数目为 N,那么内结数目为 $N-2$,分枝(节)的数目为 $2N-3$(其中内枝数目为 $N-3$,周枝数目为 N)。从 N 个物种(顶结)可以推断出无根树系的数目 $T(N)$ 为

$$T(N) = \prod_{i=3}^{N}(2i-5)$$

其中 i 为内结的分枝数目。上述术语图解见图 12-2。

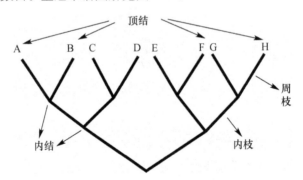

图 12-2 系统树名词术语图解

顶结(A、B、C、D、E、F、G、H)数目 $N=8$;内结数目为 $N-2=6$;分枝(节)数为 $2N-3=13$

(其中周枝为 8,内枝为 5)

2. 构建分子系统树的方法

构建分子系统树的方法与表型系统树方法基本相同(见第九章),只是在具体操作上有所

不同。方法中涉及两个步骤：第一步是获得分析对象(现生物种同源的大分子)的特征数据，并采用一定的统计学方法从这些数据分析中得到若干可供选择的树系；第二步是根据"最合适性"(optimality)定义的标准，给所获得的树系以相对客观的评价，这种评价最好是能数值化，能够定量地比较，便于判断。通俗点说，前一步骤是造"树"，后一步骤是寻找"最好的树"，即从若干可能的树系中找出最合适的。

下面是具体方法的简述。

(1) 大分子特征数据的获得

用于系统分析的生物大分子的特征包含两类：具体特征和比较特征。

具体特征是指在表型特征分析中，某一个物种有两种或多种可能状态的某一类特征。例如，毛色特征可能有白色与黑色两种特征状态，或者有白色、灰色、黑色等多种状态。对于大分子而言，用于系统分析的具体特征就是大分子序列(一级结构)，不同物种的同源大分子的同源位点就构成一类特征，每一个位点有多种可能的特征状态，对于 DNA 或 RNA 来说每个位点有 4 种可能的特征状态(对应于 4 种碱基)。例如，某一物种的 18S rRNA 序列的第 130 位点为 G，位点 130 是一类特征，G 是一种特征状态。因此，我们首先要获得每一个分析对象的每一类特征的数据，构成一个数据矩阵，它是由数据 x_{ij} 组成，i 指物种，j 指特征类别，x 就是具体特征状态。

当然，要获得分析对象的特征数据首先要做分子生物学的工作，如大分子的提取、纯化、扩增、测序等。这些不属于我们讨论的内容了。

(2) 排序

获得具体的特征数据之前还要确定同源大分子相对应的位点，系统分析的前提是：不仅分析对象(大分子)是同源的，而且所比较的大分子的位点也是同源的，即分析对象的某一个位点必须能确定可以追溯到共同祖先的同一位点。

这就需要将所比较的大分子序列的对应位点一一确定，并顺序排列，这就是排序(alignment of sequences)。大分子上的高度保守的序列比较容易排序，而且在操作时大分子上的保守区常常作为排序中的参考标志。非保守序列的排序比较难，有时所比较的序列差异太大，排序时几乎无从下手。如果碰到这样的情况，这段序列最好放弃了。

① 排序可以手工进行，也可以用计算机进行。首先将所要比较的所有的大分子序列作一个概略的比较，找出它们完全相同的部分(保守区)，并以此作为标记，确定同源位点(为了确定同源位点还要参考大分子的次级结构)。然后将所比较的各序列的同源位点上下对好，就可以一个位点一个位点地比较。在比较时可能出现三种情况：a. 两个比较的位点为相同的单元(相同的碱基或相同的氨基酸)，叫作匹配(matches)；b. 两个比较的位点为不同的单元，叫作不匹配(mismatches)；c. 所比较的位点上有一方是空缺，叫作空隙或断沟(gaps)。对于核酸分子而言，不匹配意味着发生了碱基替换，空隙则可能是由于碱基丢失或插入而造成。在序列比较时对于不匹配和空隙应有适当的加权。例如，假定给匹配以正值(+1)，给不匹配以零值，则给空隙以适当的负值。处理匹配、不匹配和空隙的方法，不同的学者有所不同。

② 如果我们要比较两个以上的序列，可以一对一对地比较。将所有的序列成对地比较之后，选择最接近的(差异最小的)一对中的一个序列作为参考序列，然后将其余的序列按照与参考序列的远近依次排列比较。例如，我们比较下面三个序列：

                    S1   AGACCTAGT
                    S2   AGACTAGT
                    S3   AGAACCTAGT

先比较 S1 和 S2：

                    S1   AGACCTAGT
                    S2   AGA-CTAGT

再比较 S1 和 S3：

                    S1   AGA- CCTAGT
                    S3   AGAACCTAGT

三者合在一起比较，以 S3 为参考序列：

                    S3   AGAACCTAGT
                    S1   AGA- CCTAGT
                    S2   AGA- CTAGT

在最后一轮比较中，S1 和 S2 都出现了空隙。

（3）比较特征：相似性和距离数据

相似性(similarity)和距离，即所谓的比较特征(comparative characters)，是评价一对分子序列之间关系的特征值。它们是通过序列排比和计算获得的，通过适当的转换成为构建系统树的数据基础。

① 相似性与同源性(homology)。二者为同义词，但同源性一词暗指来自共同祖先的相似性。而大分子一级结构的局部相同(例如，在某一同源位点上匹配)，难以确定它是来自共同祖先或是多次突变替换的结果。相似性数值通常取 1 到 0(或 100％到 0)之间的数值。与相似性相对的是相异性或不似性(dissimilarity)，取 0 到 1(或 0 到 100％)之间的数值。设 S 为相似性值，dS 为相异性，则有

$$dS = 1 - S$$

距离数值从零到无限大。完全相同的一对序列之间的距离为 0，但最大的距离值似乎无限。有的人把距离等同于相异性。

② 相似性的计算。通常要考虑如下几个数值：N_m，匹配(相同)的位点数目；N_u，不匹配的位点数；N_t，序列位点总数；N_g，空隙数。

最简单的计算是

$$S = \frac{N_m}{N_t} \times 100\%$$

但排序中出现的空隙是不能不考虑的，而且同义替换与变义替换也应当有区分地对待，此外还要考虑序列末端长度的变化等。如何处理排序中出现的空隙是很重要的。序列中的空隙区可能是插入、丢失造成，甚至可能有重复的插入和丢失。一对序列如果除空隙外其他所有位点都相同，也绝非 100％地相似。

计算相似性的常用公式是

$$S = \frac{N_m}{N_m + N_u + W_g \cdot N_g}$$

其中 W_g 为空隙的加权值。

③ 计算相异性的常用公式是

$$dS = -\frac{3}{4}\ln\left[1 - \frac{4}{3}\left(\frac{N_u}{N_m + N_u}\right)\right]\left[1 - \frac{N_g}{T}\right] + \frac{N_g}{T}$$

其中 T 代表匹配、不匹配和空隙的总和，即 $T = N_m + N_u + N_g$。上式中第一项是位点替换数的估量，包含对多重突变的校正；第二项是对插入和丢失的估量，即对空隙的估量（关于数据的计算方法细节，可参阅 Hillis 和 Moritz 的专著：*Molecular Systematics*）。

④ 获得相似性或相异性数据，并列出数据矩阵后，就可以进行下一步的树系构建。

将大分子序列的具体特征转换为比较特征（即相似性或距离）是必要的，不如此就不能进行系统分析。但这种转换也可能丢失信息，甚至丢失重要信息。大分子上的某一区域可能在进化过程中发生多次突变，包括回复突变，后来的突变可能使先前的突变结果全部或部分消除。

（4）树系的构建

根据相似性和距离数据构建分子进化树系的方法很多，可参阅一些文章和专著的详细介绍（Saitou, Imanishi, 1989；Hillis, Moritz, 1990；Saitou, Nei, 1987）。最大简约法（maximum-parsimony method）是现在最广泛应用的。关于简约性原则，我们在第九章已有详述。按简约性原则构建树系时，要使解释特征数据所需要的附加的假设越少越好，例如，构建树系时所依据的不同物种的共有特征应是来自共同祖先（同源），如果特征与此冲突，就需要附加的假设，即假设存在趋同或平行进化等造成了非同源相似性。简约性原则要求尽量避免或减少这样的假设。按简约性原理，只有共同衍征所造成的相似性才有系统分析价值。因此，在分子系统学分析时，并非序列中的所有位点都有系统分析价值，至少有两种生物的大分子序列在所比较的位点上具有在进化中获得的相同核苷酸（或氨基酸），这样的位点才有系统分析价值。通过分析，在树系的每个分支结点（内结）上推断出祖先序列。最后构建出树系。根据一定的特征数据构建树系时要选择树长最短的，进化步骤（从一个特征状态转变为另一个特征状态）最少的。

分子系统学中的简约法与传统分支系统学中的简约法原理是一致的，只是前者所依据的特征是数值化的，后者涉及的多是非数值的表型特征。

（5）树系可信度的检验

即使有可靠的特征数据和适当的方法也有可能得出不大可靠的树系，因此对所获得的分子树系要作统计学检验，评价其可信程度。

目前最常用的检验方法是靴襻法（bootstrap method）和大折刀法（jackknife method）。两种方法原理相同，即通过重复取样来观察结果的重复性。两种方法不同之处在于取样的具体操作上。靴襻法最初由 Felsenstein（1985）提出，并应用于树系置信限（confidence limits of phylogenies）的分析。分析方法是这样的：对所比较序列上的替换位点作多次随机取样，根据每次取样的数据可以得到新的树系图。在多次取样所得到的多个树系中，相同的生物组合出现在某一个结上的次数占总取样次数的百分比，就是该结的靴襻值。按此方法，计算出树系中每一个结（分支点）的靴襻值。Felsenstein 认为，靴襻值达 95％以上的组合，才能看作是统计学上有意义的。

目前已有不少计算机软件可用于分子系统学分析，这大大简化了分子系统学的研究工作。

3. 分子系统学研究的重要成果

最初,多用不同生物的同源蛋白质大分子作比较,如比较血红蛋白、细胞色素 c 等。将蛋白质分子的氨基酸替换数换算为相应的编码基因 DNA 分子的核苷酸最小替换数(遗传距离),在此基础上建立系统树。由于所用的蛋白质分子只存在于较高等的生物,而且在技术操作上也较麻烦,所以近些年来的分子系统学研究多用核糖体核酸小亚单位(SrRNA),如 SS rRNA、16S rRNA 以及 18S rRNA 序列作比较,所得到的数据用计算机进行分析,由此建立的分子系统树涵盖了原核生物和真核生物的大多数门类,并揭示出以往建立在表型比较分析基础上的系统树所未能显示的不同生物类群深远的亲缘关系和进化的规律(参考 Van de Peer,1995;Wilmotte,1994;Hillis,Moritz,1990)。

下面是近年来一些最重要的分子系统学研究的进展。

(1) 生物进化系统的三条主干

美国学者福克斯(G. E. Fox)及其同事(Fox, et al. ,1980)综合了原核生物各类群及部分真核生物的 16S rRNA 的一级结构的资料,提出了一个新的进化谱系。在这个谱系中有三条根源深远的进化主干,据福克斯等推算的它们之间的 16S rRNA 的差异量,表明它们的根可追溯到 30 多亿年以前。也就是说,30 多亿年以前,整个生物界就一分为三,"分道扬镳"了(图12-3)。

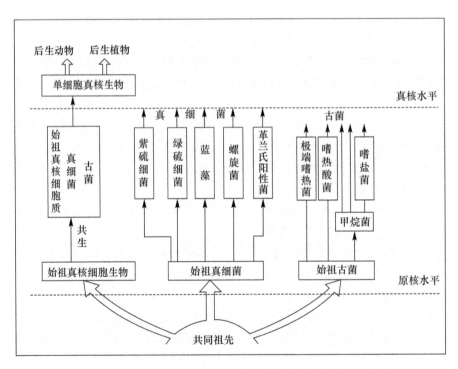

图 12-3 根据 16S rRNA 序列分析推断的生物界系统发生示意图

(详见正文;根据 Fox 的资料(Fox, et al. ,1980)改绘)

① 在这个分子系统树上，原先被视为一个整体的原核生物被一分为二，即属于原核细胞的所有生物被归于两大进化主干：古菌和真细菌。Fox 等把它们分别视为分类学上的两大界（Kingdoms），即古菌界（Kindom Archaebacteria）和真细菌界（Kindom Eubacteria）。大多数常见的细菌（包括蓝菌）属于后者，属于前者的是少数特殊的微生物。

根据后来学者的进一步研究（见 Woese，1987；Huysmans，Wachter，1986），古菌界又分为三大类群，即极端嗜热菌（代谢上需硫的）、甲烷菌（methanogenic bacteria）和极端嗜盐菌。极端嗜热菌是厌氧的、嗜热的（生活于高温热泉中和洋嵴水热喷口附近）、SH 化能自养的（还原硫酸盐为硫化物），行厌氧的硫呼吸，但其中有一些进化出耐氧机制或需氧的代谢。我们在云南腾冲热泉中曾发现此类古菌（Zhang Yun，1986），太平洋海底热泉喷口附近生存着这类古老的生命类型。甲烷菌能将 CO_2 还原为 CH_4（利用 H_2），是厌氧的，需要有机碳源（乙酸盐）。极端嗜盐菌是行光合作用的，含细菌紫红素（bacteriorhodopsin）。

古菌之所以独立为一界，除了 16S rRNA 的差异外，还由于具有下面一些显著的表型特征：

a. 细胞壁不含胞壁酸（muramic acid，而所有真细菌的细胞壁都含有此物）；

b. 膜的主要成分是一种分支的链结构；

c. tRNA 的 TΨC（T，胸苷；Ψ，假尿苷；C，胞苷）环中没有胸腺嘧啶核糖核苷（ribothylamidine）；

d. RNA 聚合酶的亚单位很特殊。

② 真细菌界大致可区分为 19 个门类，它们在代谢上分异很大。其中行光合作用的门类就有 5 个之多，这表明光合作用可能起源很早。真细菌主干上的一些独立分支中包含一些厌氧的嗜热细菌，这也表明这种厌氧、嗜热的特征可能来自真细菌与古菌的共同祖先。属于真细菌界的主要门类有紫细菌、革兰氏阳性菌、蓝菌（即蓝绿藻）、绿硫细菌、螺旋体（Spirochetes）、类细菌（Bacterioides）/黄细菌（Flavobacteria）、浮丝菌（Planctomyce）、抗辐射恐球菌（*Deinococcus*）及热杆菌（*Thermus*）以及绿色非硫细菌、厚壁菌（Chlamydia）等。

③ 分子系统树的第三条主干是真核生物。但真核生物是一个遗传上的嵌合体（a genetic chimera），其细胞器（质体和线粒体）近似于真细菌，至少有一种核糖体蛋白近似于古菌。真核细胞的胞质体的 rRNA 与古菌及真细菌 rRNA 的差异很大，以致可以在分子系统树上用独立的一条主干来代表（图 12-3）。

（2）分子系统学的研究支持了真核细胞的共生起源说

真核生物的共生起源说认为，真核生物可能是一些原核生物通过细胞内共生途径进化而来，线粒体可能来自类似紫细菌的共生者，质体可能来自类似蓝菌的共生者。

（3）分子系统学的研究结果

分子系统学的研究结果（例如，图 12-4 的系统树）大部分与传统的根据表型比较而建立的系统树相符合，但也有一些与传统的系统进化观点不吻合的结论。例如，分子系统学研究表明辐射对称的动物与两侧对称的动物是两个平行的进化支，否定了辐射对称动物比两侧对称动物古老的传统观点（Hendriks, et al., 1990）；又如，分子系统学研究还表明光合作用表型是极其古老的，许多非光合自养的生物类群来自光合自养的祖先，这也和传统观点冲突。同时，分子系统学也提出疑问：最早的原始生命是否为厌氧异养的？

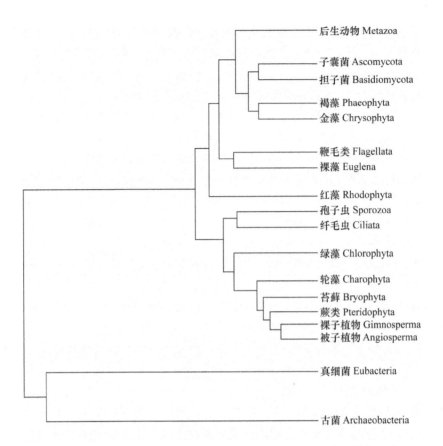

图 12-4 分子系统树与基于表型分析的传统系统分析的结果基本一致

（4）最近的分子系统学研究揭示了一些过去表型系统树上模糊不明的或争论未决的系统进化问题

这些系统进化的问题如,对于蓝菌的各类群在系统进化中的位置的重新认识(Wilmotte,Golubic,1991);又如,根据 5S rRNA 的顺序比较研究得出绿色植物起源于绿色鞭毛藻,陆地高等植物可能起源于轮藻类的某些类型(如丽藻 *Nitella*)(van de Peer,et al. ,1990)。中国学者比较了熊猫、熊、狐、犬等动物的血纤蛋白,为确定熊猫的分类地位提供了一些证据。人类学家用血红蛋白顺序的比较确定人类与类人猿的亲缘关系,也取得一些结果。

12.6 古分子系统学

古生物遗体和古生物化石包含三种有系统分析价值的信息：一是形态学信息,二是化学信息(生物的代谢产物和一般的生物化学分子),三是遗传信息(保存有一级结构的生物大分子,即基因的产物和基因片段)。在特殊条件下保存的古生物遗体和古生物化石,可能包含有可以恢复部分基因结构的分子信息,在系统学上有重要的意义。

1. 古蛋白质分子的研究

20 世纪 50 年代就有人分析研究化石中的氨基酸,后来一些学者开始研究骨和壳化石中的多肽(Wyckoff,1972),并且证实多肽键相当稳定,在骨和壳化石中可保存几千万年乃至若干亿年(Broadhead,1988)。但骨和贝壳中的主要蛋白质成分是骨胶原蛋白(collagen)和壳蛋白(conchiolin):前者是多基因编码的,有重复的一级结构,不同生物之间差异很小,系统学信息不大;后者是复杂的混合物,遗传基础不清楚。因此,两者都不适合于系统学分析。

免疫学方法在分类学上早有应用。80年代初有人开始把免疫学方法用于已绝灭物种的系统学分析,一个成功的例子就是以西伯利亚冰冻层中保存的4万年前的猛犸象的肌肉匀浆为抗原而获得的抗血清,用这种抗猛犸象血清来检测几种现生的动物,发现抗猛犸血清与印度象和非洲象的白蛋白之间的抗体-抗原反应最强烈,与海牛的反应较弱,与其他动物更弱,从而第一次成功地把古蛋白质用于系统学分析。但一些学者认为免疫学方法应用于古生物材料的研究不可靠(Pääbo,Higuchi,1989),因为用来产生抗体的古生物材料本身往往受细菌等污染,用它生产的抗血清来检测现生物种的分离不严(混杂)的抗原,可能产生错误结果。

2. 古DNA和古分子系统学研究

20世纪80年代早期,一些考古学家和分类学家开始尝试用博物馆的标本为材料,提取和研究古核酸(Pääbo,1985;Doyle,Dickson,1987)。

早在六七十年代就有人证明博物馆保存的植物干制标本中保存有DNA,但当时缺乏先进技术,不能分离特定的基因序列。70年代后期,限制性内切酶技术发展起来,用限制性内切酶在特定位点上消化基因组,将切下的小的DNA片段用电泳分析,再结合双脱氧基测序(以双脱氧核苷三磷酸作为链终止物的DNA测序技术)和质粒亚克隆(plasmid subcloning)程序,就可以分离特定基因和确定其序列。但这些分析方法很烦琐。直到80年代中后期,聚合酶链式反应(PCR)技术出现,对古代的动物、植物和人类的特殊保存的材料中古DNA的研究才渐渐地开展起来。最初是从古代人的干尸和已绝灭动物的干皮以及博物馆藏的植物干制标本中成功地分离出古DNA,后来逐步扩展到新生代和中生代化石材料的古DNA研究。

(1)核酸分子长期保存的可能性

核酸分子容易氧化和降解,DNA双链间的氢链断开,多核苷酸内的共价键断裂,大分子降解为小片段和单核苷酸,后者进一步降解为更小的分子。因此,学者们长期以来未曾期望或尝试从古生物遗骸或化石中寻找核酸分子。如果DNA分子确实保存到地质时间的长度,那么可以断定,保存的条件必定是极其特殊的。就目前所知,在下面的特殊条件下古核酸分子有可能长期保存下来。

① 生物死亡后的腐解过程相对短暂,细胞组织及其内的生物大分子能迅速脱离生理状态。生物死亡后,其遗体经历形态学和化学的改变(死后分解,post-mortem decomposition)。由于自身酶的水解作用和组织自溶以及异养细菌的分解,尸体通常很快腐解,与此同时生物大分子也很快降解。形态学的腐解和化学的降解速度依埋葬条件不同而有差异。实验结果证明,DNA的降解主要发生在生物死亡后的短暂时间内。例如,从保存4年的风干猪肉及100年前的袋狼(*Thylacinus*)组织中提取的DNA,其降解的程度和几千年、几万年的动物尸体材料中提取的DNA分子差不多(Pääbo,1989)。因此从死亡后降解开始,到遗骸矿化、化石形成时降解过程停止所经历的时间愈短,则愈有可能保存生物大分子。

② 生物死亡后若能迅速隔绝氧气,并迅速脱水干燥,则细胞组织内生物大分子的降解能

够相对较早地终止，因而某些生物大分子片段有可能保存下来。

③ 被某些特殊矿物吸附或与矿物相结合的生物大分子往往容易保存下来。例如，已知古生物的骨骼常常保存有胶原纤维和多肽分子，这些生物分子可能与骨骼或壳中的磷酸盐或碳酸盐相结合，美国学者在犹他州的晚白垩纪的骨化石（可能为恐龙骨）中提取和分离出古DNA，即细胞色素 b 基因片段（Woodwand,et al.,1994）。最近从河南晚白垩纪恐龙蛋中提取和分离出 18S rDNA 片段及细胞色素 b 基因片段等古 DNA 分子，可能恐龙蛋中的纤维状黏土矿物坡缕石（palygorskite）有利于这些生物大分子的保存（张昀,方晓思,1995；安成才,等,1995；李毅,等,1995）。

④ 生物遗体埋葬保存后未受成岩作用（高温、高压）的严重影响。

迄今为止，已从各种不同的生物遗体和化石材料中分离出古 DNA（表 12-2）。

表 12-2　用于古 DNA 和古分子系统学研究的材料

材　　料	最大年龄/a	参 考 文 献
植物人工干制标本	约 100	Doyle,Dickson,1987
动物人工干制标本（皮）	140	Pääbo,et al.,1989
动物自然干尸	10 000	Pääbo,et al.,1989
人的干尸（木乃伊）	5 000	Pääbo,et al.,1989
冰冻的遗体（猛犸肉）	40 000	Pääbo,et al.,1989
人工浸制标本	100	Pääbo,et al.,1989
自然陷井水中保存的人脑	7 000	Pääbo,et al.,1989
植物叶化石	$(17\sim20)\times10^6$	Golenberg,et al.,1990
骨化石	70×10^6	Woodward,et al.,1993
琥珀中昆虫	$(120\sim135)\times10^6$	Cano,et al.,1993
恐龙蛋化石	约 70×10^6	张昀,方晓思,1995；安成才,等,1995；李毅,等,1995

（根据 Pääbo et al.,修改补充）

(2) 古 DNA 研究进展

最早的古 DNA 研究由美国加州大学伯克利分校的学者 Hiquchi 等（1984）报道。他们研究了从一种已绝灭了 100 年的南部非洲的马科动物斑驴（quagga）风干的皮（保存了 140 年）中提取分离出的线粒体 DNA，并将斑驴的 DNA 与斑马、马、牛及人的线粒体 DNA 比较，发现斑驴与现存的斑马很接近，与马科的其他种类相差较大。这可以说是首次将古 DNA 应用于分子系统学。其后不久，在瑞典乌普萨拉（Uppsala）大学研究古埃及、科学史和医学的 Pääbo 从古埃及木乃伊的组织中提取并克隆了 DNA 片段（Pääbo,1985）。以后又相继报道了从不同年代的古人类和古动物的骨骼和干的或冰冻的组织中提取、分离出古 DNA 分子的情况。这些研究成果的重要意义在于它们所引起的观念上的突破，证明了 DNA 分子可以存活相当长时间。

早期的古分子系统学的研究受到实验技术条件的限制，例如，20 世纪 80 年代早期的古 DNA 研究是利用细菌来扩增，即将提取和分离（用凝胶电泳法分离）出的古 DNA 样品融合到载体上，再转导到细菌中，利用细菌繁殖来扩增。用这种方法得到的所期望的 DNA 克隆很少，无法重复实验，而且工作量大。因此，尽管有些研究取得了一定的进展，但问津这个新领域的学者寥寥。

1985 年 Kary Mullis 发明了一种快速有效的克隆技术,叫作聚合酶链式反应(PCR)技术(参考 Mullis 的介绍文章"The unusual origin of the Polymerase Chain Reaction",发表在 Scientific American,1990 年 4 月号)。这种技术可以在试管中将特定的 DNA 片段快速地扩增,或随机地扩增出任何 DNA 分子(依据所加入的引物而达到不同的目的)。应用 PCR 技术可以扩增预先选定的 DNA 片段,可以从极小量的,甚至单个分子的 DNA 快速增殖到足够测序分析用的量。用两段人工合成的低聚脱氧核糖核苷酸作为引物,它们分别与欲扩增的 DNA 目标区的两端序列互补,加入热稳定的 DNA 聚合酶和 4 种脱氧核糖核苷三磷酸(dNTP),反应在试管中进行。一个引物黏附到 Watson 链上的目的区的一端,另一引物黏附到 Crick 链上目的区的另一端,两个引物的 3′端方向相对,反复加热升温和冷却,诱导链式反应连续进行,这样就会使引物标记的 DNA 片段呈指数增殖。

PCR 技术特别适合于古生物材料的研究,是因为它具有如下几个优点:

① 它可以从极少量的原始模板 DNA 扩增到足够序列分析的量,所以适合于含 DNA 量极少的古生物材料的分析研究。

② 由于古生物材料多受细菌、真菌及植物等污染,而 PCR 技术可以从含混合的 DNA 的粗提物中搜寻并扩增特定的 DNA 片段,因此粗提物中即使含有污染的、无关的 DNA 也不要紧。污染的 DNA 或是不存在目标基因,或是即使存在但同源性很低以致不能扩增出来。

③ PCR 是在试管中进行,不会像应用细菌扩增那样,古 DNA 分子受到细菌的修复、改变。

④ 速度快,程序简便。

PCR 技术在分子生物学研究中的广泛应用大大推动了古 DNA 的研究。从 20 世纪 80 年代后期到 90 年代,在古 DNA 研究上有一些重要进展。首先,90 年代初在观念上又有一次突破。Pääbo 和 Wilson(1991)根据试管中 DNA 降解的实验研究计算出 DNA 保存的最长时间为 4 Ma,也就是说,任何生物遗体中的 DNA 分子在 4 Ma 之后就完全降解了。但美国学者 Golenberg 等(1990)报道,在美国爱达荷州的 20~17 Ma 前的中新世 Clarkia 沉积中保存的木兰属(*Magnolia*)叶化石中提取并分离出叶绿体 Rubisco 基因大亚基(rbcL,即 1,5-二磷酸核酮糖羧化酶大亚基)的 820 个碱基对(bp)片段,这一报道曾引起包括 Pääbo 和 Wilson 在内的一些学者的怀疑。但不久又在同一地点和地层中保存的落羽杉树(*Taxodium*)叶化石中提取、分离出 1320 个碱基对的 rbcL 序列,从而证实了古 DNA 分子可能保存得比早先预期的时间长得多(Soltis,et al.,1992)。与此同时,从琥珀昆虫化石中提取和分离古 DNA 的研究获得一系列成功。例如,从 40~20 Ma 前的渐新世琥珀的蜂遗体中分离出 18S rRNA 基因片段(Cano,et al.,1992),从 30~25 Ma 前的渐新世琥珀中的白蚁(鉴定为 *Mastotermes electrodominicus*)分离出线粒体 16S rDNA 和核 18S rDNA 片段(DeSalle,et al.,1992);从 1.35 亿~1.2 亿年前的黎巴嫩琥珀中的象鼻虫(鉴定为 Nemonychidae 科,鞘翅目)遗体中分离出 18S rRNA 基因片段(Cano,et al.,1993),而且在系统分析中得到验证。从而,把古 DNA 的历史在时限上大大延伸了。1994 年首次报道了从晚白垩世骨化石(可能为恐龙骨)中获得细胞色素 b 基因片段(Woodward,et al.,1994);1995 年中国学者们从河南晚白垩世恐龙蛋化石中分离出包括 18S rDNA、细胞色素 b 基因、钙黏着蛋白基因等片段,虽然引起争论,但也引起学者们对古分子系统学研究的重视。

3. 古 DNA 和古分子系统学研究的意义和前景

自 20 世纪 80 年代开始,人类建立的地球生物基因数据库输入了一些已绝灭物种的遗传信息,它们包括:100 多年前消失了的南非斑驴和新西兰恐鸟的,5000 年前古埃及人的,7000 年前古印第安人的,13 000 年前树懒的,40 000 年前西伯利亚猛犸象的,1700 万年前木兰科植物的,3000 万～2500 万年前白蚁和蜂的,7000 万年前恐龙的以及 1.2 亿年前象鼻虫的。这本身就是科学史上有重大意义的事件,表明出现了探索那些占地球现在和过去物种总数 99.9% 的绝灭物种的基因信息的可能性。

迄今为止,系统学家只能根据现生物种的基因数据来建立分子系统树。现在有了不同时代不同生物的基因数据,分子系统树就增加了新因素,就是时间因素。例如,将早已绝灭了的恐龙的 DNA 片段与现代的脊椎动物的 DNA 比较而做出树系时需要考虑时间因素。因为根据前面提到的分子进化速率的计算公式

$$K = \frac{d}{2tN}, \quad d = 2tNK$$

两个比较的物种的同源大分子之间的差异量(d,即核苷酸位点替换数)是 2 倍分异时间($2t$)和比较的大分子位点总数(N)以及分子进化速率(每个位点上的替换数)的乘积。但是,恐龙与其所比较的物种不是同时的,取自 7000 万年前的恐龙材料的古 DNA 有 7000 万年的进化停顿,因而上述公式就应该变为:

$$d = (2t - t_a)NK$$

公式中的 t_a 是古 DNA 的年龄,在这里是 7000 万年。可见,由于古生物分子数据应用于系统学分析,以前建立的系统学的指导原则和方法都必须有所修正。

有了古 DNA 的资料,就可以更好地研究分子进化。通过系统学分析,不仅可以了解绝灭物种之间、绝灭物种与现生物种之间的谱系关系,而且可以在地质时间尺度上直接探讨分子进化规律、分子进化速率等方面的细节。

古 DNA 的研究也提供了检验进化理论的工具。例如,Cano 等(1993)根据 1.2 亿年前琥珀中象鼻虫化石的 18S rDNA 片段与现生昆虫的同源片段比较而得到的分子树系几乎与表型的判断完全一致:古象鼻虫与和它表型很近似的现生象鼻虫科(Nemonichidae)的物种聚类在一起,计算表明它们之间的同源性达 90% 以上。这表明表型进化与分子进化似乎是平行的,和主张分子进化速率相对恒定、分子进化与表型进化无关的分子进化中性论的论点相悖。

在大多数情况下,分子系统树与表型系统树大致吻合,而且往往相互验证。古分子系统学研究大大丰富了进化系统学。

12.7 分 子 钟

所谓的分子钟(molecular clock),就是将分子系统学研究与古生物学资料相结合而建立的用于推论生命史上进化事件发生的时间表。前面已经说过,如果分子进化速率恒定,分子进化改变量(替换数或替换百分率)与分子进化时间呈正比。由已知的资料可以获得分子进化改

变量-进化时间的对应曲线,并用它来推断未知进化事件发生的可能时间。

分子钟能够成立的先决条件是分子进化速率恒定。虽然按中性论,生物大分子的进化速率是恒定的,但也有些学者研究证明蛋白质进化速率并不那么恒定。例如,有人比较了 18 种脊椎动物(从鱼到哺乳动物)的 4 种蛋白质(血红蛋白 α 与 β,细胞色素 c 和血纤蛋白 A),通过统计学检验表明它们的进化速率无论按绝对时间计算还是按世代计算都不是恒定的,由此怀疑分子钟的可靠性。近来一些学者认为分子钟是可以建立的,因为:① 至少某些生物大分子(如珠蛋白)的进化速率在相当长的地质时间内是相对稳定的、均匀的;② 虽然个别大分子的进化速率不恒定,但许多不同生物的多种同源大分子在相当长时间内的平均进化速率是接近于恒定的,因而可用于建立分子钟。例如,对于不同物种的 7 种不同的蛋白质(细胞色素 c、血纤蛋白 A 和 B、血红蛋白 α 与 β、肌红蛋白、胰岛素 C 肽)的进化速率的分析,表明它们的平均进化速率在 1 亿年内大体保持在 0.41 个核苷酸(替换)/(aa · Ma)。

(1) 分子钟的建立程序

① 选择所要比较的生物大分子种类:根据具体的研究目的和已掌握的资料而选择进化速率相对恒定、速率大小合适、分布范围能涵盖所要比较的物种的生物大分子。

② 选择所要比较的物种,确定各个比较组合及其所代表的进化事件。

③ 获得(通过资料查询或直接测序分析)所要比较的物种的生物大分子一级结构的资料;从古生物记录和地质年代学资料中获得每一个比较组合所代表的进化事件发生的地质时间的数据。

④ 以大分子一级结构的差异量(替换数或替换百分率)为纵坐标,以地质时间为横坐标,将上述各个比较组合的大分子差异量和所代表的进化事件发生时间对应地标在坐标中,通过统计学分析方法(假定大分子进化速率恒定,则分子差异与进化时间呈线性关系,可用回归分析法)得到一条大分子一级结构差异量对应于进化时间的曲线(如果分子进化速率恒定,通过回归分析将得到一条直线),它就是大分子进化速率曲线。

⑤ 利用这个根据已知资料而做出的大分子进化速率曲线(或直线),可以大致推断未知的进化事件发生时间。

(2) 举例说明

假定我们已掌握了许多不同种类的动物的珠蛋白的一级结构资料。已知所有动物的珠蛋白,包括血红蛋白和肌红蛋白,在进化上是同源的。除了无颌鱼(例如,七鳃鳗)之外,所有现生的脊椎动物的血红蛋白都是由一对 α 链或一对 β 链组成的四聚体。可以推论,在脊椎动物进化途中,在无颌鱼出现之后,鲨鱼等软骨鱼类(较低等的颌口类)及其他较高等的脊椎动物出现之前,血红蛋白分子通过基因重复增数而由单链进化到四聚体结构。还可以推论,最初获得的四聚体是由几乎相同的多肽链组成的。也就是说,现时的血红蛋白 α 链与 β 链之间的差异乃是从上述进化事件发生之后的长期进化分异的结果。从古生物记录可得知,无颌鱼与颌口类的共同祖先可以追溯到奥陶纪,大约 4.6 亿年前。换句话说,血红蛋白 α 链与 β 链进化分异的历史有 4.6 亿年之久。这样,我们根据分子生物学资料查出不同进化等级的 11 种脊椎动物血红蛋白 α 链与 β 链之间的氨基酸差异(替换百分数),11 种动物的 80 对比较组合的平均值为 61.05%,就可以把上述两个数据(61.05% 的氨基酸替代率和 460 Ma)标在大分子差异量-进化时间坐标上。

用上述类似的方法,可以获得更多的数据点,再用统计学方法得出大分子进化平均速率曲线,这条曲线就可以作为分子钟来应用。

Runnegar(1982)根据 9 种不同进化等级的动物珠蛋白的一级结构资料和古生物学资料,得到珠蛋白平均进化速率。Runnegar 试图用它来推断后生动物各门类的起源和分异的时间,即追溯不同门类动物的共同祖先的生存时代。这 9 种比较的动物中有 7 种无脊椎动物,包括环节动物、软体动物和须腕动物(帚虫),还有 2 种哺乳动物(鲸和人)。这 9 种不同门类的共同祖先应当是进化等级不高于扁形动物和纽虫的低等无脊椎动物,但它必定有携氧的蛋白以用于呼吸。这个共同祖先的生存时代大致接近无脊椎动物门类的起源时间。他统计了 21 对完全的比较组合(血红蛋白与肌红蛋白一级结构资料完全)和 36 对不完全的比较组合(一级结构的部分资料),得到氨基酸差异的平均数为 83%～85%,再将其换算为突变数(相当于 180～190),标在坐标中的珠蛋白进化速率曲线的外推线上,它所对应的地质时间大约为 9 亿～10 亿年。这就是分子钟所推断的动物门类起源和分异的时间。这个推断是否正确,有待古生物发现来证实。

第十三章　人类的起源与进化

清轻者上为天,浊重者下为地,冲和气者为人。

——列子:《天瑞》

从地球形成之初的"混沌"状态到物质的分异,轻的物质上升,形成了天空的大气,重物质下沉,凝聚为硬的地壳,在"天"和"地"之间,大气与地壳的物质参与了早期的化学进化过程,产生出原始生命;又经过38亿年漫长的进化过程,终于产生出能创造文化的智慧生物——人类。人类也可以说是天地之间的物质("冲和之气")演化的产物。

人类和人类的智慧是地球物质演化的"结晶",是地球的骄傲。地球上只有人类能够认识物质世界,认识自己,创造文化,创造文明。

13.1　人类具备创造文化的三个基本条件

地球生命经历了38亿年漫长的进化历程,终于产生出地球上最复杂、最精致、最组织化、最奇妙的结构——人类的能思维的大脑。人类在进化中获得了比体重与其相近的其他任何动物大得多的大脑。这个平均达 1400 mL 容积的、皮层特别发达的大脑,乃是人类智慧的物质基础,是文化创造的第一个基本条件。

然而,仅有发达的大脑还不能创造文化。人类同时还具有与大脑同样奇妙的、具有抓握能力的、灵巧的双手,这双手能够使用工具和制造工具。这个重要的"劳动器官"是从树栖的人类祖先适应于抓握和采摘的前肢进化改变而来,从脊椎动物祖先"五趾"的原始构型进化改变而来。适应于行走或奔跑的蹄足(如马、牛等有蹄类的足),或适应于捕猎的爪足(如狮、虎的足),或适应于游泳的鳍足(如鲸类的足),这些特化的器官不可能进化出手。能够使用和制造工具的双手是人类创造文化的第二个基本条件。

人类继承了祖先的群居习性。人类祖先从树上下来,离开了森林,靠集体狩猎而获得了新的生存条件。群体内个体之间建立了紧密的相互依赖和分工合作的社会关系,并因信息交流的需要而产生了语言,并逐渐发展出文字,建立起日益复杂的社会组织。人类的社会组织乃是储存和传递信息的复杂系统,没有社会组织,就不能将个人的经验变为集体的文化财富而积累、扩散、传播和代代传递下去。即使人类有发达的大脑和灵巧的双手,如果没有社会组织(例如,如果人类祖先像今日的亚洲猩猩那样没有群居习性,独来独往),是不能进化为创造文化的人类,人也不能成为真正的智慧生物。脱离了社会的人就失去了智慧,失去了创造文化的能力。人类复杂的社会组织乃是人类创造文化的第三个基本条件。

正因为人类具有创造文化的基本条件并创造了文化,人类才从某种意义上说"脱离了动物界"。尽管有人争辩说,人类并不是进化阶梯的最高点(例如,人类躯体上保留着原始祖先的遗留特征),但谁能否认人类是迄今我们所知的宇宙中唯一能创造文化的智慧生物呢?

人类的产生似乎很偶然:我们属于灵长目的祖先恰恰具备了进化为今天人类的"预适应"特征;第四纪冰期气候迫使我们的祖先离开了森林,改变了生活方式,并获得直立的姿势;直立姿势使头部和大脑得以发达,使前肢得以解放,使感官得以集中于前部,使声带得以发展并产生语言;由采摘变为狩猎的生活方式,使得复杂的社会关系和社会组织得以建立。

13.2　达尔文把人类回归到自然界

早先的一些哲学和宗教往往赋予人类以超自然的地位,人类的起源和进化问题长期以来被视为禁区,不允许探索研究,因而"人最不了解自己"。是达尔文把人类回归到自然界。

1859 年达尔文的《物种起源》问世后不久,又有两本震动了当时学术界的著作出版,即赫胥黎(T. H. Huxley)在 1863 年出版的《人在自然界中的地位》(*Man's Place in Nature*)和达尔文在 1871 年出版的《人类的由来》。虽然赫胥黎稍早于达尔文发表了关于人类进化问题的研究论文,但他承认是受了达尔文《物种起源》的启发才认识这个问题的。达尔文在《人类的由来》中罗列了大量的典型事例,证明了人与动物起源于共同祖先,没有任何理由认为人类不遵从宇宙自然法则。尽管人类常自称为"万物之灵",但人和动物一样经历了漫长的进化过程。

于是,达尔文把人类和动物之间的距离缩短,拉近了。要知道,在此之前,不论是东方还是西方,人们都视人类为绝对不同于动物的"宇宙主宰",而且没有一个学者敢于公然地、科学地论证人与动物之间存在着"亲缘"关系。达尔文和赫胥黎把人从这种超然地位拉下来了。这件事的后果和影响是深远的:从此,人类本身也像其他生物一样成为进化研究的对象,并由此建立了一门新学科——人类学(anthropology)。

13.3　人的双重属性和人的概念

人既属于一定的社会(一定的文化系统),又属于自然界(生物界)。人类不可能完全脱离自然界,因此,人具有双重属性,即社会的属性和自然的(生物的)属性。因而也就有两种不同的人的概念,即社会人的概念和自然人的概念。

1. 人的社会属性和社会人的概念

马克思说,人的本质是社会关系的总和。这是指人的社会属性或社会人的本质。从社会科学的角度来看,这个说法是对的。人究竟与动物的区别在哪里呢?从生物学特征的比较来看,人与灵长目动物并没有"天壤"之别。我们人类与黑猩猩在形态学和基因组成的差别上并不比猴子与大象之间的差别大,甚至并不比灵长目中不同物种(例如,狐猴与黑猩猩)之间的差别大。人与动物的差别也不能简单地归结为行为特征上。例如,认为人能使用工具和制造工具,而动物不能。实际上,黑猩猩,甚至某些鸟类都能够使用简单工具,例如,用树枝获取食物。黑猩猩甚至能"制造"简单工具,例如,把两根竹竿连接起来成为一根长杆,用以获取高处食物。人与动物"本质上"的差别在于人能够创造文化,建立文化系统。个别的人在社会文化系统中通过各种途径获得该系统积累的文化信息,因而成为社会文化系统中的组成成员。个别的人一旦脱离社会,就失去社会属性。例如,印度的狼孩,她自小离开人类社会,在狼群中长大。她不会说话,不会劳动,不会与人相处,她失去了人类的社会属性,仅仅保留着人的生物学属性。可以这样说,这种失去人的社会属性的人不再是"人"了。这里说的"人"是社会人的概念,是社会学定义的"人"的概念。

哲学家往往从另一个角度来探讨人的本质。

正因为人是唯一的智慧生物,所以人的精神、意识常常被哲学家强调为人的本质。只有人能够意识自身和世界的存在。唯心论哲学家将意识或精神看作是独立的存在,抽象的存在,先于物质的存在;人的思维、意识、精神成为人的本质,成为第一性的;而人的躯体(甚至大脑本身)却成为第二性的。黑格尔说:"总念以灵魂的形式存在自身里。"(黑格尔,《小逻辑》)这是二元论的人的概念,即人是由灵魂与躯体组成的。

另一方面,唯物论哲学家认为人的精神意识是大脑的产物,是大脑功能的表现,而大脑是躯体的一部分。因此,人就是由各种器官组成的躯体。早期的解剖学发现人的躯体类似机器,因此,人也被看作是一种复杂机器。这是一元论的人的概念。

现代科学技术应用于大脑的研究,结论是:人的大脑是一个极其复杂的智能机器。既然我们已能造出较简单的机器人,将来也能够造出类似人类大脑的智能机器。一元论的人的概念似乎占了优势,即人等于智能机器。

然而,今天的生命科学似乎尚未完全揭示出人体本身的许多奥秘,今天的一些科学家也正在寻找现代科学尚不能解释的人体奇特现象的答案。恩格斯本人关于"生命本原"的论述似乎在二元论与一元论之间,他写道:死亡,或者有机体解体,除了组成有机体实体的各种元素外,什么也没有留下,或者还留下某种生命的本原,即某种或多或少地和灵魂相同的东西,这种本原不仅比人,而且比一切活的有机体都活得更久。(恩格斯,《自然辩证法》)

人既属于社会,各时代各种社会有不同的法律给社会的"人"以严格的定义。例如,关于社会人的法律定义是:人是享有生存权、人身支配权(人身自由)等社会基本权利的社会成员。然而,在奴隶社会中奴隶作为奴隶主的私有财产是不受法律保护的,可以当作商品买卖,因而不被当作社会人看待。美国南北战争前的黑人也不被当作社会人。人类社会中的一部分人是"人",而另一部分却不是。

今天,社会人的法律定义是完全必要的,因为这涉及社会伦理道德。区分法律保护的社会人与生物学定义的人具有现实意义。例如，未出生的胎儿是否属于法律保护的具有生存权的社会人呢？若是肯定的，则不能堕胎；若是否定的，则可以人工堕胎。但从生物学观点看，受精卵就是生命的开始，胎儿与婴儿都是人。

2. 人的生物学属性和自然人的概念

所谓自然的人就是生物学定义的人。从生物学观点来看，人类是一个生物种，与其他生物种并没有本质的不同。人类在生物分类系统上有一定的地位(图 13-1)：在横向上，人类与现时生存的类人猿(黑猩猩、猩猩、大猩猩、长臂猿)同属于人猿超科(Hominoidea)；在垂直关系(时间向度)上，现代人类与若干化石祖先构成人科(Hominidae)。现代人类在分类系统上属于：

哺乳动物纲　Class Mammalia
　灵长目　Order Primates
　　人猿超科　Superfamily Hominoidea
　　　人科　Family Hominidae
　　　　人属　Genus *Homo*
　　　　　智人种　*Homo sapiens*

智人种(现代人类)是人科中唯一现存的物种，它是由若干族(race，相当于亚种)组成的复合种。现代人类又是一个多态种(polymorphic species)。

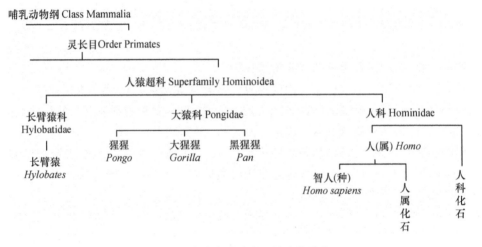

图 13-1　人在自然分类系统中的地位

人类也像其他生物种一样具有其独特的生物学特征，这些特征下面有较详细的阐述。

13.4　人类的形态学特征

1. 人具有脊椎动物的某些原始的形态特征

赫胥黎和达尔文最早提出"人猿同宗"(人类与类人猿起源于共同祖先)的观点。达尔文在他的《人类的由来》一书中还罗列了大量形态学证据,证明人与其他脊椎动物有共同的祖先。人类躯体确实保留着许多脊椎动物的原始特征:例如,人具有五指(趾),这是多数爬行动物和两栖动物的特征;人具有尾椎和尾肌(退化的残留),这是几乎所有脊椎动物共有的特征;人的眼睛有瞬膜(两栖类、爬行类及鸟类共有的结构)的痕迹;人类还有耳肌的痕迹、盲肠的残余(阑尾);人还有发达的锁骨。和所有的脊椎动物一样,人的躯体的整体结构大致符合脊椎动物的"原型"。

2. 人类躯体结构保留着树栖生活方式的适应特征

人的颈椎少(颈短),腰椎也少,因此,整个躯干结构紧凑,有利于在树上活动。人的肢体相对于躯干而言是较长的,婴儿时期前肢(上肢)甚至比后肢(下肢)长,这是树栖的灵长动物的典型特征。人手的抓握力很强,婴儿两手的抓握力尤为显著,几个月的婴儿甚至可以两手抓握枝干使躯体悬挂,这正是树栖的适应特征。人的双目前视,具有立体视觉;树栖动物在树枝间跳跃移动需要准确地目测距离,立体视觉正是对树栖生活方式的适应。人的爪变为扁平的指甲,适合于剥、刻、抓、摘果实和种子,证明人的祖先生活于森林中,以植物果实种子为主要食物。

3. 体毛的退化和独特的性行为

据说印度的猴子成群结队地到村里毁坏庄稼。村民们惩治顽猴的方法也很奇妙:他们将捉住的猴子剃光了身上的毛,再放回猴群中去。这些无毛的猴子形同妖怪,同伴们看到这些被释放回来的俘虏恐惧万分,再也不敢到村里去了。

在所有的哺乳动物中,人类体表无毛或少毛的特征是极其独特的。因而有一种说法,认为人类祖先是生活于水中的猿类,因适应于水中生活,体毛退化,皮下脂肪相对发达。此外,还有面对面的性交方式也类似某些海兽。这种说法除了"美人鱼"之类的传说故事外,没有任何化石的证据。前面我们列举了人类躯体结构的许多适应树栖生活的残留特征。从树栖的灵长类进化到直立的人类,其躯体的改变要比"水栖的灵长类"改变为直立行走容易得多。假如人类祖先适应于水中游泳,其四肢必定类似海豚或海牛的鳍足,很难想象这种鱼鳍状四肢如何改变为人类能抓握的双手和直立行走的双脚。树栖的灵长类离开森林走向地面,从攀援到半直立,再到完全的直立,其进化改变是渐进的、自然的。而适应水中生活的猿类(假如真有这样的灵长类),离开水来到陆地,用他们的鳍足在地上爬行都很困难,何况直立。

我们不清楚人类祖先的体毛是何时退化的,是什么因素促使体毛发生退化。

新近对爪哇直立人化石年龄的重新测定表明,亚洲最早的直立人与在非洲肯尼亚发现的最早的非洲直立人年龄几乎相同,即大约 160 万～180 万年。这表明,在第四纪更新世早期,人类祖先已经离开非洲"老家",分布到亚洲大陆了。地质学和地球化学的许多证据证明了第四纪更新世之初全球冰川作用已经很广泛。第四纪古气候的特点是冰期和间冰期频繁地交替,在 160 万～130 万年前、100 万～70 万年前、55 万～40 万年前以及 8 万～1 万年前都是全球强烈的冰川作用时期,气候寒冷。寒冷气候可能会产生一个选择压,促使体毛和皮脂发达。假如我们的祖先在更新世失去了体毛,而又分布到欧亚大陆各地,他们如何适应冰期寒冷气候呢?另一种可能是人类体毛退化很晚,是在人类能够用火取暖,能用兽皮或其他东西遮身避寒之后。皮下脂肪的发达可能是对体毛退化的"补偿"。早期人科动物化石并没有告诉我们体表的情况。

人类的另一个显著不同于其他哺乳动物的特征,是其独特的性行为和性生理。几乎所有的兽类都是短时期发情交配,性行为完全是为了繁殖后代,即性行为与生殖紧密相关。只有人类,其性行为在一定程度上与生殖不相关。人类的性行为比其他任何高等动物更经常发生,人类两性的性接受能力很高,性爱和性行为成为人类重要的社会关系之一。

人类这种独特的性行为和性生理的起源一直是人类学家关心和探讨的问题。20世纪80年代后期以来,灵长类动物学家对非洲的倭黑猩猩(*Pan paniscus* Schwartz)的社会及性行为进行了深入的观察研究之后,才找到了解答这个问题的一点线索(参考 de Waal,1989,1995;Takayoshi Kano,1992)。倭黑猩猩是黑猩猩属的一个种,不同于我们通常知道的黑猩猩(*Pan troglodytes*)。倭黑猩猩有一个重要特征使之与人类更为近似,即它们的性行为在一定程度上与生殖无关。雌性倭黑猩猩的性接受能力很高,接受交配的时间很长,"几乎不断地处于性活跃状态"。在成年倭黑猩猩中性行为非常频繁,但生育率却很低,一头雌性每隔5~6年才产一仔。根据研究者的观察,倭黑猩猩的性行为是成年个体间正常社会关系的一部分,是保持群体内和平、减少争斗伤害、维系以雌性为中心的社会关系的重要手段。倭黑猩猩也采用类似人类的面对面交配姿势。研究者认为,倭黑猩猩的社会是以雌性为中心,甚至可以说由雌性支配的社会。例如,在群体中总是雌性先进食,雄性等待雌性进食完毕之后才能接触食物。倭黑猩猩的这种独特的性生理和性行为特征可能有利于维持群体内的和谐关系,稳定社会结构,因而通过自然选择而进化。这就为人类独特的性生理和性行为特征的进化提供了一个可以比较的模式。但人类社会不同于倭黑猩猩者在于,人类社会以家庭为单位。家庭起源应当属于文化进化范畴,但性生理和性行为特征的进化在早期人科动物的社会结构的进化中可能起过重要作用。例如,雌性的性生理特征可能在早期人类的以母亲为中心的社会结构形成中起过重要作用。这种性生理特征也可能有利于吸引雄性关心家庭成员,建立相对稳定的家庭关系。

4. 镶嵌进化和幼态持续

不同器官的进化速率常常很不相同。有些器官进化很快,而另一些器官进化停滞,因而造成一种具有混合特征的表型,即快速前进进化的新适应特征和处于进化停滞状态的原始特征同时存在于一种生物上,这就是所谓的"镶嵌进化"(mosaic evolution)。实际上镶嵌进化是普遍存在的,当物种进入一个新的适应带,其某些器官可能受到强的选择压而快速进化,而其他器官可能长期停滞不变或改变很慢。因此,许多物种都同时具有一些"先进"的特征和一些原始的特征。而人类尤其明显,我们的人科祖先南方古猿(见下一节)虽已具有直立的特征,但却有一个小脑袋。现代的人类(智人)具有发达的颅骨和很大的脑量,但却具有许多脊椎动物的原始特征(如前面所叙述的)。

人类形体的镶嵌式的表型特征,反映了人体各部分器官进化改变的速率的不同、改变的程度和进化的顺序的差异。最早的南方古猿(440万~350万年前)的股骨、骨盆和脊柱的结构特征表明他们已经直立,而颅骨的增大和脑量的显著增长是在直立之后。为什么直立和与直立直接相关的解剖学特征出现如此之早呢?

早期的人科动物从树栖到适应于开阔地面上生存,必须改变运动方式(从攀援改变为行走或奔跑)和取食方式(从以采摘为主到以狩猎为主)。运动方式的改变是关键,因为运动方式与取食和避害直接相关。从树上来到地面,最容易实现的运动方式是采取类似今日大猩猩和黑猩猩的半直立姿势和前肢半支撑地行走。这种运动方式不仅速率不高(由于后肢短、前肢长),而且前肢不能完全"自由"。我们的人科祖先一旦停留在半直立状态,可能就永远直不起来了,而且也永远离不开森林,离不开非洲"老家"走向世界。直立必定是人科动物最早获得的最重要的适应,与直立直接相关的躯体部分(如下肢骨骼、骨盆、脊柱)的进化改变必定是快速的。直立的同时,上肢获得"解放",并很快获得使用工具的能力,成为重要的狩猎和御敌的器官,并最终进化成为劳动器官,而颅骨和颜面骨的进化改变都是在直立之后。

早在 20 世纪 20 年代,荷兰解剖学家波克(Louis Bolk)就注意到成年的人与胚胎期的猿有更多的相似之处。例如,人的头部相对于躯体而言占有相当大比例,人的颜面骨相对较小,眉嵴不发达,脸上皱纹相对较少,枕骨大孔靠近颅底,脚拇趾与其他四趾不对立,阴道开口朝前,以及直立的姿势等特征,这些都和胚胎期的猿类相似。Bolk 由此而提出了一个大胆的假说,即人类形体进化是由于控制发育的激素发生变化,造成发育的迟缓,即所谓"幼态持续"(neoteny)。戈尔德(1977)对人类进化的幼态持续理论做了进一步的阐述。与其他灵长类动物比较,人类发育迟缓,骨骼钙化很晚,性成熟晚,幼年期长,寿命也长。这些特征都显然与控制发育的激素有关。正是由于发育迟缓和寿命延长,人类才具有创造文化的能力。人类幼儿期、儿童期和青年期加在一起占个体寿命的 1/4 到 1/3,因而人类有足够的时间学习。随着人类社会文化进化,知识的迅速积累,人类需要更多的时间学习。幼态持续假说还指出了另一个重要原理,即生活史或生命周期本身也经历了进化过程。调节控制发育基因的突变和自然选择,能够改变一个物种的个体生长发育的速率。

应当指出,一种器官的进化产生和该器官在个体发育过程中形成(或成熟)的早晚是两码事。虽然胚胎期的猿猴有近似直立的姿势,但要说人类祖先直立姿势的获得只是由于发育延缓,使胚胎的姿势保持到成年,这未免将进化过程看得太简单。虽然胚胎期猿猴的头部比例也很大,但若要认为人类发达的颅骨和 1400 mL 的大脑只是由于发育迟缓而将胚胎期的头-躯比例保持到成年的结果,这也近乎荒唐。然而,上面列举的人类形体的"幼态"特征却是很有意思的事实。

13.5 人类的生物学进化

1. 人类进化过程中躯体的改变

(1)躯体结构发生的适应于直立的进化改变

如果人类的祖先是树栖的灵长类,形体结构类似今日的类人猿,那么我们将现代人类的躯体结构与类人猿的躯体结构进行比较,就可以清楚地看出人类进化过程中发生了怎样的适应进化改变(图 13-2)。

① 肢骨。猿的前肢长于后肢;而人的后肢(下肢)长于前肢(上肢),除了婴儿外,成年人"两手过膝"者是极为罕见的。人的锁骨发达,而猿类锁骨退化。人的上肢桡骨上端与尺骨下端是半游离的(猿类则是固定的),因而人的上肢可以转动一定角度。

② 趾(指)骨与跗骨。人的跗骨长,而趾骨相对较短;猿类跗骨较短而趾骨较长。人的跟

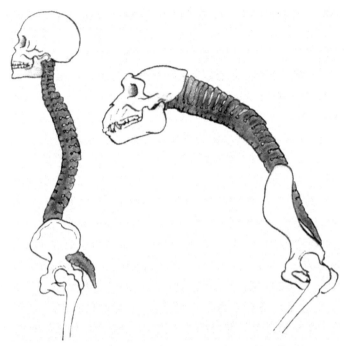

图 13-2 人与大猩猩的头骨、脊柱和骨盆结构的比较

由图可以看出人类在进化过程中躯体发生了适应于直立的进化改变

骨发达(跟骨着地)。人的上肢拇指与其他四指对立,猿类无此特征。

③ 脊柱。人的脊柱不是直的,而是前后弯曲成 S 形,即在颈部和腰部向前弯曲,在胸部和腰部以下(荐椎与尾椎部分)向后弯曲,造成人体体型的曲线美。而猿类的脊柱直,或略向后弯曲。

④ 骨盆。人类的骨盆上部短而宽,下部耻骨愈合,骨盆腔呈盆形,盆口缩小。猿类骨盆长,耻骨不愈合,盆腔口开放。

⑤ 腿。人在直立时髋关节和膝关节直;而猿类的髋关节、股骨与躯体不在一直线上,膝向前弯曲。

⑥ 颅骨。人的颅骨发达,前额宽而高,颅腔容积大,枕骨大孔位于颅底中央;猿类颅骨较不发达,颅腔容积较小,前额较窄而低平,枕骨大孔位于颅骨后方。

⑦ 颜面骨。人的颜面骨与猿类比较向后缩,颌骨短,口腔空间缩小。

⑧ 齿弓。人类齿弓呈马蹄形,猿类齿弓前部呈锐角,左右两列齿几乎平行。

⑨ 犬齿。人类犬齿退化,不比前臼齿大,犬齿与前臼齿及门齿之间无间隙;猿类犬齿发达,大于前臼齿,有齿间隙。

⑩ 第一前臼齿。人类的第一前臼齿具二尖,不特化;类人猿第一前臼齿有刃状的切缘。

从上面的比较可以看出,人类躯体的进化改变与直立相关,或者说,人类躯体的进化改变是对直立姿势的适应。从攀援的树栖生活方式向直立行走的地上生活方式的进化,导致人类躯体形态特征的显著改变。人的颅骨的形态、枕骨大孔的位置使得人的头部能够很自然地坐落在直立的躯干之上;S 形的脊柱正适合于直立的躯体承重;人的骨盆结构适合于承托腹腔内的器官;髋关节的结构,股骨、膝关节、发达的跟骨和长的跗骨适合于双足直立行走。虽然人并非唯一能直立的动物,但与任何其他能直立的动物相比,人直立得最彻底、最自然、最舒适、最谐调。换句话说,人的躯体已经改变得最适应于直立了。

(2) **从树上到地面的适应进化并非一定朝着直立的方向改变**

推测人类祖先在从树栖到地面的生活方式的改变过程中,其体型的适应进化有三个可能的方向:

① 半直立体型。

从树上到地面,从攀援的体型改变为类似今日的大猩猩和黑猩猩的半直立体型是最容易实现的,适应于半地面、半树栖的生活方式,体躯无须大的改变。如果人类祖先停留于半直立的中间状态,那么他(她)们只能生存于森林中,不能离开森林。最近在非洲埃塞俄比亚发现的生存于 440 万年前的始祖南方古猿(*Australopithecus ramidus*),可能是半直立的或还未完全适应于直立。科学家发现化石埋藏处有丰富的树木和种子化石,证明始祖南方古猿尚未离开森林。

② 四足行走体型。

人类祖先从树上走向地面另一个可能的适应进化方向是返回到更远的祖先的体型,即四足行走的体型,犹如今日的狒狒。但这要涉及较大的躯体结构的进化改变:后肢变长,前肢变短,身躯延长,跗骨与趾骨改变,双目位置改变等。然而,在进化途中这种改变的任何中间阶段都导致适应度的下降,增加绝灭的危险。

③ 完全直立的体型。

从攀援体型经过半直立体型,最后进化到完全直立的体型可能是人类进化的实际的历程。因为涉及的躯体的改变比较容易实现,进化的中间阶段(半直立)并不会引起适应的危机(只要不完全离开森林)。

2. 躯体进化改变带给人类的利与弊

如果人类的进化历程确实是由攀援到直立的形态学进化改变过程,那么直立必定带给人类祖先显著的利益,自然选择才能推动这一进化过程。

(1) **造成人类适应优势的许多特征都和直立相关**

人类进化过程中脑容积(脑质量)的增长使人的头部相对于躯体的比重增大,而直立的姿势使得头部位于直立躯干的顶端,无须强大的颈部肌肉的支撑而能灵活自如地转变方向。由于头部与颈、躯干、腿在同一条垂直线上,因此头部比重增大在力学上不会有问题。人能用头顶着相当于自身体重的重物行走自如,说明即使人的头重再增加一倍也不会带来不利影响。因此从躯体结构的力学角度而言,直立有利于脑量的增长。直立使人类祖先的前肢获得自由,并得以进化为劳动器官。实际上猿类适应于攀援的上肢已具有抓握和采摘等多种功能,直立则使前肢完全摆脱运动功能而向使用工具的方向进化。由于直立,人头部的感官位置前移,并集中于面部,感官的功能完善化,使人面部更富于表情,使人能更多地交流感情,表达感情,通过"察言观色"相互了解。这样反过来促使人更多地相互交往,促进大脑的发展。直立有利于声带的发展,促使语言的产生。今天人类最大的适应优势是能思维的大脑、能使用和创造工具的双手、语言、复杂的行为、感情以及建立其上的社会组织,这些都与形态进化相关,与直立相关,是进化的产物,是人类的骄傲。

(2) 躯体适应进化的结构弊害

人类在获得了直立姿势和与其相关的躯体结构的同时,也付出了代价,躯体的适应进化改变也带来了众多弊害(结构缺陷)。

由于直立,人的脊柱承重过大,腰痛(椎间盘突出、腰肌劳损等)和驼背是人类的常见病;下肢因承重过大而经常发生髋骨和股骨骨折、关节炎、关节损伤(特别是膝关节和踝关节);由于直立,内脏下垂(如胃下垂)、静脉曲张以及痔疮成为人类特有的疾病;由于适应于直立,骨盆下部开口变小、耻骨之间愈合,而人的婴儿头部体积大,使孕妇难产成为威胁母亲与婴儿生命的严重问题。由于颜面骨退化,颌骨与口腔缩小,牙齿排列过于紧密,牙病如此常见以致光顾口腔医院和看牙医的病人日益增多。

3. 人类的生物学适应与人类生活方式的改变

我们已经适应于地面生活的石器时代的祖先不仅获得了直立的躯体,而且也获得了对野外狩猎、采摘及其他体力活动的生理的适应,而今天人类的文明生活方式和人类躯体结构及生理的特征之间不相适应。换句话说,人类的文化进化迅速地改变了人类的生活方式,而人类的躯体结构和生理的特征并没有发生相应的改变(人类的生物学进化缓慢),于是造成了我们今天常见的所谓"文明病":肥胖症、心脏病、血管病、癌症、神经衰弱、精神失常、近视等。当然,有些疾病可能是由于人类文明削弱了自然选择作用而引起的人类体质的退化。

人类祖先是适应于植食的,或以植物食物为主的杂食,过多的肉食和过量的脂肪食物造成肥胖和心血管病;人类祖先是适应于体力活动(劳动)的,今天的脑力劳动者过多的脑力劳动与过少的体力活动造成神经衰弱、近视、消化不良以及高血压等疾病;原始社会的妇女生理上适应于多产、哺乳,文明社会的妇女生育少或不生育、不哺乳的结果造成子宫与乳腺易发癌变;文明社会的医疗模式减弱了自然选择的作用,降低或破坏了人的免疫能力,使得人类对病原微生物侵害的抵抗力逐渐减弱。

现代人类的诸多疾病,一方面是人类生物学进化的结果,即人类获得直立所付出的代价;另一方面,是人类文化进化引起的生活方式的巨大改变与人类生物学适应之间的不协调所致。

4. 脑量的增长

人类的适应优势不是体力,而是智力。人类生物学进化的最重要的改变,除了直立以外就是脑量的增长。

在动物界中人类并不具有最大的绝对脑量(某些大型脊椎动物的脑量比人的大);也不具有最大的相对脑量(某些小型灵长类的相对脑量,即脑重与体重之比,比人的大;一种小型热带鱼——象鼻鱼的脑重达到体重的3%,超过了人类)。但人的相对脑量大大超过哺乳动物相对脑量的平均值,人的脑量大大超过与人体重相近的哺乳动物的脑量。此外,人的大脑皮层比任何哺乳动物的都发达。

有的学者认为,人类进化过程中脑量的增长与体重增长呈正相关,即从南方古猿到现代智人,体重与脑重随着进化过程而相关地增长。但人的体重(身材)可能受到正常化选择:巨人与侏儒比中等身材的人的适应度低。因此,人在进化过程中体积的增长是受了限制的,因此脑量的进化增长必定也同样受限制。同时,由于人类朝直立的方向进化的结果,骨盆结构改变,婴儿难产的可能性增加,因而人的脑量的增长受到负选择:大脑袋的胎儿难产,死亡率较高。

　　有的学者(例如 Gould,1977)认为,脑量增长与体表面积(而不是与体重)呈正比。例如,南方古猿身材小(成年个体体重大约 25 kg),头也小(绝对脑量与现代的大猩猩差不多,或略低),但其相对脑量接近现代智人。现代智人的绝对脑量比南方古猿大 3 倍,而体重只大 2 倍。说明人类进化过程中脑量增长速度超过体重增长速度,可能正好与体表面积的增长呈比例(图 13-3)。

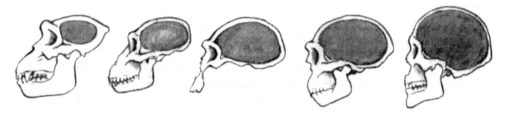

图 13-3　人科动物脑量的进化增长

现代人与人科动物祖先及大猩猩的头骨形态与颅腔容积(脑量)

的比较。由左至右:大猩猩、南方古猿、能人、直立人、现代人

　　哺乳类比爬行类的相对脑量大,肉食性哺乳类比草食性哺乳类相对脑量大。脑量的进化增长可能与生活方式相关:人类祖先由树上到地面,生活方式改变,竞争压力增大,直立、工具使用、群居、狩猎可能是促进人类脑量进化增长的因素。

13.6　人类是一个多态复合种

　　全世界的人类都属于同一个生物种,它是一个遍布全球各大陆的广布种,一个包含了若干亚单位的复合种。人类的种内分异如此明显,所以是研究种形成的很好的对象。造成人类种内分异的原因不仅仅是地理隔离,还有文化隔离。

　　人在许多基因位点上是多态的,血型就是典型的例子。现代人类是由若干种族组成的复合种。人类种族的形成可能与地理隔离、文化隔离(由于文化习俗的差异而限制了群体之间基因交流)有关。现代人类的种族相当于亚种。

　　早期的一些学者根据人的形态特征,如肤色、毛发颜色和形状、鼻的形状、眼部形态特征及眼色而划分人的种族。林奈将人类分为 4 个种族:美洲人(美洲印第安人)、欧洲人、亚洲人、非洲人。德国学者布鲁门巴赫(J. F. Blumenbach)将人类分为 5 个种族:白种人(高加索人)、黄种人(蒙古人)、黑种人(埃塞俄比亚人)、红种人(美洲印第安人)、棕种人(马来人)。

　　但是,用以划分人类种族的形态特征互不相关。例如,肤色最初被视为区分种族的重要特征,但肤色与毛发色及眼色不相关,肤色与鼻、眼形态也不相关。白皮肤的人中有黑发者,黄皮肤的人中也有高鼻、深目者。其实,人类的种族乃是多态的群体。20 世纪 50 年代以后多用血型特征来区分种族,而血型也是多态的。人类学家往往根据血型基因频率的统计来分析识别新的种族。例如,Boyd 根据居住于法国和西班牙的巴斯克人中的 Rh 阴性因子的频率高,而将其从欧洲人(白种人)中单独划分出来,称为早期欧洲人。血型频率的统计分析还用于探讨不同地区人群之间的遗传联系。例如,Rh 阴性因子(r、r′、r″)在巴斯克人中频率最高,蒙古人与美洲印第安人中很低;D^{ia} 因子在蒙古人与美洲印第安人中最高,其他种族皆无。据此,一些学者推断,东亚的蒙古人种与美洲的印第安人有较近的亲缘关系,或者说西伯利亚东部的蒙古人种越过封冻的白令海峡,穿过阿拉斯加进入北美,再扩散到中南美,形成印第安人。但 A、B、O 血型中的 I^B 因子的频率分布却与上述结论相悖:I^B 因子的频率在今日的蒙古地区最高,向南、向北、向西逐渐降低,美洲印第安人与澳大利亚原住民中的频率最低。有的学者以此作为反对关于美洲印第安人来自亚洲蒙古人的假说的论据。但 I^B 因子频率分布清楚地显示出该因子以蒙古地区(今日蒙古国和中国的内蒙古一带)为中心向四周扩散的,例如,中国内蒙古、华北北部较高,华中、华南、西南到印度逐次降低;向西到今日中东、欧洲、非洲也逐次降低;南半球的澳大利亚及西半球的美洲是最低的。北美印第安人可能与蒙古人基因交流阻断后发生了遗传差异。I^B 因子的频率分布还不足以证明蒙古人与美洲印第安人之间无近缘关系。

Garn(1961)将人类划分为 9 个地理族(相当于亚种)和 34 个地方族。9 个地理族是:美洲印第安人(Amerindians)、波利尼西亚人(Polynesian)、米克罗尼西亚人(Micronesian)、梅拉尼西亚-巴布亚人(Melanesian-Papuan)、澳大利亚人(原住民)(Australoids)、亚洲人、印度人、欧洲人及非洲人。但通常仍然普遍采用五个种族的划分,即蒙古人(Mongoloids)、高加索人(Caucasoids)、黑人或尼格罗人(Negroids)、澳大利亚人(原住民)和美洲印第安人。这五大人种和世界五大洲相对应,可见地理因素在人种形成中的作用。实际上,这些相当于亚种的人种内部的分异仍然是很大的,因为人类群体之间的基因交流不仅仅受自然隔离因素(地理因素、气候因素等)的限制,而且也受文化因素(文化、习俗、社会观念、法律等)的限制。某些民族(由文化因素凝聚的人类群体常称为民族)虽分散分布于全球,但并不与其他民族融合而保持其文化的和遗传的特性(例如,犹太族)。组成今日中华民族的 56 个民族之间存在着不同程度的遗传差异,即或是经历了历史上几度大的民族融合而形成的汉族,其内部也有很大的分异。人类种族的细分是相当困难的。

13.7　人科谱系和现代智人种的起源

现代的人类,即智人与若干似人的化石祖先构成了灵长目下的人科。人科的最早的化石代表是什么样的?人科与今日类人猿(黑猩猩、猩猩、大猩猩)的祖先是何时"分道扬镳"的,即人与猿的分异发生在何时?从最早的人科祖先到现代的智人,经历了哪些中间的进化阶段,包含哪些中间类型?换言之,人科谱系中包含哪些化石代表?人类有哪些直系和旁系的祖先?现代智人的若干人种起源于何时、何地和怎样形成的?这些都是人类生物学进化的重要问题,也是人类学研究的热点。上述问题目前尚未完全弄清楚,学者们仍在探索、研究和争论之中。

1. 人科最早的化石代表

早先,人类学家多认为最早发现于印度的腊玛古猿(*Ramapithecus*)和西瓦古猿(*Sivapithecus*)是人科的最早祖先(现在分类上腊玛古猿被归并到西瓦古猿属)。它们生存于中新世 1400 万～900 万年前。西瓦古猿颌骨较粗大,因而有些学者认为它可能不是人科动物,而是猩猩的祖先。而腊玛古猿具有一些人科动物的形态特征,例如,犬齿退化。中国学者吴汝康(1989)认为,在中国发现的西瓦古猿与腊玛古猿可能为同种的性二型。腊玛古猿化石在亚洲西南部(中国云南、巴基斯坦)、中亚(土耳其)以及欧洲(匈牙利)、非洲(肯尼亚)皆有发现。根据在中国云南禄丰发现的起初认为属于腊玛古猿与西瓦古猿的化石标本的比较研究,吴汝康将二者合并,命名为禄丰古猿(*Lufenpithecus lufenensis*),并认为禄丰古猿具有较多的人科动物特征,而不同于巴基斯坦和土耳其的腊玛古猿(后者似乎更接近猿)。

如果中新世的腊玛古猿和中国的禄丰古猿是人科最早的化石代表,则可以推论人与猿的最早分异发生在 1400 万年前。但根据某些同源蛋白质分子一级结构的比较及在此基础上建立的分子钟的推论,人与猿的分异时间在 600 万～400 万年前。化石及地层年代数据与分子钟数据相差甚远。蛋白质分子进化速率是否恒定尚有问题,我们暂且存疑。但最近对于腊玛古猿是否属于人科的最早祖先尚有争论,有的学者认为腊玛古猿是人与大猩猩及黑猩猩的共同祖先。因此,腊玛-西瓦古猿在人猿超科的谱系图上的位置尚难确定。

2. 南方古猿

比较肯定的人科的早期化石代表,是发现于非洲南部与东部的南方古猿(*Australopithecus*)化石。从 20 世纪 20 年代在非洲南部发现的第一个南方古猿头骨化石到最近在埃塞俄比亚发现的最早的南方古猿化石,前前后后发掘出相当于数百个个体(代表男女老少)的骨骼化石,生存时间从 440 万年前持续到大约 100 万年前。出土的南方古猿化石之丰富堪称人科化石之最,南方古猿生存时间之长也堪称人科中之最。目前所知的南方古猿化石都发现于非洲,前几年报纸上报道在中国湖北发现的几枚牙化石曾被说成是南方古猿,专家们检验后作了否定。

最早在非洲南部发现的南方古猿,因形态上的显著差异而被区分为两个种,即非洲南猿(*Australopithecus africanus*)和粗壮南猿(*Australopithecus robstus*),后者比前者粗壮。后来在东非发现的南方古猿被命名为鲍氏南猿(*A. boisei*),但有的专家认为它实际上也是粗壮南猿。它们生存的时间大约在 300 万年前至 100 万年前。70 年代在埃塞俄比亚的阿法(Afar)地区发现的较老的(约 350 万年前)南方古猿化石被命名为阿法南猿(*A. afarensis*),其中最完整的骨骼是被称为"露西"(Lucy)的,具有直立的特征,可能是已确证的最早的直立的人科化石。但 90 年代在距"露西"出土地不远的地方(埃塞俄比亚的亚的斯亚贝巴市东北200 km 附近)发现了更老的南方古猿化石,被命名为始祖南猿(*A. ramidus*),生存年代在 440万年前或更早。1995 年古人类学家认为始祖南猿不同于其他南猿,另立新属,叫作始祖阿德猿(*Ardipithecus ramidus*)。后来还在肯尼亚发现了年龄为 400 万年的古老的人科化石,被命名为阿纳姆南猿(*A. anamensis*)。始祖阿德猿除了生存时代更早以外,还发现化石埋藏处有大量的树木种子及猴类化石,证明这些人类祖先可能生存于森林环境。始祖阿德猿是否直立,还有待更多的化石发现和研究后才能确定。

从形态上说,南方古猿是猿与人特征的混合,其身材与体重大致与现代的黑猩猩相近:头小,脑量为 400～500 mL;但从颅内膜形态来看,其脑皮层结构比猿类复杂,与人脑皮层结构相似;颅底结构及枕骨大孔的位置显示头部大体能平衡地保持在脊柱上方,表明其身体已能直立;颜面骨发达且外突,保留着猿的特点;臼齿发达,但犬齿并不高出齿列。阿法南猿的膝部骨骼结构显示出适应直立的特征,但臂与肩胛的结构似黑猩猩,适应于攀援,可见还未能完全离开树。

专家们对进化谱系的分析得出的一般结论是：始祖南猿或阿德猿是目前已知的古猿化石种类最早的共同祖先，由它进化为阿法南猿。非洲南猿、粗壮南猿及鲍氏南猿都来自阿法南猿，但粗壮南猿及鲍氏南猿是人科谱系中的盲枝（已绝灭的线系），也就是人类线系之外的旁系（见图 13-4）。

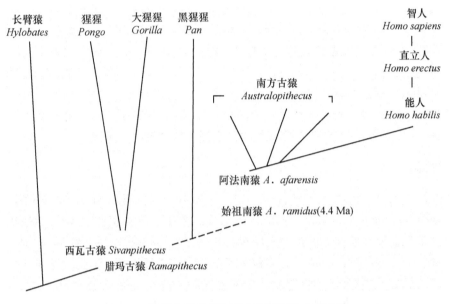

图 13-4　根据化石发现和研究而推断的人科谱系

由于人科化石稀少，谱系中有一些不能确定的地方，例如腊玛古猿和西瓦
古猿究竟是不是人科最早的祖先，人与类人猿线系最早的分支发生在
何时等一系列问题有待新的发现和研究给出解答

3. 能人

20 世纪 30 年代在东非坦桑尼亚奥杜威峡谷发现了简单的石器，1959 年在石器出土地点发现了鲍氏南猿头骨化石（当时称东非人）。但一些专家怀疑小脑袋的鲍氏南猿能否制造石器。60 年代在同一地点又发现了颅骨较发达、脑量较大的头骨化石，被定名为能人（*Homo habilis*）。其后不久，又在其他地点（肯尼亚、埃塞俄比亚）发现了能人化石。能人是最早的人属成员，生存时间大致在 250 万年前到 100 万年前，与南方古猿的生存时代重叠。能人的脑量平均为 700 mL（雌性 500～600 mL，雄性 700～800 mL），能直立，群居，能制造工具（专家们认为奥杜威峡谷的石器可能是能人制造的）。能人可能由阿法南猿进化产生的（图 13-4）。

4. 直立人

19 世纪末荷兰人杜布瓦（E. Dubois）在印尼爪哇发现的头骨和股骨化石被命名为直立猿人（*Pithecanthropus erectus*）。20 世纪初至 20 世纪末，在印尼几个地点已发现了代表男女老少大约 30 多个个体的化石骨骼，并归于人属，即直立人（*Homo erecctus*）或称爪哇直立人，其生存时间因同位素年龄测定的误差大,不能精确确定,大致在 200 万~50 万年前。

1921—1927 年,安特生(瑞典地质学家)和斯坦斯基(奥地利人)在北京周口店洞穴沉积中发现了两颗牙,经当时的协和医院医生步达生(加拿大人)鉴定,认为是介于人与猿的灵长类,定名为北京中国猿人(*Sinanthropus pekinensis*)。1928—1935 年,裴文中等继续在周口店发掘,1929 年找到了第一块头盖骨。1949—1960 年又大规模发掘,获得头盖骨 5 个,头骨碎片 15 块,下颌骨 14 块,牙 147 枚,代表 40 多个个体。现已将其归入直立人,或称北京直立人(Beijing *Homo erectus*),其脑量为 915~1200 mL,平均 1089 mL(5 个头盖骨统计)。北京直立人的年龄测量数据有多个,大致为 20 万~50 万年。60 年代在陕西蓝田发现了直立人头盖骨,被称为蓝田直立人(Lantian *Homo erectus*),脑量 780 mL,生存时间大约为 100 万年前。在云南元谋县发现的牙齿经研究也被归于直立人,称元谋直立人(Yuanmou *Homo erectus*)。在安徽和县发现的头盖骨及牙经鉴定也属直立人,称和县直立人(Hexian *Homo erectus*)。它们的生存时间都在 100 万年以上。

在非洲、欧洲,也有直立人化石的发现。

直立人的脑量比南方古猿和能人有较大的增长,头也相应增大。但头盖骨的结构仍保留较多的猿的特征,如额骨低平、眉嵴发达、颅顶有矢状嵴、颜面突出等,但肢骨很接近现代人。北京直立人能制造较精致的石器,能用火。直立人有原始的社会组织,创造了原始的文化(旧石器文化)。

5. 智人

智人(*Homo sapiens*)是人科中唯一现时生存着的物种。同属于智人种的现代人的不同种族究竟形成于何时、何地,起源于哪一支线系,仍然没有弄清楚。

形态上与现代人几乎完全相同的人类化石大致可追溯到 5 万年前,它们被称为晚期智人或现代智人。例如,在中国发现的柳江人(1958 年发现于广西柳江)、资阳人(1951 年发现于四川资阳)、山顶洞人(发现于北京周口店)等,它们具有黄种人的形态特征。在欧洲发现的晚期智人有姆拉德克(Mladeč)人、克罗马农(Cro-Magnon)人、库姆卡佩尔(Combe-Capelle)人,它们多少具有一些白种人或非洲黑人的特征。在非洲也有一些晚期智人化石的发现,例如,弗洛里斯巴(Florisbad)人、边界洞(Border Cave)人,具有一些黑人的特征。由此可见,晚期智人已经有分异,现代人的人种分异应早于 5 万年前。

形态上比直立人更接近现代人,但与现代人(或晚期智人)有明显差异的人类化石在亚洲、欧洲、非洲都有发现,年龄最老的接近 30 万年,它们可以被统称为早期智人,是直立人与现代人之间的进化过渡类型。

1984 年北京大学考古系师生在辽宁省营口市附近西田屯的金牛山洞穴沉积物中发现一具人类化石头盖骨及一些脊椎骨、肋骨和肢骨,头骨的形态特征比较接近现代人,颅骨较发达(脑量为 1390 mL),枕骨大孔位置较北京直立人更接近颅底。经电子自旋共振法和铀系法测定,其头盖骨化石及同地层埋藏的动物化石的年龄为 20 万~28 万年。这是迄今所知的最老的智人化石。如果年龄测定无大误差,则金牛山人生存年代与北京直立人有重叠。换句话说,较原始的北京直立人在金牛山早期智人出现之时尚未绝灭,从直立人到智人的进化并非单线系,而涉及种形成或线系分支。此外,金牛山早期智人也和北京直立人一样,具有某些蒙古人种的特征,如铲形门齿、颧骨较突出、鼻骨低而宽。

在中国发现的早期智人化石还有大荔人(1978 年发现于陕西大荔县)、马坝人(1958 年发现于广东曲江县马坝村)、许家窑人(1976 年发现于山西阳高县许家窑村)、长阳人(1956 年发现于湖北长阳县)以及丁村人(1954 年发现于山西襄汾县丁村)。大荔人头骨化石为成年男性,脑量 1120 mL,眉嵴发达,额顶较低矮,似乎更近似直立人。马坝人头盖骨也具有明显的直立人的特征。上述化石都没有同位素年龄资料。

在欧洲发现的早期智人化石是尼安德特(Neanderthal)人(简称尼人),因最早发现于德国尼安德特河谷而得名。尼人化石分布广泛,但中心在欧洲,往东到亚洲西部,但在东亚和东南亚没有发现。生存时代为 20 万～4 万年前。尼人头骨还带有直立人的特征,但脑量达到现代人的水平(成人头骨脑量为 1300～1700 mL,平均 1500 mL)。早先认为尼人是白种人的祖先,在晚更新世武木冰期时代居住于欧洲。但最晚的尼人化石发现于 4 万年前的地层,与欧洲的晚期智人克罗马农人的年代相当。而尼人与克罗马农人形态上显著不同,这说明欧洲的晚期智人并非由尼人线系进化而来。有人认为尼人是智人下面的一个亚种,称之为 *Homo sapiens neanderthalensis*,是适应于武木冰期(最近的一个冰期)严寒气候的一个特殊的地方亚种,冰期之后绝灭,被晚期智人取代。克罗马农人可能是从另一条线系进化而来。

6. 关于现代智人种的起源

由于涉及早期人类进化谱系的多数化石证据来自非洲,特别是最近在非洲埃塞俄比亚发现的距今 440 万年的始祖南猿化石以及非洲的年龄较老的直立人化石(例如,在肯尼亚发现的直立人化石年龄达 180 万年),因而早先学者们多倾向于这样的观点,即认为现代智人种的起源地在非洲。现代智人种在非洲进化到某个阶段后扩散到世界各地。但最近的一些研究结果对上述观点提出了疑问。

早先未确定出在印尼发现的爪哇直立人的年龄究竟有多老,最近应用改进的技术重新测定了 20 世纪六七十年代在印尼桑吉兰地区发现的直立人化石的年龄,确定为 166 万年左右;重新测定 30 年代在印尼莫佐克托发现的直立人(小孩)头骨化石的年龄,确定为 180 万年左右。这个数值与非洲最早的直立人的同位素年龄值相近,中国最早的直立人如蓝田直立人,其年龄也在 100 万年以上。这说明 180 万年前直立人的分布已不限于非洲了,或者说人类祖先早在 180 万年前就离开非洲。

中国金牛山早期智人的年龄达到 28 万年,而且金牛山人具有黄种人(蒙古人种)的形态特征,这说明现代智人的不同种族可能是在不同地区因地理隔离而分别进化产生的。

7. 关于人科谱系的问题

按照单线系观点,同一时期不可能有多个人科物种存在;按照多线系观点,多个物种可能同时存在。新近的研究结果支持后一种观点。例如,南方古猿中有多个物种同时存在,南猿与能人生存期重叠,早期直立人与能人甚至南猿的生存期重叠,北京直立人与金牛山早期智人的生存期可能有部分重叠。这表明,在人科谱系中,一个新种产生以后,某些老的种并未立即绝灭(图 13-5)。

关于人类的进化,应当从两方面分析:一是垂直进化分析,即从直立程度、脑量及其他形态特征判断从人科最早的化石祖先到现代智人的进化过程经历了哪些中间阶段;二是水平进化分析,即研究人科谱系是一个单线系呢,还是包含若干分支的线系丛。换句话说,人类起源的研究中,一个重要的争论问题就是关于人科谱系的结构与组成问题。一些学者侧重于垂直进化研究,并且主张人科谱系是单线系,人类起源和进化是线系进化过程。而实际上从人科最早祖先到现代智人的进化过程中涉及了一些种形成(分支)和绝灭事件,因而人科谱系不是一条简单的线索,而是有分支、有盲支的复杂的谱系。

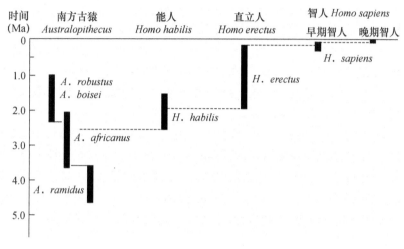

图 13-5 人科化石的生存时间分布

图中显示南方古猿与能人、直立人与早期智人有并存的时期,这说明
人科谱系不是一个单线系,而可能是有分支、有绝灭的复杂谱系

从人科化石资料来看,南方古猿以前的化石资料不足,一些问题远未弄清,南方古猿以后的化石资料相对丰富一些,我们大体上了解了现代智人进化起源可能经历的几个中间阶段(由几类化石类型代表,总结于表 13-1 中)。人科的谱系表示于图 13-4。

表 13-1 人类谱系各成员的形态测量值

种	生存时代	估计体重(成年)	脑量	身高(成年)
南方古猿 *Australopithecus* 　始祖南猿 *A. ramidus* 　非洲南猿 *A. africanus* 　阿法南猿 *A. afarensis*	440 万～100 万年前	20～25 kg	430～485 mL	110～140 cm
能人 *Homo habilis*	250 万～100 万年前	?	♀:500～600 mL ♂:700～800 mL	?
直立人 *Homo erectus*	180 万～20 万年前	约 60 kg	700～1100 mL	约 160 cm
智人 *Homo sapiens*				
早期智人 　晚期智人	28 万～4 万年前 4 万年前到现在	约 60 kg	1300～1500 mL	约 165 cm

13.8　从猿到人：关于人与猿的本质区别问题

从生物学的观点来看，人类仅仅是一个生物种，在生物分类系统中占据着一个不显眼的位置。然而，人类对地球环境，对其他生物种的影响与控制能力是有生命以来绝无仅有的，因而人类绝非一般生物种可比。人与非人的动物之间确实存在着"鸿沟"。人是怎样脱离动物状态而成为人的呢？人与猿（最接近人类的动物）之间的本质的区别是什么？人的最本质的特征是什么？这些既是生物学家，也是社会科学家关心和争论的问题。

许多人类学家试图找出人与猿的解剖学（或形态学）的区分标准。例如，躯干与肢体适应于直立的程度、脑量等。但直立先于脑量的进化增长，例如，南方古猿虽然已直立，但却有一个小脑袋。从人科化石看，脑量的进化增长似乎是渐进的。人属的最早的化石代表——能人只有 700 mL 的脑容积，比南方古猿略大一些。

另一些人类学家偏重于用行为特征来区别人与猿，例如，工具使用与制造。然而，动物行为的观察研究，发现许多种动物能够使用不同的工具：黑猩猩可以用棍棒取物，用树枝插入白蚁巢取食白蚁；某些雀类用喙衔住树枝插入树洞取食洞中的昆虫；水獭用石块敲碎坚果（将坚果放在腹部，上肢捧着石块敲打）。制造工具在动物中比较少见。黑猩猩可以将两根竹竿套接起来以增加其长度，用以摘取高处的食物，这可以说是最简单的工具制造。要在简单的（只经过少许加工的）石器和较精致的（经过较多的加工的）石器之间严格地划分界限是不容易的。人类使用和制造工具的能力是从动物原始的工具使用和加工行为逐渐发展起来的。

有人认为，人与动物的根本区别在于人有意识，有思维能力，而任何动物都不具有这种特征。

一些文学作品常把动物作拟人化描写，在文学家的笔下，动物似乎也具有意识、有思维、有感情，但这无法证明。一些学者认为每个人都意识到自身是一种不同于其他人、不同于其他生物、不同于周围环境的个体。换句话说，只有人类才有自我意识，意识到自我存在。动物是否有自我意识呢？这个问题很难肯定或否定。有人说某些动物有所谓的"葬礼"行为，即聚集在死亡的同类周围，表明它们意识到死亡和生存，意识到自我存在。但这并无严格的证明。

语言能力也被看作是人与猿的重要的区分特征：只有人类才能使用符号语言，猿和所有其他动物只有信号语言。信号语言含义明显、简单，无须学习和社会认同，每个个体在遗传本能和个体经验的基础上很容易掌握。例如，恐怖的叫声作为危险信号很容易被所有个体了解。人类则使用抽象的符号语言，这种语言需学习，需要社会认同。符号语言借助一定的语法规则将不同词汇（概念）组合成复杂的语句，表达复杂的意思。例如，"太阳每天从东方升起，从西边落下"，这个意思是信号语言不能表达的。但是，某些动物经过训练有可能掌握简单的符号词汇，甚至简单的语法。例如，黑猩猩经过训练可以认识一些符号单词，而且能将 2～3 个单词组合在一起表达自己的要求（通过按键钮，按一下键钮就会在屏幕上出现代表一定含义的图像）。海豚经过训练可以与人通过手势语言交流思想。经过训练的鹦鹉可以识别代表不同的形状与颜色的符号单词。

然而，上述的动物掌握符号语言的能力是靠训练和教育才能表现出来，可见社会组织、教育、学习是极其重要的。即使是人，如果从小脱离人类社会，失去学习和教育机会，也往往失去人的本质特征。例如,从小被母狼收养并在狼群中长大的印度女孩(狼孩),她像狼一样行走、吃生肉、智力低下。研究者认为 7 岁前的儿童如果缺少教育,他(她)们就会丧失人的特征而更接近动物。今天的人是社会的人,是一定的文化系统中的成员。如果脱离社会,脱离文化系统,人在智力上、心理上和精神上都要退化,长年与世隔绝的成年人也会丧失人的本质。动物中可能有母亲对幼儿的简单的"教育"和"训练",如幼兽从母兽那里学习捕食和避害的经验。但即使是智力较高的灵长类,也没有达到创造文化、形成文化系统的水平。

人类大脑的智力发达程度决定了人能够学习,能够掌握符号语言,能够创造文学,因而能够储存、积累和传递文化信息。人类灵巧的、彻底从行走功能中摆脱出来的双手与发达的智力相结合,使人类能够使用和制造较复杂的工具。智力和双手是文化创造的两个重要因素。但如果人类不是群居的,如果没有人类的社会组织,也不可能创造复杂的语言、文字,并形成一定的文化系统。正因为人类同时具备三个创造文化的要素,而任何其他动物都没有,因而只有人类才能创造文化,并形成文化系统。

文化创造可以看作是一种复杂的行为,一种复杂的社会(集体)行为。文化是一种信息形式,文化系统是一种信息系统。人类与动物的本质区别就在于人类具有发达的智力、灵巧的双手和社会组织,因而能创造文化。

第十四章　文化进化与人类未来

> 计人之所知,不若其所不知;其生之时,不若其未生之时,以其至小,求穷其至大之域是故迷乱而不能自得也!
>
> ——庄子:《秋水》

人类进化史只有几百万年,人类文明史只有几千年。我们已知的远远少于未知的,人类未来要走的路要比已走过的路长得多。以已有的少许知识来探究、推论无限的未知领域,常使我们迷惑。

本书最后一章正是以已知的有限的知识来探究、推论无限的未知领域。特别是将进化理论应用于解释人类社会和推论人类未来时,必定有更多的不确定,更多的迷惑,更多的疑问。但迷惑与疑问会激励我们去探索。

14.1　人类的生物学进化与文化进化

(1) 人类的生物学进化与文化进化之比较

严格说来,生物的进化和社会文化的进化是不同的两件事。后者用"发展"来表示似乎较贴切,但西方学者已普遍使用"文化进化"这个概念,显然是为表明生物进化与社会文化的发展这两个过程有某些共同特征。生物进化是指生物个体和种群的遗传组成和与之相关联的表型特征的世代改变。文化进化是指人类社会的文化系统(包含生产方式和上层建筑)随时间而变更的过程。就人类本身而言,同时经历着两个进化过程,即人类自身的生物学进化和人类社会的文化进化。这两个过程是相互关联的。

人类的文化进化是建立在生物学进化的基础上的,生物学进化达到一定的阶段(一定的智力、前肢进化为劳动器官、语言能力、社会组织),才产生和创造出文化,才可能有文化进化。虽然某些动物有简单的语言(信号语言)、有一定的智力、甚至有社会组织,但还不能稳定地积累、传递后天获得的经验。文化是靠一种符号系统(符号语言、文字)和习俗(社会集体行为的取向)等表达和传递的。只有人类才具有创造文化的能力,建立由社会组织、语言、文字、习俗、教育诸要素构成的文化系统。

从另一个角度来说,文化创造也是一种行为,而人类行为也是一种生物学特征,有遗传的基础。因此,人类的文化进化也可以看作是人类创造文化的复杂行为的进化。

文化系统类似遗传系统,是一个信息系统;信息系统随时间而变化的过程就是信息积累过程,是进化过程。因此,文化系统与遗传系统,文化进化与生物学进化在某些重要的特征上是可以类比的(表 14-1)。

表 14-1　生物学进化与文化进化之比较

	生物学进化	文化进化
变化来源	基因突变 外来基因流入(种群间基因交流、种群融合)	知识积累,发明创造(科技、艺术),法律、制度、宗教等方面的变革 外来文化因素的吸收(不同的文化系统之间的交流、融合)
信息存储及传递机制	以核酸为基础的遗传系统	以语言、文字为基础的文化教育系统
进化动因	自然选择	人类的文化创造活动,生产力的发展
适应方式	生物改变自身结构和行为,适应其生存环境	通过文化创造活动改变自然环境以适应人类社会需要
进化速度	缓慢	快速
隔离的影响	种群间基因交流减弱,导致物种分歧,新种形成和物种多样性增大	不同文化系统之间的交流减弱,导致文化多样化,隔离造成进化速度降低

① 进化系统内部必须有变化或变异,为系统的进化提供"材料"。在生物系统(例如,一个种群)内,变化的来源主要是基因突变和由于迁移或种群混合而造成的外来基因的流入。通常,种群的基因库内都储存有大量的变异。但在文化系统内,变化的源泉是生产技术革新、科学发现和发明、文化艺术创造、法律、制度、宗教等文化因素。通常,在一个文化系统(例如,一个社会)内部存在着多种变化的文化因素。文化系统内部变化的另一来源是外来文化的引进或不同文化系统之间的交流与融合。

② 进化系统内的变化或变异必须以某种形式存储、传递和延续,才能完成进化过程。在生物系统,变异的存储和传递是通过以核酸为基础的遗传系统。但在文化系统,各种文化信息的存储与传递是通过以文字、语言和习俗为基础的文化教育系统。

③ 进化的动因和进化方向的控制。在生物系统的进化中,自然选择是主要的进化动因;自然选择也有导向作用,使生物朝适应生存环境的方向改变。但在某些情况下,人类有意识、有目的地干预或控制某些生物的进化方向,例如,农业和畜牧业实践。在文化系统的进化中,人的知识积累、发明和创造活动不断提高生产力水平,生产力的发展是文化进化的主要动因。文化系统内部或文化系统之间的斗争或竞争(例如,阶级斗争,两种不同社会制度之间的竞争)也是文化进化的重要动因。按马克思学说,人类社会是朝着最大限度地解放生产力的方向发展的,是否可以因此而认为文化进化是由社会物质生产导向的?

④ 就人类的生物学进化而言,进化的结果是生物改变自身结构、机能和习性使之适应生存环境。人类文化进化的结果是改变自然环境使之适合人类自身的需要。两种进化过程都使人类更加适应环境。

⑤ 生物学进化是极缓慢的过程,而文化进化在达到适应的目的方面要快速得多。例如,动物界进化出翅膀经历的时间以百万年计,但人类文化进化创造发明了飞机却只经历了 2000 年(从风筝发明算起)。又如,自然界从未进化出轮子,而人类文明的早期就发明了轮车。

⑥ 最后,隔离对于生物进化和文化进化有相似影响。隔离降低生物种群间的基因交流,从而导致物种分歧和新种形成,增大物种的多样性。文化系统之间的隔离会降低或减弱文化交流,导致文化的多样化。不论是生物学进化还是文化进化,隔离都会降低其进化速度。

(2) 人类的生物学进化与人类的文化进化的是相互作用、相互影响的

人类的文化创造活动是依靠思维、劳动、语言三个基本能力,而人类的思维器官(脑)、劳动器官(手)和语言器官(声带)等则是生物学进化的结果。另一方面,人类的文化又反作用于人类的生物学进化。例如,文化系统中的伦理、法律等可以促进或阻碍人类的生物学进化。科学技术对人类的生物学进化有越来越大的影响。

Wilson(1983)提出了"基因-文化协进化"(gene-culture coevolution)的概念,用以表达生物学进化与文化进化之间的相互关系:人类的遗传蓝图(基因)通过个体发育过程决定神经系统的构造与功能,神经系统又制约或影响个体的学习和认识过程以及行为特征。而由个体组成的社会创造出一定的文化,在这个文化背景之下,通过自然选择作用又影响人类种群的基因组成的改变。这就构成了一个循环式的基因-文化协进化(图 14-1)。

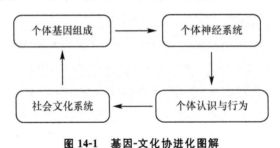

图 14-1 基因-文化协进化图解
(据 Wilson,1983)

Wilson 的观点具有代表性。它也就是当今一部分社会生物学家所主张的人类文化创造行为有生物学的控制因素的观点。按 Wilson 的基因-文化协进化理论,社会文化特征最终取决于构成这个社会的个人的基因组成。与此相反,另一种观点认为,人类的生物学进化已停止于数万年前,因此,数万年以来的人类及人类社会的一切变化都是文化进化的结果,与生物学进化无关。

两种看法都失之偏颇。许多事实(例如,人类遗传学研究的结果)都证明,人类进入文明阶段以后仍然没有停止其生物学进化,不同地区、不同种族的人类种群间的遗传差异表明自然选择仍然对人类起作用。但如前面所说,生物学进化是一个极缓慢过程,例如,要使人类种群中某个等位基因的频率从 0.5 降到 0.1,即使在最大的选择压情况下(例如,选择值 $s=1$ 时),也要 1000 年以上(50 代)。而文化进化即使用"日新月异"来表达也不过分。因此,并非每一个

文化进化事件都对应一个生物学进化事件。生物学进化只是提供了文化进化的基础。一定的基因型对应于一定的文化创造的潜力,就像基因型与表型的关系一样。即使在没有发生任何显著的生物学进化的情况下(基因型不变),也有可能发生大的文化进化事件。

14.2　文化进化对人类生物学进化的影响

随着人类文明的发展,人类的生物学进化受到越来越大的影响、限制和干预,以致有人提出"自然选择是否对人类还起作用""人类的生物学进化是否已经停滞了"的疑问。

由群婚制到一夫一妻制,是人类文明进步的表现,但这却限制了性选择和与性选择相关联的适应进化。医学的发达和医疗保健制度的完善也是人类文明进步的象征,它使社会成员的生存机会趋于平等,因而减轻了自然选择的压力。社会的伦理和法律保障了人人有平等的生育权,这恰恰抵消了自然选择作用。在文明的社会中,智力不再是影响适应度的重要因素,虽然智力高的人可能在事业上取得很大成功,但却不一定留下更多的后代,甚至会出现负选择的情况,即智力高的个体平均说来对下代基因库的贡献相对较小。

从生物学观点来看,人类个体之间的遗传差异(变异)是人类生物学进化的基础。但人类社会文化进化的趋势是忽略这种生物学差异并消除这种差异。伦理和法律保障了生育权的人人平等,却不能保证人类生物学进化,甚至带来了人类遗传素质的退化。

尽管如此,自然选择对人类仍然起着作用,人类的生物学进化并未完全终止。这是因为在人类群体中突变继续发生,遗传变异大量存在,而且非中性的突变仍然占一定比例。在今天的大多数社会中,正常化选择依然存在。例如,人类个体之间对一些严重疾病的免疫力有显著的遗传差异,那些对流感、癌症、心血管病和艾滋病免疫力低的人,其死亡率要高一些。

在从猿到人的进化过程中,社会文化因素究竟起什么作用呢?什么因素促使人类的祖先直立?什么因素促使人类大脑大大超越其他动物的发达水平?

恩格斯认为,劳动在从人到猿的进化过程中起主要的或决定性作用,甚至可以说"劳动创造了人"(见恩格斯,《自然辩证法》,中译本,人民出版社,1971,149—161)。但是反对者认为,恩格斯应用了拉马克的"器官使用"与"获得性状遗传"假说,而这个假说未被证实;劳动这种行为特征可能与直立及智力相关联,从而影响适应度,自然选择仍然是人类生物学进化的主要驱动因素。

如果说,自然选择是人类早期进化的主要驱动因素,那么选择压来自何处?

早期人类的生活方式(采摘、集体狩猎、工具使用)给人类带来很大的利益,而这种生活方式和躯体直立姿势的适应进化紧密相关。愈适应于直立,则愈适应于工具使用,愈能有效地狩猎和采摘,自然选择会促进直立的进化改变。因此,行为特征,特别是集体的行为特征在人类的躯体进化中起重要作用。

一些动物行为学家认为,能否使用工具不是判断智力高低的主要标准,人类祖先使用工具的行为也不是促进大脑体积和智力快速进化增长的关键因素。那么,什么因素促使人类祖先的脑量与智力的快速增长呢?

对灵长类动物的行为观察与分析发现,分析能力和洞察力在猩猩与猴子之间显示出显著差异。例如,黑猩猩能够判断出人的行为是故意的还是无意的,而猴子不能。许多灵长类动物的群体内部有十分复杂的社会关系。王歧山先生(个人通信)观察到黄山猴群体中有森严的等级,猴王占有众多妻妾,猴群内有人类社会中常见的争权夺利、阿谀奉承、篡权夺位等行为。有的学者观察到黑猩猩群体中有"倒戈背叛"的欺诈行为。由此推论,个体在复杂的社会群体中为争取自身生存和繁殖机会的竞争构成了很强的选择压。人类祖先的社会组织内部存在着比猩猩和猴子群体更复杂的"个体间的关系",而且这种关系随着进化而复杂化。复杂的社会关系构成的竞争压力可能是促使人类大脑和智力发展的动力,狡诈者(聪明的个体)留下更多的后代,这就是选择。社会因素(文化因素)在人类早期的生物学进化中可能起重要作用。

综上所述,从古猿到智人的进化过程中,人的生物学特征的获得,如脑容积的增长、四肢及躯干的骨骼结构的改变等,可能主要是通过自然选择过程。但数万年前的智人骨骼化石与现代人几乎没有什么差别,以致学者们认为人类体质进化已经停止于数万年前。由于文化进化水平提高,医疗保健措施、婚姻制度、法律、习俗等因素使自然选择作用大大减弱,可能导致人类体质、智力的退化。但人类的文化进化的巨大进展掩盖了这一危机。生物学进化的成果(例如,器官的改进)只为个体带来好处,而文化进化的任何成果则为社会全体或大部分成员带来利益。现代文明社会中,少数天才的创造发明往往会促进巨大的文化进步。

在人类进化过程中,文化进化与生物学进化始终是相互关联、相互影响和相互制约的。

14.3 人类社会现象和社会行为的生物学解释
——关于社会生物学问题的争议

1. 对社会生物学的历史回顾

达尔文把他的进化学说的基本原理用来解释人类起源时,没有料到这一划时代的创举竟带来了持续百年之久的用生物学观点解释社会现象的热潮。社会生物学的产生和发展历史充满了五花八门的学说之间的争论,"生存斗争""适者生存""自然选择"等达尔文学说中的概念被抱有不同政治观点的人用来为各种社会丑恶现象辩解,或作为某种政治制度、教义或美好理想的生物学的"依据"。学者们和伪学者们、政治家和政客、战争狂热分子和和平主义者、种族歧视主义者与泛爱主义者都卷入到这个"生物学与社会"的争论之中,而且似乎都能在进化学说中找到支持自己观点的"依据"。社会达尔文主义的思潮曾兴盛一时,但同时,反对和批判社会生物学的思潮也在兴起。反社会生物学的观点认为,人已经脱离动物界,人类社会有其自身特殊的规律或法则,自然科学理论不能用来解释社会现象,于是把人类和自然界间的距离再度拉开来。

笔者丝毫不想简单地肯定或否定社会生物学,而仅想指出,在把生物学原理应用于社会现象的解释时必须持谨慎、严肃的态度。

造成早期社会生物学的理论混乱和恶名声(例如,社会达尔文主义受到很多批评)的主要原因是:① 正在发展中的进化学说本身存在着概念混乱不清等问题;② 大多数社会科学家对进化学说一知半解;③ 社会偏见。

在《物种起源》出版前,斯宾塞受马尔萨斯人口理论的影响,在其社会学著作中使用了"生存斗争""最适者生存"等术语。后来,达尔文采纳了斯宾塞的这些极易被误解的术语,用以注释其"自然选择"原理。不幸的是,这却为后来他的学说被歪曲、滥用伏下潜因。

达尔文承认"生存斗争"这个术语是从社会学引进到生物学中的,他也承认他的自然选择学说是受马尔萨斯人口理论的启发而提出的(见《查理士·达尔文的生活与书信》,英文版第 1 卷,第 38 页,伦敦出版)。根据达尔文学说,自然选择是这样的过程:由于每种生物倾向于繁殖出大大超过生存条件所能容纳的个体数目,从而造成"繁殖过剩",由此而引起个体之间为获得生存条件(为获得生存机会)而发生斗争或竞争;这种斗争或竞争的结果是"最适者生存",大量"不适应的"个体因斗争或竞争失败而被淘汰,从而使整个物种朝着适应其生存环境的方向改进。达尔文还补充说,同种的个体,对生存条件要求相似的个体之间的斗争或竞争尤为激烈。自然界被比喻为古罗马时代的"竞技场",所有的生物都是竞技场上的"斗士"(赫胥黎,1894,见《赫胥黎全集》英文版第 9 卷,伦敦出版)。这样,马尔萨斯的"生存斗争说"似乎从自然科学获得了支持。于是又反过来,自然选择理论又冲击了正统的社会伦理观念:如果每个个体都为自身的生存而与其他所有的个体作对(斗争或竞争),这是自然法则的话,那么人类社会中的战争杀戮、欺骗、陷害、残忍、恶毒等丑恶的品德和行为,就是"符合自然法则"的、促进社会进步的;相反,人道主义、和平主义、利他主义的行为便是"反自然"的。这是赫胥黎的观点,他认为自然法则与伦理法则对立,伦理法则是反自然的。

另一方面,18 世纪至 19 世纪的自由资本主义又从"生存斗争""适者生存"的自然法则中得到了理论上的支持。资本主义发展初期倡导"个人主义"和"自由主义"精神。资产阶级认为,既然自然界中普遍存在着斗争或竞争,而且斗争或竞争是生物进化的动力,那么,"自由竞争"也应当是社会进步的必要条件。这种认为自然与社会有共同法则的一元论观点在 19 世纪后期是很流行的。

"生存斗争说"对传统社会伦理观念的巨大冲击,引起了学术界的批评和反驳。19 世纪末到 20 世纪初出现了两种反对的观点:一种是通过对进化学说本身的重新评价和概念的修正而推翻原先的结论;另一种则是从哲学上用二元观来替代一元观。

与"生存斗争说"唱反调的学者竭力在生物界中寻找"团结""互助"和"利他主义"的事实。例如,当时最有影响的俄国学者克鲁泡特金在其《互助论》一书中列举了大量动物界和人类中的"共生""互助"和"利他行为"的事实来反驳"生存斗争说"。一些学者观察到自然界中那些最成功的生物类型乃是那些个体间"互助合作"得最好的类型,而不是那些凶猛、残忍的"个体(个人)主义者"(Bougté,1909)。甚至有人主张用"为生存而组合"(association for existence)来替代"生存斗争"。

另一些学者又重新强调人类的特殊性,认为人类不同于动物界,动物界的法则不适用于人类社会。这又回到了达尔文的《人类的由来》出版前的二元论观点。然而 19 世纪末期以后,大多数学者都不再接受二元论观点。多数学者认为达尔文的进化学说适用于包括人类在内的整个生物界。他们对达尔文学说中的某些概念作了修正,特别是"生存斗争"的概念。他们认为,斗争或竞争的含义是广泛的,并非专指个体之间面对面的格斗和残杀。他们认为,搏力、残杀、战争等乃是动物界及人类文明早期的斗争形式;随着人类社会发展和文明程度的提高,斗争或竞争的形式也将变得比较温和、文明了。例如,现代社会中的"经济竞争"表现为"效率"的竞争。新达尔文主义和现代综合进化论者修正了达尔文"适应"的定义,即不再用"生存与否"来衡量适应,而更多地考虑繁殖机会或个体基因对下代基因库的贡献。例如,一个在搏力斗争中获胜的强者,如果其繁育力低于其对手———一个繁育力高但搏力中的弱者,那么后者对下一代基因库的贡献大于前者,因而竞争或斗争的胜方可能是搏力中的弱者。近代进化生物学家们主张用"适者繁殖"来代替"适者生存"的概念。人类社会中个体之间或集团之间的"斗争"或"竞争",其胜负并非以生、死或繁衍与否来衡量,这种竞争的胜负往往意味着不同文化特征或文化系统的延续的可能性。

从辩证的观点来看,斗争(竞争)与互助(联合、合作)是共存的。排斥互助(合作)的绝对的斗争,以及没有斗争的绝对的互助,在自然界中不存在,在人类社会中也不存在。如果每个个体为自身的生存而反对群体中所有的其他个体,那么这个个体与整个群体都难以生存。

在考察和评价人类社会的政治制度、伦理道德观念、习俗以及其他文化因素是否符合自然法则时,早期的社会生物学家也陷入了矛盾之中。19 世纪末的社会生物学家 Ritchie 在其《达尔文主义与政治》(*Darwinism and Politics*)一书中为当时欧洲残存的贵族制度辩护,他认为贵族由于其社会地位和特权可以从"低等阶级"中选择"最美丽、最具魅力的女人"为妻,从而能保证贵族始终是社会中的优秀者。另一些贵族制的维护者竭力反对早期的资产阶级民主运动,认为民主运动是违反自然进步法则的,因为提倡平等就意味着社会不同等级混合,形成"混合群",这意味着整个社会倒退(Bougl,1909)。哲学家尼采也抱有一种对"等级混合"的恐惧,他把达尔文的"最适者生存"的概念也引进到他的"超人"哲学中。与这些"贵族理论"(the aristocratic theory)唱反调的是一些民主主义者,他们从达尔文学说中寻找根据来否定贵族制度。例如,他们引用了达尔文的隔离会导致种群退化的原理,断言贵族特权阶级由于其与社会其他阶层隔离(指婚姻的限制),最终将引致自身的退化。1881 年出版的一本书《与人类遗传相关的选择的研究》(*Etudes Sur La Sélection Dans Ses Rapports Avec L'hérédité Chez L'homme*)写道:"不育、智力缺陷,早夭以致家族绝灭的命运乃是君王家族以及所有的特权阶级和所有的具崇高地位的家庭共同的命运。"当然,我们也可以举出中国历史中的许多例子,如满洲贵族的"八旗子弟"的衰落等来附和这种说法。但这当中的原因很复杂,并非单纯的生物学因素起作用,还有很多社会因素。然而,民主主义者们主张社会平等,打破阶级(等级)之间的隔离,仍然是有利于社会进步的。

早期的社会生物学家们在考虑如何预先采取措施来促进人类自身的生物学进化方面也遇到难题。早期的优生主义(eugenism)思想和后来发展起来的优生学(eugenics)是基于达尔文的选择原理,但不是自然选择,而是人工选择,即主张采取人为措施(有意识地、有目的地)干预人类自身进化,就像动、植物育种家培育品种那样。这必然触及社会的一些最敏感的问题,"改良人种"绝不像改良动、植物品种那样简单,因此,社会达尔文主义者的主张被种族主义者用来作为进行种族绝灭的杀戮和战争的口实是毫不足怪的。关于优生论,我们在最后一节还要讨论。

上面对社会生物学的历史回顾并不能导致如下的结论:社会生物学的兴起毫无意义。19 世纪晚期以来的社会生物学对于打破 18 世纪至 19 世纪社会科学中的人神同性论(anthropomorphism,即对社会和人类作神学的、形而上学的解释)观点起了决定性作用。人们用自然科学的理论和观点来研究和解释社会现象成为当时的时尚。但在用纯科学的观点替代人神同性论观点的同时不免又走过了头,即出现了过分的生物学化的倾向,以致有一些现在看起来未免可笑的事情出现。不过,纯科学观点替代形而上学的人神同性论观点仍是一大进步。今天的社会生物学已逐渐成为自然科学与社会科学相结合的重要学科。

2. 人类社会行为与生物学制约因素

人类的社会行为是否有生物学的背景呢？换言之，人类的社会行为是否受生物学因素的影响(直接或间接的)？这是又一个争论问题。

人类的文化创造活动归根结底是一种由人的神经系统控制的行为，因此，与人类行为相关的各种社会活动和社会现象都间接地受生物学因素(主要是遗传因素)控制。这就是社会行为的"生物学决定论"(biological determinism)观点。社会学中的"自然主义"(naturalism)观点与上述观点相近，倾向于用人类本性来解释社会行为。

相反的观点认为，社会中人的行为不同于自然界中动物的行为，后天学习、社会教育、人与人之间的相互影响等环境因素是人类社会行为的决定性控制因素，这就是社会行为的"环境决定论"(environmental determinism)或被称为"后天主义"(nurturism)观点。

此外，还有一些介于两种相反观点之间的观点。事实上，极端的社会生物学观点(倾向于用生物学观点解释一切社会现象)和极端的"人类特殊论"观点(认为人类已完全脱离动物界)都渐被学者们摒弃，两种极端相反的观点逐渐相互靠近而达到某种"折中"的认识。即既承认人类的社会行为与人类的生物学本性有一定关联，同时也承认后天环境因素(学习、教育)对人类社会行为的重要影响。

一方面，人类所有的行为都有其生物学基础。例如，不同的人对色彩的偏好的差异有其生理学的基础。又如，文明社会中男性与女性的社会行为方式的差异与其生理的差异有一定的联系。但是，另一方面，不可否认的事实是人类的行为方式是一定的社会文化所塑造的。例如，一个人的举止反映了这个人的文化素养。每个人都处于一定的文化背景中，生活于一定的社会习俗中，但文化、习俗本身又反映了人的一定的自然本性。

先天的自然本性与后天的学习教育这两者之间的关系是古今哲人探讨的重要问题之一。孟子说："人皆有不忍之心""无恻隐之心，非人也""无羞恶之心，非人也""无辞让之心，非人也"。换句话说，恻隐之心、羞恶、辞让等都是人的先天的本性，后天的学习和教育可以保持这种本性，也可以扭曲、破坏、改变这种本性。这是主张人的"先天性善"。也有主张"先天性恶"的。例如，某些宗教教义认为人的本性是恶的、有罪的，需要用后天的行为来"赎罪"。无论是性善说还是性恶说，都是将人的先天本性与后天的行为方式分割开，二者之间没有必然的联系。

有些学者认为，人类的社会习俗、伦理道德可能受自然法则的直接制约。把某些社会习俗(群体的行为规范)的产生，归因于某个生物学因素或生物学进化过程。最常被列举出来作为这种说法的证据的例子就是所谓的"近婚禁忌"(incest taboos)，这是指许多民族中早就存在的一种避免近亲婚配的习俗。由于这种习俗避免了近亲婚配的有害后果(后代退化)，有利于人类自身的生物学进化，因而成为学者们津津乐道的关于社会规范(法律、制度、习俗)与生物学制约(遗传规律)相符合、文化进化与生物学进化相协调的实例。但是，社会规范究竟是怎样和生物学规律关联起来的，还需要深入研究。关于近婚禁忌的产生，大体上有下面几种说法(参考 Bateson，1983)。

① 认为人类自身认识到近婚的有害后果后，直接制定了限制或禁止近亲婚姻的法律，并产生了相应的伦理观念。这一主张行为规范直接产生于文化进化过程中，与生物学进化无关。

但近婚禁忌存在于许多原始部落，起源于人类文明早期，很难证明原始人类能够达到认识遗传规律并制定有远见的法律制度的水平。

②认为由于近亲婚配的后代适应值较低，自然选择作用于控制人类性行为的基因，使得人类种群中避免或厌恶近亲交配的心理通过自然选择而逐代加强，从而导致近婚禁忌习俗的产生。这个说法从逻辑上说得通，但缺乏证据。

③认为人类的近婚禁忌与某些动物的择偶行为有共同起源，有其深远的进化历史。动物学家早就发现个体生长的早期经历明显地影响其后来的择偶的倾向性。鸟类和哺乳类都有这种情况（Bateson，1983），例如，同群同窝的一起长大的雌、雄个体之间性反应能力较低。研究者认为同种的幼小动物生活在一起，学习相互识别、相互熟悉，而这种幼年的相互熟悉的经历却产生长久的印象，以致影响其成年后择偶的心理倾向。实验研究发现，鸟类和哺乳类在择偶时通常都拒绝接受极其熟悉的或极其生疏的异性伙伴，而倾向于选择有一定差异而又不十分怪异的同种的异性为配偶。有人称这个结论为"差别假说"（discrepancy hypothesis）。人类学家早就发现人类中存在着类似的情况，即那些在幼年时曾生活在一起的"青梅竹马"式的配偶往往达不到美满的婚姻。例如，调查以色列的聚居区居民时，发现极少有"青梅竹马"式的婚姻。又如在中国台湾，"青梅竹马"式的婚姻不但在整个社会中的比例极低，而且与"非青梅竹马"婚姻比较，生育率极低而离婚率极高。Bateson（1983）认为，幼年的经历使得一起生长的个体获得共同的心理特征，从而产生一种对极其熟悉的异性个体的性冷淡和对怪异个体（异常的个体）和异端行为的反感、厌恶或恐惧。这种共同的心理就促使近婚禁忌等社会习俗产生。Bateson还认为，原始人类的近婚禁忌的产生与人类对近婚的生物学有害后果的认识无关。他举例说，许多部族的法律规定禁止同性恋，甚至对同性恋者处死。但同性恋并无生物学有害后果。实际上，这种同性禁忌也是一种人类对"异常行为"反感心理的反映。

由此，我们可以得出结论：人类复杂的社会行为并非直接通过自然选择这样的生物学进化因素的作用而产生，社会行为规范也并非直接源于生物学制约因素。但是，毋庸置疑的事实是：人类的行为，即使是像近婚禁忌这样的复杂的社会行为，仍然有生物学的起源背景。人类有与鸟类、哺乳类动物相似的行为倾向，这一点正说明这种行为倾向有共同的起源和共同的遗传基础。上述例子还说明，人类的社会行为方式是后天的经历和先天的遗传因素两者共同决定的。生物学制约因素（遗传）与社会行为之间的关系就像基因型与表型之间的关系一样。实际上，行为也是表型的一种。生物学因素（遗传）决定了社会行为方式在一定范围内实现的可能性，就像基因型决定了一定的表型反应规范（norm of reaction）一样。前面提到人类行为的生物学决定论和环境决定论都失于偏颇，这是因为社会行为方式既受生物学因素制约，又受环境因素影响。

人类行为大体上有三类。第一类行为是由遗传因子直接制约并通过基因传递的行为，就是本能。本能通常具有个体的适应意义，不因环境影响而改变，不需要学习。例如，逃避敌害的本能行为。第二类行为是社会行为，是人在一定的社会文化系统中通过学习、后天经历而形成的行为方式。这种行为通常具有社会整体的适应意义，虽然有遗传的基础，但并非直接受遗传因素制约，也不是直接通过基因传递。这种行为构成了社会文化，并通过社会文化系统而传递。第三类行为是那些既非本能，也没有纳入社会行为规范中的个体行为，是个体学习过程中的行为，是对偶然的环境因素的应答。

14.4　进化与人类未来

人类依据一定的理论,以有意识、有目的的行为干预人类自身的生物学进化,例如,优生主义者所主张的。另一方面,人类也曾依据一定的理论,以其有目的、有意识的行为来干预人类文化进化,例如,社会革命家所主张的。那么,这种将人类的意志、目的加诸自然界和人类社会的主张,是否与认为自然界与社会按自身的客观规律发展不以人的意志为转移的唯物主义观点相悖呢?

优生主义者按照他们的理论,设计了"改良人种"的方案,希望能像动、植物育种家那样培养出"超人",他们的方案中包含着他们的目的。但是自然界中的生物进化是不包含任何"目的"的。当人类文化进化达到一定的阶段,人类将愈来愈多地干预自然界的生物进化,并有可能控制生物和人类自己的生物学进化。这意味着人类将其自身的"意志""目的"等主观因素加入到自然过程中。

社会发展不以人们的意志而转移,这正是历史唯物主义观点。但是社会革命家不正是以其有目的的行为来改造社会上层建筑并干预社会进化吗? 当欧文、傅里叶和圣西门设计了理想社会的蓝图并以其行动促其实现时,不也是把他们的"意志"和"目的"加诸社会吗?

我们可以把人类有目的的社会实践活动看作是产生于自然界内部的或产生于社会文化内部的因素,这样,优生学家和社会革命家及社会改革家的"意志"和"目的"就是内在因素而不是外来加入的。

我们也可以这样说:人类有意识、有目的的社会实践如果符合自然规律和社会规律,则可获得成功,反之则失败。因而最终结果仍然是自然与社会按其自身的规律发展进化,不以人的意志为转移。

但是,失败也是一种结果。在一个错误的理论指导下的一个错误的优生措施,有可能给人类带来意想不到的厄运。

进化理论曾经被应用于论证社会经济制度的"合理性",用作某种政治制度或社会改革设想的依据。按层次组合论(hierachical compositionism)的观点,人类的生物学进化与人类的文化进化(社会发展)属于两个不同的层次。文化进化是在生物学进化之上的高层次的现象。虽然社会现象可以用生物学观点来解释,但社会发展(文化进化)有其自身的规律,不能用生物学进化理论来替代社会发展理论。这就好比生物学现象,虽然可以用物理、化学观点解释(例如,遗传现象可以解释为核酸的分子结构特点),但生物学现象有其自身规律,物理、化学法则不能替代生物学规律。所以,社会生物学理论只是在某种意义上是有道理的。另一方面,人类社会活动包含在自然界大生态系统之内,人类和人类社会都直接或间接地受自然规律的制约。因此,进化理论对社会实践有一定的指导意义。

进化理论对社会实践的指导作用表现在两个方面: ① 指导制定优生措施,控制人类自身的生物学进化;② 指导政府机构制定措施,协调文化进化与生物学进化两个相关过程。

促进文化进化的主要因素是教育,提高整体的文化教育水平是促进文化进步的主要途径。但是,学习和教育的效果,又和人类本身的体质和智力相关。因此,促进人类的生物学进化(提高体质和智力水平),将会同时促进文化进化。基于这种考虑,优生主义提出了依据进化理论制定优生措施以促进人类自身的生物学进化的主张。优生主义的主张曾受到不少误解、歪曲和滥用，以至于受到许多人的反对和抵制。但现在终于被社会所认识并有限度地接受了，在北京的大医院里已设有"优生咨询"，不少人光顾。不过目前还限于"负优生"，即采取预防措施避免遗传疾病和遗传缺陷的基因传递到后代。"正优生"则是通过选择和生物技术手段来改良人种和创造"超人"(天才)，但这仍处于设想阶段。

人类已经干预了自然界的进化，按照自己的目的(需要)创造了自然界中原先没有的生物品种。而且随着生物技术的发展，人类将更深入地干预和控制生物的进化。然而，当人类将这种有意识、有目的的行为应用到人类自身时，就遇到了难题：人类究竟希望自身有什么样的生物学特征？希望朝什么方向进化？这是很容易受各种社会集团利益和个人兴趣左右的，很难获得统一认识的问题。更重要的是，遗传和进化是如此复杂，预测任何人为措施干预进化所造成的长远后果是很困难的。难道我们能放心把人类未来命运委托给一些他们自己也未必有把握的优生学家来决定吗？

此外，优生措施的实行必定涉及社会的伦理和法律。如果法律规定"人人平等"，又怎能实行不平等的生育措施呢(选择意味着生育的不平等)？况且遗传基因重组是如此复杂和难以预测，以致有人以"天才"的后代可能是"庸才"，而"平庸的父母"可以生育出"天才"为由而反对优生学。然而，随着"人类基因组研究计划"的实施，随着对人类遗传基因和遗传重组规律的更深入的了解，人类是能够更好地控制自身的进化，更好地掌握自己未来命运的。

法律是可变的，伦理道德观念也是可变的，它们最终要服从人类自身长远的、根本的利益。例如，从前法律规定堕胎是犯法的(等于杀人)，而今许多国家修改了法律，使堕胎合法。未来的生物工程能在试管中制造婴儿，能用无性繁殖方法(克隆技术)延续或扩增一个个体，那时社会伦理也可能会大大改变，社会可能会制定新的法律以适应新情况。这就是说，展望未来，我们应当相信，人类能够协调其生物学进化和文化进化。

后　记

夫物，量无穷，时无止，分无常，终始无故。

——庄子：《秋水》

　　1984 年开始在北大讲授"生物进化论"课以来，就着手搜集、积累
资料及教学的反馈信息，14 年间先后三次编写和油印了非正式讲义。
在这 10 多年的教学中深感编写合适教材的必要和艰难。最初，主要的
教学对象是地质系古生物学专业的学生，1993 年起，"生物进化论"被
列为生命科学学院（原生物系）的各专业研究生及高年级本科生选修
课，每周 2 学时。由于课时有限，用有限篇幅介绍尽可能广泛的当代进
化理论和进化生物学的内容确实是艰难的任务。

　　开设"生物进化论"课程和出版这本书的初衷是为改变国内长期以
来忽视进化理论这个生物学最重要的基础理论的教学和研究现状作一
些努力。由于多种的原因，国内学术界对进化论和进化生物学的新发
展缺乏了解，甚至有一些误解。例如，以为进化论是抽象理论，属于哲
学范畴；或以为受到如此多的批评的达尔文学说已被抛弃，进化论不复
存在了。

　　确实，进化论就其内容和影响范围而言是超出了生物学，甚至超出
了自然科学。但是，自然科学的任何学科一旦上升到一定层次的理论
高度，必然要触及哲学问题。例如，理论物理学关于时间、空间，物质-
反物质的探讨不是涉及哲学、世界观问题吗？理论生物学更是如此，正
如迈尔所说的，进化论的产生过程就是"一场思想革命"。

　　但是，现代的进化理论已经渗透到生物学各学科领域，从而形成了
理论性强、内容具体而丰富的、高度综合的"进化生物学"（Evolutionary
Biology）！本书在内容上力求体现这种新发展，即力求深入到生物学
的不同领域、生物组织的不同层次来阐述进化理论，力求使理论具体
化。因此，本书书名不用"论"字，而叫《生物进化》。从某种意义上说，
这本书既不是单纯抽象的理论介绍，也不是具体知识技能的传授，它是

企图让读者在已有的各学科领域知识的基础上提出问题和启发对理论的思考。

本书书稿得以完成和出版，首先要感谢我的老师，已故的陈阅增教授的支持与鼓励，他在辞世前为本书写了序。感谢北大教务处负责人杨承运教授的许多具体的支持与帮助。感谢我的老朋友彭建兴先生，他多年来一直支持作者的生物进化研究和教学。还要感谢中国科学院的周明镇教授（已故）和张弥漫教授，北大生命科学学院的张庭芳教授、顾红雅教授、朱圣赓教授和程红教授，他们为作者提供了宝贵的参考资料、有益的建议、意见及其他的帮助。

李宝屏先生承担本书文字编辑，许建儒先生清绘了本书部分插图，常燕生先生为本书设计封面，作者在此对他们表示谢意。

作为教材，本书还有许多不足之处，也可能有一些错误，希望能得到同行和读者的批评、指正和建议，以期以后的改进。

张　昀

1997 年 11 月 5 日于燕北园

参 考 文 献

王太庆. 西方自然哲学原著选辑(一)[M]. 北京:北京大学出版社,1988.

达尔文. 物种起源[M]. 周建人,叶笃庄,方宗熙,译. 北京:商务印书馆,1991.

弗里德里克孙(Fredrickson J K),翁斯特(Onstett T C). 深入地球内部的微生物[J]. 科学,
  1997(2):8-13.

吴汝康. 古人类学[M]. 北京:文物出版社,1989.

安成才,李毅,等. 中国河南西峡恐龙蛋化石中 18S rDNA 部分片段的克隆及序列分析[J]. 北
  京大学学报(自然科学版),1995,31(2):140-147.

沃尔(de Waal F B M). 倭黑猩猩的性和社会[J]. 科学,1995(7):30-37.

许靖华. 祸从天降——恐龙绝灭之谜[M]. 西安:西北大学出版社,1989.

杜汝霖,田立富,李汉棒. 蓟县长城系高于庄组宏观化石的发现[J]. 地质学报,1986,60:
  115-120.

周明镇,张弥曼,于小波,等. 分支系统学译文集[M]. 北京:科学出版社,1983.

亚里士多德. 动物志[M]. 吴寿彭,译. 北京:商务印书馆,1979.

罗先汉. 全球巨变的天文成因及其哲学思考[M]. //赵光武. 现代科学的哲学探索. 北京:北
  京大学出版社,1993.

陈世骧. 进化论与分类学[M]. 2 版. 北京:科学出版社,1987.

杨遵仪,程裕淇,王鸿祯. 中国地质学[M]. 北京:中国地质大学出版社,1989.

赵玉芬,李艳梅,尹应武,等. 磷酰基与氨基酸侧链的相互作用[J]. 中国科学(B 辑),1993,23
  (6):561-566.

张昀. 前寒武纪生命演化与化石记录[M]. 北京:北京大学出版社,1989.

张昀. 进化论的新争论与认识论问题[J]. 北京大学学报(哲学社会科学版),1991(2):
  104-112.

张昀. 新地球观[J]. 地球科学进展,1992,7(1):57-64.

张昀. 生物科学与新自然观[J]. 科技导报,1993(总 66):3-7.

张昀. 地球早期生物圈形成与进化[M]. //穆西南. 古生物学研究的新理论新假说. 北京:科
  学出版社,1993:161-180.

张昀,高留比奇(Golubic S). 冀北早元古叠层石内的穿石蓝藻化石[J]. 微体古生物学报,

1987,4(1)：1-12.

张昀,袁训来. 元古宙末多细胞红藻有性生殖结构的发现[J]. 中国科学(B 辑),1995,25(7)：
749-754.

张昀,方晓思. 中国河南西峡盆地晚白垩世的一枚保存有遗传信息的恐龙蛋：结构,矿物化学
组成及埋葬学分析[J]. 北京大学学报(自然科学版),1995,31(2)：129-139.

普里高京(Prigogine I). 从存在到演化[M]. 上海：上海科技出版社,1986.

普里高京(Prigogine I). 从混沌到有序[M]. 上海：上海译文出版社,1987.

奥巴林(А. И. ОПАРИН). 地球上生命的起源[M]. 徐叔云,等,译. 北京：科学出版
社,1960.

阎玉忠. 蓟县长城系串岭沟组微古植物初步研究[J]. 天津地质矿产研究所所刊,1985(12)：
137-168.

Alvarez L W, Asaro F, Michel H V, Alrarez W. Extraterrestrial cause for the cretaceous-tertiary extinction[J]. Science,1980,208：1095-1108.

Alvarez L W, Asaro F, Michel H V, Alrarez W. Iridium anomaly approximately synchronous with terminal Eocene extinction[J]. Science,1982,216：886-888.

Anderson D L. The earth as a planet paradigms and paradoxes[J]. Science, 1984, 223：347-354.

Awramik S M. Archean and Proterozoic stromatolites[M]. // R Riding. Calcareous Algae and Stromatolites. Berlin：Springier-verlag,1991：289-340.

Awramik S M, Schopf J W, Walter M R. Filamentous fossil bacteria from the Archean of western Australia[M]. //Nagy B,et al. Developments and Interactions of the Precambrian Atmosphere,Lithosphere and Biosphere. Amsterdam：Elsevier,1983：249-266.

Ayala F J. Reduction in biology：a recent challenge[M]. // Depew D J, Weber B M. Evolution at a Crossroads. MA：Bradford Book,MIT Press,1985：65-69.

Ayala F J. The new biology and the new philosophy of science[M]. //Depew D J,Weber B H. Evolution at a Crossroads. MA：Bradford Book,MIT Press,1985：65-79.

Ayala F J,Rzhetsky A,Ayala F J. Origin of the metazoan phyla：molecular clocks confirm paleontological estimates[J]. Proceedings of the National Academy of Sciences, USA, 1998,95：606-611.

Baross J A,Hoffman S. Submarine hydrothermal vents and associated gradient environments as sites for the origin and evolution of life[J]. Origins of Life,1985,15：327-345.

Baross J A,Deming J W. Growth of "black smoker" bacteria at temperatures of at least 250℃[J]. Nature,1983,303：423-426.

Bateson P P G. Rules for changing the rules[M]. //Bendall D S. Evolution from Molecules to Men. Cambridge,UK：Cambridge University Press,1983.

Becker L,Poreda R J,Bada J L. Extraterrestrial helium trapped in fullerenes in the Sudbury impact structure[J]. Science,1996,272：249-252.

Brosdheed T W. Molecular Evolution and the Fossil Record[M]. Knoxville T N：The

Palaeontology Society,1988.

Bougle C. Darwinism and social biology[M]. // E Haeckel, et al. Evolution in Modern Thought. New York: Boni and Liveright Inc. ,1990: 264-280.

Butterfield W J,Knoll A H,Swett K. A Bangiophyte red alga from the Proterozoic of Arctic Canada[J]. Science,1992,250: 104-107.

Compell J H. An organization interpretation of evolution[M]. // Dapew D J,Weber B H. Evolution at a Crossroads. MA: Bradford Book,MIT Press,1995: 133-167.

Copper P. Enigmas in Phanerozoic reef development[J]. Mem Ass Australas Palaeontols, 1989,8: 371-385.

Cano R J,Poinar H N,Pieniazek N J,et al. Amplification and sequencing of DNA from a 120-135 million-year old weevil[J]. Nature,1993,363: 536-538.

Cano R J,Poinar H,Poinar Jr G O. Isolation and partial characterization of DNA from the bee *Proplebeia domminicana*(Apidae: Hymenoptera)in 25-40 million-year old amber[J]. Med Sci Res,1992,20: 249-251.

Cano R J,Poinar H N,Ronbik D W,Poinar G O J. Enzymatic amplification and nucleotide sequencing of portions of 18S rRNA gene of the bee *Proplebeia dominicana* (Apidae: Hymenoptera)isolated from 25-40 million year old Dominican amber[J]. Med Sci Res, 1992,20: 619-622.

Dawkins R. The Blind Watchmaker[M]. Harlow: Longman,1986.

Dawkins R. Replicates and vehicles[M]. // King's Collage Sociobiology Group. Current Problems in Sociobiology. Cambridge: Cambridge University Press,1982: 45-64.

DeBergh C. The D/H ratio and the evolution of water in the terrestrial plants[J]. Origins of Life,1993,23: 11-21.

Depew D J,Weber B H. Evolution at a Crossroads[M]. MA: Bradford Book,MIT Press, 1993: 65-79.

Denton M. Evolution,a Theory in Crisis[M]. Burnett Books Limited,1985.

Delsemme A H. The commentary connection with prebiotic chemistry[J]. Origins of Life, 1984,14: 51-60.

Derry L A, Kepo L S, Jacobson S B, et al. Sr isotopic variations in Upper Proterozoic carbonates from Svalbard and East Greenland[J]. Geochemica Et Cosmochimica Act, 1989,53: 2331-2339.

De Salle R,Gatosy J,Wheeler W,Grimaldi. DNA sequences from a fossil termite in Oligo-Miocene amber and their phylogenetic implications[J]. Science,1992,257: 1933-1936.

de Waal F B M. Food sharing and reciprocal obligations among chimpanzees J Hum Evol, 1989, 18: 433-459.

de Waal F B M. Bonobo sex and society the behavior of a close relative challenges assumptions about male supremacy in human evolution. Scientific American, 1995, 272 (3): 82-88.

Doyle J J, Dickson E E. Preservation of plant samples for DNA restriction endonuclease analysis[J]. Taxon,1987,36: 715-722.

Dobzhansky T, Ayala F J, Stebbins G L, Valentine J W. Evolution[M]. San Francisco: Freeman,1977.

Douglas S E, Turner S. Molecular evidence for the origin of plastids from a cyanobacterium-like ancestor[J]. J of Molecular Evolution,1991,33: 267-273.

Dyson F. Origins of Life[M]. Cambridge: Cambridge University Press,1985.

Dyer T A, Wolfe R S, Balch W E, et al. The phylogeny of prokaryotes[J]. Science,1980, 209: 457-463.

Eigen M. Self-organization of matter and the evolution of biological macromolecules[J]. Naturewissenschaften,1971,58: 465-523.

Eldredge N. Macroevolutionary Dynamics[M]. New York: McGraw-Hill,1989.

Eldredge N, Gould S. Punctuated equilibrium: an alternative to phyletic gradualism[M]. // Schopf T J M. Models in Paleobiology. San Francisco: Freeman,1972: 82-115.

Fisher A G. Biological innovations and sedimentary records[M]. //Holland H D, Trendall A F. Pattern of Change in Earth Evolution. Berlin: Springer-Verlag,1984: 145-157.

Fleischaker G. Origins of life: an operational definition[J]. Origins of Life, 1990, 20: 127-137.

Fox G E, Stackebrandt E, Herpell R B, et al. The phylogeny of prokaryotes[J]. Science, 1980,209: 457-463.

Freedman E I. Endolithic microorganisms in the Antarctic cold desert[J]. Science, 1982, 215: 1045-1053.

Freedman E I, Weed R. Microbial trace fossil formation and abiotic weathering in the Antarctic cold desert[J]. Science,1987,236: 703-705.

Freedman E I, Freidmann R O, Weed R. Trace fossils of endolithic microorganisms in Antarctica,a model for mars[J]. Origins of Life,1986,16: 150.

Frich W Weberk. The long term evolution of the crust and mantle[M]. // Holland H D, Trenall A F. Patterns of Change in Earth Evolution. Berlin: Dahlem,1984: 389-406.

Garn S M. Human Races[M]. Springfield: Thomas Press,1961.

Gilinsky N K, Bambach R K. Asymmetrical patterns of origination and extinction in higher taxa[J]. Paleontology,1987,13: 427-445.

Gingerich P D. Rate of evolution: effects of time and temporal scaling[J]. Science,1983, 222: 159-161.

Golenberg E M, Glannasi D E, Clegy M T, et al. Chloroplast DNA sequence from a Miocene Magnolia species[J]. Nature,1990,344: 656-658.

Goldschmidt R B. The Material Basis of Evolution[M]. New York: Yale University Press,1940.

Golubic S, Barghoorn E S. Interpretation of microbial fossils with special reference to the

Precambrian[M]. //Flugel E. Fossil Algae. Berlin: Springer-Verlag,1977.

Gould S J. Darwinism and expansion of evolutionary theory[J]. Science,1982,216: 380-387.

Gould S J. Is a new and general theory of evolutionary emerging? [J] Paleobiology,1980,6: 119-130.

Gould S. Ever since Darwin[M]. New York: W W Norton,1977.

Gould S J,Vrba E S. Exaptation: a missing term in science of form[J]. Paleobiology,1982, 8: 4-15.

Gray M W. The evolutionary origins of organelles[J]. Trends Genet. 1989,5: 294-299.

Grant V. The Origin Of Adaptations [M]. New York: Columbia University Press, 1963: 606.

Grant P R. Ecology and Evolution of Darwin's Finches [M]. Princeton: Princeton University Press,1986.

Grant P R. Natural selection and Darwin's finches[J]. Scientific American, 1991, 265: 82-87.

Grant B R, Grant P R. Evolutionary Dynamics of a natural Population: The Large Cactus Finch of the Galápagos[M]. Chicago: University of Chicago Press, 1989.

Greenberg J M. Chemical evolution in space[J]. Origins of Life,1984,14: 25-36.

Grotzinger J P. Geochemical model for Proterozoic stromatalite decline[J]. American Journal of Science,1990,290A,R: 80-103.

Grotzinger J P. Facies and evolution of Precambrian carbonate deposition systems: emergence of the modern platform archetype[M]. // Crevello P D,Wilson J L,Sarg J F, Read J F. Controls on Carbonate Platform and Basin Development. Tulsa, OK: SEPM special publication,44,1989: 79-106.

Hennig W. Phylogenetic Systematics[M]. Urbana: University of Illinois Press,1966.

Higuch R, Bowman B, Freiberger M, et al.. DNA sequences from the quagga, an extinct member of the horse family[J]. Nature,1984,312: 282-284.

Hillis D M, Moritz C. Molecular Systematic [M]. Sunderland: Sinauer Associate Inc Publishers,1990.

Hoffman A. Arguments,on Evolution[M]. London: Oxford University Press,1989.

Holm N G. Report on the Workshop of Chemical Evolution and Neo-abiogenesis in Marine Hydrothermal System[J]. Origins of Life,1990,20: 93-98.

Hull D. Individuality and selection[J]. Annual Review of Ecology and Systematics,1980,11: 311-332.

Hutchinson G E. The Ecology Theater and Evolutionary Play [M]. New Haven: Yale University Press,1965.

Huysmans E,De Wachter R. The distribution of 5S ribosomal RNA sequences in phenetic hyperspace: Implications for eubacterial, eukaryotic, archaebacterial and early biotic evolution[J]. Endocyt C Res,1986,3: 133-155.

Jablonski D. Causes and consequences of mass extinction: a comparative approach[M]. // Elliot D K. Dynamics of Extinction. New York: John Wiley,1986: 183-229.

Jablonski D. Evolutionary consequences of mass extinction[M]. // Raup D M,Jablonski D. Patterns and Processes in The History of Life. Berlin: Springier-Verlag Press,1986: 313-329.

Johnson T C,Scholz C A,Talbot M R,et al.. Late Pleistocene desiccation of Lake Victoria and rapid evolution of Cichilid fishes[J]. Science,1996,273: 1091-1093.

Kano T. The Last Ape: Pygmy Chimpanzee Behavior and Ecology. California: Stanford University Press, 1992.

Kaufman A J, Knoll A H. Neoproterozoic variations in the C-isotopic composition of seawater: stratigraphic and biogeochemical implications[J]. Precambrian Research,1995, 73: 27-44.

Kaufman A J,Jacobson S B,Knoll A H. The Vendian record of Sr and C isotopic variations in seawater: Implications for tectonics and paleoclimate[J]. Earth and Planetary Science Letter,1993,120: 409-430.

Kimura M. Evolutionary rate at the molecular level[J]. Nature,1968,217: 624-626.

Kimura M. The Neutral Theory of Molecular Evolution [M]. Cambridge: Cambridge University Press,1983.

Kimura M. The neutral theory of molecular evolution and the world view of the neutralists [J]. Genome,1989,31: 24-31.

Kimura M. Some models of neutral evolution compensatory evolution, and the shifting balance process[J]. Theoretical Population Biology,1990,37: 150-158.

Kimura M,Ohta T. Theoretical Aspects of Population Genetics[M]. Princeton: Princeton University Press,1971.

King J L,Jukes T. Non-Darwinian evolution[J]. Science,1969,164: 788-798.

Kano T. The Last Ape: Pygmy Chimpanzee Behavior and Ecology[M]. Stanford: Stanford University Press,1992.

Knoll A H. End of the Proterozoic Eon[J]. Scientific American,1991,265: 64-73.

Knoll A H,Walter M R. Latest Proterozoic stratigraphy and Earth history[J]. Nature, 1992,365: 637-677.

Knoll A H,Grant S W F,Tsao J W. The early evolution of land plants[M]. // Broad head T W. Land Plants,Note for a Short Course. University Tennessee Studies In Geology,1986, 115: 45-63.

Knoll A H. Neoproterozoic evolution and enviromental change[M]. //Bengtson S (ed.). Early life on Earth, Nobel Symposium No. 84. New York: Columbia University Press,1994.

Knoll A H, Niklas K J. Adaption, plant evolution and the fossil record[J]. Review of Palaeobotany and Palynology,1987,50: 127-149.

Krumbein W Z. Microbial Geochemistry[M]. London: Blackwell,1983.

Krumbein W Z, Schellnhuber H J. Geophysiology of carbonates as a function of biosphere [M]. //Ittekkot, et al. Facets of Modern Biochemistry. Berlin: Springier-Verlag Press, 1990: 5-22.

Lapo A V. Traces of Bygone Biosphere[M]. Moscow: Mir Publishers,1987.

Lovelock J E. Gaia as seen through the atmosphere[J]. Atmospheric Environment,1972,6: 579-580.

Lovelock J E. Gaia, A New Look at Life on Earth [M]. London: Oxford University Press,1979.

Lovelock J E. The Ages of Gaia: A Biography of Our Living Earth[M]. New York: W W Norton,1988.

Lovelock J E. Hand up the Gaia hypothesis[J]. Nature,1990,344: 100-102.

Lovelock J E,Margulis L. Homeostatic tendencies of the Earth atmosphere[J]. Origins of Life,1974,5: 93-103.

Margulis L,Lovelock J E. Biological modulation of the Earth's atmosphere[J]. ICARUS, 1974,21: 471-489.

Margulis L. Symbiosis in Cell Evolution[M]. San Francisco: Freeman ,1981.

Mayr E. Populations, Species, and Evolution [M]. Cambridge, Massachusetts: Harvard University Press,1977.

Mayr E. Darwin: intellectual revolution[M]. //Bendall D S. Evolution from Molecules to Man. Cambridge:Cambridge University Press,1983: 23-41.

McGhee G R. Catastrophes in the history of life[M]. //Allen K C,Briggs D E G. Evolution and the Fossil Record. London: Behaven Press,1989: 26-50.

Mckay D,Gibon J E K,Thomas Keprta K L,et al. Search for past life on Mars: possible relic biogenic activity in Mars Meteorite ALH84001[J]. Science,1996,273: 924-930.

Nakamura H,Hase A. Cellular differentiation in process of generation of the eukaryotic cell [J]. Origins of Life,1991,20: 499-514.

Novacek M J,Wheeler Q D. Introduction: extinct taxa accounting for 99.999% of the earth biota[M]. // Novacek M J, Wheeler Q D. Extinction and Phylogeny. New York: Columbia University Press,1992: 1-16.

Osborn H F. From Greek To Darwin[J], Biological Series, vol 1. New York: Columbia University,1894.

Ospovat D. The Development of Darwin's Theory[M]. Cambridge: Cambridge University Press,1981.

Oro J,Basile B,Cortes S,et al. The prebiotic synthesis and catalytic role of imidazoles and other condensing agents[J]. Origins of Life,1984,14: 237-242.

Owen T. Life as planetary phenomenon[J]. Origins of Life,1985,15: 221-234.

Paabo S. Molecular cloning of ancient Egyptian mummy DNA [J]. Nature, 1985, 314:

644-645.

Paabo S,Gifford J A,Wilson A C. Mitochondrial DNA sequences from 7000 year old brain [J]. Nucleic Acids Research,1988,16: 9775-9787.

Paabo S. Ancient DNA extraction, characterization, molecular cloning and enzymatic amplification[J]. Proc Natl Acad Sci USA,1989,86: 1939-1943.

Paabo S,Wilson A C. Miocene DNA sequence——a dream come true? [J] Current Biology, 1991,1: 45-46.

Pederson K. The deep subterranean biosphere[J]. Earth Science Review, 1993, 34(4): 243-260.

Raup D M, Gould S J. Stochastic simulation and evolution of morphology towards a nomothetic paleontology[J]. System Zoo,1974,23: 305-322.

Rampino M R,Stothers R B. Episodic native of Cenozoic marine fossil record[J]. Science, 1987,215: 1051-1053.

Raup D M. Size of the Permo-Triassic bottleneck and its evolutionary implications[J]. Science,1979,206: 217-218.

Raup D M,Sepkoski J J Jr. Testing for periodicity of extinction[J]. Science, 1988, 241: 94-96.

Rapporteur K P,Alvarizz W,Raup D M,et al. The possible influences of Sudden events on biological evolutionary radiations and extinction[M]. // Holland H D, Trandell A F. Pattern of Change in Earth Evolution. Berlin: Dahlem Konferenzen,1984: 77-102.

Riding. Calcareous Algae and Stromatolites[M]. Berlin: Springier-Verlag,1991.

Riding R. Cambrian calcareous cyanobacteria algae and stromatolites[M]. // Riding R. Calcareous Algae and Stromatolites. Berlin: Springer-Verlag,1991: 305-334.

Ridley M. Evolution[M]. Cambridge,MA: Blackwell Science Inc.,1993.

Saitou N, Nei M. The Neighbor-joining Method: a new method for reconstructing phylogenetic trees[J]. Mol Bol Eu,1987,4: 406-425.

Saitou N,Imanish T. Relative efficiencies of the Fitch-Margoliash, Maximum-parsimony, Maxim-likelihood, Minimum-Evolution and Neighbor-join methods of phylogenetic tree contraction in obtaining the correct tree[J]. Mol Biol Evol,1989,6: 514-525.

Serrice E R. Cultural Evolutionism: Theory in Practice[M]. Holt: Rinehart and Winston Inc,1971.

Schidlowski M,Aharon P. Carbon cycle and carbon isotope record: geochemical impact of life cover 3.8 Ga of Earth history[M]. // Schidlowski M,et al. Early Organic Evolution. Berlin: Springer-Verlag,1992: 147-175.

Schidlowski M. The beginnings of life on earth: evidence from the geological record[M]. // Greenberg J M,et al. The Chemistry of life's Origins,1993: 389-414.

Schopf J W. Earth's Earliest Biosphere: It's Origin and Evolution[M]. Princeton: Princeton University Press,1983.

Schopf J W. Microfossils of the Early Archean Apex chert: new evidence of the antiquity of life[J]. Science,1993,260: 640-646.

Schopf J W, Blasic J M. New microorganisms from the Bitter Springs Formation (Late Precambrian)of the North-Central Amadeus Basin[J]. Australia Journal of Paleontology, 1971,45: 925-960.

Schuster P. Evolution between chemistry and biology[J]. Origins of Life,1984,14: 3-14.

Seagrex A H,Burggraf S,Fialia G,et al. Life in hot springs and hydrothermal vents[J]. Origins of Life,1993,23: 77-90.

Sepkoski J J Jr. Mass extinction in the Phanerozoic oceans: a review[J]. Geological Society of American Special Paper,1982,190: 283-289.

Sepkoski J J Jr,Raup D M. Periodicity in marine extinction events[M]. // Elliott D K. Dynamics of Extinction. New York: John Wiley,1986: 3-36.

Simpson G G. Tempo and Mode in Evolution [M]. New York: Columbia University Press,1944.

Stanley S M. Macroevolution,Pattern and Process[M]. San Francisco: Freeman,1979.

Sokal R R,Sneath P H A. Principles of Numerical Taxonomy[M]. San Francisco: Freeman, 1963.

Soltis P S,Soltis D E,Smiley C J. Arch sequence from a Miocene Taxodium(bald cypress) [J]. Pro Natl Acad USA,1992,89: 449-451.

Thomson J A,et al. Evolution in Modern Thought[M]. New York: Boni and Liverght Inc, 1910.

Thompson A B,Rapporteur F M R,Alarendt H,Gree R D,et al. The long-term evolution of the crust and mantle[M]. // Holland H D, Trenall A F. Patterns of Change in Earth Evolution. Berlin: Dahlem,1984: 389.

Urbach E,Roberton D L,Chisholm S W. Multiple evolutionary origins of prochlorophytes within the cyanobacterial radiation[J]. Nature,1992,355: 267-270.

Van de Peer Y. Evolution of green plants and their relationship with other photosynthetic eukaryotes as deduced from 5S ribosomal RNA sequences [J]. Plant Systematics and Evolution,1990,170: 85-96.

VanValen L M. A new evolutionary Law[J]. Evolutionary Theory,1973,1: 1-30.

Vrba E O. Macroevolutionary trends: new perspective on the roles of adaptation and incidental effect[J]. Science,1983,221: 387-389.

Wilson E O. Sociobiology and the Darwinian approach to mind and culture[M]. //Bendall D S. Cambridge: Cambridge University Press,1983: 545-553.

Wilson E O. The Diversity of Life[M]. New York: W V Norton & Company,1992.

Wilmotte A,Golubic S. Morphological and genetic criteria in the taxonomy of Cyanophyta/ Cyanobacteria[J]. Algological Studies,1991,64: 1-24.

Wilmotte A. Molecular evolution and taxonomy of the cyanobacteria[M]. // Bryant D A.

The Molecular Biology of Cyanobacteria. Netherlands: Kluwer Academic Publishers, 1994.

Woodward S R, Weyand N J, Bunnell M. DNA sequence from Cretaceous period bone fragments[J]. Science,1994,266: 1229-1232.

Woese G R. Bacterial evolution[J]. Microbil Rev,1987,51: 221-271.

Wray G A, Shapiro E, Levinton G. Molecular evidence for deep Precambrian divergences among metazoan phyla[J]. Science,1996,274: 568-573.

Wright S. The role of mutation,inbreeding,crossbreeding and selection in evolution[J]. Proc Sixth Internt Congr Genetics,1932,356-366.

Wyckoff R W G. The Biochemistry of Animal Fossils[M]. Bristol, UK: Scientechnica, 1972.

Xiao S,Zhang Y,Knoll A H. Three-dimentional preservation of algae and animal embryos in a Neoproterozoic phosphorite[J]. Nature,1998,391: 553-558.

Zhang Yun. Proterozoic stromatolite micro-floras of the Gaoyuzhuang Formation (Early Sinian: Riphean),Hebei,China[J]. J of Paleontology(USA),1981,55: 485-506.

Zhang Yun. Stromatolitic micro floras from the Middle Proterozoic Wumishan Formation (Jixian Group)of Ming Tombs,Beijing,China[J]. Precambrian Research(Europe),1985, 30: 277-302.

Zhang Yun. A Gunflint-type of microfossil assemblage from early proterozoic stromatolitic charts in China[J]. Nature,1984,309: 547-549.

Zhang Yun. Proterozoic stromatolitic microorganisms from Hebei,China: cell preservation and cell division[J]. Precam brian Research(Europe),1988,38: 165-175.

Zhang Yun. Thermophilic microorganisms in hot springs of Tengchong geothermal area, West Yunnan,China[J]. Geothermics,1986,15: 340-358.

Zhang Yun. Multicellular thallophytes with differentiated tissues from late Proterozoic phosphate rocks of South China[J]. Lethaia,1989,22: 113-132.

Zhang Yun. Histological Study on the Neoproterozoic Organisms remains: implications for origins of multicellularity and sexuality[J]. Proceedings of 30th Int Geol Congr, 1: 187-199.

Zhang Yu, Yuan Xunlai. New data on multicellular thallophytes and fragments of cellular tissues from late proterozoic phosphate rocks,South China[J]. Lathaia,1992,25: 1-18.

Zuckerkandl E,Pauling L. Molecules and documents of evolutionary history[J]. J Theo Biol,1965,8: 367-366.